中国石油和化学工业优秀教材
高等学校"十二五"规划教材

普通化学

姚思童　刘　利　张　进　主编

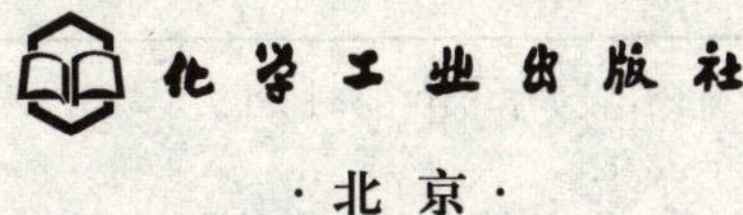

·北京·

本书根据工科类本科化学教学的要求编写，着眼于培养基础知识扎实、有创新能力、高素质的工科人才。全书分为11章，主要内容包括绪论、气体、化学热力学基础、化学动力学基础、化学反应限度——化学平衡、酸碱平衡、沉淀溶解平衡、氧化还原反应 电化学基础、物质结构基础、配位化学基础、元素化学基础。

本书层次分明，内容精炼，通用性强，适用面广。编写力求基本理论阐述清楚、由浅入深、循序渐进、突出重点。书中每章精选了例题、思考题和习题，并与理论知识紧密结合，有利于教学基本要求的实施与完成，方便读者学习。

本书可作为高等工科院校化学化工相关专业的化学课程教材，也可作为其他专业与化学相关的课程教学的参考书，还可供从事相关工作的专业人员阅读参考。

图书在版编目（CIP）数据

普通化学/姚思童，刘利，张进主编. —北京：化学工业出版社，2015.8（2019.8重印）
高等学校“十二五”规划教材
ISBN 978-7-122-24329-4

Ⅰ.①普… Ⅱ.①姚… ②刘… ③张… Ⅲ.①普通化学-高等学校-教材 Ⅳ.①O6

中国版本图书馆CIP数据核字（2015）第129887号

责任编辑：褚红喜 宋林青　　装帧设计：王晓宇
责任校对：宋 玮

出版发行：化学工业出版社（北京市东城区青年湖南街13号 邮政编码100011）
印　　刷：三河市延风印装有限公司
装　　订：三河市宇新装订厂
710mm×1000mm 1/16 印张 23¼ 彩插 1 字数 466 千字 2019年8月北京第1版第3次印刷

购书咨询：010-64518888　售后服务：010-64518899
网　　址：http://www.cip.com.cn
凡购买本书，如有缺损质量问题，本社销售中心负责调换。

定　价：**40.00元**

版权所有 违者必究

《普通化学》编写组

主　编　姚思童　刘　利　张　进

副主编　吕　丹　吴晓艺　厉安昕

编　者（以姓氏笔画为序）

于　锦　厉安昕　司秀丽　吕　丹

刘　利　孙雅茹　吴晓艺　杨　军

张　进　周　丽　姚思童　徐炳辉

前 言

普通化学是一门关于物质及其变化规律的基础课，是培养现代工程技术人员知识结构和能力的重要组成部分，也是连接化学和工程技术间的桥梁。学生掌握了必需的化学知识和理论，可以为以后的学习和工作提供必要的化学基础，并会分析和解决一些涉及化学的实际工程技术问题。

由于工科院校的普通化学课程学时少，课程的讲解不可能面面俱到，一本详略得当的教材显得尤为重要。我们结合传统化学科学的内容，本着精简经典、重基础理论、力求较高的科学性和系统性的原则编写了本教材。教材内容包括绪论、气体、化学热力学基础、化学动力学基础、化学反应限度——化学平衡、酸碱平衡、沉淀溶解平衡、氧化还原反应 电化学基础、物质结构基础、配位化学基础、元素化学基础。教材内容由浅入深，循序渐进，注重基础，突出重点，便于学生的自学和创新能力的培养。

本书以循序渐进为原则编写梳理教材内容，各章节内容明确，每节中各级标题针对性强，问题阐述形成了逐条的观点或结论，易于学生明确掌握各知识点的精髓。本书注重和强调基本概念的理解，注重学生对化学知识的掌握，注重基本原理的应用，注重对学生分析问题、综合解决问题和思维能力的培养与提高。全书编写突出基本理论和基本概念的阐述，避免不必要的推导和证明，力求内容充实、体系完整、语言精练、重点突出。既便于教师教学，又利于学生自学，且有助于学生独立思考、分析归纳和总结能力的养成。

本书的编写成员均是长期从事普通化学、无机化学等基础化学教学的教师，具有较高的学术水平和丰富的教学实践经验。

参加本书编写工作的有沈阳工业大学姚思童（第 6 章、第 7 章、第 8 章、第 10 章）、刘利（第 5 章、第 9 章）、张进（第 3 章、第 11 章）、吕丹、吴晓艺（第 4 章、表格、附录、插图），沈阳化工大学科亚学院厉安昕、辽宁中医药大学杏林学院周丽（第 1 章、第 2 章及各章习题）。姚思童负责主持及全书的策划、统稿等工作，全书由沈阳工业大学姚思童、刘利、张进修改和定稿并任主编。沈阳工业大学的于锦、司秀丽、孙雅茹、徐炳辉、杨军等共同参与完成本书的编写工作。在此向给予本书极大支持和帮助的各位同仁表示深深的谢意。

尽管这是我们多年教学的结晶，但由于编者水平有限，疏漏和不妥之处在所难免，恳请读者批评指正。

编者

2015 年 4 月

目录

第1章
绪　论

1.1 化学的研究对象和重要作用
1.2 普通化学的内容及任务
1.3 如何学习普通化学

1.1　化学的研究对象和重要作用

化学与数学、物理等同，属于自然科学的基础课，是培养大学生基本素质的课程。

化学是在原子和分子水平上研究物质的组成、结构、性质、变化以及变化过程中的能量关系的学科。它涉及存在于自然界的物质——地球上的矿物、空气中的气体、海洋里的水和盐、动物身上找到的化学物质，以及由人类创造的新物质；它涉及自然界的变化——与生命有关的化学变化，还有那些由化学家发明和创造的新变化。

化学包含着两种不同类型的工作：一些化学家在研究自然界并试图了解它；同时，另一些化学家则在创造自然界不存在的新物质和寻找完成化学变化的新途径。

物质是一个广泛的哲学概念，它是不以人的主观意志为转移而客观存在的。大千世界是由各种各样、形形色色的物质所组成的。物质有两种基本形态：一种是具有静止质量的物质，叫做“实物”，如日月星辰、江河湖海、山岳丘陵、动植物、微生物、原子、分子、离子、电子等；另一种是只有运动质量没有静止质量的物质，叫做“场”，如引力场、电磁场、原子核内场等。实物和场是物质存在的两种基本形态，它们可以互相转化但不会被消灭，也不可能凭空创造出来。化学所研究的物质是实物。

物质永远处于不停的运动、变化和发展状态之中。世界上没有不运动的物质，也没有脱离物质的运动。物质的运动形式可以归纳为机械的、物理的、化学的、生命的和社会的五种。这些运动形式既互相联系，又互相区别，每一种运动形式都有其特殊的本质。化学主要研究物质的化学运动形式。

化学运动形式即化学变化的主要特征是生成了新的物质。但从物质构造层次讲，化学变化是在原子核不变的情况下，发生了原子的化分（即原有化学键或分子的破坏）和化合（新的化学键或分子的形成）而生成了新物质。核裂变或核聚变的核反应，虽然也有新物质生成，但它们不是原子层次的反应，故不属于化学变化。

因此，化学的研究对象应是在分子、原子或离子水平上，研究物质的组成、结构、性质、变化以及变化过程中能量关系的科学。

物质的各种运动形式是彼此联系的，并在一定条件下互相转化。物质的化学运动形式与其他运动形式也是有联系并互相转化的。化学变化总伴随有物理变化，生物过程总伴随着不间断的化学变化。因此，研究化学时还要结合到其他许多有关学科的理论和实践。

化学是一门古老而又年轻的科学。人类从懂得用火开始，就从野蛮进入了文明。燃烧是人类最早利用的化学反应。燃烧不仅改善了人类的饮食条件，而且也改善了人类的生活条件。人们利用燃烧反应制作了陶器、冶炼了青铜等金属。古代的炼丹家更是在寻求长生不老之药的过程之中使用了燃烧、锻烧、蒸馏、升华等化学基本操作。造纸、染色、酿造、火药等使人类生活质量提高的生产技术的发明，无一不是经历无数化学反应的结果。因此，化学从一开始就和人类的生活密切相关。当然，在古代化学表现出的是一种经验性、零散性和实用性的技术，化学尚没有成为一门科学。

17 世纪中叶以后，随着生产的迅速发展，积累了有关物质变化的知识。同时，数学、物理学、天文学等相关学科的发展促进了化学的发展。1661 年英国著名科学家 Boyle（波义耳）指出“化学的对象和任务就是寻找和认识物质的组成和性质”，化学这才走上了科学的道路。他明确地把化学作为一门认识自然的科学，而不是一种以实用为目的的技艺。18 世纪末，化学实验室开始有了较精密的天平，使化学科学从对物质变化的简单定性研究进入到精密的定量研究。随后，相继发现了质量守恒定律、定组成定律、倍比定律等定律，为化学新理论的诞生打下了基础。19 世纪初，为了说明这些定律的内在联系，Dalton（道尔顿）和 Avogadro（阿伏伽德罗）分别创立了原子论和原子-分子论。1869 年俄国著名化学家 Mendeleev（门捷列夫）提出了元素周期律，从此进入了近代化学的发展时期。19 世纪下半叶，物理学的热力学理论被引入化学，从宏观角度解决了化学平衡的问题。随着工业化的进程，出现了生产酸、碱、合成氨、染料以及其他有机化合物的大工厂，化工工业的发展更促使了化学科学的深入发展。20 世纪是化学取得巨大成就的世纪。1931 年，丹麦科学家 Bohr（玻尔）把量子的概念首先引入原子结构理论，成功地解释了氢原子光谱。1926 年，量子力学的建立冲破经典力学的束缚，开辟了现代原子结构理论发展的新历程。在此基础上，化学键理论及晶体结构的研究，都获得了新发展。物质结构理论的发展，使人们从微观上更深入地认识物质的性质与结构的关系，对于无机物、有机物的合成和各种新材料的研制，都具有指导作用。化学的研究对象从微观世界到宏观世界，从人类社会到宇宙空间不断地发展。无论在化学的理论、研究方法、实验技术以及应用等方面都发生了巨大的变化。

传统化学按研究对象和研究的内在逻辑不同，分为无机化学、有机化学、分析化学和物理化学四大分支，这些分支现在已经发生了相当大的演变。一方面，随着科学技术的进步和生产的发展，各门学科之间的相互渗透日益增强，化学已经渗透到农业、生物学、药学、环境科学、计算机科学、工程学、地质学、物理学、冶金学等很多领域，形成了许多应用化学的新分支和边缘学科，如农业化学、生物化学、医药化学、环境化学、地球化学、海洋化学、材料化学、计算化学、核化学、激光化学、高分子化学等；另一方面，原有的“四大分支”中的某些内容，已经发展成为一些新的独立分支，如热力学、动力学、电化学、配位化学、化学生物学、稀有元素化学、胶体化学等。这是生产不断发展和人类认识自然不断深化的必然趋势。

化学作为一门中心的、实用的和创造性的科学，它与社会的多方面的需求有关，也有人称“化学是一门使人类生活得更美好的学科”。因此化学的基本研究和国民经济各部门的紧密结合将产生巨大的生产力，并影响到每个人的生活。

在现代生活中，特别是在人类的生产活动中，化学起着重要的作用。几乎所有的生产部门都与化学有密切联系。例如，运用对物质结构和性质的知识，科学地选择使用原材料；运用化学变化的规律，可以研制各种新产品。又如，当前人类关心的能源和资源的开发、粮食的增产、人口的控制、环境的保护、海洋的综合利用、生物工程、化害为利、变废为宝等都离不开化学知识。现代化的生产和科学技术往往需要综合运用多种学科的知识，但它们都与化学有着密切的联系。以稀土元素为例，过去仅用于打火石、玻璃着色等方面，用途十分有限。20 世纪 50 年代以来，由于人们采用离子交换和有机溶剂萃取技术，分离、提纯稀土产品获得成功，同时通过研究又不断发现了稀土元素及其化合物的许多优良性能，所以它的应用迅速扩展。在荧光材料、磁性材料、激光材料、超导材料、储氢材料、新型半导体材料、原子反应堆材料等方面，都显示出稀土元素的重要作用。我国是稀土储量最多的国家，稀土元素化学在材料科学中的迅速发展，必将对我国的现代化建设做出日益重要的贡献。目前，在人们使用的各种材料中，合成高分子材料已占一半以上，近些年来又有许多新发展，含有碳纤维、硼纤维的各种复合材料以及具有光、电、磁等功能的各种功能高分子材料，均在现代科技中发挥了重要作用。

在新能源的开发和利用方面，近年来许多国家对无污染的氢能源的研究和应用不断取得新的成果。可以预料，在不久的将来，会出现以氢能为主要能源的新时代。

化学与包括医学及农、林、牧、渔等大农业在内的生物科学的联系更为密切。植物体的根、茎、叶、花、果实、种子，动物体的骨骼、肌肉、脏器以及它们的各种体液都是由各种化学元素经过生理、生化等各种变化而构成的。农、林、果、渔、畜产品的初加工、深加工及其副产品和废物的综合利用；粮食、油料、蔬菜、水果、水产品、肉奶蛋等的储存保鲜；使用饲料添加剂、生长激素、微量元素、必需氨基酸等调节动植物有机体的生理过程，以提高农牧业产品的质量和产量；利用杀虫剂、杀菌剂、杀鼠剂保护植物不受害虫、病菌、啮齿类动物的侵害；利用各种兽药和疫苗防治畜禽疾病和传染病；卫生监督、环境监控、产品质量的检验；微量元素肥料和化学肥料的合理使用，土壤结构的改良；盐碱地的治理、污水的净化等，都离不开化学的基本原理、基本知识和基本操作技能。

伴随其他科学技术和生产水平的提高，新的精密仪器、现代化的实验手段和电子计算机的广泛应用，正在从描述性的科学向推理性的科学过渡，从定性科学向定量科学发展，从宏观现象向微观结构深入，较完整的化学体系正在逐步建立起来。目前，世界上出现的以信息技术、新型材料、新能源、海洋开发等新技术为主导的技术革命是与化学密切相关的，离开化学和化学工业的发展，这些新技术的发展和应用都是不可能的。

在未来25年中，我们将会看到化学为解决人类所面临的能源和粮食问题所做的贡献。化学将在研制高效肥料和高效农药，特别是与环境友好的生物肥料和生物农药，以及开发新型农业生产资料等方面发挥巨大作用。化学将在发展新能源和资源的合理开发及高效安全利用中起关键作用。在研制大规模、大功率的光电转换材料，推广太阳能的开发利用等方面发挥特别的作用。这些将改变人类能源消费的方式，同时提高人类生态环境的质量。化学也将在电子信息材料、生物医用材料、新型能源材料、生态环境材料和航空航天材料及复合材料的研究中发挥重大的作用。在发展量子计算机、生物计算机、分子器件和生物芯片等新技术中化学都将作出自己的贡献。化学将在克服疾病和提高人们的生存质量等方面进一步发挥重大的作用。在攻克高死亡率和高致残的心脑血管病、肿瘤、糖尿病以及艾滋病的进程中，化学家将和医学工作者一起不断创造和研究包括基因疗法在内的新药物和新方法。

总之，化学是与人类生活各个方面、国民经济、科学技术各领域都有密切联系的基础学科。

1.2 普通化学的内容及任务

普通化学是理、工、农、医各相关学科专业人士所必须掌握的专业基础知识。许多专业基础课和专业课也与化学有着不可分割的联系。例如，材料分析测试技术，材料合成，材料化学，环境监测，水处理技术，大气、水污染控制，动物、植物生物化学，动物、植物生理学，病理学，药理学，土壤学，肥料学，植物保护学，饲料学，农畜产品加工学等专业基础课和专业课都需要一定的化学基础知识。化学在专业学习和专业工作中的重要意义，大家在今后的学习和实践中会有更深刻的体会。

为培养基础扎实，知识面宽、能力强、具有创新精神的高级人才，较为系统地学习化学基本原理、掌握必需的化学和基本技能，了解它们在现代科学各个领域的应用是十分必要的。同时化学是一门充满活力和创造性的学科，通过化学课程的学习，不但可以使学生掌握一定的化学专业知识，而且有利于培养学生的创新思维能力和辩证唯物主义观点。

普通化学课程的主要内容包括以下几个部分。

① 理论部分　主要包括化学热力学、化学动力学和物质结构基础等。

② 应用部分　主要包括元素、化合物以及化学在相关领域中的具体应用等。

③ 实验部分主要是性质和理论的验证、重要数据的测定，以及训练实验基本操作和现代化仪器的使用等。

实际上，这三部分内容不是孤立的。在讲化学基本原理时要结合具体事例，在讲应用化学时也要用理论来进行分析，在进行化学实验时更离不开理论指导和应用化学的知识。

普通化学作为工科院校的公共基础课，对各专业学生有着共同的基本内容和要求。但由于专业不同，对化学的要求和学时也都不尽相同，因此学习的内容也有所差别。这主要体现在基础理论的深度不同、实验的数目以及应用领域的不同。

普通化学的学习目标：学生通过普通化学课程的学习，掌握化学科学的基本内容，了解化学变化的基本规律，学会运用宏观理论中的化学热力学与化学动力学知识，计算化学反应中的能量变化，继而判断化学反应的方向、限度、速度及反应历程，以及化学反应与外界条件的关系等，从而优化化学反应的条件；学会应用微观理论知识，去揭示物质的组成、结构及其性质与变化规律的关系；正确处理各类化学平衡（酸碱平衡、沉淀溶解平衡、氧化还原平衡、配位平衡）的移动及平衡之间的转换，从而解决生产、科研中的实际问题，为进一步学习各门有关的专业课程打下基础。

普通化学的教学任务：通过本课程学习，使学生掌握与材料科学、环境科学、农林科学、生物科学等有关的化学基本理论、基本知识、基本技能；重点掌握四大平衡理论的原理，了解这些理论、知识和技能在专业中的应用，为后续课程的学习和今后的工作打下良好的化学基础；同时扩大学生的知识面，明确化学在各学科发展中的地位和作用。

总之，在教学中培养学生自学能力、分析和解决日常生活和生产实践中一些化学问题的能力，以及培养学生严谨的科学态度和习惯，是普通化学教学的重要任务。

1.3　如何学习普通化学

普通化学作为一门重要的基础课，深入而扎实地学习和掌握其基础理论和基本概念，并在学习有关知识的基础上，创新性地思维，创造性地学习，是普通化学学习中十分重要的环节。

① 学习中要注重基本概念和基本理论的理解和应用。在学习某一内容时，首先要注意研究的对象和背景，弄清问题是怎样提出的？用什么办法解决问题？结果如何？有什么实际意义和应用？然后再研究细致的内容、推导过程、实验步骤等，这样才能抓住要领。

② 培养自学能力。知识财富的创造速度非常之快，每隔 3～5 年翻一番。在校期间学习的知识肯定远远不能满足将来从事工作所必需的很多知识。这就需要从事具体工作的个体具有不断地学习、更新知识来适应社会的能力。增加自己的竞争力，即运用已有知识创造性地解决问题的能力和发现新知识的能力，因此自学能力的培养及形成显得非常重要。掌握知识是提高自学能力的基础，而提高自学能力又是掌握知识的首要条件，两者是相互促进的。我们提倡课前预习，课后复习、归

纳，将知识系统化。每学完一章，应对该章内容进行书面总结，包括基本概念、基本原理、基本公式和有关计算，弄清该章的主要内容。此外，有目的地看一些杂志或参考书，有助于加深对某一知识的理解，并拓宽自己的知识面。

③ 必须理论与实验并重。化学是一门以实验为基础的学科，许多化学的理论和规律很大的一部分是从实验总结出来的。既要重视理论的掌握，又要重视实验技能的训练，努力培养实事求是、严谨治学的科学态度。在化学课程的教学环节设置中，分别设有理论课和实验课，它们是一个整体，互相补充、完善，在学习中不能偏废。实验可以加深感性认识，而理论可以加深对感性认识的理解。

④ 了解学科的前沿与发展。在学习中，应了解化学学科的自身继续发展与相关学科的融合发展，了解化学与其他学科的纵横交叉。这有利于拓展知识面，开阔眼界。要针对人类健康、生产和生活中所接触到的一些自然现象和热门问题进行知识原理的学习、研究方法的掌握、前沿热点的跟踪。

第 2 章

气　体

2.1　理想气体状态方程

2.2　理想气体状态方程的应用

2.3　气体混合物、分压定律

自然界中的物质都是由原子、分子和离子等微观粒子组成的。这些微观粒子在永不停息地做无规则运动。微观粒子间存在着相互作用的引力和斥力，这些作用力随着温度和压力的不同而改变，从而导致了物质存在状态的不同。

在常温常压条件下，物质主要以气态、液态和固态三种聚集状态存在。在合适的温度和压力条件下，物质还可能以液晶态和等离子态等形式存在。

在对物质世界的认识过程中，科学家对气体的研究最早，也最透彻。气体无处不在，人类就生活在由大约 20 种元素和分子组成的无色、无味的大气层中。没有空气，人类一刻也无法生存。在大气层的整个生态环境中，O_2、N_2、CO_2 和水蒸气等气体始终参与复杂的氧化还原反应循环，许多生化过程和化学变化大都在空气中进行。在工业生产中，许多气体参与重要的化学反应。而且，很多的分子化合物在常温常压下都是气体。因此，科研工作者，尤其是化学化工专业的科研工作者必须掌握气体的基本知识。

由于气体分子间距离较远，气体分子本身的体积远小于其容器的体积，所以，气体分子间作用力很小，且分子不停地做无规则的自由运动，这些性质决定了气体具有扩散性和可压缩性两个基本特征，主要表现在以下几点。

① 气体没有固定的体积和形状。将一定量的气体引入任何一密闭容器中，气体分子随即向各个方向扩散，并均匀充满整个容器的空间。或者说，气体的体积和形状就是其容器的体积和形状。

② 不同的气体能以任意比例迅速、相互均匀地混合。

③ 气体是最容易被压缩的一种聚集状态。在外界作用力下，气体可被压缩进某一密闭容器中，如给自行车轮胎打气。这是因为气体的密度比液体和固体的密度小很多，而液体、固体显然不具备这样的特性。

④ 气体可产生压力。吹气球时能感受到气体对气球内壁产生的压力，而且在气球内壁各点产生的压力都相等。气体产生的压力与容器中气体的量成正比，气球中吹入的气体越多，对气球内壁产生的压力就越大。

⑤ 气体的压力随着气体温度的升高而增加。例如，自行车轮胎在炎热的夏天比在其他季节更容易发生爆胎。

为研究方便，我们把密度很小的气体抽象成一种理想的模型——理想气体。本章将在理想气体状态方程的基础上，重点讨论混合气体的分压定律。

2.1 理想气体状态方程

2.1.1 气体定律

(1) Boyle（波义耳）定律

英国化学家波义耳首先研究了气体压力和体积的关系，并得出了波义耳定律。

该定律可表达为：在一定温度下，一定量气体的体积与其压力成反比。波义耳定律的数学表达式可写为：

$$V=k\times\frac{1}{p}\text{或}\ pV=k \tag{2-1}$$

（2）查尔斯定律

1787年，法国科学家Charles（查尔斯）首先发现了气体温度和体积的关系，并提出了查尔斯定律。该定律可表达为：在一定压力下，一定量气体的体积与其热力学温度成正比。查尔斯定律的数学表达式可写为：

$$V=k\times T\ \text{或}\frac{V}{T}=k \tag{2-2}$$

（3）阿伏伽德罗定律

1811年，意大利科学家Avogadro（阿伏伽德罗）(1776～1856年）为了解释Joseph Louis Gay-Lussac（盖·吕萨克）提出的气体反应体积定律，提出了阿伏伽德罗假设，即在同温同压下，相同体积的气体含有的气体分子数相同。实验证明，在0℃和101.325kPa条件下，22.4L任何气体含有的气体分子数都为6.02×10^{23}个（1mol)。在阿伏伽德罗假设的基础上即可得出阿伏伽德罗定律，该定律可表达为：在一定的温度和压力条件下，气体的体积与气体的物质的量成正比。阿伏伽德罗定律的数学表达式可写为：

$$V=k\times n \tag{2-3}$$

2.1.2 理想气体状态方程

上述三个气体定律分别描述了变量（p，T，n）的变化对气体体积的影响。将式（2-1)～式(2-3）组合可得到一个表达气体定律的通式：

$$V\propto\frac{nT}{p} \tag{2-4}$$

将式（2-4）中引入一个比例常数R，则可以得到以下表达式：

$$V=R\left(\frac{nT}{p}\right) \tag{2-5}$$

将式（2-5）重排后可以得到一个我们更熟悉的表达式：

$$pV=nRT \tag{2-6}$$

严格地说，式（2-6）只适用于理想气体，故称为理想气体状态方程。

理想气体的基本假设前提有以下几个方面。

①分子间无相互作用力。因为分子间距离很大，分子间相互作用力可以忽略不计。

②分子本身没有体积。因为气体分子自身的体积很小，与气体所占体积相比，分子本身体积可以忽略不计。

式（2-6）中，R叫做摩尔气体常数。已知在273.15K、101.325kPa的条件下

(标准状况)，1mol 任何气体都占有 $V=22.414\text{L}$ 的体积。将 $V=22.414\text{L}$，$T=273.15\text{K}$，$p=101.325\text{kPa}$，$n=1\text{mol}$ 代入式（2-6）中，可以推出摩尔气体常数 R 的值：

$$R=\frac{PV}{nT}=\frac{101.325\text{kPa}\times 22.414\text{L}}{1\text{mol}\times 273.15\text{K}}=8.314\text{kPa}\cdot\text{L}\cdot\text{K}^{-1}\cdot\text{mol}^{-1}$$
$$=8.314\text{Pa}\cdot\text{m}^3\cdot\text{K}^{-1}\cdot\text{mol}^{-1}=8.314\text{J}\cdot\text{K}^{-1}\cdot\text{mol}^{-1}$$

可见，R 的量纲会因为方程式中各物理量的单位不同而改变，但 R 的取值不变。

不同化学组成的气体，分子间的相互作用情况是千差万别的。例如，极性的气体分子间的作用力比非极性的气体的分子间作用力大得多，这就是为什么水在常温下是液体，而氮气在常温下是气体的主要原因。那么，为什么在使用理想气体状态方程描述气体的性质时，不考虑气体的化学组成呢？其根本原因是因为低压，低压时气体分子间的距离很大，其分子的大小相对于整个容器而言是微不足道的，气体分子间的作用力对气体的宏观物理性质不会产生显著的影响。此时，大量气体分子的杂乱无章的热运动是决定低压下气体性质的主要原因。由低压气体的性质可以抽象出理想气体的概念，即气体分子的大小可以忽略不计，分子在不停地做热运动，分子间没有相互作用，分子间的碰撞完全是弹性碰撞。

实际上，理想气体是不存在的，因为没有一个真实气体能符合理想气体的要求。但理想气体的概念却不是臆造出来的，它是在客观事实基础上抽象出来的理论模型。

2.2 理想气体状态方程的应用

理想气体状态方程有多种实际应用，可以用来计算描述气体状态的物理量，也可以在已知条件下求气体的密度和摩尔质量。

2.2.1 计算 p，V，T，n 中的任意物理量

在理想气体状态方程式中，若已知 p，V，T，n 四个物理中的任意三个，即可计算另一个未知物理量。

【例 2-1】 一体积为 438L 的钢瓶中装有 0.885kg 的氧气(O_2)，试计算 21℃该钢瓶中氧气的压力。

解： 已知 $V=438\text{L}$，$T=(21+273.15)\text{K}=294.15\text{K}$

$$n(O_2)=\frac{0.885\times 10^3\text{g}}{32.0\text{g}\cdot\text{mol}^{-1}}=27.7\text{mol}$$

$$p=\frac{nRT}{V}$$
$$=\frac{27.7\text{mol}\times 8.314\text{J}\cdot\text{K}^{-1}\cdot\text{mol}^{-1}\times 294.15\text{K}}{438\text{L}}=155\text{kPa}$$

【例 2-2】 在实验室中，由金属钠与氢气在较高温度下（>300℃）制取氢化钠 NaH 时，反应前装置必须用无水无氧的氮气置换。氮气是由氮气钢瓶提供的，其容积为 50.0L，温度为 25℃，压力为 15.2MPa。

（1）计算钢瓶中氮气的物质的量 $n(N_2)$ 和质量 $m(N_2)$；

（2）若将实验装置用氮气置换了五次后，钢瓶的压力降至 13.8MPa。计算在 25℃、0.100MPa 下，平均每次耗用的 N_2 体积。

解：（1）已知 $V=50.0\text{L}$，$T=(25+273.15)\text{K}=298.15\text{K}$

$$p_1=15.2\text{MPa}=15.2\times10^3\text{kPa}$$

$$n_1(N_2)=\frac{p_1V}{RT}$$

$$=\frac{15.2\times10^3\text{kPa}\times50.0\text{L}}{8.314\text{J}\cdot\text{K}^{-1}\cdot\text{mol}^{-1}\times298.15\text{K}}=307\text{mol}$$

已知　$M(N_2)=28.0\text{g}\cdot\text{mol}^{-1}$

所以　$m(N_2)=n_1(N_2)\cdot M(N_2)=307\text{mol}\times28.0\text{g}\cdot\text{mol}^{-1}=8.60\times10^3\text{g}$

（2）已知 $p_1=13.8\text{MPa}$，$V=50.0\text{L}$，$T=298.15\text{K}$，设消耗的氮气的物质的量为 $\Delta n(N_2)$，则

$$\Delta n(N_2)=\frac{(p_1-p_2)V}{RT}$$

$$=\frac{(15.2-13.8)\times10^3\text{kPa}\times50.0\text{L}}{8.314\text{J}\cdot\text{K}^{-1}\cdot\text{mol}^{-1}\times298.15\text{K}}=28.3\text{mol}$$

在 25℃、0.100MPa 下，每次置换耗用的 $V(N_2)$ 体积为：

$$V(N_2)=\frac{1}{5}\times\frac{28.3\text{mol}\times8.314\text{J}\cdot\text{K}^{-1}\cdot\text{mol}^{-1}\times298.15\text{K}}{100\text{kPa}}=140\text{L}$$

2.2.2　确定气体的密度

测定气体的或易挥发液体蒸气的密度，是常用的了解物质性质的方法。气体的密度 ρ，又称为体积质量 $\rho=\frac{m}{V}=\frac{pM}{RT}$。

当气体的摩尔质量已知时，可以计算出在任意状态下气体的密度。

【例 2-3】 为了实现绿色化学方案，在聚苯乙烯容器的生产过程中，化学工程师利用生产过程中产生的废气 CO_2 代替氯氟碳作发泡剂。试计算 CO_2 在室温下（20℃、101.325kPa）的密度（单位：$\text{g}\cdot\text{L}^{-1}$）。

解：已知 $M(CO_2)=44.01\text{g}\cdot\text{mol}^{-1}$，$p=101.325\text{kPa}$，

$$T=(20+273.15)\text{K}=293.15\text{K}$$

$$\rho(CO_2)=\frac{pM}{RT}=\frac{101.325\text{kPa}\times44.01\text{g}\cdot\text{mol}^{-1}}{8.314\text{J}\cdot\text{K}^{-1}\cdot\text{mol}^{-1}\times293.15\text{K}}=1.83\text{g}\cdot\text{L}^{-1}$$

2.2.3 确定气体的摩尔质量

根据理想气体状态方程，还可以由测定的气体密度来计算摩尔质量：

$$M=\frac{mRT}{pV}$$

这是测定气体摩尔质量常用的经典方法，现在通常用质谱仪等测定摩尔质量。

【例 2-4】 氩气(Ar)可由液态空气蒸馏而得到。若氩的质量为 0.7990g，温度为 298.15K 时，其压力为 111.46kPa，体积为 0.4448L。计算氩气的摩尔质量 $M(\mathrm{Ar})$。

解： 已知 $m(\mathrm{Ar})=0.7990\mathrm{g}$，$T=298.15\mathrm{K}$，$p=111.46\mathrm{kPa}$，$V=0.4448\mathrm{L}$

$$M(\mathrm{Ar})=\frac{mRT}{pV}$$

$$=\frac{0.7990\mathrm{g}\times 8.314\mathrm{J\cdot K^{-1}\cdot mol^{-1}}\times 298.15\mathrm{K}}{111.46\mathrm{kPa}\times 0.4448\mathrm{L}}$$

$$=39.95\mathrm{g\cdot mol^{-1}}$$

2.3 气体混合物、分压定律

2.3.1 理想气体混合物

当两种或两种以上的气体在同一容器中混合时，相互间不发生化学反应，分子本身的体积和它们相互间的作用力都可以略而不计，这就是理想气体混合物。其中每一种气体都称为该混合气体的组分气体。

在比较温和的条件下，理想气体状态方程不仅适用于单一气体，也适用于混合气体，这可以从以下两个方面得到解释。

① 气体可以快速地以任意比例均匀混合。当几种不同的理想气体在同一容器中混合时，相互间不发生化学反应，分子本身的体积和它们之间的作用力都可以略而不计。

② 混合气体中的每一个组分在容器中的行为和该组分单独占有该容器时的行为完全一样。理想气体混合时，混合气体中每一组分气体都能均匀地充满整个容器的空间，且不互相干扰，如同单独存在于容器中一样。任何一组分气体对器壁碰撞所产生的压力不因其他组分气体的存在而改变，与它独占容器时所产生的压力相同。即对于理想气体来说，某组分气体的分压力等于在相同温度下该组分气体单独占有与混合气体相同体积时所产生的压力。

2.3.2 道尔顿分压定律

英国科学家 J. Dalton（道尔顿）从 1799 年开始致力于气体混合物的研究，

道尔顿在不断研究空气的性质时，于 1801 年通过实验观察提出：在温度和体积恒定时，混合气体的总压力等于各组分气体的分压力之和，某组分气体的分压力等于该气体单独占有该容器总体积时所产生的压力。这就是道尔顿分压定律，其数学表达式为：

$$p=p_1+p_2+\cdots$$

或

$$p=\sum_{B} p_B \tag{2-7}$$

式中，p 为混合气体的总压；p_1，p_2，…为各组分气体的分压。

根据式（2-7），如果以 n_B 表示 B 组分气体的物质的量，以 p_B 表示它的分压，在温度 T 时，混合气体体积为 V，则：

$$p_B=\frac{n_B RT}{V} \tag{2-8}$$

以 n 表示混合气体中各组分气体的物质的量之和。即

$$n=n_1+n_2+\cdots=\sum_{B} n_B$$

以式（2-8）除以式（2-6），得

$$\frac{p_B}{p}=\frac{n_B}{n}$$

令

$$\frac{n_B}{n}=x_B$$

则

$$p_B=\frac{n_B}{n}p=x_B p \tag{2-9}$$

式（2-9）中，x_B为 B 组分气体的物质的量分数，又称摩尔分数。

式（2-9）表明，混合气体中某组分气体的分压等于该组分的摩尔分数与总压的乘积。

【例 2-5】 0℃时，一体积为 15.0L 钢瓶中装有 6.00g 的氧气和 9.00g 的甲烷，计算钢瓶中两种气体的摩尔分数和分压及钢瓶的总压力。

解：已知 $M(O_2)=32.0\text{g}\cdot\text{mol}^{-1}$，$M(CH_4)=16.0\text{g}\cdot\text{mol}^{-1}$，$T=273.15\text{K}$，$V=15.0\text{L}$

$$n(O_2)=\frac{6.00\text{g}}{32.0\text{g}\cdot\text{mol}^{-1}}=0.188\text{mol}$$

$$n(CH_4)=\frac{9.00\text{g}}{16.0\text{g}\cdot\text{mol}^{-1}}=0.563\text{mol}$$

则：

$$x(O_2)=\frac{n(O_2)}{n(O_2)+n(CH_4)}=\frac{0.188\text{mol}}{0.188\text{mol}+0.563\text{mol}}=0.250$$

$$x(CH_4)=1-x(O_2)=1-0.250=0.750$$

根据式（2-8）可得：

$$p(O_2)=\frac{n(O_2)RT}{V}$$
$$=\frac{0.188\text{mol}\times 8.314\text{J}\cdot\text{K}^{-1}\cdot\text{mol}^{-1}\times 273.15\text{K}}{15.0\text{L}}=28.5\text{kPa}$$
$$p(CH_4)=\frac{n(CH_4)RT}{V}$$
$$=\frac{0.563\text{mol}\times 8.314\text{J}\cdot\text{K}^{-1}\cdot\text{mol}^{-1}\times 273.15\text{K}}{15.0\text{L}}=85.2\text{kPa}$$

根据道尔顿分压定律可知，钢瓶的总压力为：

$$p=p(O_2)+p(CH_4)=28.5\text{kPa}+85.2\text{kPa}=113.7\text{kPa}$$

分压定律有很多实际应用。在实验室中进行有关气体的实验时，常会涉及气体混合物中各组分的分压问题。例如，用排水集气法收集气体时，所收集的气体是含有水蒸气的混合物，要计算有关气体的压力或物质的量必须考虑水蒸气的存在。即$p_{气体}=p_{总压}-p_{水蒸气}$。

【例 2-6】 乙炔是一种重要的焊接燃料，实验室用电石（CaC_2）与水反应制备乙炔：

$$CaC_2(s)+2H_2O(l)\longrightarrow C_2H_2(g)+Ca(OH)_2(aq)$$

某学生在 23℃时用排水集气法收集乙炔，气体总压力为 98.4kPa，总体积为 523mL。已知 23℃水的蒸气压为 2.8kPa，计算该同学收集到的乙炔气体的质量。

解：已知 $M(C_2H_2)=26.04\text{g}\cdot\text{mol}^{-1}$，$V=0.523\text{L}$，$T=(23+273.15)\ \text{K}=296.15\text{K}$

$$p(C_2H_2)=p_{总}-p(H_2O)=98.4\text{kPa}-2.8\text{kPa}=95.6\text{kPa}$$

根据理想气体状态方程，得

$$n(C_2H_2)=\frac{p(C_2H_2)V}{RT}$$
$$=\frac{95.6\text{kPa}\times 0.523\text{L}}{8.314\text{J}\cdot\text{K}^{-1}\cdot\text{mol}^{-1}\times 296.15\text{K}}$$
$$=0.0203\text{mol}$$

因此，收集到的乙炔的质量为：

$$m(C_2H_2)=0.0203\text{mol}\times 26.04\text{g}\cdot\text{mol}^{-1}=0.529\text{g}$$

思考题

1. 试述气体的基本特性。

2. 总结理想气体状态方程有哪些应用，举例说明之。

3. 如何定义混合气体中某组分 B 的分压？何为分压定律？总结计算混合气体中组分 B 分压 p_B 的多种方法。

4. 有两种气体（1）和（2），其摩尔质量分别为 M_1 和 M_2（$M_1>M_2$）。在相同温度、相同压力和相同体积下，试比较：

（1）两者的物质的量 n_1 和 n_2；

（2）质量 m_1 和 m_2；

（3）两种气体的密度 ρ_1 和 ρ_2。

5. 判断下列关系是否正确。

（1）一定量气体的体积与温度成正比；

（2）1mol任何气体的体积都是22.4L；

（3）气体的体积百分组成与其摩尔分数相等；

（4）对于一定量混合气体来说，体积变化时，各组分气体的物质的量亦发生变化。

习 题

1. 某气体化合物是氮的氧化物，其中含氮的质量分数 $\omega(N)=30.5\%$。某一容器中充有该氮氧化物的质量是4.107g，体积为0.500L，压力为202.65kPa，温度为0℃，试求：

（1）在标准状况下，该气体的密度；

（2）该氧化物的相对分子质量 M 和化学式。

2. 将氮气和水蒸气的混合物通入盛有足量固体干燥器的瓶中。刚通入时瓶中压力为101.3kPa，放置数小时后，压力降为99.3kPa的恒定值。

（1）求原气体混合物各组分的摩尔分数；

（2）温度为293K，实验后干燥剂增加 0.150×10^{-3}kg，求瓶的体积。（假设干燥剂的体积可忽略且不吸附氮气）

3. 在容积为50.0L的容器中，充有140.0g CO和20.0g H_2，温度为300K。试计算：

（1）CO与 H_2 的分压；

（2）混合气体的总压。

4. 在273K时，将相同初压的4.0L N_2 和1.0L O_2 压缩到一个容积为2.0L的真空容器中，混合气体的总压为 3.26×10^5Pa。求：

（1）两种气体的初压；

（2）混合气体中各组分气体的分压；

（3）各气体的物质的量。

5. 在实验室中用排水集气法收集制取氢气。在23℃、100.5KPa压力下，收集了370.0mL气体（23℃时，水的饱和蒸气压为2.800kPa）。试求：

（1）23℃时该气体中氢气的分压；

（2）氢气的物质的量；

（3）若在收集氢气之前，集气瓶中已充有氮气20.0mL，其温度也是23℃，压力为100.5kPa；收集氢气之后，气体的总体积为390.0mL。计算此时收集的氢气分压，与（2）相比，氢气的物质的量是否发生变化？

6. 当 NO_2 被冷却到室温时，发生聚合反应：

$$2NO_2(g) \longrightarrow N_2O_4(g)$$

若在高温下将 15.2g NO_2 充入 10.0L 的容器中，然后使其冷却到 25℃。测得总压为 50.66kPa。试计算 $NO_2(g)$ 和 $N_2O_4(g)$ 的摩尔分数和分压。

7. 在 291K 和 1.013×10^5 Pa 条件下将 2.70L 含饱和水蒸气的空气通过 $CaCl_2$ 干燥管，完全吸水后，干燥空气为 3.21g。求 291K 时水的饱和蒸气压。

8. 氰化氢（HCN）气体是用甲烷和氨作原料制造的，反应如下：

$$2CH_4(g) + 2NH_3(g) + 3O_2(g) \xrightarrow{Pt,1100℃} 2HCN(g) + 6H_2O(g)$$

如果反应物和产物的体积是在相同温度和相同压力下测定的。计算：

(1) 与 3.0L CH_4 反应需要氨的体积；

(2) 与 3.0L CH_4 反应需要氧气的体积；

(3) 当 3.0L CH_4 完全反应后，生成的 HCN(g) 和 $H_2O(g)$ 的体积。

9. 在 300K、3.04×10^6 Pa 时，一气筒含有 480g 氧气，若此筒被加热到 373K，然后开启阀门（温度保持不变），一直到气体压力降低到 1.01×10^5 Pa 时，问共放出多少克氧气？

第 3 章
化学热力学基础

3.1 热力学基本概念与术语
3.2 热力学第一定律
3.3 热化学
3.4 Hess 定律和化学反应焓变的计算
3.5 化学反应的方向

在化学研究中，常遇到以下几个问题。

① 两种或多种物质混合在一起，能否发生反应？如发生反应，反应进行的方向如何？

② 一个化学反应由反应物转化为生成物的转化率是多少？即反应进行的程度如何？

③ 一个化学反应进行的快慢，即反应进行的速率如何？

关于反应的方向和程度问题属于化学热力学的研究范畴，而反应的速率如何则属于化学动力学研究的范畴。化学热力学基础只讨论化学反应方向的问题，化学反应的限度问题在将第 5 章化学反应限度——化学平衡一章讨论。

化学热力学是专门研究化学反应方向及反应过程中能量变化规律的学科，它是从能量的角度来判断一个化学反应能不能发生，如果能发生，是吸热还是放热。

化学热力学研究具有以下特点：

① 热力学研究的是大量质点的平均行为，即物质的宏观性质，它不涉及个别或少数分子、原子的微观性质；

② 不依赖于物质结构的知识；

③ 无需知道反应的机理，即反应的过程和途径，只需要知道反应的始态和终态及外界条件；

④ 不受时间限制、与反应速率无关。

总之，热力学研究的结果只能告诉我们在一定条件下反应能否进行及进行到什么程度，而不能告诉我们反应如何进行以及反应进行得快慢。这些特点既能体现热力学的优点，也能反映它的局限性。

化学热力学涉及的内容广而深，在普通化学中只介绍化学热力学中最基本的概念、理论、方法和应用。

3.1 热力学基本概念与术语

这些基本概念不仅对热力学有意义，也是学习所有化学的基础。

3.1.1 系统和环境

为了研究问题的方便，明确讨论对象，人们常常把一部分物质或空间与其余的物质或空间分开，被划分出来作为我们研究对象的这一部分，就称为体系，又称系统。而系统以外与系统密切相关的部分则称为环境。

例如，我们研究杯子中的 H_2O，则 H_2O 是系统，水面上的空气、杯子均为环境。当然，桌子、房屋、地球、太阳也均为环境。但我们着眼于和系统密切相关的环境，即为空气和杯子等。又如，若以 N_2 和 O_2 混合气体中的 O_2 作为系统，则 N_2 是环境，容器也是环境。研究硫酸铜与氢氧化钠在水溶液中的反应，含有这两种物质的溶液就为系统，而溶液以外的其他部分如烧杯、溶液上方的空气等，则属环境。

系统和环境之间有时有界面，如 H_2O 和杯子；有时又无明显界面，如 N_2 和 O_2 之间。此时，可以设计一个假想的界面。

由于人们研究的系统中能量变化关系、系统中化学反应的方向以及系统中物质的组成和变化等属于热力学性质范畴的问题，故常常把系统称为热力学系统。

根据系统与环境间物质和能量交换情况的不同，可将热力学系统分为三种。

① 敞开系统。系统与环境间既有物质交换又有能量交换，如杯中热水，无盖时。

② 封闭系统。系统与环境间只有能量交换没有物质交换，如杯中热水，有盖时。

③ 隔离系统。系统与环境间既无物质交换也无能量交换。绝热、密闭的恒容系统即为隔离系统，如理想保温杯。应当指出，真正的隔离系统是不存在的，热力学中有时与系统有关的环境和系统合并在一起看作是一个超大的隔离系统。

热力学上研究得较多的是封闭系统。系统中具备相同物理性质和化学性质的均匀部分称为相。所谓均匀是指其分散度达到分子或离子大小的数量级。系统若按相的组成来分，可分为单相系统和多相系统。

3.1.2 状态和状态函数

(1) 状态和状态函数

系统的状态是系统所有宏观性质如压力（p）、温度（T）、密度（ρ）、体积（V）、物质的量（n）以及本章将要介绍的热力学能（U）、焓（H）等宏观物理量的综合表现。当所有这些宏观物理量都不随时间改变时，则系统处于一定状态。反之，当系统处于一定状态时，这些宏观物理量都具有确定值。

我们把这些体现系统存在状态的宏观物理量称为系统的状态函数。系统的某个状态函数或若干状态函数发生变化时，系统的状态也随之发生变化。状态函数之间是相互联系、相互制约的，具有一定的内在联系。例如，理想气体的某一状态就是 p、V、n、T 这些状态函数的综合表现，它们的内在联系就是理想气体状态方程 $pV=nRT$。由于系统的多种性质之间有一定的联系，例如，$pV=nRT$ 就描述了理想气体 p、V、T 和 n 之间的关系，所以描述系统状态时，并不需要罗列出系统的所有性质。可根据具体情况，选择必要的能确定系统状态的几个性质就可以。

(2) 状态函数的特点

状态函数的重要特点如下。

① 状态一定，其值一定。状态函数是状态的单值函数。状态变化，状态函数值也随之变化。

② 殊途同归，值变相等。当系统的始态和终态确定后，某状态函数的改变值只取决于系统的始态和终态，与过程变化所经历的具体途径无关。

③ 周而复始，值变为零。

3.1.3 过程和途径

系统的状态发生变化，从始态到终态，我们说经历了一个热力学过程，即系统的某些性质发生变化时，这种变化就简称过程。

若系统在定温条件下发生了状态变化，我们说系统的变化为“定温过程”，同样理解“定压过程”，“定容过程”。若系统变化时和环境之间无热量交换，则称之为“绝热过程”。

完成一个热力学过程，可以采取不同的方式。我们把每种具体的方式，称为一种途径。过程着重始态和终态，而途径着重于具体方式。一个过程可以由许多途径来实现，但无论经历哪种途径，状态函数的改变值是相同的。

例如，由 $p_1=1\times10^5\text{Pa}$、$V_1=2\text{L}$（始态），经定温过程变到 $p_2=2\times10^5\text{Pa}$、$V_2=1\text{L}$（终态），可以经历不同的途径，如图 3-1 所示。

$$\Delta p=p_2-p_1=2\times10^5-1\times10^5=1\times10^5\text{Pa}$$

$$\Delta V=V_2-V_1=1-2=-1\text{L}$$

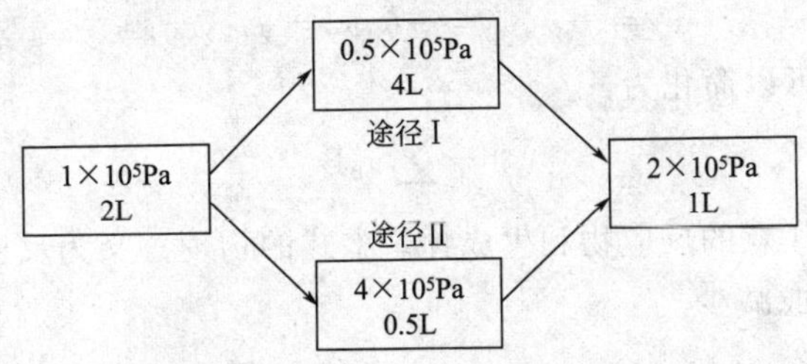

图 3-1 系统状态变化的不同途径

（1）定温过程

系统的始态与终态的温度相同，并且过程中始终保持这个温度，这种过程叫定温过程。

（2）定压过程

系统的始态与终态的压力相同，并且过程中始终保持这个压力，这种过程叫定压过程。

（3）定容过程

系统的始态与终态的体积相同，并且过程中始终保持同样的体积，这种过程叫定容过程。

（4）循环过程

系统由始态出发，经过一系列变化，又回到原来的状态，这种始态和终态相同的变化过程称为循环过程。

3.1.4 化学反应计量式和反应进度

（1）化学反应计量式

根据质量守恒定律，用规定的化学符号和化学式来表示化学反应的式子，叫做化学反应计量方程式或化学反应计量式。要正确地书写化学反应计量式应做到以下几点。

① 根据实验事实，正确写出反应物和生成物的化学式。

② 反应前后原子的种类和数量保持不变，即满足原子守恒；如果是离子方程式还要满足电荷守恒。

③ 要标明物质的聚集状态。g 表示气态，l 表示液态，s 表示固态，aq 表示水溶液。只有在不会引起误解或混淆的情况下才可以省略聚集状态的表征符号。

依据规定，化学反应计量式中反应物和生成物前的“系数”称为化学计量数，以 ν_B 表示，ν_B 是量纲为 1 的量。并规定：对于反应物化学计量数为负，对于生成物化学计量数为正。对任一反应：

$$aA+bB \longrightarrow yY+zZ \tag{3-1a}$$

可以写成：

$$-\nu_A A-\nu_B B \longrightarrow \nu_Y Y+\nu_Z Z$$

即

$$\nu_A=-a,\nu_B=-b,\nu_Y=y,\nu_Z=z$$

则反应式（3-1a）可以简化为：

$$0=\sum_B \nu_B B \tag{3-1b}$$

式中，B 代表任意的反应物和生成物。上式的物理意义为反应物的减小或增加等于生成物的增加或减少。

（2）反应进度

为了更清楚地讨论化学反应进行的程度，引入一个新的物理量——反应进度(ξ)，其定义为：

$$\xi=\frac{n_B(\xi)-n_B(0)}{\nu_B} \tag{3-2}$$

式中，$n_B(0)$ 和 $n_B(\xi)$ 分别代表反应进度 $\xi=0$（反应未开始）和 $\xi=\xi$ 时 B 的物质的量。

由上式可以看出反应进度（ξ）的单位为 mol。例如反应：

	$N_2(g)$	$+3H_2(g)$	$\longrightarrow 2NH_3(g)$	ξ
开始时 n_B/mol	3.0	10.0	0	0
t 时　n_B/mol	2.0	7.0	2.0	ξ

$$\xi=\frac{\Delta n(N_2)}{\nu(N_2)}=\frac{\Delta n(H_2)}{\nu(H_2)}=\frac{\Delta n(NH_2)}{\nu(NH_2)}$$

$$=\frac{(2.0-3.0)\text{mol}}{-1}=\frac{(7.0-10.0)\text{mol}}{-3}=\frac{(2.0-0)\text{mol}}{2}=1\text{mol}$$

从上面的简单计算可以看出，无论用反应物还是生成物中的任何物质的物质的量的变化量来计算反应进度 ξ，结果都是相同的。要特别明确的是，反应进度 ξ 和化学反应计量式相对应。若反应的化学计量式发生变化时，即使 Δn_B 不变，ξ 也将不同。如果将上述合成氨的反应计量式写成：

$$\frac{1}{2}N_2(g)+\frac{3}{2}H_2(g) \longrightarrow NH_3(g)$$

则 t 时 $$\xi'=\frac{\Delta n(N_2)}{\nu(N_2)}=\frac{(2.0-3.0)\text{mol}}{-1/2}=2\text{mol}$$

因此可知，反应进度与反应计量式的表示密切相关，反应进度是以反应式为单元来表示反应进行的程度的。

当反应按所给反应式的系数比例进行了一个单位的化学反应时，即 $\Delta n_B/\nu_B=1\text{mol}$，这时反应进度就等于1mol。所以按反应式：

$$N_2(g)+3H_2(g)\longrightarrow 2NH_3(g)$$

$\xi=1\text{mol}$，即表示1mol N_2 与3mol H_2 反应生成2mol NH_3。

而对于反应式：

$$\frac{1}{2}N_2(g)+\frac{3}{2}H_2(g)\longrightarrow NH_3(g)$$

$\xi=1\text{mol}$，即表示0.5mol N_2 与1.5mol H_2 反应生成1mol NH_3。

3.2 热力学第一定律

3.2.1 热

系统与环境之间因为温度的不同而交换或传递的能量称为热，热的表示符号为 Q。需要注意以下三点。

① 热是一种因温度不同而交换或传递的能量。对一系统而言不能说它具有多少热，只能讲它从环境吸收了多少热或释放给环境多少热。这与我们通常说的冷热不同。对于一个孤立系统而言，可能因为发生化学变化导致温度变化，但孤立系统与环境之间无热交换。

② 热不是状态函数。热是系统与环境之间交换或传递的能量，不是系统自身的性质，是在系统发生变化的过程中产生的，受过程的制约。

③ 根据国际最新规定，以系统的得失能量为标准，系统从环境吸收热量为正值，$Q>0$（表示系统能量增加）；反之，系统向环境放出热量为负值，$Q<0$（表示系统能量减少）。

3.2.2 功

系统与环境之间除热以外，所有其他方式所传递或交换的能量统称为功，功的表示符号为 W。

与热相同，功也是系统状态变化过程中与环境之间传递或交换的能量。不是系统自身的性质，受过程制约。因此，功也不是状态函数。

功的正负号：根据国际最新规定，以系统的得失能量为标准，环境对系统做功，$W>0$（表示系统能量增加）；系统对环境做功，$W<0$（表示系统能量减少）。

热力学中涉及的功可以分为两大类。

(1) 体积功

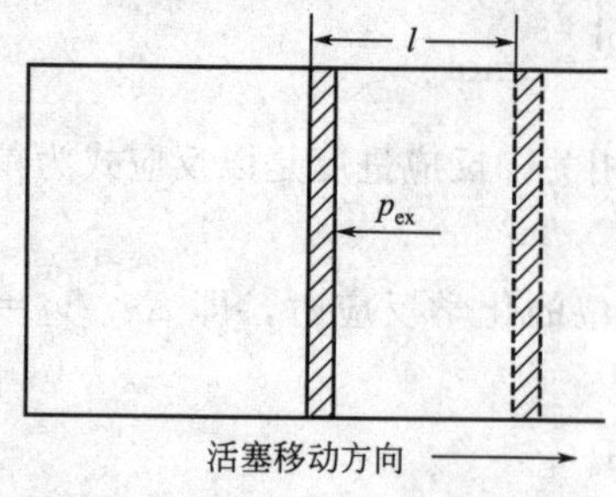

图 3-2　系统膨胀做功示意图

系统只是由于体积的改变而与环境间产生的功称为体积功，如气缸中气体的膨胀或被压缩，如图 3-2。

在恒定外压过程中，p_{ex}是恒定的，系统膨胀必须克服外压。若忽略活塞的质量，活塞与气缸壁间又无摩擦力，活塞的截面积为 A，活塞移动的距离为 l，在定温下系统对环境做功：

$$W=-F_{ex}l$$

F_{ex}为外界环境作用在活塞上的力，且

$$F_{ex}=p_{ex}A$$

所以

$$W=-p_{ex}Al=-p_{ex}\Delta V \tag{3-3}$$

当体积的改变 $\Delta V>0$，系统对环境做功，W 为负；当体积的改变 $\Delta V<0$，环境对系统做功，W 为正。在定容过程中，系统与环境之间传递能量时，由于 $\Delta V=0$，$W=0$，即定容过程中系统与环境之间没有体积功的交换。

(2) 非体积功

体积功以外的所有其他形式的功统称为非体积功，如电功、表面功等。本教材涉及的非体积功主要是电功，如原电池放电，产生电流做功（参见第 8 章）。

3.2.3　热力学能（内能）

系统是由大量的微观粒子组成的，系统内的微观粒子始终处于永恒运动和相互作用中。系统内所有微观粒子的全部能量的总和称为热力学能，又称内能，用符号 U 表示。

热力学能是系统内各种形式能量的总和，包括系统内各物质分子的动能、分子间的吸引与排斥、分子转动能、振动能、分子内原子之间的相互作用能、电子运动能、电子与原子核之间的作用能、核能等，是系统自身的性质。在一定状态下，热力学能 U 的数值固定，因此是状态函数。

由于组成系统的物质结构的复杂性和内部相互作用的多样性，至今我们还无法知道热力学能的绝对值。实际应用中只要能确定始态与终态的热力学能的变化量 ΔU 就足够了，即当系统的状态改变时，测量其改变量即可。

$$\Delta U=U_2-U_1$$

3.2.4　热力学第一定律及其数学表达式

(1) 热力学第一定律

经过迈耶、焦耳和亥姆霍兹等科学家的共同努力，科学界终于在 19 世纪中叶

公认了能量转化与守恒定律。

能量转化与守恒定律指出：自然界的一切物质都具有能量，能量既不能消灭也不能创造。能量存在各种形式，不同的形式之间可相互转化，能量在不同的物体之间也可相互传递，而在转化和传递过程中能量的总量保持不变。能量转化与守恒定律应用于宏观热力学系统即为热力学第一定律。

（2）热力学第一定律的数学表达式

对于一个封闭系统，系统和环境之间只有热和功的交换和传递。当系统状态发生变化时，系统的热力学能将发生变化。若系统从环境吸热（Q），系统对环境做功（W），使其热力学能由 U_1 变化到 U_2，根据能量守恒定律，系统热力学能的变化 ΔU 为：

$$\Delta U = U_2 - U_1 = W + Q \tag{3-4}$$

式（3-4）即为热力学第一定律的数学表达式。它的含义是封闭系统由始态变化到终态时热力学能的变化等于系统和环境之间传递的热量 Q 和功 W 之和。

如果系统只做体积功（膨胀功）时

$$\Delta U = W + Q = (-p_{ex}\Delta V) + Q \tag{3-5}$$

【例 3-1】 在压力为 101.3kPa 和反应温度是 1110K 时，1mol $CaCO_3$ 分解产生了 1mol CO_2 和 1mol CaO，同时从环境吸热 178.3kJ，体积增大了 0.091m^3。试计算 1mol $CaCO_3$ 分解后系统热力学能的变化。

解：

$$p = 101.3\text{kPa} \qquad Q = 178.3\text{kJ}$$

$$W = -p\Delta V = -101.3\text{kPa} \times 0.091\text{m}^3 = -9.2\text{kJ}$$

系统的热力学能的变化：

$$\Delta U = W + Q = 178.3\text{kJ} + (-9.2)\text{kJ} = 169.1\text{kJ}$$

结果说明系统的热力学能增加了 169.1kJ。

3.3 热化学

3.3.1 化学反应热效应

系统发生化学反应时，在只做体积功而不做非体积功的情况下，当生成物的温度与反应物的温度相同时，化学反应过程中所吸收或放出的热量，称为化学反应热效应，简称反应热。化学反应热要反映出与反应物和生成物的化学键相联系的能量变化，要求反应物和生成物的温度相同，以消除反应物和生成物因温度的不同而产生的热量差异（当然，这种由于温度不同而产生的热量差异是可以计算出来的，但不方便讨论反应热问题）。

化学反应通常在定容或定压条件下进行，因此化学反应热效应常分为定容热效应与定压热效应，即定容反应热和定压反应热。

3.3.2　焓与焓变

(1) 定容反应热与热力学能变

在定温条件下，若系统发生化学反应是在容积恒定的容器中进行，且不做非体积功的过程，则该过程中与环境之间交换的热量就是定容反应热，其符号为 Q_V。

因为是在定容条件下，则 $\Delta V=0$，则过程的体积功 $W=0$，根据热力学第一定律得数学表达式（3-5）可得

$$\Delta U=Q_V-p_{ex}\Delta V=Q_V$$

$$Q_V=\Delta U \tag{3-6}$$

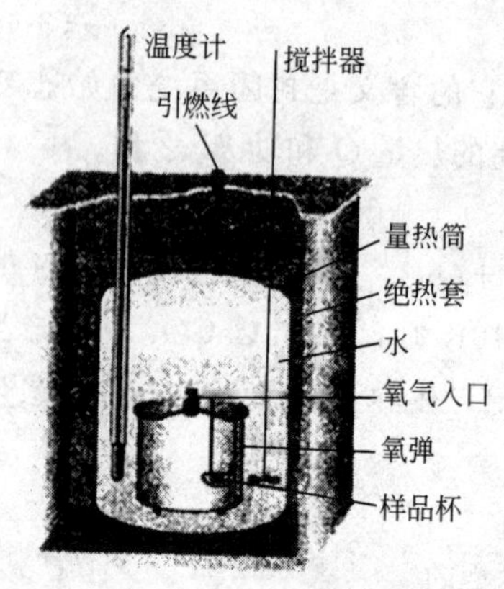

图 3-3　弹式量热计

式（3-6）说明，定容反应热 Q_V 在量值上等于系统状态变化的热力学能变。因此，虽然热力学能 U 的绝对值无法知道，但可通过测定系统状态变化的定容反应热 Q_V 得到热力学能变 ΔU。

化学反应的定容反应热可以用（图 3-3）所示的弹式量热计精确地测量。

在弹式量热计中，有一个用高强度钢制的“氧弹”，氧弹放在装有一定质量水的绝热容器中。测量反应热时，将已称重的反应物装入氧弹中，精确测定系统的起始温度后，用电火花引发反应。如果所测的是一个放热反应，则反应放出的热量使系统（包括氧弹及内部物质、水和钢质容器等）的温度升高，可用温度计测出系统的终态温度，计算出水和容器所吸收的热量即为反应热。

(2) 定压反应热与焓变

通常，许多化学反应是在“敞口”容器中进行的，系统压力与环境压力相等（此系统只要不与环境交换物质仍是封闭系统）。这时的反应热称为定压反应热，以 Q_p 表示。在定压过程中，体积功（膨胀功）$W=-p_{ex}\Delta V$。若非体积功为零，根据热力学第一定律数学表达式（3-5）得：

$$\Delta U=Q_p-p_{ex}\Delta V$$

$$U_2-U_1=Q_p-p_{ex}(V_2-V_1)$$

因为

$$p_1=p_2=p_{ex}$$

所以

$$U_2-U_1=Q_p-(p_2V_2-p_1V_1)$$

$$Q_p=(U_2+p_2V_2)-(U_1+p_1V_1)=\Delta(U+pV)$$

定义

$$H=U+pV \tag{3-7}$$

$$Q_p=H_2-H_1=\Delta H$$

整理后

$$Q_p=\Delta H \tag{3-8}$$

因式（3-7）中U，p，V均为状态函数，则H也为状态函数，称为焓，它是一个具有能量量纲的抽象的热力学函数。此外，由于U的绝对值不能确定，因此H的绝对值也无法确定。

式（3-8）表明，对于化学反应，只做体积功条件下，系统在定压过程中与环境所交换的热在数值上等于系统的焓变。焓的导出虽借助于定压过程，但不是说其他过程就没有焓变。根据焓的定义式（3-7），一般情况下的焓变为：

$$\Delta H=\Delta U+\Delta(pV)=\Delta U+p\Delta V+V\Delta p \tag{3-9}$$

从式（3-9）可知，$V\Delta p$不是能量，只体现了压力变化对焓变的影响；$p\Delta V$也不是体积功。因此，一般情况下，焓变的物理意义不明确。由于化学反应一般在只做体积功的定压条件下进行，所以热力学常用ΔH表示定压反应热Q_p。对于吸热反应$\Delta H>0$；放热反应$\Delta H<0$。

（3）理想气体的焓

对于组成及量一定的理想气体，$pV=nRT$，则理想气体的焓为：

$$H=U+pV=U+nRT \tag{3-10}$$

由焦耳实验得出的结论，物质的量不变时，理想气体的热力学能U只是温度的函数，故理想气体的焓也只是温度的单值函数，因为n，R在式（3-10）中皆为常数。

3.3.3 $\Delta_r U_m$和$\Delta_r H_m$的关系

从前面的讨论可以看出，在没有非体积功时，定容反应热可用ΔU表示，定压反应热可用ΔH表示。化学反应热的大小与反应进度有关，因此引入反应的摩尔热力学能变$\Delta_r U_m$和反应的摩尔焓变$\Delta_r H_m$：

$$\Delta_r U_m=\frac{\Delta U}{\xi}=\frac{\nu_B \Delta U}{\Delta n_B} \tag{3-11}$$

$$\Delta_r H_m=\frac{\Delta H}{\xi}=\frac{\nu_B \Delta H}{\Delta n_B} \tag{3-12}$$

式中，角标 r 表示反应；m 表示摩尔。上两式分别表明了反应进度为1mol时，热力学能的变化量和焓的变化量。

可以推导Q_V和Q_p，存在如下关系：

$$Q_p=Q_V+\Delta n_{B(g)}RT \tag{3-13}$$

结合$Q_V=\Delta U$，$Q_p=\Delta H$则

$$\Delta H=\Delta U+\Delta n_{B(g)}RT$$

引入$\Delta_r U_m$和$\Delta_r H_m$的概念之后，则

$$\Delta_r H_m=\Delta_r U_m+\sum_B \nu_{B(g)}RT \tag{3-14}$$

式中，$\sum_B \nu_{B(g)}$是反应前后气态物质化学计量系数代数和。

例如，定温定压过程中，

$$2H_2(g)+O_2(g)=\!=\!=2H_2O(g) \quad \Delta_r H_m^{\ominus}(298.15K)=-483.64kJ\cdot mol^{-1}$$

$$\sum_B \nu_{B(g)}=2-2-1=-1$$

$$\begin{aligned}\Delta_r U_m^{\ominus}(298.15K)&=\Delta_r H_m^{\ominus}(298.15K)-\sum_B \nu_{B(g)}RT\\&=-483.64kJ\cdot mol^{-1}-(-1)\times 8.314\times 10^{-3}kJ\cdot K^{-1}\cdot mol^{-1}\times 298.15K\\&=-481.16kJ\cdot mol^{-1}\end{aligned}$$

$\Delta_r U_m^{\ominus}(298.15K)$ 和 $\Delta_r H_m^{\ominus}(298.15K)$ 相差不大，因此，在有些情况下，并不区分 $\Delta_r H_m^{\ominus}(T)$ 和 $\Delta_r U_m^{\ominus}(T)$。

【例 3-2】 固体柠檬酸的燃烧反应为：

$$C_6H_8O_7(s)+\frac{9}{2}O_2(g)\longrightarrow 6CO_2(g)+4H_2O(l)$$

298.15K 时，在弹式量热计中 10.0g 固体柠檬酸的完全燃烧所放出的热量为 103.6kJ。试求该反应在定压及 298.15K 条件下进行时的 $\Delta_r H_m$。

解：柠檬酸的摩尔质量 $M(C_6H_8O_7)=192.0g\cdot mol^{-1}$，故其物质的量为：

$$n=\frac{m}{M}=\frac{10.0g}{192.0g\cdot mol^{-1}}=5.21\times 10^{-2}mol$$

而弹式量热计中发生的是定容反应，所以

$$Q_V=\Delta U=-103.6kJ$$

$$\Delta_r U_m=\frac{\Delta U}{\xi}=\frac{\nu_B \Delta U}{\Delta n_B}=\frac{(-1)\times(-103.6)kJ}{(0-5.21\times 10^{-2})mol}=-1.99\times 10^3 kJ\cdot mol^{-1}$$

则反应的摩尔恒压反应热为：

$$\begin{aligned}\Delta_r H_m&=\Delta_r U_m+\sum_B \nu_{B(g)}RT\\&=-1.99\times 10^3kJ\cdot mol^{-1}+(6-4.5)\times 8.314\times 10^{-3}kJ\cdot K^{-1}\cdot mol^{-1}\times 298.15K^{-1}\\&=-1.986\times 10^3 kJ\cdot mol^{-1}\end{aligned}$$

3.3.4 热力学标准态与热化学方程式

（1）热力学标准态

为了比较不同反应热的大小，需要规定共同的比较标准。热力学标准态是指在某温度 T 和标准压力 $p^{\ominus}$（100kPa）下该物质的状态，右上角标“$\ominus$”是表示标准态的符号。标准态不仅用于气体，也用于液体、固体或溶液。同一种物质，所处的状态不同，标准态的含义也不同。现分述如下。

气体：标准压力下的纯气体或混合气体中分压为标准压力的某气体，并认为气体均具有理想气体的性质。

纯液体（或纯固体）：标准压力下的纯液体（或纯固体）。

溶液中的溶质：标准压力下，溶质活度为 1 或浓度为 $1mol\cdot kg^{-1}$ 或 $1mol\cdot L^{-1}$。

标准态明确指定了标准压力 $p^{\ominus}$ 为 100kPa，但未指定温度。而从手册中查到的热力学常数大多是 298.15K 下的数据，本书则以 298.15K 为参考温度。

(2) 热化学方程式

表示化学反应及其反应的标准摩尔焓变热关系的化学反应方程式叫热化学反应方程式。例如：

$$2H_2(g)+O_2(g)\longrightarrow 2H_2O(g) \quad \Delta_r H_m^{\ominus}(298.15K)=-483.64kJ\cdot mol^{-1}$$

该式表示，在温度 298.15K 的定压过程中，各气体的分压均为标准压力 $p^{\ominus}=$ 100kPa 下，化学反应的反应进度是 1mol 时，该反应的标准摩尔焓变 $\Delta_r H_m^{\ominus}$ (298.15K) $=-483.64kJ\cdot mol^{-1}$。

反应的标准摩尔焓变与许多因素有关，正确写出热化学方程式必须注意以下几点。

① 正确写出化学反应计量式，必须是配平的反应方程式。因为 $\Delta_r H_m^{\ominus}$ (298.15K) 是反应进度为 1mol 时反应的标准摩尔焓变，而反应进度与化学计量式相关联。同一反应，以不同的计量式表示，其反应的标准摩尔焓变 $\Delta_r H_m^{\ominus}$ 不同。例如：

$$2H_2(g)+O_2(g)\longrightarrow 2H_2O(g) \quad \Delta_r H_m^{\ominus}(298.15K)=-483.64kJ\cdot mol^{-1}$$

$$H_2(g)+\frac{1}{2}O_2(g)\longrightarrow H_2O(g) \quad \Delta_r H_m^{\ominus}(298.15K)=-241.82kJ\cdot mol^{-1}$$

② 注明反应系统的温度及压力。因同一反应在不同温度下反应热是不同的。压力对反应热也有影响，但影响不大。例如：

$$CH_4(g)+H_2O(g)\longrightarrow CO(g)+3H_2(g)$$

$$\Delta_r H_m^{\ominus}(298.15K)=206.15kJ\cdot mol^{-1}$$

$$\Delta_r H_m^{\ominus}(1273K)=227.23kJ\cdot mol^{-1}$$

所以，书写热化学方程式必须注明反应温度。本书中，有时对常温常压下的热化学方程式不注明反应条件，多以 $\Delta_r H_m^{\ominus}$(298.15K) 表示之。

③ 必须标明参与反应的各种物质的聚集状态，用 g，l 和 s 分别表示气态、液态和固态，用 aq 表示水溶液。通过下述比较可以看出标明参与反应的物质状态的重要性。

$$2H_2(g)+O_2(g)\longrightarrow 2H_2O(g) \quad \Delta_r H_m^{\ominus}(298.15K)=-483.64kJ\cdot mol^{-1}$$

$$2H_2(g)+O_2(g)\longrightarrow 2H_2O(l) \quad \Delta_r H_m^{\ominus}(298.15K)=-571.66kJ\cdot mol^{-1}$$

显然生成液态水能放出更多的热，$\Delta_r H_m^{\ominus}$ 更小。

3.3.5 标准摩尔生成焓

为了得到单质和化合物的相对焓值，规定在温度 T 下，由参考状态的单质生成物质 B($\nu_B=+1$) 时，反应的标准摩尔焓变称为物质 B 的标准摩尔生成焓，用 $\Delta_f H_m^{\ominus}$(B,相态,T) 表示，单位是 $kJ\cdot mol^{-1}$。

这里所谓的参考状态，一般是指每种单质在所讨论的温度 T 及标准压力 $p^{\ominus}$ 时最稳定的状态。例如，石墨、金刚石是碳的两种同素异形体，石墨是碳的最稳定的单质，是碳的参考状态。又如，$O_2(g)$、$H_2(g)$、$Br_2(l)$、$I_2(s)$ 和 $Hg(l)$ 等是相应元素的最稳定单质。但是，个别情况下，参考状态的单质并不是最稳定的，如磷的参考状态的单质是白磷 P_4（s，白）。实际上，白磷不及红磷稳定。

根据 $\Delta_f H_m^{\ominus}$（B,相态,T）的定义，在任何温度下，参考状态单质的标准摩尔生成焓均为零。例如，$\Delta_f H_m^{\ominus}$(C,石墨,s,T) $=0$。

实际上，$\Delta_f H_m^{\ominus}$（B,相态,T）是物质B的生成反应的标准摩尔焓变。书写B的生成反应计量式时，要使B的化学计量数 $\nu_B=+1$。如 $H_2O(g)$ 的生成反应：

$$H_2(g,298.15K,p^{\ominus})+\frac{1}{2}O_2(g,298.15K,p^{\ominus})\longrightarrow H_2O(g,298.15K,p^{\ominus})$$

$$\Delta_f H_m^{\ominus}(H_2O,g,298.15K)=\Delta_r H_m^{\ominus}(298.15K)=-241.82kJ\cdot mol^{-1}$$

由本书附录3和化学手册中均可以查得各物质在常温常压时的 $\Delta_f H_m^{\ominus}$（B，相态，298.15K），各种物质的标准摩尔生成焓多数小于零。通过比较某些相同类型化合物的标准摩尔生成焓数据，可以推断这些化合物的相对稳定性。例如，将 Ag_2O、HgO分别与 Na_2O、CaO相比较，前两者生成时放热较少，因而比较不稳定，受热易分解（见表3-1）。

表3-1 同类型化合物的 $\Delta_f H_m^{\ominus}$ 与稳定性

化学式	$\Delta_f H_m^{\ominus}$(s,298.15K)/(kJ·mol^{-1})	稳定性
Na_2O	−414.22	受热不分解
Ag_2O	−31.05	300℃以上不分解
CaO	−635.09	受热不分解
HgO(红)	−90.83	447℃分解

对水溶液中进行的离子反应，常涉及水合离子标准摩尔生成焓。水合离子标准摩尔生成焓是指：在温度 T 及标准状态下，由参考状态单质生成溶于大量水（形成无限稀溶液）的水合离子B（aq）的标准摩尔反应焓变。符号为 $\Delta_f H_m^{\ominus}$(B，∞，aq，T)，单位为kJ·mol^{-1}。符号"∞"表示"在大量水中"或"无限稀水溶液中"，常常省略。同样，在书写反应方程式时，应使离子B为唯一生成物，且离子B的化学计量数 $\nu_B=+1$，并规定水合氢离子的标准摩尔生成焓为零，即在298.15K、标准状态时，由单质 $H_2(g)$ 生成水合氢离子的标准摩尔反应焓变为零，即

$$\frac{1}{2}H_2(g)+aq\longrightarrow H^+(aq)+e^-$$

$$\Delta_r H_m^{\ominus}(298.15K)=\Delta_f H_m^{\ominus}(H^+,aq,298.15K)=0kJ\cdot mol^{-1}$$

在298.15K、100kPa下，常见物质及水合离子的标准摩尔生成焓数据见附录3。

3.3.6 标准摩尔燃烧焓

燃烧是一类重要的氧化还原反应。物质燃烧时往往放出大量的热。物质 B 的标准摩尔燃烧焓被定义为：在温度 T 及标准态下 1mol 物质 B 完全燃烧时的标准摩尔反应焓变称为物质 B 的标准摩尔燃烧焓，简称燃烧焓，用 $\Delta_c H_m^{\ominus}$(B,相态,T) 表示，单位为 $kJ\cdot mol^{-1}$。一些物质的标准摩尔燃烧焓见附录 4。

书写燃烧反应的计量式时，注意应使 B 的化学计量系数 $\nu_B=-1$。如，298.15K 下甲醇的燃烧反应为：

$$CH_3OH(l)+\frac{3}{2}O_2(g)\longrightarrow CO_2(g)+2H_2O(l)$$

$$\Delta_c H_m^{\ominus}(CH_3OH,l,298.15K)=-726.64kJ\cdot mol^{-1}$$

所谓完全燃烧（或完全氧化）是指物质 B 中的 C 变成 $CO_2(g)$，H 变为 $H_2O(l)$，S 变为 $SO_2(g)$，N 变为 $N_2(g)$，Cl 变成 HCl(aq) 等。由于反应物已完全燃烧，所以反应后的生成物显然不能燃烧。因此，标准摩尔燃烧焓的定义中隐含“燃烧反应中所有生成物的标准摩尔燃烧焓为零”。即

$$\Delta_c H_m^{\ominus}(CO_2,g,298.15K)=0,\Delta_c H_m^{\ominus}(H_2O,l,298.15K)=0$$

由 $\Delta_f H_m^{\ominus}$(B,相态,T) 和 $\Delta_c H_m^{\ominus}$(B,相态,T) 定义可知：

$$\Delta_f H_m^{\ominus}(H_2O,l,T)=\Delta_c H_m^{\ominus}(H_2,g,T)$$

$$\Delta_f H_m^{\ominus}(CO_2,g,T)=\Delta_c H_m^{\ominus}(C,\text{石墨},s,T)$$

有机化合物的标准摩尔燃烧焓具有重要意义，如石油（燃烧热）是判断其质量好坏的一个重要指标；又如脂肪的热值是评判其营养价值的重要指标。

3.4 Hess 定律和化学反应焓变的计算

如果每一个化学反应的反应热都要通过实验测定，则工作量太大，且有些反应热还很难测定。为此，化学家依据现有的实验数据研究了反应热的多种理论计算方法。

3.4.1 Hess 定律

1836 年，俄国化学家 G. H. Hess（盖斯）在大量实验的基础上总结出：一个化学反应不管是一步完成，还是分几步完成，它的反应热都是相同的。这就是 Hess 定律。由于化学反应一般都在定压或者定容条件下进行，而定压反应热 $Q_p=\Delta H$；定容反应热 $Q_V=\Delta U$，H 和 U 都是状态函数，其 ΔH 和 ΔU 只取决于始态和终态。因此，这个定律更准确地表述为：在不做非体积功、定压或定容条件下，任何化学反应不管是一步完成还是分几步完成，其反应热只决定于系统的始态和终

态，与反应所经历的途径无关。Hess 定律是热化学计算的基础。

Hess 定律表明，热化学反应方程式也可以像普通代数方程式一样进行加减运算，利用一些已知的（或可测量的）反应热数据，间接地计算那些难以测量的化学反应的反应热。

例如 C 与 O_2 化合生成 CO 的反应热无法直接测定（难以控制 C 只生成 CO 而不生成 CO_2），但可通过相同反应条件下的反应（1）与（2）间接求得。

$$C(s)+O_2(g) \longrightarrow CO_2(g); \quad \Delta H_1 \tag{1}$$

$$CO(g)+\frac{1}{2}O_2(g) \longrightarrow CO_2(g); \quad \Delta H_2 \tag{2}$$

$$C(s)+\frac{1}{2}O_2(g) \longrightarrow CO(g); \quad \Delta H_3 \tag{3}$$

确定始态为 $C(s)+O_2(g)$，终态为 $CO_2(g)$，在相同反应条件下进行的三个反应之间，存在如图 3-4 所示的关系。根据 Hess 定律，两种途径的反应焓变应相等，即

$$\Delta H_1=\Delta H_2+\Delta H_3$$

所以

$$\Delta H_3=\Delta H_1-\Delta H_2$$

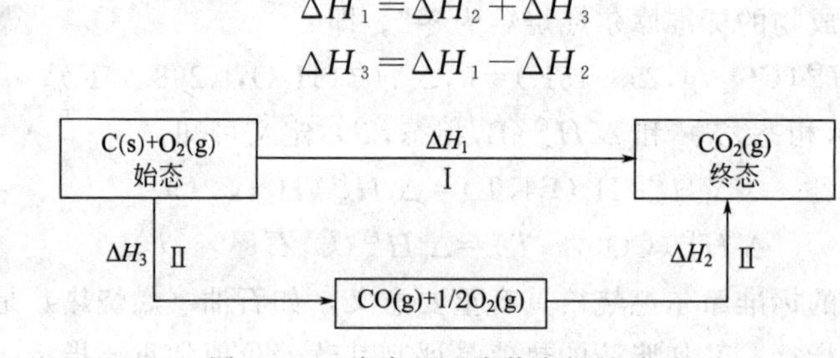

图 3-4　三个定压反应热之间的关系

上述三个化学反应方程式之间的关系为：反应式(2)＝(1)－(3)。由此表明，一个反应如果是另外两个或者多个反应相加（或相减），则该总反应的反应热必然是各步反应的反应热之和（或之差）。这是 Hess 定律的推论。由此推论就能使化学方程式像代数方程那样进行加减运算，即可以利用一些已知的（或可测量的）化学反应的反应热数据，间接地计算那些难以测量的化学反应的反应热。

3.4.2　化学反应焓变的计算

化学反应的焓变除了可以通过实验测定，及利用 Hess 定律借助相关反应焓变计算外，也可以利用热力学数值来进行计算。

(1)　由标准摩尔生成焓计算 $\Delta_r H_m^{\ominus}$

在温度 T 及标准状态下，同一个化学反应的反应物和生成物存在如图 3-5 所示的关系，它们均可由等物质的量、同种类的参考状态单质生成。

根据 Hess 定律，若把参加反应的各参考状态的单质定位始态，把反应的生成物定为终态，则两种反应途径的焓变相等，所以

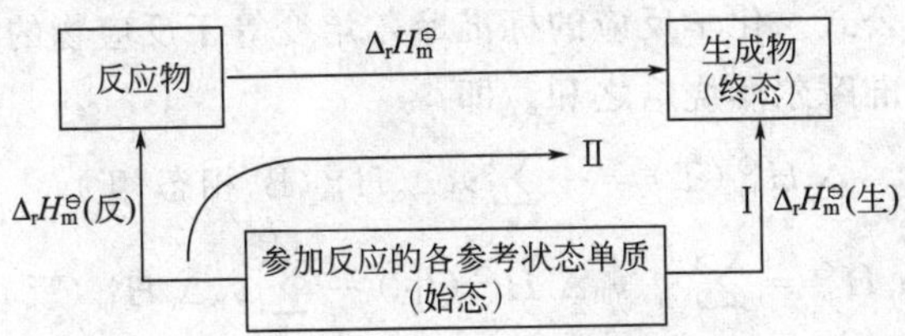

图 3-5 标准摩尔生成焓与标准摩尔反应焓变的关系

$$\Delta_r H_m^\ominus + \Delta_r H_m^\ominus(反) = \Delta_r H_m^\ominus(生)$$

即
$$\Delta_r H_m^\ominus + \sum_B (-\nu_B) \Delta_f H_m^\ominus(反) = \sum_B \nu_B \Delta_f H_m^\ominus(生)$$

所以有
$$\Delta_r H_m^\ominus = \sum_B \nu_B \Delta_f H_m^\ominus(生) + \sum_B \nu_B \Delta_f H_m^\ominus(反)$$
$$= \sum_B \nu_B \Delta_f H_m^\ominus(B)$$

因而，对任一化学反应 $0 = \sum_B \nu_B B$

其标准摩尔反应焓变为

$$\Delta_r H_m^\ominus(T) = \sum_B \nu_B \Delta_f H_m^\ominus(B,相态,T) \tag{3-15}$$

【例 3-3】 定压条件下进行的氨氧化反应，其反应方程式为：

$$4NH_3(g) + 5O_2(g) \longrightarrow 4NO(g) + 6H_2O(g)$$

试利用反应物和生成物的标准摩尔生成焓计算 298.15K 下该反应的标准摩尔焓变。

解： 由附录 3 查得 298.15K 时，$\Delta_f H_m^\ominus(NH_3,g) = -46.11 kJ \cdot mol^{-1}$

$\Delta_f H_m^\ominus(NO,g) = 90.25 kJ \cdot mol^{-1}$

$\Delta_f H_m^\ominus(H_2O,g) = -241.82 kJ \cdot mol^{-1}$

$\Delta_f H_m^\ominus(O_2,g) = 0 kJ \cdot mol^{-1}$

则
$$\begin{aligned}\Delta_r H_m^\ominus &= \sum_B \nu_B \Delta_f H_m^\ominus(B) \\ &= 6\Delta_f H_m^\ominus(H_2O,g) + 4\Delta_f H_m^\ominus(NO,g) - 4\Delta_f H_m^\ominus(NH_3,g) \\ &= 6\times(-241.82) kJ \cdot mol^{-1} + 4\times 90.25 kJ \cdot mol^{-1} - 4\times(-46.11) kJ \cdot mol^{-1} \\ &= -905.48 kJ \cdot mol^{-1}\end{aligned}$$

(2) 由标准摩尔燃烧焓计算 $\Delta_r H_m^\ominus$

在计算化学反应焓变时，在缺少标准摩尔生成焓的数据时也可用标准摩尔燃烧焓进行计算。例如，对于有机化合物来说，生成焓的数据较难测定，但其燃烧焓较易通过实验测得，因此经常用燃烧焓数据来计算有机化合物的反应热。

标准摩尔生成焓是以反应物为起点，即单质为参考态的相对值；标准摩尔燃烧焓则是以燃烧终点为参照物的相对值。

运用与上面类似的方法可以推导出由反应物和生成物的标准摩尔燃烧焓计算标

准摩尔反应焓变的公式。化学反应的标准摩尔焓变等于反应物的标准摩尔燃烧焓之和减去生成物的标准摩尔燃烧焓之和。即

$$\Delta_r H_m^\ominus(T) = -\sum_B \nu_B \Delta_c H_m^\ominus(\text{B,相态},T)$$

$$\Delta_r H_m^\ominus = \sum_B -\nu_B \Delta_c H_m^\ominus(\text{生}) - \sum_B \nu_B \Delta_c H_m^\ominus(\text{反}) \tag{3-16}$$

由于一般的热力学数据表只能查到 $\Delta_f H_m^\ominus$（B,相态,298.15K）数据和 $\Delta_c H_m^\ominus$（B,相态,298.15K），根据式（3-15）、式（3-16）只能计算 298.15K 下的 $\Delta_r H_m^\ominus$。需要指出的是，如果系统温度不是 298.15K，则反应的 $\Delta_r H_m^\ominus$ 会有改变，但一般变化不大。所以在近似估算中，可以忽略温度对反应焓变的影响，则有：

$$\Delta_r H_m^\ominus(T) \approx \Delta_r H_m^\ominus(298.15\text{K}) \tag{3-17}$$

【例 3-4】 已知乙烷在 298.15K 的标准摩尔燃烧焓 $\Delta_c H_m^\ominus(C_2H_6,g) = -1559.8\text{kJ}\cdot\text{mol}^{-1}$，根据二氧化碳、水的标准摩尔生成焓，计算乙烷的标准摩尔生成焓。

乙烷的燃烧反应为： $C_2H_6(g) + \frac{7}{2}O_2(g) \longrightarrow 2CO_2(g) + 3H_2O(l)$

解 ：由附录 3 查得 298.15K 时，$\Delta_f H_m^\ominus(CO_2, g) = -393.5\text{kJ}\cdot\text{mol}^{-1}$

$\Delta_f H_m^\ominus(H_2O, l) = -285.8\text{kJ}\cdot\text{mol}^{-1}$

$$\Delta_r H_m^\ominus(298.15\text{K}) = \Delta_c H_m^\ominus(C_2H_6,g) = \sum_B \nu_B \Delta_f H_m^\ominus(B)$$

$$= 3\Delta_f H_m^\ominus(H_2O,l) + 2\Delta_f H_m^\ominus(CO_2,g) - \Delta_f H_m^\ominus(C_2H_6,g)$$

$$\Delta_f H_m^\ominus(C_2H_6,g) = 3\Delta_f H_m^\ominus(H_2O,l) + 2\Delta_f H_m^\ominus(CO_2,g) - \Delta_c H_m^\ominus(C_2H_6,g)$$

$$= [3\times(-285.8) + 2\times(-393.5) - (-1559.8)]\text{kJ}\cdot\text{mol}^{-1}$$

$$= -84.6\text{kJ}\cdot\text{mol}^{-1}$$

3.5 化学反应的方向

在化学热力学的研究中，化学家常要考察物理变化和化学变化的方向性，然而，能量守恒对变化过程的方向并没有给出任何限制。化学反应的方向，是指在一定条件下，反应物能否按指定的反应生成产物。例如，常温常压下，甲烷可以燃烧生成二氧化碳和水。化学反应的方向是人们最感兴趣和最关心的问题之一。因为在实际应用中反应能否发生，即反应的可能性问题是第一位的。只有对可能发生的反应，才能研究如何进一步实现这个反应和加快反应速度，提高产率。如果根本不可能发生的反应，就没有进一步研究的必要。

3.5.1 自发变化与反应的自发性

自然界发生的过程都有一定的方向性。如水总是从高处流向低处，直至两处水位相等；热可以从高温物体传递到低温物体，直至两者温度相等；电流总是从高电

势流向低电势，直至电势差为零；又如铁在潮湿的空气中能被缓慢氧化变成铁锈等。这些不需要借助外力就能自动进行的过程称为自发过程（又称自发变化），相应的化学反应叫自发反应。

自发反应有如下特征：

(1) 自发反应不需要环境对系统做功就能自动进行，并借助于一定的装置能对环境做功；

(2) 自发反应的逆过程是非自发的；

(3) 自发反应与非自发反应均有可能进行，但只有自发反应能自动进行，非自发反应必须借助一定方式的外部作用才能进行；

(4) 在一定的条件下，自发反应能一直进行直至达到平衡，即自发反应的最大限度是系统的平衡状态。

一个反应能不能自发进行当然还与给定的条件有关。碳酸钙在常温常压下不会自动分解，但是反应的温度升高到 1173K 以上，即可分解。又如在通常条件下空气中的氮气与氧气不能自发地反应生成一氧化氮，但是汽车行驶时，汽油在内燃机室燃烧产生高温，吸入的空气中的氮气与氧气就能自发地反应成足以导致污染量的一氧化氮。随着排出的废气而散布于空气中，并能逐渐与空气中的氧气化合生成二氧化氮，使空气污染。显然这些情况是人们所关心的，为了解决这些问题，应研究决定过程自发方向的因素，寻找判断过程方向的共同准则。

热力学将帮助我们预测某一过程能否自发地进行。

3.5.2 反应自发方向与焓

自然界中的许多变化都是自发地向着系统能量降低的方向进行。如水从高处流向低处，热从高温物体传递给低温物体等。化学反应同样也伴随着能量的变化，如燃料燃烧时放热，电池反应产生电功，这些反应都是自发的。因此，对于一个自发进行的反应，在反应物转变为生成物的过程中，可以认为是系统损失了某种能量，从而推动了反应自发进行。19 世纪 70 年代，Berthelo 曾提出：在没有外界能量的参与下，化学反应总是朝着放热更多的方向进行，即系统能量降低方向，就是说如果系统的焓减少（$\Delta H<0$），反应将能自发进行。这种以反应的焓变作为判断反应方向的依据，简称焓变判据。从系统的能量变化来看，放热反应发生以后，系统的能量降低。反应放热越多，系统的能量降低得越多，反应进行得越彻底。显然，系统有趋于最低能量状态的倾向，称为最低能量原理。例如，298.15K 和 100kPa 时下列反应：

$$2Fe(s)+\frac{3}{2}O_2(g)\longrightarrow Fe_2O_3(s) \qquad \Delta_r H_m^\ominus=-824.2kJ\cdot mol^{-1}$$

$$C(s)+O_2(g)\longrightarrow CO_2(g) \qquad \Delta_r H_m^\ominus=-393.51kJ\cdot mol^{-1}$$

$$2H_2(g)+O_2(g)\longrightarrow 2H_2O(g) \qquad \Delta_r H_m^\ominus=-483.64kJ\cdot mol^{-1}$$

上述放热反应均为自发反应。

然而，进一步研究发现，很多吸热反应（$\Delta H>0$）虽然使系统的能量升高，却也能自发进行。如在621K以上，$NH_4Cl(s)$可以发生下面的分解反应：

$$NH_4Cl(s) \longrightarrow NH_3(g) + HCl(g) \qquad \Delta_r H_m^{\ominus} = 176.91\text{kJ}\cdot\text{mol}^{-1}$$

又如，298.15K和100kPa时冰吸收热量而自动融化为水：

$$H_2O(s) \longrightarrow H_2O(l) \qquad \Delta_r H_m^{\ominus} = 6.01\text{kJ}\cdot\text{mol}^{-1}$$

这些吸热反应（$\Delta H>0$）在一定条件下均能自发进行。说明放热（$\Delta H<0$）只是有助于反应自发进行的因素之一，而不是唯一因素。

3.5.3 反应自发方向与系统的混乱度

在探寻自发变化判据的研究中，人们发现许多自发的吸热过程有混乱程度增加的趋向。比如常温常压下冰的融化（固体变为液体）、氯化铵在高温时分解（有气体产生），这些可以自发进行的吸热过程，都有一个特点，即变化之后系统的混乱度增大。对于混乱度，可作如下的粗浅解释：冰中水分子有序排列，系统的混乱度较小；当冰融化为水，水分子不再有序排列，系统混乱度增大。固态反应物$NH_4Cl(s)$生成气态产物$NH_3(g)$和$HCl(g)$，相比固体物质而言，气体分子的活动范围较大，分子热运动的自由度较大，这些反应的进行使得系统内分子热运动混乱度增大，或者说，自发进行的过程是系统倾向取得最大混乱度。由此可见，系统混乱度的增大也是过程自发的重要趋势。

3.5.4 熵和化学反应的熵变

（1）规定熵与热力学第三定律

系统的混乱度的大小可以用一个新的热力学函数——熵来度量，熵的符号为S，单位$\text{J}\cdot\text{K}^{-1}$。若以$\Omega$代表系统内部的微观状态数，则熵$S$与微观状态数$\Omega$有如下关系：

$$S = k\ln\Omega \qquad (3\text{-}18)$$

式（3-18）中k为玻尔兹曼常数。由于在一定状态下，系统的微观状态数有确定值，所以熵也有定值，因而熵也是状态函数。系统的混乱度越大，熵值就越大。

在0K时，系统内的一切热运动全部停止了，纯物质完整晶体的微观粒子排列是整齐有序的，其微观状态数$\Omega=1$，此时系统的熵值$S^*(0\text{K})=0\text{J}\cdot\text{K}^{-1}$，这就是热力学第三定律。其中“*”表示纯物质。以此为基准可以确定其他温度下物质的熵值。

如果将某纯物质从0K升高温度到TK，该过程的熵变化为ΔS。

$$\Delta S = S_T - S_{0\text{K}} = S_T \qquad (3\text{-}19)$$

式（3-19）中，S_T被称为该物质的规定熵。

（2）标准摩尔熵

在某温度下1mol纯物质B在标准状态下（$p^{\ominus}=100\text{kPa}$）下的规定熵称为物质B的标准摩尔熵（简称标准熵），以符号 $S_m^{\ominus}$(B,相态,T）表示。$S_m^{\ominus}$ 的单位是 $\text{J}\cdot\text{mol}^{-1}\cdot\text{K}^{-1}$。注意，在298.15K及标准状态下，参考状态的单质其标准摩尔熵 $S_m^{\ominus}$(B) 并不等于零，这与标准状态时参考状态单质的标准摩尔生成焓 $\Delta_f H_m^{\ominus}$(B) =0 不同。

水合离子的标准摩尔熵是以 $S_m^{\ominus}(\text{H}^+,\text{aq})=0$ 为基准而求得的相对值。一些物质在298.15K的标准摩尔熵和一些常见水合离子的标准摩尔熵见附录3。

通过对熵的定义和物质标准摩尔熵值 $S_m^{\ominus}$(B,相态,T）的分析可得如下规律。

① 熵与物质的聚集状态有关。同一物质，$S_m^{\ominus}(\text{g}) > S_m^{\ominus}(\text{l}) > S_m^{\ominus}(\text{s})$。例如：

$$S_m^{\ominus}(\text{H}_2\text{O},\text{s},298.15\text{K})=39.33\text{J}\cdot\text{mol}^{-1}\cdot\text{K}^{-1}$$

$$S_m^{\ominus}(\text{H}_2\text{O},\text{l},298.15\text{K})=61.91\text{J}\cdot\text{mol}^{-1}\cdot\text{K}^{-1}$$

$$S_m^{\ominus}(\text{H}_2\text{O},\text{g},298.15\text{K})=188.825\text{J}\cdot\text{mol}^{-1}\cdot\text{K}^{-1}$$

② 熵与物质的相对分子质量有关。同类物质（分子结构相似），其标准摩尔熵值 $S_m^{\ominus}$(B,相态,T）随相对分子质量的增大而增大。周期表中同族相同物态单质如卤素，或卤化氢等都属于这种情况，其相对分子质量越大，则分子内原子数越多或电子数越多，分子结构越复杂，$S_m^{\ominus}$(B,相态,T）越大。例如：

$$S_m^{\ominus}(\text{HF},\text{g},298.15\text{K})=173.779\text{J}\cdot\text{mol}^{-1}\cdot\text{K}^{-1}$$

$$S_m^{\ominus}(\text{HCl},\text{g},298.15\text{K})=186.908\text{J}\cdot\text{mol}^{-1}\cdot\text{K}^{-1}$$

$$S_m^{\ominus}(\text{HBr},\text{g},298.15\text{K})=198.695\text{J}\cdot\text{mol}^{-1}\cdot\text{K}^{-1}$$

$$S_m^{\ominus}(\text{HI},\text{g},298.15\text{K})=206.594\text{J}\cdot\text{mol}^{-1}\cdot\text{K}^{-1}$$

③ 熵与物质的分子构型有关。物质的相对分子质量相近时，分子构型复杂的，其标准摩尔熵值就大。例如：

气态乙醇 $S_m^{\ominus}(\text{C}_2\text{H}_5\text{OH},\text{g},298.15\text{K})=282.70\text{J}\cdot\text{mol}^{-1}\cdot\text{K}^{-1}$

气态二甲醚 $S_m^{\ominus}(\text{CH}_3\text{OCH}_3,\text{g},298.15\text{K})=266.38\text{J}\cdot\text{mol}^{-1}\cdot\text{K}^{-1}$

两者化学式相同，相对分子质量相等，但二甲醚分子中H和C各原子以O为对称中心，乙醇分子中原子排布没有对称中心。

④ 熵与系统温度有关。当压力一定时，同一聚集状态的同种物质，温度升高，熵值 $S_m^{\ominus}$(B) 越大。实际中由于这种影响比较小，通常忽略。

⑤ 温度一定时，对气态物质，加大压力，熵值 $S_m^{\ominus}$(B) 减小；对液态，固态物质，压力的改变对物质 $S_m^{\ominus}$(B) 影响不大。

（3）化学反应熵变

由于熵是状态函数，其变化值与系统的始态和终态有关，据此可以写出化学反应的标准摩尔熵变 $\Delta_r S_m^{\ominus}$ 的计算式：

$$\Delta_r S_m^{\ominus}(T)=\sum_B \nu_B S_m^{\ominus}(\text{B,相态},T) \quad (3\text{-}20)$$

即反应的标准摩尔反应熵变等于各反应物和生成物标准摩尔熵与相应各化学计量数乘积之和。

由于一般的热力学数据表只能查到 $S_m^{\ominus}$(B,相态,298.15K) 数据，根据式（3-20）只能计算 298.15K 下的 $\Delta_r S_m^{\ominus}$。需要指出的是，如果系统温度不是 298.15K，则反应的 $\Delta_r S_m^{\ominus}$ 会有改变，但一般变化不大。所以在近似估算中，可以忽略温度对反应熵变的影响，则有：

$$\Delta_r S_m^{\ominus}(T)\approx\Delta_r S_m^{\ominus}(298.15\text{K}) \quad (3\text{-}21)$$

【例 3-5】 计算下列反应在 298.15K 时的标准摩尔熵变 $\Delta_r S_m^{\ominus}$。

$$NH_4Cl(s)\longrightarrow NH_3(g)+HCl(g)$$

解：由附录 3 查得 298.15K 时，

$$S_m^{\ominus}(NH_4Cl,s)=94.56\text{J}\cdot\text{mol}^{-1}\cdot\text{K}^{-1}$$
$$S_m^{\ominus}(NH_3,g)=192.70\text{J}\cdot\text{mol}^{-1}\cdot\text{K}^{-1}$$
$$S_m^{\ominus}(HCl,g)=186.908\text{J}\cdot\text{mol}^{-1}\cdot\text{K}^{-1}$$

由
$$\Delta_r S_m^{\ominus}=\sum_B \nu_B S_m^{\ominus}(B)=S_m^{\ominus}(NH_3,g)+S_m^{\ominus}(HCl,g)-S_m^{\ominus}(NH_4Cl,s)$$
$$=(192.70+186.908-94.56)\text{J}\cdot\text{mol}^{-1}\cdot\text{K}^{-1}$$
$$=285.048\text{J}\cdot\text{mol}^{-1}\cdot\text{K}^{-1}$$

计算结果显示该反应的 $\Delta_r S_m^{\ominus}>0$，这是由于从反应物到生成物，物质的聚集状态由固态变成气态，且分子数也增多，故系统的混乱度增大，熵值增加。总之，如果化学反应是气体物质的量增加的反应，一般情况下反应的标准摩尔熵变总是正值，反之是负值；对于气体物质的量不变的反应其熵值总是很小的。实验证明，无论是反应的摩尔熵变还是摩尔焓变，一般受反应温度的影响很小，所以，在实际应用中，在温度变化范围不是很大并作为一般估算时，可忽略温度对两者的影响。

熵增是反应自发进行的趋势，但实验证明，系统熵增的过程并不一定都自发，熵减的过程也可能是自发的，如铁的锈蚀：

$$2Fe(s)+\frac{3}{2}O_2(g)\longrightarrow Fe_2O_3(s) \qquad \Delta_r S_m^{\ominus}=-271.9\text{J}\cdot\text{mol}^{-1}\cdot\text{K}^{-1}$$

虽然铁的锈蚀速率很小，但是只要有足够的时间，锈蚀的程度会相当严重。

石灰石的热分解反应：

$$CaCO_3(s)\longrightarrow CaO(s)+CO_2(g) \qquad \Delta_r S_m^{\ominus}=160.59\text{J}\cdot\text{mol}^{-1}\cdot\text{K}^{-1}$$

反应产物中有 $CO_2(g)$ 生成，系统的混乱度增大熵值增加。虽然该反应为熵增反应，但在 298.15K 和标准状态时，$CaCO_3(s)$ 的热分解反应并不自发。由此看来，熵是决定过程自发的又一重要因素，但也不是唯一的因素。

要探讨反应的自发性，就需对系统的焓变和熵变进行综合考虑，如：

$$H_2(g) + Cl_2(g) \longrightarrow 2HCl(g) \qquad \Delta_r H_m^{\ominus} = -184.60 kJ \cdot mol^{-1}$$
$$\Delta_r S_m^{\ominus} = 19.83 J \cdot mol^{-1} \cdot K^{-1}$$

在标准状态下该反应可以正向自发进行。这是因为反应发生后系统取得了最低的能量状态（放热反应），同时系统又取得了最大的混乱度（熵增反应）。

又如在标准状态和 298.15K 时，碳酸钙的分解反应：

$$CaCO_3(s) \longrightarrow CaO(s) + CO_2(g) \qquad \Delta_r H_m^{\ominus} = 177.90 kJ \cdot mol^{-1}$$
$$\Delta_r S_m^{\ominus} = 160.59 J \cdot mol^{-1} \cdot K^{-1}$$

结果显示，$CaCO_3(s)$ 分解需要吸收热量，因为分解的产物是 $CO_2(g)$ 气体和结构简单的 $CaO(s)$，所以熵增加。实际中，常温常压下 $CaCO_3(s)$ 不能自发地分解，所以自然界中某些物质（如山脉中的大理石）和海中动物的贝壳（如蛤）等其主要成分是 $CaCO_3(s)$。温度对这个反应的影响很明显，当系统温度在高温时，反应由非自发变为自发。所以，只有综合熵增和焓减这两个过程自发的趋势，并结合考虑温度的影响，才能对反应的自发性做出正确的判断。

3.5.5 Gibbs 函数和化学反应 Gibbs 函数变

（1） Gibbs 函数和化学反应 Gibbs 函数变

1876 年美国物理化学家吉布斯（J. W. Gibbs）提出一个新的状态函数 G，并定义为：

$$G = H - TS \tag{3-22}$$

G 称为 Gibbs 函数。由于 H，T，S 都是状态函数，所以它们的组合也是状态函数，单位 kJ。

当系统从始态变化到终态，状态函数 G 的改变 ΔG 称为 Gibbs 函数变。在定温定压非体积功为零的状态变化中系统的 Gibbs 函数变为：

$$\Delta G = G_2 - G_1 = \Delta H - T\Delta S \tag{3-23}$$

对于化学反应，反应的 Gibbs 函数变为 $\Delta_r G_m$，若在标准状态下进行，反应的标准摩尔 Gibbs 函数变则为 $\Delta_r G_m^{\ominus}$，单位是 $kJ \cdot mol^{-1}$。

（2） Gibbs 函数变判据与化学反应进行方向

热力学研究证明，对等温、等压且系统只做体积功条件下发生的过程，若

$\Delta G < 0$，过程自发进行；

$\Delta G = 0$，系统处于平衡状态；

$\Delta G > 0$，过程不可能自发进行。

由此可知，定温定压下的自发过程，总是朝着系统 Gibbs 函数变减小的方向进行。

化学反应大多数是在定温、定压且系统只做体积功的条件下进行的，可以利用过程的 ΔG 判断化学反应是否自发进行。应用于化学反应系统中，则有：

$\Delta_r G_m < 0$，化学反应正向自发进行；

$\Delta_r G_m = 0$，化学反应系统处于平衡状态；

$\Delta_r G_m > 0$，化学反应正向非自发，其逆反应自发。

从 Gibbs 公式（3-22）可以看出，温度对 Gibbs 函数变 ΔG 有明显影响。相对来说，不少化学反应的 ΔH 和 ΔS 随温度变化的改变值却小得多。在本书一般不考虑温度对 ΔH 和 ΔS 的影响，但不能忽略温度对 ΔG 的影响。

① $\Delta H < 0$，$\Delta S > 0$：放热和熵增的反应，在任何温度下 $\Delta G < 0$，反应能正向进行。

② $\Delta H > 0$，$\Delta S < 0$：吸热和熵减的反应，在任何温度下 $\Delta G > 0$，反应不能正向进行。

③ $\Delta H > 0$，$\Delta S > 0$：吸热和熵增的反应，温度升高，有可能使 $T\Delta S > \Delta H$，$\Delta G < 0$，高温下反应正向进行。

④ $\Delta H < 0$，$\Delta S < 0$：放热和熵减的反应，在较低温度下有可能 $|\Delta H| > |T\Delta S|$，$\Delta G < 0$，低温下反应正向进行。

在 ΔH 和 ΔS 的正、负符号相同情况下，温度决定了反应进行的方向。在其中任一种情况下都有一个这样的温度，在此温度下，$T\Delta S = \Delta H$，$\Delta G = 0$。在吸热和熵增的情况下，这个温度是反应能正向进行的最低温度，低于这个温度反应就不能正向进行。在放热和熵减的情况下，这个温度是反应能正向进行的最高温度，高于这个温度反应就不能正向进行。因此，这个温度就是反应能否正向进行的转变温度。

如果忽略温度、压力的影响，$\Delta_r H_m \approx \Delta_r H_m^{\ominus}(298.15\text{K})$，$\Delta_r S_m \approx \Delta_r S_m^{\ominus}(298.15\text{K})$，则在转变温度下：

由
$$\Delta_r H_m^{\ominus}(298.15\text{K}) - T_{转}\Delta_r S_m^{\ominus}(298.15\text{K}) = 0$$
$$T_{转}\Delta_r S_m^{\ominus}(298.15\text{K}) = \Delta_r H_m^{\ominus}(298.15\text{K})$$
$$T_{转} = \frac{\Delta_r H_m^{\ominus}(298.15\text{K})}{\Delta_r S_m^{\ominus}(298.15\text{K})} \tag{3-24}$$

(3) 标准摩尔生成 Gibbs 函数

与标准摩尔生成焓 $\Delta_f H_m^{\ominus}(\text{B}, 相态, T)$ 定义类似，在温度 T 及标准状态下，由参考状态的单质生成物质 B（$\nu_B = +1$）时反应的标准摩尔反应 Gibbs 函数变 $\Delta_r G_m^{\ominus}$，即为物质 B 在温度 T 时的标准摩尔生成 Gibbs 函数，用 $\Delta_f G_m^{\ominus}(\text{B}, 相态, T)$ 表示，单位为 $\text{kJ} \cdot \text{mol}^{-1}$。

显然，根据物质 B 的标准摩尔生成 Gibbs 函数 $\Delta_f G_m^{\ominus}(\text{B}, 相态, T)$ 的定义，在标准状态下所有参考状态的单质其标准摩尔生成 Gibbs 函数 $\Delta_f G_m^{\ominus}(\text{B}, T) = 0\text{kJ} \cdot \text{mol}^{-1}$。

同样，水合离子的标准摩尔生成 Gibbs 函数 $\Delta_f G_m^{\ominus}(\text{B}, \text{aq}, T)$ 也是以水合氢离子的 $\Delta_f G_m^{\ominus}(\text{H}^+, \text{aq}, T)$ 等于零为基准而求得的相对值。附录 3 中列出了 298.15k 时常见物质的标准摩尔生成 Gibbs 函数和一些常见水合离子的标准摩尔生成

Gibbs 函数。

(4) 反应的标准摩尔 Gibbs 函数变的计算

① 由 $\Delta_f G_m^\ominus$(B,相态,T) 计算 $\Delta_r G_m^\ominus(T)$

对于任意的化学反应，其 $\Delta_r G_m^\ominus$ 可由物质 B 的 $\Delta_f G_m^\ominus$(B,相态,T) 计算。

$$\Delta_r G_m^\ominus(T)=\sum_B \nu_B \Delta_f G_m^\ominus(\text{B,相态},T) \tag{3-25}$$

当反应温度为 298.15K：

$$\Delta_r G_m^\ominus(298.15\text{K})=\sum_B \nu_B \Delta_f G_m^\ominus(\text{B,相态},298.15\text{K})$$

由于一般的热力学数据表只能查到 $\Delta_f G_m^\ominus$(B,相态,298.15K)，根据式(3-25)只能计算 298.15K 下的 $\Delta_r G_m^\ominus$。

② 由 $\Delta_r H_m^\ominus$ 和 $\Delta_r S_m^\ominus$ 计算 $\Delta_r G_m^\ominus(T)$

根据 Gibbs 函数的定义，可得：$\Delta_r G_m^\ominus(T)=\Delta_r H_m^\ominus(T)-T\Delta_r S_m^\ominus(T)$

当反应温度为 298.15K：

$\Delta_r G_m^\ominus(298.15\text{K})=\Delta_r H_m^\ominus(298.15\text{K})-298.15\text{K}\cdot\Delta_r S_m^\ominus(298.15\text{K})$

若在其他反应温度时，因不考虑温度对 $\Delta_r H_m^\ominus$ 和 $\Delta_r S_m^\ominus$ 的影响，所以有

$$\begin{aligned}\Delta_r G_m^\ominus(T)&=\Delta_r H_m^\ominus(T)-T\Delta_r S_m^\ominus(T)\\&\approx\Delta_r H_m^\ominus(298.15\text{K})-T\Delta_r S_m^\ominus(298.15\text{K})\end{aligned} \tag{3-26}$$

【例 3-6】 对于反应 $2NO(g)+O_2(g)\longrightarrow 2NO_2(g)$，试利用反应物和生成物的标准摩尔生成 Gibbs 函数计算 298.15K 下该反应的标准摩尔 Gibbs 函数变。

解：由附录 3 查 298.15K 时，$\Delta_f G_m^\ominus(NO,g)=86.55\text{kJ}\cdot\text{mol}^{-1}$

$\Delta_f G_m^\ominus(NO_2,g)=51.31\text{kJ}\cdot\text{mol}^{-1}$

$\Delta_f G_m^\ominus(O_2,g)=0\text{kJ}\cdot\text{mol}^{-1}$

则

$$\begin{aligned}\Delta_r G_m^\ominus(298.15\text{K})&=\sum_B \nu_B \Delta_f G_m^\ominus(\text{B,相态},298.15\text{K})\\&=2\Delta_f G_m^\ominus(NO_2,g)-2\Delta_f G_m^\ominus(NO,g)\\&=(2\times51.31-2\times86.55)\text{kJ}\cdot\text{mol}^{-1}\\&=-70.48\text{kJ}\cdot\text{mol}^{-1}\end{aligned}$$

因为 $\Delta_r G_m^\ominus(298.15\text{K})<0$，此时反应正向进行。

【例 3-7】 已知在 298.15K 时，反应 $N_2(g)+3H_2(g)\longrightarrow 2NH_3(g)$ 的标准摩尔反应焓变 $\Delta_r H_m^\ominus$ 和标准摩尔反应熵变 $\Delta_r S_m^\ominus$ 分别为 $-92.22\text{kJ}\cdot\text{mol}^{-1}$ 和 $-198.76\text{J}\cdot\text{mol}^{-1}\cdot\text{K}^{-1}$。试问该反应在 673K，标准状态下正向能否自发进行？若要反应正向自发进行，温度应怎样控制？

解：

$$\begin{aligned}\Delta_r G_m^\ominus(673\text{K})&=\Delta_r H_m^\ominus(298.15\text{K})-673\text{K}\cdot\Delta_r S_m^\ominus(298.15\text{K})\\&=[-92.22-673\times(-198.76\times10^{-3})]\text{kJ}\cdot\text{mol}^{-1}\\&=41.55\text{kJ}\cdot\text{mol}^{-1}\end{aligned}$$

因为 $\Delta_r G_m^\ominus(673\text{K})>0$，此时反应正向不能自发进行。

若要反应正向自发进行 $\Delta_r G_m^{\ominus} < 0$，此时反应 $T \leqslant T_{转}$，转变温度为：

$$T_{转} = \frac{\Delta_r H_m^{\ominus}(298.15\text{K})}{\Delta_r S_m^{\ominus}(298.15\text{K})} = \frac{-92.22\text{kJ}\cdot\text{mol}^{-1}}{-198.76\times10^{-3}\text{kJ}\cdot\text{mol}^{-1}\cdot\text{K}^{-1}} = 463.98\text{K}$$

所以若要反应正向进行，则最高反应温度为 463.98K。

必须指出，对定温定压下的化学反应，$\Delta_r G_m^{\ominus}$ 只能判断处于标准状态时的反应进行方向。若反应处于任意状态时，不能用 $\Delta_r G_m^{\ominus}$ 来判断，必须计算 $\Delta_r G_m$ 才能判断反应方向，这将在第 5 章讨论。

思考题

1. 区分下列基本概念，并举例说明之。

(1) 系统与环境； (2) 状态与状态函数； (3) 均相和多相；

(4) 热和功； (5) 热和温度； (6) 焓与热力学能；

(7) 反应进度与化学计量数； (8) 标准状况与标准状态；

(9) 标准摩尔生成焓与反应的标准摩尔焓变。

2. 下列说法是否正确？如不正确，请说明原因。

(1) 因为 $Q_p = \Delta H$，而 ΔH 与变化途径无关，是状态函数，所以 Q_p 也是状态函数。

(2) 单质的标准摩尔生成焓（$\Delta_f H_m^{\ominus}$）和标准摩尔生成 Gibbs 函数（$\Delta_f G_m^{\ominus}$）都为零，因此其标准摩尔熵也为零。

(3) 对于纯固、液、气态物质而言，100kPa，298.15K 是其标准态。

(4) H、S、G 都与温度有关，但 ΔH、ΔS、ΔG 都与温度关系不大。

(5) 对于封闭系统来说，系统与环境之间既有能量交换又有物质交换。

3. 指出下列公式成立的条件。

(1) $\Delta H = Q$； (2) $\Delta U = \Delta H$； (3) $\Delta U = Q$。

4. 已知下列反应：

(1) $N_2(g) + 3H_2(g) \longrightarrow 2NH_3(g)$ (2) $S(s) + O_2(g) \longrightarrow SO_2(g)$

(3) $2HgO(s) \longrightarrow 2Hg(l) + O_2(g)$ (4) $H_2(g) + Cl_2(g) \longrightarrow 2HCl(g)$

(1) 推测各反应在定压下的反应焓变和定容下的反应热力学能变是否相同。

(2) 为什么通常忽略了这种差别，多以 $\Delta_r H_m^{\ominus}$ 来表示反应热？

5. 确定标准摩尔生成焓的目的是什么？

6. 试区分下列各组中的基本概念。

(1) 自发变化和非自发变化； (2) 焓、熵和 Gibbs 函数；

(3) $\Delta_r G_m$，$\Delta_r G_m^{\ominus}$ 和 $\Delta_f G_m^{\ominus}$。

7. 判断下列反应，哪些是熵增加的过程，并说明理由。

(1) $I_2(s) \longrightarrow I_2(g)$

(2) $CO_2(s) \longrightarrow CO_2(g)$

(3) $2CO(g) + O_2(g) \longrightarrow 2CO_2(g)$

8. 下列各热力学函数中，何者的数值为零？

(1) $\Delta_f G_m^\ominus(O_3,g,298K)$

(2) $\Delta_f G_m^\ominus(I_2,s,298K)$

(3) $\Delta_f G_m^\ominus(Br_2,s,298K)$

(4) $S_m^\ominus(H_2,g,298K)$

(5) $\Delta_f H_m^\ominus(N_2,g,298K)$

(6) $S_m^\ominus(Ar,s,0K)$

习 题

1. 已知下列热化学方程式：

$Fe_2O_3(s)+3CO(g) \longrightarrow 2Fe(s)+3CO_2(g)$　　$\Delta_r H_m^\ominus=-27.61kJ \cdot mol^{-1}$

$3Fe_2O_3(s)+CO(g) \longrightarrow 2Fe_3O_4(s)+CO_2(g)$　　$\Delta_r H_m^\ominus=-58.58kJ \cdot mol^{-1}$

$Fe_3O_4(s)+CO(g) \longrightarrow 3FeO(s)+CO_2(g)$　　$\Delta_r H_m^\ominus=38.07kJ \cdot mol^{-1}$

(1) 不用查表，计算下面反应的 $\Delta_r H_m^\ominus$；

$$FeO(s)+CO(g) \longrightarrow Fe(s)+CO_2(g)$$

(2) 用 (1) 的结果和查表的数据计算 FeO(s) 的 $\Delta_f H_m^\ominus$。

2. 航天飞机的可再用火箭助推器使用了金属铝和高氯酸铵为燃料。有关反应为：

$$3Al(s)+3NH_4ClO_4(s) \longrightarrow Al_2O_3(s)+AlCl_3(s)+3NO(g)+6H_2O(g)$$

计算该反应的焓变 $\Delta_r H_m^\ominus(298K)$ 和热力学能变 $\Delta_r U_m^\ominus(298K)$。

3. 在 25℃时，将 0.92g 甲苯置于一含有足够 O_2 的绝热刚性密闭容器中燃烧，最终产物为 CO_2 和液态水，过程放热 39.43kJ，试求下列反应的摩尔反应焓变 $\Delta_r H_m(298K)$。

$$C_7H_8(l)+9O_2(g) \longrightarrow 7CO_2(g)+4H_2O(l)$$

4. 在大气中可以发生下列反应：

(1) $C_2H_4(g)+O_3(g) \longrightarrow CH_3CHO(g)+O_2(g)$

(2) $O_3(g)+NO(g) \longrightarrow NO_2(g)+O_2(g)$

(3) $SO_3(g)+H_2O(l) \longrightarrow H_2SO_4(aq)$

(4) $2NO(g)+O_2(g) \longrightarrow 2NO_2(g)$

计算上述各反应的 $\Delta_r H_m^\ominus(298K)$。

5. 试判断下列反应在 101.325kPa 下能否自发进行？为什么？

$(NH_4)_2Cr_2O_7(s) \longrightarrow Cr_2O_3(s)+N_2(g)+4H_2O(g)$　　$\Delta_r H_m^\ominus=-315kJ \cdot mol^{-1}$

6. 试判断反应 $MgCO_3(s) \longrightarrow MgO(s)+CO_2(g)$ 在热力学标态和反应温度分别为 (1) 298K；(2) 900K 时能否自发进行？

7. 用 $\Delta_f H_m^\ominus$ 数据计算下列反应的 $\Delta_r H_m^\ominus$。

(1) $4Na(s)+O_2(g) \longrightarrow 2Na_2O(s)$

(2) $2Na(s)+2H_2O(l) \longrightarrow 2NaOH(aq)+H_2(g)$

(3) $2Na(s)+CO_2(g) \longrightarrow Na_2O(s)+CO(g)$

根据计算结果说明，金属钠着火时，为什么不能用水或二氧化碳灭火剂来扑救。

8. 已知下列热化学反应方程式：

(1) $C_2H_2(g)+\frac{5}{2}O_2(g) \longrightarrow 2CO_2(g)+H_2O(l)$　　$\Delta_r H_m^\ominus(1)=-1300kJ \cdot mol^{-1}$

(2) $C(s)+O_2(g) \longrightarrow CO_2(g)$　　$\Delta_r H_m^\ominus(2)=-394kJ \cdot mol^{-1}$

(3) $H_2(g)+\frac{1}{2}O_2(g) \longrightarrow H_2O(l)$　　$\Delta_r H_m^\ominus(3)=-286kJ \cdot mol^{-1}$

计算 $\Delta_f H_m^\ominus(C_2H_2, g)$。

9. 有一种甲虫，名为投弹手，它能用尾部喷射出来的爆炸性排泄物的方法作为防卫措施，所涉及的化学反应是氢醌被过氧化氢氧化生成醌和水。

$$C_6H_4(OH)_2(aq)+H_2O_2(aq) \longrightarrow C_6H_4O_2(aq)+2H_2O(l)$$

根据下列热化学反应方程式计算该反应的 $\Delta_r H_m^\ominus$。

(1) $C_6H_4(OH)_2(aq) \longrightarrow C_6H_4O_2(aq)+H_2(g)$；　　$\Delta_r H_m^\ominus(1)=177.4kJ \cdot mol^{-1}$

(2) $H_2(g)+O_2(g) \longrightarrow H_2O_2(aq)$；　　$\Delta_r H_m^\ominus(2)=-191.2kJ \cdot mol^{-1}$

(3) $H_2(g)+\frac{1}{2}O_2(g) \longrightarrow H_2O(g)$；　　$\Delta_r H_m^\ominus(3)=-241.8kJ \cdot mol^{-1}$

(4) $H_2O(g) \longrightarrow H_2O(l)$；　　$\Delta_r H_m^\ominus(4)=-44.0kJ \cdot mol^{-1}$

10. 半导体工业生产单质硅的过程中有三个重要反应：

(1) 二氧化硅被还原为粗硅：$SiO_2(s)+2C(s) \longrightarrow Si(s)+2CO(g)$

(2) 硅被氯氧化生成四氯化硅：$Si(s)+2Cl_2(g) \longrightarrow SiCl_4(g)$

(3) 四氯化硅被镁还原生成纯硅：$SiCl_4(g)+2Mg(s) \longrightarrow 2MgCl_2(s)+Si(s)$

计算上述各反应的 $\Delta_r H_m^\ominus$ 和生产 1.00kg 纯硅的总反应热。

11. 联氨（N_2H_4）和二甲基联氨［$N_2H_2(CH_3)_2$］均易与氧气反应，并可用作火箭燃料，它们的燃烧反应分别为：

(1) $N_2H_4(l)+O_2(g) \longrightarrow N_2(g)+2H_2O(g)$

(2) $N_2H_2(CH_3)_2(l)+4O_2(g) \longrightarrow 2CO_2(g)+4H_2O(g)+N_2(g)$

通过计算比较每克联氨和二甲基联氨燃烧时，何者放出的热量多？

已知 $\Delta_f H_m^\ominus(N_2H_2(CH_3)_2, l)=42.0kJ \cdot mol^{-1}$，其余所需数据查附录 3。

12. 已知在 298K、100kPa 条件下，金刚石和石墨的标准摩尔熵分别为 $2.45J \cdot mol^{-1} \cdot K^{-1}$ 和 $5.71J \cdot mol^{-1} \cdot K^{-1}$，它们的燃烧反应热分别为 $-395.40kJ \cdot mol^{-1}$ 和 $-393.51kJ \cdot mol^{-1}$，试求：

(1) 在 298K、100kPa 条件下，石墨变成金刚石的 $\Delta_r G_m^\ominus$；

(2) 说明在上述条件下，石墨和金刚石哪种晶型较为稳定？

13. 由二氧化锰制备金属锰可采取下列两种方法：

(1) $MnO_2(s)+2H_2(g) \longrightarrow Mn(s)+2H_2O(g)$

$\Delta_r H_m^\ominus=37.22kJ \cdot mol^{-1}$　　$\Delta_r S_m^\ominus=94.96J \cdot mol^{-1} \cdot K^{-1}$

(2) $MnO_2(s)+2C(s) \longrightarrow Mn(s)+2CO(g)$

$\Delta_r H_m^\ominus=299.8kJ \cdot mol^{-1}$　　$\Delta_r S_m^\ominus=363.3J \cdot mol^{-1} \cdot K^{-1}$

试通过计算确定上述两个反应在 298K，标准态下的反应方向。如果考虑工作温度越低越好，则采用哪种方法较好？

14. 已知下列反应相关热力学数据：

	$Al_2O_3(s)$	+ $3CO(g)$	$\longrightarrow 2Al(s)$	+ $3CO_2(g)$
$\Delta_f G_m^\ominus/kJ\cdot mol^{-1}$	−1582.3	−137.168	0	−394.359
$\Delta_f H_m^\ominus/kJ\cdot mol^{-1}$	−1675	−110.525	0	−393.5
$S_m^\ominus/J\cdot mol^{-1}\cdot K^{-1}$	50.92	197.674	28.33	213.74

试用热力学原理说明用 CO 还原 Al_2O_3 制备 Al 是否可行？

15. 高炉炼铁是采用焦炭将 Fe_2O_3 还原为单质铁。试通过热力学计算，说明还原剂主要是 CO 而非焦炭。相关反应为：

（1）$2Fe_2O_3(s)+3C(s) \longrightarrow 4Fe(s)+3CO_2(g)$

（2）$Fe_2O_3(s)+3CO(s) \longrightarrow 2Fe(s)+3CO_2(g)$

16. NO 和 CO 为汽车尾气的主要污染物，人们设想利用下列反应清除其污染，试通过热力学计算说明这种设想的可能性。

$$2CO(g)+2NO(g) \longrightarrow 2CO_2(g)+N_2(g)。$$

17. 已知大气中含 CO_2 约 0.031% 体积，试用化学热力学分析说明，菱镁矿（$MgCO_3$）能否稳定存在于自然界？

18. 已知 $SiF_4(g)$、$SiCl_4(g)$ 的标准摩尔生成 Gibbs 函数（$\Delta_f G_m^\ominus$）分别为 $-1572.65kJ\cdot mol^{-1}$ 和 $-616.98kJ\cdot mol^{-1}$，试通过计算说明为什么 HF(g) 可以腐蚀 SiO_2，而 HCl(g) 不能？

（1）SiO_2(石英)$+4HF(g) \longrightarrow SiF_4(g)+2H_2O(l)$

（2）SiO_2(石英)$+4HCl(g) \longrightarrow SiCl_4(g)+2H_2O(l)$

19. 已知热力学数据如下表：

物质	Cu(s)	$O_2(g)$	CuO(s)	$Cu_2O(s)$
$\Delta_f H_m^\ominus/kJ\cdot mol^{-1}$	0	0	−157.3	−168.6
$S_m^\ominus/J\cdot mol^{-1}\cdot K^{-1}$	33.150	205.138	42.63	93.14
$\Delta_f G_m^\ominus/kJ\cdot mol^{-1}$	0	0	−129.7	−146.0

（1）金属铜在空气中的反应为：$Cu(s)+\frac{1}{2}O_2(g) \longrightarrow CuO(s)$

计算在 373.15K，$p_{O_2}=21.0kPa$ 时反应的 Gibbs 函数变 $\Delta_r G_m^\ominus$。

（2）当加热金属铜超过一定的温度后，黑色的 CuO 变为红色的 Cu_2O，其反应为：

$$2CuO(s) \longrightarrow Cu_2O(s)+\frac{1}{2}O_2(g)$$

求标准状态下该反应自发进行的温度条件。

（3）在更高温度时，氧化层又消失，其反应为 $Cu_2O(s) \longrightarrow 2Cu(s)+\frac{1}{2}O_2(g)$

求标准状态下该反应自发进行的温度条件。

20. 已知水煤气反应为 $C(s)+H_2O(g) \longrightarrow CO(g)+H_2(g)$，求标准状态时该反应自发进行的最低温度。

第4章
化学动力学基础

4.1 化学反应速率及其表示方法
4.2 浓度对反应速率的影响——速率方程
4.3 温度对反应速率的影响——Arrhenius 方程
4.4 反应速率理论
4.5 催化剂对反应速率的影响

化学反应在生产实践的应用主要有两个方面的问题：一是反应进行的方向、最大限度以及外界条件对平衡的影响；二是反应进行的速率和反应的历程（机理）。前者属于化学热力学的研究范畴，后者属于化学动力学的研究范畴。

化学动力学与化学热力学的研究对象都是化学反应系统，但二者的着眼点不同，研究方法也不同。化学热力学以热力学三个基本定律为基础，用状态函数去研究在一定条件下从给定始态到指定终态系统发生自发变化的可能性、方向和限度问题。但是，如何把自发变化的可能性变为现实性？其速率和途径如何？这些问题主要由化学动力学来研究。因此，化学动力学的主要研究内容是：考察反应过程中物质运动的实际途径，研究反应进行的条件（如温度、压力、浓度、催化剂等）对化学反应速率的影响，从而使人们能够选择适当反应条件，掌握控制反应的主动权，使化学反应按照所希望的速率进行。

4.1 化学反应速率及其表示方法

各种化学反应的速率各不相同，有些反应进行得很快，如酸碱中和反应、血红蛋白同氧结合的生化反应等，这些反应均可在 10^{-15} s 的时间内达到平衡。有些反应则进行得很慢，如常温下氢气和氧气混合可以几十年都不会生成一滴水、某些放射性元素的衰变需要亿万年的时间。为了比较反应的快慢，必须明确反应速率的概念。

化学反应速率是指一定条件下反应物转化为生成物的速率，速率这一概念总是与时间相联系的，是某物理量随时间的变化率。如何选取化学反应中的某一物理量，确定其随时间的变化率，并以此定义反应速率？在一定条件下，化学反应一旦开始，各反应物的量不断减少，各生成物的量不断增加。参与反应的各物质的物质的量随时间不断变化是反应过程中的共同特征，因此，可以把反应速率表示为单位时间内反应物的物质的量或生成物的物质的量的变化。

但是由于反应式中各物质的化学计量系数往往不同，用不同的物质的物质的量所表示的反应速率在数值上就不一致。目前，国际上普遍采用的定义是用反应进度 ξ 随时间的变化率来表示化学反应的速率 v，即

$$v=\frac{d\xi}{dt} \tag{4-1}$$

将 $d\xi=\dfrac{dn_B}{\nu_B}$代入上式，有

$$v=\frac{1}{\nu_B}\frac{dn_B}{dt} \tag{4-2}$$

由于反应进度与反应的物种无关，则用反应式中任一物质表示的反应速率在数值上是一致的。若化学反应在定容条件下进行，反应速率可用单位体积中反应进度

随时间的变化率来表示，用符号 v 表示：

$$v=\frac{1}{V}\cdot\frac{d\xi}{dt}=\frac{1}{\nu_B}\frac{dn_B}{Vdt} \tag{4-3}$$

因 $dc_B=\frac{dn_B}{V}$

$$v=\frac{1}{\nu_B}\frac{dc_B}{dt} \tag{4-4}$$

式（4-4）中，v 为定容条件下的反应速率（简称反应速率），其单位为 $mol\cdot L^{-1}\cdot s^{-1}$。如果反应速率比较慢，时间单位也可以采用 min（分）、h（小时）等。

如果实验测得的是某一段时间间隔内某反应物或某生成物的浓度变化，则可以得到该时间间隔内的平均速率，即

$$\overline{v}=\frac{\Delta\xi}{V\Delta t}=\frac{1}{\nu_B}\frac{\Delta c_B}{\Delta t} \tag{4-5}$$

对于一般反应

$$aA+bB=\!=\!=yY+zZ$$

$$\overline{v}=-\frac{1}{a}\frac{\Delta c_A}{\Delta t}=-\frac{1}{b}\frac{\Delta c_B}{\Delta t}=\frac{1}{y}\frac{\Delta c_Y}{\Delta t}=\frac{1}{z}\frac{\Delta c_Z}{\Delta t} \tag{4-6}$$

对于大多数化学反应而言，反应开始后，各物质的浓度在不断地变化着，化学反应速率也在不断改变，常用瞬时速率表示化学反应在某一时刻的速率，对上述反应，有

$$v=-\frac{1}{a}\frac{dc_A}{dt}=-\frac{1}{b}\frac{dc_B}{dt}=\frac{1}{y}\frac{dc_Y}{dt}=\frac{1}{z}\frac{dc_Z}{dt} \tag{4-7}$$

对于气相反应，压力比浓度容易测量，因此可以用气体的分压代替浓度。

反应速率是通过实验测定的，实验中常用物理或化学分析方法测出反应物（生成物）在不同时刻的浓度，然后采用作图法，即可以求得不同时刻的反应速率。从瞬时速率的定义，可以归纳出瞬时速率的求法：

（1）作浓度-时间曲线图；

（2）在指定时间的曲线位置上作切线；

（3）求出切线的斜率（用作图法，量出线段长，求出比值），则可计算出指定时刻的瞬时速率。

【例 4-1】 已知反应 $2N_2O_5(g)=\!=\!=4NO_2(g)+O_2(g)$ 在 340K 测得的 $N_2O_5(g)$ 的浓度随时间变化的实验数据如下：

t/min	0	1	2	3	4	5
$c_{N_2O_5}/mol\cdot L^{-1}$	1.00	0.70	0.50	0.35	0.25	0.17

试计算该反应在 2min 之内的平均速率和 1min 时的瞬时速率。

解：由实验数据可知：$t=2\text{min}$，$c_{N_2O_5}=0.50\text{mol}\cdot\text{L}^{-1}$；$t=0\text{min}$，$c_{N_2O_5}=1.00\text{mol}\cdot\text{L}^{-1}$

则2min之内的平均速率为：

$$\bar{v}=-\frac{1}{2}\times\frac{(0.50-1.00)\text{mol}\cdot\text{L}^{-1}}{(2-0)\text{min}}=0.125\text{mol}\cdot\text{L}^{-1}\cdot\text{min}^{-1}$$

为求1min时的瞬时速率，应以$c_{N_2O_5}$为纵坐标，t为横坐标作图，得到$N_2O_5(g)$浓度随时间变化的曲线（图4-1）。

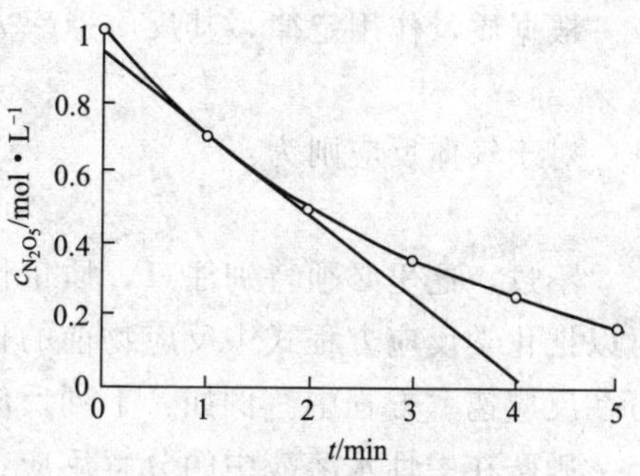

图4-1 N_2O_5分解的c-t曲线

在c-t曲线上任一点作切线，其斜率即为该时刻的$\frac{dc_{N_2O_5}}{dt}$，1min时的斜率为：

$$\text{斜率}=\frac{0.92-0}{0-4.2}=-0.22$$

1min时的瞬时速率为：

$$v=\frac{1}{\nu_{N_2O_5}}\frac{dc_{N_2O_5}}{dt}=-\frac{1}{2}\times(-0.22)\text{mol}\cdot\text{L}^{-1}\cdot\text{min}^{-1}=0.11\text{mol}\cdot\text{L}^{-1}\cdot\text{min}^{-1}$$

4.2 浓度对反应速率的影响——速率方程

根据已有的生活经验和实验基础知识，可以举出许多事例来说明影响反应速率的因素，如反应物的浓度、反应的温度和催化剂等。这里，首先定量地讨论反应物的浓度对反应速率的影响。紧接着后面几节再讨论其他因素对反应速率的影响。

4.2.1 化学反应速率方程

（1）基元反应和复合反应（非基元反应）

化学反应速率与途径有关，有些化学反应的历程很简单，反应物分子相互碰撞，一步就起反应而变成生成物；但多数化学反应的历程较为复杂，反应物分子要经过几步，才能转化为生成物。我们把一步完成的反应叫基元反应，两步以及两步以上完成的反应叫复合反应（又叫非基元反应）。

（2）质量作用定律

在一定浓度的$K_2S_2O_8$（过二硫酸钾）溶液中，加入KI溶液，发生如下反应：

$$K_2S_2O_8+2KI=\!=\!=2K_2SO_4+I_2$$

如果在溶液中预先加入淀粉，反应生成的I_2遇到淀粉就会显蓝色。现在两个相同浓度的$K_2S_2O_8$溶液中，同时加入不同浓度的KI溶液，它们出现蓝色的快慢就不一样。KI浓度大的，出蓝色快；KI浓度小的，出现蓝色就慢。这个现象说明化学反应速率是随反应物浓度的改变而变的。当反应物浓度较小时，反应速率就较慢而当反应物浓度增大时，反应速度就加快。这结论对各种化学反应都是普遍正确的。

早在 1864 年就有人总结概括了反应物浓度与反应速率的关系，提出质量作用定律，即在一温度下，化学反应速率与各反应物浓度的幂乘积成正比。

对于基元反应：

$$aA + bB = yY + zZ$$

根据质量作用定律，其反应速率方程为：

$$v = kc_A^a c_B^b \tag{4-8}$$

对于气体反应则为：

$$v = kp_A^a p_B^b$$

不过，这里必须特别注意，质量作用定律只适用于基元反应，只有基元反应才可以把化学反应方程式中反应物前的化学计量数作为反应物浓度（或分压）的方次写在反应速率方程中。例如，下列反应都是基元反应：

硝胺在中性水溶液中的分解反应：

$$H_2NNO_2(aq) = N_2O(g) + H_2O(l)$$

氯乙烷气相分解反应：

$$CH_3CH_2Cl(g) = C_2H_4(g) + HCl(g)$$

以及下面的反应都是基元反应：

$$2NO_2(g) = 2NO(g) + O_2(g)$$

$$NO_2(g) + CO(g) = NO(g) + CO_2(g)$$

$$CH_3COOCH_2CH_3(aq) + OH^-(aq) = CH_3COO^-(aq) + CH_3CH_2OH(aq)$$

它们的速率方程都可根据质量作用定律分别直接写出：

$$v = kc_{H_2NNO_2}$$

$$v = kc_{CH_3CH_2Cl}$$

$$v = kp_{NO_2}^2$$

$$v = kp_{NO_2}p_{CO}$$

$$v = kc_{CH_3COOCH_2CH_3} \cdot c_{OH^-}$$

实际上，还有许多化学反应不是基元反应，而是由几个基元反应分步完成的复合反应，因此不能像基元反应那样根据质量作用定律按照化学反应方程式直接写出其速率方程，而是要通过对反应速率的实验测定来加以确定。例如，$N_2O_5(g)$ 气体的分解反应：

$$2N_2O_5(g) = 4NO_2(g) + O_2(g)$$

它是由两个基元反应分两步完成的，其第一步反应是：

$$N_2O_5(g) = NO_3(g) + NO_2(g)$$

接着再发生第二步反应：

$$NO_3(g) = NO_2(g) + \frac{1}{2}O_2(g)$$

这两步基元反应的反应速率肯定不一样，实验表明第一步反应是慢反应，而第二步反应是极快的反应（即瞬间可以完成），因此，决定整个过程反应速率的将是第一步慢反应，所以，N_2O_5(g) 分解反应的速率方程只能是根据第一步基元反应写出的：

$$v=kp_{N_2O_5}$$

而不能根据总反应方程式写出：

$$v=kp_{N_2O_5}^2$$

总之，对于复合反应，反应速率方程不能随意根据化学反应方程来确定，只能以实验测定结果为根据得出结论。

(3) 反应级数

对任意反应：

$$aA+bB \xlongequal{} yY+zZ$$

其反应速率方程可写成一般通式：

$$v=kc_A^{\alpha}c_B^{\beta}$$

浓度的指数 α 和 β 分别称为反应对 A 和 B 的级数，即该反应对 A 来说为 α 级，对 B 来说为 β 级。$\alpha+\beta$ 指数之和称为该反应的反应级数 n。

例如：$\alpha+\beta=1$，称为一级反应；$\alpha+\beta=2$，称为二级反应；$\alpha+\beta=3$，称为三级反应。四级及四级以上的反应不存在，但是可存在零级或分数级反应。

反应级数是表示化学反应速率与反应物浓度若干次方成正比的关系，通常情况下反应级数的数值是由实验测得的，而基元反应的反应级数可由质量作用定律直接确定，即 $\alpha=a$，$\beta=b$。

(4) 速率系数

速率方程式 $v=kc_A^{\alpha}c_B^{\beta}$ 中的比例常数 k 被称为化学反应的速率系数，其物理意义是各反应物的浓度均等于单位浓度 $1mol \cdot L^{-1}$ 时的反应速率，k 的大小取决于反应本身和温度，与反应物浓度无关。

k 的量纲是 $[c]^{1-(\alpha+\beta)} \cdot [t]^{-1}$，如果以 $mol \cdot L^{-1}$ 作为浓度单位，时间用秒 (s)，一级反应 ($n=1$) 速率系数 k 的单位为 s^{-1}，二级反应 ($n=2$) 速率系数 k 的单位为 $L \cdot mol^{-1} \cdot s^{-1}$。当以 Pa 作为压力单位时，二级反应速率系数 k 的单位为 $Pa^{-1} \cdot s^{-1}$。

4.2.2 由实验确定反应速率方程的简单方法——初始速率法

反应速率方程必须由实验确定。速率方程中物质浓度的指数（即反应级数 n）不能根据化学计量式中相应物种的计量数来推测，只能根据实验来确定。一旦反应级数确定之后，就能确定反应速率系数 k。最简单的确定反应速率方程的方法是初始速率法。

在一定条件下，反应开始的瞬时速率为初始速率。由于反应刚刚开始，逆反应和其他副反应的干扰小，能较真实地反映出反应物浓度对反应速率的影响。具体方法是：将反应物按不同组成配制成一系列混合物；对某一系列不同组成的混合物来说，先只改变一种反应物 A 的浓度，保持其他反应物浓度不改变；在某一温度下反应开始进行时，记录在一定时间间隔内 A 浓度的变化，作出 c_A-t 图，确定 $t=0$ 时的瞬时速率；也可以控制反应条件，使反应时间间隔足够短，以致使反应物 A 的浓度变化很小（分析方法应该很灵敏），这时的平均速率可被作为瞬时速率；若能得到至少两个不同 c_A 条件下（其他反应物浓度不变）的瞬时速率，就可确定反应物 A 的反应级数；同样的方法，可以确定其他反应物的反应级数。这种由反应物初始浓度的变化确定反应速率和速率方程式的方法，称为初始速率法。

【例 4-2】 试用初始速率法所得到的实验数据，确定在 1073K 时，反应：$2NO(g)+2H_2(g) \longrightarrow N_2(g)+2H_2O(g)$ 的速率方程。

解：在容积不变的反应器内，配制一系列不同组成的 NO 与 H_2 的混合物。先保持 c_{H_2} 不变，改变 c_{NO}，在适当的时间间隔内，通过测定压力的变化，推算出各物种浓度的改变，并确定反应速率。然后再保持 c_{NO} 不变，改变 c_{H_2}，进而确定相应条件下的反应速率。实验数据见下表：

实验编号	c_{H_2}/mol·L^{-1}	c_{NO}/mol·L^{-1}	v/mol·L^{-1}·s^{-1}
1	0.0060	0.0010	7.9×10^{-7}
2	0.0060	0.0020	3.2×10^{-6}
3	0.0060	0.0040	1.3×10^{-5}
4	0.0030	0.0040	6.4×10^{-6}
5	0.0015	0.0040	3.2×10^{-6}

由表中数据可以看出，当 c_{H_2} 不变时，c_{NO} 增大至 2 倍，v 增大至 4 倍。这说明 $v \propto c_{NO}^2$；当 c_{NO} 不变时，c_{H_2} 减小一半，v 也减小一半，即 $v \propto c_{H_2}$。
因此，该反应的速率方程式为：

$$v=kc_{NO}^2c_{H_2}$$

该反应对 NO 是二级反应，对 H_2 是一级反应，总的反应级数为 3。

将表中任意一组数据代入上式，可求得反应速率系数。现将第一组数据代入：

$$k=\frac{v}{c_{NO}^2c_{H_2}}$$

$$=\frac{7.9\times10^{-7}\,\text{mol}\cdot\text{L}^{-1}\cdot\text{s}^{-1}}{(1.0\times10^{-3}\,\text{mol}\cdot\text{L}^{-1})^2\times6.0\times10^{-3}\,\text{mol}\cdot\text{L}^{-1}}$$

$$=1.3\times10^2\,\text{L}^2\cdot\text{mol}^{-2}\cdot\text{s}^{-1}$$

通常要取多组 k 的平均值作为速率方程中的速率系数。

确定了反应级数和速率系数，就能正确写出速率方程式并进行有关计算。化工生产过程中关心的问题主要是：一定时间之后，反应物剩余多少了？一定量反应物发生反应需要多少时间？反应物浓度降低到某种程度需要多少时间？这些都可以用速率方程进行具体的计算。

4.3 温度对反应速率的影响——Arrhenius 方程

对于大多数化学反应而言，温度升高，反应速率增大，只有极少数反应是例外的。从反应速率方程可知，反应速率不仅与浓度有关，还与速率系数 k 有关。不同反应具有不同的速率系数，同一反应在不同的温度下有不同数值的速率系数。

温度对反应速率的影响主要体现在温度对速率系数的影响上。通常温度升高，速率系数 k 增大，反应速率加快。

4.3.1 Van’t Hoff 经验规则

人们很早就已知道温度可以影响反应速率的事实。1884 年，荷兰物理化学家 Van’tHoff（范特霍夫）根据实验归纳得到近似规则：当温度升高 10K，反应速率大约增加 2～4 倍，即

$$\frac{k_{T+10K}}{k_T}=2\sim4 \tag{4-9}$$

按此规则，一个反应从同一初始浓度开始，达到相同的转化率，在 400K 时只要 1min 就能完成，而在 300K 时却至少要 17h 才能完成。如果不需要精确的数据或手边的数据不全，则可以根据这个规律大略地估计出温度对反应速率的影响。

4.3.2 Arrhenius 方程

1889 年，瑞典科学家 S. A. Arrhenius（阿伦尼乌斯）在前人工作的基础上结合他自己的实验总结出一个物理意义更为明确的经验方程，称为 Arrhenius 方程，即

$$k=A\exp\left(-\frac{E_a}{RT}\right) \tag{4-10}$$

式中，k 为速率系数；A 称为指前因子或频率系数，具有与反应速率系数 k 相同的单位；E_a 称为反应的活化能，其单位为 $kJ\cdot mol^{-1}$。如果温度变化范围不大时，A 和 E_a 可看作两个与温度、浓度无关的常数，其大小取决于化学反应本身。对（4-10）两边取对数，得

$$\ln k=-\frac{E_a}{RT}+\ln A \tag{4-11}$$

式（4-11）表明以 $\ln k$ 对 $1/T$ 作图可得一条直线，直线的斜率等于 $-\frac{E_a}{R}$，截距等于 $\ln A$。

如果知道不同温度的 k 值，就可以求算反应的活化能。同样，知道反应的活化能 E_a 和指前因子，也可以求不同温度下的反应速率系数 k。但由于多数情况下没有指前因子 A 的数值，所以根据式（4-11）则有：

$$T_1 \text{ 时}, \ln k_1 = -\frac{E_a}{RT_1} + \ln A$$

$$T_2 \text{ 时}, \ln k_2 = -\frac{E_a}{RT_2} + \ln A$$

在 $T_1 \sim T_2$ 区间，A 和 E_a 可看作常量，上两式相减，得

$$\ln\frac{k_2}{k_1} = \frac{E_a}{R}\left(\frac{1}{T_1} - \frac{1}{T_2}\right) = \frac{E_a(T_2 - T_1)}{RT_2T_1} \tag{4-12}$$

式（4-10）和式（4-11）及式（4-12）分别称为 Arrhenius 方程的指数形式和对数形式。Arrhenius 方程是化学动力学重要的研究内容之一，有许多重要的应用。可由两个温度下的速率系数求算活化能 E_a；若活化能已知，也可由一个温度下的速率系数，求算另外一个温度下的速率系数。

【例 4-3】 在 CCl_4 溶剂中，N_2O_5 分解反应如下：

$$2N_2O_5(g) \longrightarrow 4NO_2(g) + O_2(g)$$

已知在 298.15K 和 318.15K 时反应的速率系数分别为 $0.469 \times 10^{-4} s^{-1}$ 和 $6.29 \times 10^{-4} s^{-1}$，计算该反应的活化能 E_a。

解：已知　$T_1 = 298.15K$，$k_1 = 0.469 \times 10^{-4} s^{-1}$

$T_2 = 318.15K$，$k_2 = 6.29 \times 10^{-4} s^{-1}$

由公式（4-12）可得

$$E_a = \frac{RT_2T_1}{(T_2 - T_1)}\ln\frac{k_2}{k_1}$$

$$= \frac{8.314 \times (298.15 \times 318.15)}{318.15 - 298.15} \times \ln\frac{6.29 \times 10^{-4}}{0.469 \times 10^{-4}} kJ \cdot mol^{-1}$$

$$= 1.02 \times 10^2 kJ \cdot mol^{-1}$$

【例 4-4】 膦 PH_3 和乙硼烷 B_2H_6 反应：

$$PH_3(g) + B_2H_6(g) \longrightarrow PH_3{-}BH_3(g) + BH_3(g)$$

其活化能 $E_a = 48.0 kJ \cdot mol^{-1}$。若测得 298.15K 下反应的速率系数为 k_1，计算当速率系数为 $2k_1$ 时反应温度。

解：$E_a = 48.0 kJ \cdot mol^{-1}$，$k_2 = 2k_1$，$T_1 = 298.15K$

$$\ln\frac{k_2}{k_1} = \frac{E_a}{R}\left(\frac{1}{T_1} - \frac{1}{T_2}\right)$$

$$\ln 2 = \frac{48.0 \times 10^3 J \cdot mol^{-1}}{8.314 J \cdot K^{-1} \cdot mol^{-1}}\left(\frac{1}{298.15K} - \frac{1}{T_2}\right)$$

$$T_2 = 309K$$

4.4　反应速率理论

定量描述浓度和温度对反应速率影响的速率方程和 Arrhenius 方程都是实验事

实的总结。为了明确活化能的本质和物理意义，必须对描述实验事实的经验规律做出理论解释，对宏观现象现在应从微观本质上加以说明。

为了从理论上阐述基元反应的动力学特征，阐明反应速率的快慢及其影响因素，并对反应速率进行定量计算，科学家们提出了一系列关于基元反应速率的理论。在反应速率理论的发展过程中，先后形成了碰撞理论、过渡态理论（活化配合物理论）和单分子反应理论等动力学研究中的基本理论。

碰撞理论（simple collision theory）是 20 世纪初建立起来的最常用的反应速率理论之一，它借助于气体分子运动论，把气相中的双分子反应看作是两个分子激烈碰撞的结果，以硬球碰撞为模型，导出宏观反应速率常数的计算公式，故又称为硬球碰撞理论（hard-sphere collision theory，SCT）。

过渡态理论（transition state theory，TST）又称为活化配合物理论，这个理论是在统计力学和量子力学发展的基础上提出来的。过渡态理论原则上提供了一种计算反应速率的方法，只要知道分子的某些基本物性，即可计算某反应速率常数，故这个理论也称之为绝对反应速率理论（absolute rate theory，ART）。这一节将对碰撞理论和过渡态理论给予简单的介绍。

4.4.1 碰撞理论

1918 年，W. C. M. Lewis（路易斯）首先提出气相双分子反应的碰撞理论，后来进一步发展为有效碰撞理论（effective collision theory）。其基本理论要点如下。

① 化学反应发生的先决条件是反应物分子之间必须相互碰撞，碰撞的频率大小决定反应速率的大小，但并非所有的碰撞都能发生反应。

② 分子间只有有效碰撞才能发生反应。有效碰撞的两个条件是：首先，分子必须有足够大的动能克服分子相互接近时电子云之间和原子核之间的排斥力；其次，分子的碰撞选择一定的方向才能发生反应。

反应速率与分子间的碰撞频率有关，而碰撞频率则与反应物浓度有关。浓度越大，碰撞频率越高。气体分子运动论的理论计算表明，单位时间内分子的碰撞次数（碰撞频率）是很大的。在标准状况下，每秒钟每升体积内分子间的碰撞可达 10^{32} 次，甚至更多。碰撞频率这么高显然不可能每次碰撞都发生反应，否则反应就都会瞬间完成。实际上，大多数碰撞并没有发生反应，只有少数分子间的碰撞才是有效的。说明碰撞是分子间发生反应的必要条件，但不是充分条件。

能发生有效碰撞的反应物分子称为活化分子，活化分子只占全部分子的很少比例。

一定温度下，系统中反应物分子具有一定的平均能量（E），活化分子具有的最低能量（E^*）与反应物分子的平均能量（E）之差称为反应的活化能，用符号 E_a 表示，即

$$E_a = E^* - E \tag{4-13}$$

每一个反应都有其特定的活化能。E_a可以通过实验测出，称经验活化能。大多数化学反应的活化能为 60～250kJ·mol^{-1}。

活化能小于 42kJ·mol^{-1}的反应，反应速率很大，可瞬间完成，如酸碱中和反应；活化能大于 420kJ·mol^{-1}的反应，反应速率则很小。

温度升高，活化分子数增多，反应速率增大；浓度增大，单位时间内的有效碰撞增多，速率也增大。总之，根据碰撞理论，反应物分子必须有足够的最低能量，并以适宜的方位相互碰撞，才能导致发生有效碰撞。碰撞频率高，活化分子分数大，才可能有较大的反应速率。

有效碰撞理论为人们深入研究化学反应速率与活化能的关系提供了理论依据，对于气相反应的解释相当成功。但它并未从分子内部原子重新组合的角度来揭示活化能的物理意义，不能说明反应过程及其能量的变化，对于液相反应和多相复杂反应的解释也不够理想。

4.4.2　过渡态理论

1930 年，H. Eying（爱林）、H. Pelaer（佩尔采）等在统计力学和量子力学的基础上提出了过渡态理论。

过渡态理论基本观点：化学反应不是只通过分子之间的简单碰撞就能完成的，当反应物分子相互接近时要进行化学键的重排，形成一个高势能垒的中间过渡状态—活化配合物（active complex），然后再转化为生成物。例如，反应：

O—N—O（134°，118pm） + C—O（113pm） ⇌ O—N···O···C—O 活化配合物（过渡态） ⇌ N—O（115pm） + O—C—O（116pm）

中间过渡态配合物的势能高、稳定性低，易分解为生成物，也能重新分解成反应物。该理论中活化能 E_a的含义与碰撞理论中活化能的含义不同，是指活化配合物的平均能量与反应物平均能量之差，见图 4-2。

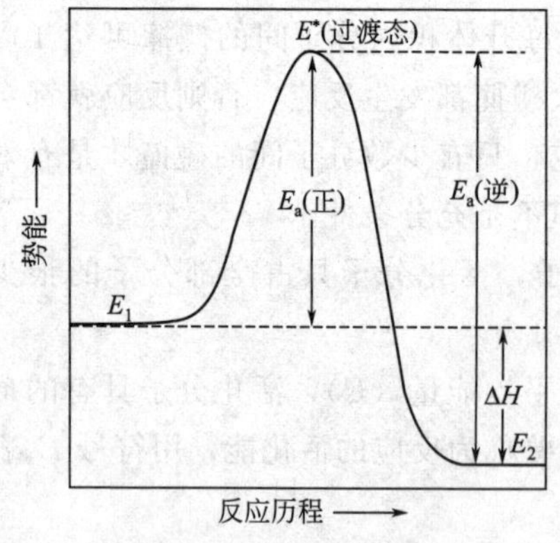

图 4-2　反应历程-势能图

图 4-2 中，E_1 表示反应物分子的平均势能，E_2 表示生成物分子的平均势能，E^* 表示过渡状态分子的平均势能。从图 4-2 中可见，在反应物分子和生成物分子之间构成了一个势能垒。要使反应发生，必须使反应物分子“爬上”这个势能垒。E^* 能越大，反应越困难，反应速率越小。E^* 和 E_1 的能量差为正反应的活化能，E^* 和 E_2 之差为逆反应的活化能。

对于一般反应，化学反应的摩尔焓变等于系统的终态与始态的能量之差，刚好等于正、逆向反应的活化能之差：

$$\Delta_r H_m = E_a(\text{正}) - E_a(\text{逆}) \tag{4-14}$$

E_a（正）$<E_a$（逆），$\Delta_r H_m<0$，为放热反应；

E_a（正）$>E_a$（逆），$\Delta_r H_m>0$，为吸热反应。

4.5 催化剂对反应速率的影响

催化剂在现代化工生产中占有极其重要的地位，尤其是在现代大型化工生产和石油化工生产中，很多反应（80%～90%）都必须靠使用性能优良的催化剂来实现。催化剂多半是金属、金属氧化物、多酸化合物和配合物等。

4.5.1 催化剂

(1) 催化剂

能改变反应的反应速率，但其本身的质量、组成和化学性质在反应前后保持不变的物质。

(2) 正催化剂

能加速反应的催化剂，如合成氨工业中的铁触媒、氯酸钾加热分解制氧气中的二氧化锰等。

(3) 负催化剂

能减慢反应的催化剂，如橡胶中的防老化剂、金属腐蚀中的缓蚀剂等。

通常无特别说明，一般说的催化剂都是指正催化剂。

虽然，催化剂在反应前后并不消耗，但是实际上它参与了化学反应，并改变了反应机理。催化反应都是复合反应，催化剂在其中的一步基元反应中被消耗，在后面的基元反应中又再生。例如反应：

$$A+B \longrightarrow AB \qquad \text{活化能为 } E_a$$

当有催化剂 Z 存在时，改变了反应的途径（见图 4-3），使之分为两步：

$$(1)\ A+Z \longrightarrow AZ \qquad \text{活化能为 } E_1$$

$$(2)\ AZ+B \longrightarrow AB+Z \qquad \text{活化能为 } E_2$$

4.5.2 催化剂的主要特征

催化剂通常具有以下特点。

(1) 催化剂只能对热力学上可能发生的反应起到加速作用。热力学上不可能发生的反应，即对一个 $\Delta_r G_m>0$ 反应，想用催化剂促使其反应进行是徒劳无益的。

(2) 催化剂只能改变反应途径，不能改变反应的始态和终态。虽然催化剂能同等地改变正、逆反应的速率，但只能缩短到达平衡的时间，而不能改变化学平衡状

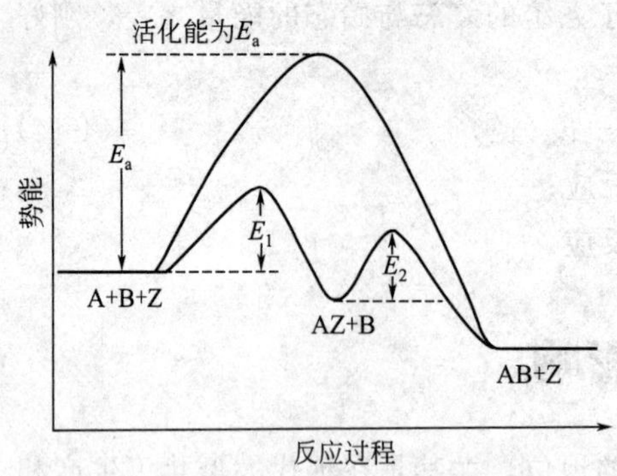

图 4-3　催化剂改变反应途径示意图

态或位置。催化剂之所以能改变反应速率，是由于参与了反应过程，改变了原来反应的途径，降低了反应的活化能。如图 4-3，由于 E_1、E_2 均小于 E_a，所以反应速率加快了。

催化剂加速反应速率往往是惊人的。例如，在 503K 时分解 HI 气体，如果没有催化剂时，E_a 为 $184kJ \cdot mol^{-1}$；而如果以 Au 作催化剂，E_a 则降至 $104.6kJ \cdot mol^{-1}$。由于 E_a 降低了 $80kJ \cdot mol^{-1}$，可使反应速率增大 1 亿多倍。

(3) 催化剂有选择性。不同的反应常采用不同的催化剂，即每个反应有它特有的催化剂。同种反应物如果能生成多种不同的生成物时，选择不同的催化剂会有不同的生成物生成。例如，根据乙醇催化反应的实验，用不同的催化剂将得到不同的生成物。

$$
C_2H_5OH\begin{cases}\xrightarrow[623\sim633K]{Al_2O_3}C_2H_4+H_2O\\ \xrightarrow[473\sim523K]{Cu}CH_3CHO+H_2\\ \xrightarrow[413.2K]{H_2SO_4}(C_2H_5)O+H_2O\\ \xrightarrow[673.2\sim773.2K]{ZnO\cdot Cr_2O_3}CH_2=CH-CH=CH_2+H_2O+H_2\end{cases}
$$

工业生产上常利用催化剂的选择性，使所希望的化学反应加快速率，同时抑制某些副反应的发生。

(4) 催化剂往往只能在特定条件下才能体现出它的活性，否则就失去活性或发生催化剂中毒。

思考题

1. 区分下列基本概念。

(1) 化学反应的平均速率和瞬时速率；

(2) 反应级数，反应分子数和化学计量数；

(3) 反应速率方程和反应速率系数；　　(4) 活化能与活化分子；

(5) 基元反应和复合反应；　　(6) 催化剂和催化作用；

(7) 均相催化与多相催化；　　(8) 活化配合物与中间产物。

2. 试述影响反应速率的因素，并以活化能、活化分子和活化分子分数等概念说明之。

3. 总结 Arrhenius 方程的基本形式与应用。

4. 简述反应速率的碰撞理论的要点。

5. 简述反应速率的过渡状态理论的要点。

6. 试述催化剂与催化作用的基本特征。

7. 反应 A(g) +B(g) $\rightleftharpoons$ 2D(g)，$\Delta_r H_m$ 为负值，当达到化学平衡时，如改变下表中各项条件，试将其他各项发生变化的情况填入表中：

改变条件	增加 A 的分压	增加压力	降低温度	使用催化剂
正反应速率 速率系数 $k_{正}$				

8. 下列说法是否正确？为什么？

(1) 质量作用定律可以适用于任何化学反应。

(2) 反应的活化能越大，反应进行得越快。

(3) 反应 A+B ⟶ 生成物，不一定是二级反应。

(4) 催化剂不但可以加快化学反应速率，还大大增加了反应的转化率。

习　题

1. 295K 时，反应 $2NO+Cl_2 \longrightarrow 2NOCl$，其反应物浓度与反应速率关系的数据如下：

c_{NO}/mol·L^{-1}	c_{Cl_2}/mol·L^{-1}	v_{Cl_2}/mol·L^{-1}·s^{-1}
0.100	0.100	8.0×10^{-3}
0.500	0.100	2.0×10^{-1}
0.100	0.500	4.0×10^{-2}

回答：(1) 对不同反应物反应级数各为多少？

(2) 写出反应的速率方程；

(3) 反应的速率系数为多少？

2. 反应 $2N_2O_5 \longrightarrow 4NO_2+O_2$ 的 A 值是 4.3×10^{13} s^{-1}，E_a 值是 103.3kJ·mol^{-1}，求在 300K 时的速率系数 k。

3. 某反应，当温度由 300K 升高到 310K 时，反应速率增大了一倍，求此反应的活化能。

4. 反应 $2NO_2 \rightleftharpoons 2NO+O_2$ 是一个基元反应，正反应的活化能为 114kJ·mol^{-1}，反应的热效应为 $\Delta_r H_m^{\ominus}=113$kJ·mol^{-1}。

(1) 写出正反应速率方程式，并计算逆反应的活化能；

(2) 当温度由 600K 升高至 700K 时，正、逆反应速率各增加多少倍。

5. 反应 $2HI(g) \rightleftharpoons H_2(g)+I_2(g)$ 在 575K、700K 时的速率系数分别为 2.75×10^{-6} L·mol^{-1}·s^{-1} 和 5.50×10^{-4} L·mol^{-1}·s^{-1}，求该反应的活化能 E_a 和指前因子 A。

6. 在海边，水的沸点为 100℃，3.0min 能煮熟鸡蛋，到青海高原某地，水的沸点为 92℃，花了 4.5min 才煮熟。试计算煮熟鸡蛋过程中的活化能。

7. 当温度为 298K 时，已知反应：

$$2N_2O(g) \longrightarrow 2N_2(g) + O_2(g);\Delta_r H_m^{\ominus} = -164.1kJ\cdot mol^{-1}$$

$E_a = 240kJ\cdot mol^{-1}$。该反应被 Cl_2 催化，催化反应的 $E_a = 140kJ\cdot mol^{-1}$。

催化后反应速率提高了多少倍？催化反应的逆反应活化能是多少？

8. 已知 300K 时，反应 $2H_2O_2(aq) \rightleftharpoons 2H_2O(aq) + \frac{1}{2}O_2(g)$ 的活化能为 $75.3kJ\cdot mol^{-1}$。若用 I^- 催化，活性能降为 $56.5kJ\cdot mol^{-1}$；若用酶催化，活化能降为 $25.1kJ\cdot mol^{-1}$。试计算在相同温度下，该反应用 I^- 催化及酶催化时，其反应速率分别是无催化剂时的多少倍？

9. 蔗糖的催化水解是一级反应，在 298.15K 时的速率系数 $k = 5.7\times10^7 s^{-1}$，若反应的活化能为 $120kJ\cdot mol^{-1}$，在什么温度时的反应速率时 298.15K 时的 10 倍？

10. 当矿物燃料燃烧时，空气中的氮和氧反应生成一氧化氮，它同氧再反应生成二氧化氮：

$$2NO(g) + O_2(g) \longrightarrow NO_2(g)$$

25℃下该反应的初始速率实验数据如下表：

编号	$c_{NO}/mol\cdot L^{-1}$	$c_{O_2}/mol\cdot L^{-1}$	$v/mol\cdot L^{-1}\cdot s^{-1}$
1	0.0020	0.0010	2.8×10^{-5}
2	0.0040	0.0010	1.1×10^{-4}
3	0.0020	0.0020	5.6×10^{-5}

(1) 写出反应速率方程；

(2) 计算 25℃时反应速率系数 k；

(3) $c_{0(NO)} = 0.0030mol\cdot L^{-1}$，$c_{0(O_2)} = 0.0015mol\cdot L^{-1}$时，相应的初始反应速率为多少？

11. 二氧化氮的分解反应为：$2NO_2(g) \longrightarrow 2NO(g) + O_2(g)$

已知 319℃时，$k_1 = 0.498mol\cdot L^{-1}\cdot s^{-1}$；354℃时，$k_2 = 1.81mol\cdot L^{-1}\cdot s^{-1}$，

计算该反应的活化能 E_a和指前因子 A 以及 383℃时反应速率系数 k。

12. 半水合磷酸镧晶体 $LaPO_4\cdot\frac{1}{2}H_2O$ 受热时将失去结晶水，而得到无水磷酸镧：

$$2LaPO_4\cdot\frac{1}{2}H_2O(s) \longrightarrow 2LaPO_4(s) + H_2O(g)$$

在不同温度下该反应速率系数如下表：

t/℃	205	219	246	260
k/s^{-1}	2.30×10^{-4}	3.69×10^{-4}	7.75×10^{-4}	12.3×10^{-4}

用不同的方法计算该反应的活化能。

第 5 章 化学反应限度——化学平衡

5.1 标准平衡常数
5.2 标准平衡常数的应用
5.3 影响化学平衡移动的因素——平衡移动原理

在研究化学反应的过程中，人们重点关注反应的方向和速率，以及在指定条件下，反应物可以转变为产物的最大限度，即化学平衡问题。就是说预测反应的方向和限度问题是研究的重点，如果一个反应根本不可能发生，采取任何加快反应速率的措施都是毫无意义的。

一个热力学上可进行的反应，当其具有足够大的反应速率时，会一直进行下去吗？转化率是多少？怎样才能提高转化率以获得更多的产物？这就是化学平衡所讨论的问题。化学平衡涉及绝大多数的化学反应以及相变化等，如酸碱平衡、沉淀溶解平衡、氧化还原平衡和配位平衡以及均相平衡、多相平衡。

5.1　标准平衡常数

5.1.1　化学平衡及特征

（1）可逆反应

在工业生产中，人们总是希望原料（反应物）能更多地变成产物（生成物），但在一定的工艺条件下，反应进行到一定程度就会停止，反应系统的组成不再随时间而改变，即宏观上反应系统内部进行的化学变化已停止，这时反应系统达到化学平衡。达到平衡时，反应系统的组成如何，这是化学平衡研究的一个重要内容。

多数化学反应都是正、逆两个方向都可以进行的反应。通常将从左到右进行的反应称为正反应，从右到左进行的反应称为逆反应。在一定条件下，把既能向正反应方向又能向逆反应方向进行的反应称为可逆反应。在反应式中用双箭头符号表示反应的可逆性。如 $CO(g)$ 与 $H_2O(g)$ 的可逆反应写成：

$$CO(g)+H_2O(g) \rightleftharpoons CO_2(g)+H_2(g)$$

一般来说，反应的可逆性是化学反应的普遍特征。由于正、逆反应共处于同一反应系统内，在密闭容器中可逆反应不能进行到底，即反应物不能全部转化为产物。

（2）化学平衡

在定温定压不做非体积功时，化学反应进行的方向可用反应的 Gibbs 函数变 ΔG 来判断。随着反应的进行，反应系统 Gibbs 函数变在不断变化，直到最终反应系统的 Gibbs 函数变不再改变，此时反应的 $\Delta G=0$，化学反应达到最大限度。在一定条件下，正、逆反应速率相等时，系统中各物种浓度（或分压）不再随时间变化而改变，即反应系统内各物质的组成不再改变，我们称上述状态为热力学平衡态，简称化学平衡。只要反应系统的温度和压力保持不变，同时没有物质加入到反应系统或从反应系统中移走，这种平衡就会一直持续下去。

例如，在四个密闭容器中分别加入不同数量的 $H_2(g)$、$I_2(g)$ 和 $HI(g)$，发生如下反应：

$$H_2(g)+I_2(g) \rightleftharpoons 2HI(g)$$

在427℃定温下不断测定 $H_2(g)$、$I_2(g)$ 和 $HI(g)$ 的分压，经一段时间后，$H_2(g)$、$I_2(g)$ 和 $HI(g)$ 三种气体的分压都不再改变，说明反应系统达到了平衡状态，见表5-1。

表5-1 $H_2(g)+I_2(g) \rightleftharpoons 2HI(g)$ 平衡反应系统各组分的分压

编号	起始分压/kPa			平衡分压/kPa			$\frac{(p_{HI})^2}{p_{H_2} \cdot p_{I_2}}$
	p_{H_2}	p_{I_2}	p_{HI}	p_{H_2}	p_{I_2}	p_{HI}	
1	66.00	43.70	0	25.57	4.293	78.82	54.47
2	62.14	62.63	0	13.11	13.60	98.10	53.98
3	0	0	26.12	2.792	2.792	20.55	54.37
4	0	0	27.04	2.878	2.878	21.27	54.62

显然，不管反应正向从反应物开始，还是逆向从生成物开始，最后四个容器中的反应物和生成物的分压虽然各不相同，但都不再变化，此时反应系统达到了平衡，$\Delta G=0$。

化学反应达平衡时，从宏观上看，反应系统的平衡组成是一定的。从微观上看，正、逆反应仍在进行，只是二者的速率相等，即 $v_{正}=v_{逆}\neq 0$。因此，化学平衡是一种动态平衡，平衡组成与达到平衡的途径无关，这种动态平衡可用同位素标记法的实验证实。自然界存在的碘全是无放射性的碘-127。在 $H_2(g)$、$I_2(g)$ 和 $HI(g)$ 的平衡混合物中，以少量的有放射性的碘-131分子取代碘-127分子，可立即检测出反应系统中含有放射性的碘化氢（HI-131），同样若用HI-131取代正常的HI，也能立即检测出碘-131的存在，从而可以证实正、逆反应仍在进行中。

（3）化学平衡的基本特征

① 在适宜的条件下，可逆反应均可以达到平衡状态。

② 化学平衡是暂时的动态平衡，从微观上看正、逆反应以相同的速率进行着，只是净反应结果无变化（图5-1）。

③ 当反应条件一定时，平衡组成不再随时间发生变化。

④ 只要反应系统中各物种的组成相同（各种原子的总数各自保持不变），不管反应从哪个方向开始，最终达到平衡时，反应系统组成相同。即平衡组成与达到平衡的途径无关。

⑤ 化学平衡是相对的，同时也是有条件的。一旦维持平衡的条件发生了变化（如温度、压力等），反应系统的宏观性质和物质的组成都将发生变化。原有的平衡将被破坏，

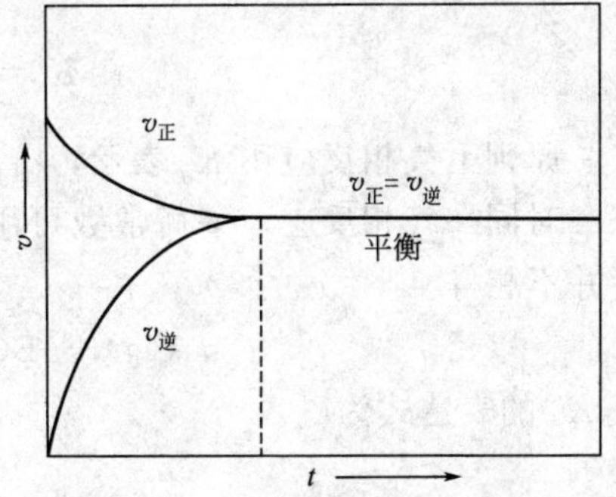

图5-1 可逆反应速率变化示意图

反应将在新的条件下达成新的平衡，即平衡移动。

5.1.2 化学平衡常数

(1) 实验平衡常数

实验事实表明，在一定温度的反应条件下，任何一个可逆反应经过一定时间后，都会达到化学平衡。此时反应系统中以反应方程式中的化学计量数（ν_B）为幂指数的各物质的浓度（或分压）的乘积为一常数，见表 5-1 中最后一列。由于这个常数由实验测得，故称为实验平衡常数（或经验平衡常数），用 K_p 或 K_c 表示。

对于气相可逆反应

$$0 = \sum_B \nu_B B,$$

在一定温度下，达到平衡时，各组分压力之间的关系为：

$$K_p = \prod_B (p_B)^{\nu_B} \tag{5-1}$$

K_p 称为压力平衡常数。

例如：　$H_2(g) + I_2(g) \rightleftharpoons 2HI(g)$

压力平衡常数 K_p 可表示为：　$K_p = \dfrac{(p_{HI})^2}{p_{H_2} \cdot p_{I_2}}$

$$N_2(g) + 3H_2(g) \rightleftharpoons 2NH_3(g)$$

压力平衡常数 K_p 可表示为：　$K_p = \dfrac{(p_{NH_3})^2}{(p_{N_2})(p_{H_2})^3}$

对于溶液中进行的可逆反应

$$0 = \sum_B \nu_B B,$$

在一定温度下，达到平衡时，各组分浓度之间的关系为

$$K_c = \prod_B (c_B)^{\nu_B} \tag{5-2}$$

K_c 称为浓度平衡常数。

例如：　$2Fe^{3+}(aq) + Sn^{2+}(aq) \rightleftharpoons 2Fe^{2+}(aq) + Sn^{4+}(aq)$

浓度平衡常数 K_c 可表示为：

$$K_c = \frac{(c_{Fe^{2+}})^2 \cdot c_{Sn^{4+}}}{(c_{Fe^{3+}})^2 \cdot c_{Sn^{2+}}}$$

原则上气相反应用 K_p 表示，溶液中的溶质反应用 K_c 表示。

对同一气相反应，平衡常数可用 K_c 表示，也可用 K_p 表示，但通常情况下二者并不相等。

$$aA(g) + bB(g) \rightleftharpoons yY(g) + zZ(g)$$

其 K_p 的表达式为

$$K_p = \frac{(p_Y)^y (p_Z)^z}{(p_A)^a (p_B)^b} \tag{5-3}$$

一般情况下，气体可近似看作理想气体，由理想气体状态方程可知，气体的分压与浓度成正比：

$$p_B = c_B RT$$

所以

$$K_p = \frac{(c_Y)^y (c_Z)^z}{(c_A)^a (c_B)^b}(RT)^{(y+z)-(a+b)}$$

令 $\sum_B \nu_B = (y+z)-(a+b)$，则

$$K_p = K_c (RT)^{\sum_B \nu_B} \tag{5-4}$$

只有当 $\sum_B \nu_B = 0$ 时，才有 $K_p = K_c$

由于平衡常数表达式中各组分的浓度（或分压）都有单位，所以实验平衡常数是有单位的，实验平衡常数的单位取决于化学计量方程式中生成物与反应物的单位及相应的化学计量数。

例如反应

$$2NO_2 \rightleftharpoons N_2O_4 \quad K_p = p_{N_2O_4}/p_{NO_2}^2$$

单位为 Pa^{-1} 或 kPa^{-1}。

(2) 标准平衡常数

由于热力学中对物质的标准态作了规定，平衡时各物质均以各自的标准态为参考态。国家标准 GB3102—93 中给出了标准平衡常数的定义，在一定温度下化学平衡一旦建立，在标准平衡常数表达式中，以化学反应方程式中化学计量数为幂指数的反应方程式中各物质的相对浓度（或相对分压）的乘积为一常数，叫标准平衡常数。即反应方程式中各物质的浓度（或分压）均须分别除以其标准态的量，即除以 $c^\ominus$（$c^\ominus = 1mol \cdot L^{-1}$）或 $p^\ominus$（$p^\ominus = 100kPa$）。由于相对浓度（或相对分压）是量纲为 1 的量。所以标准平衡常数是量纲为 1 的量。

例如对气相反应

$$0 = \sum_B \nu_B B(g)$$

$$K^\ominus = \prod_B (p_B/p^\ominus)^{\nu_B} \tag{5-5}$$

若为溶液中溶质的反应

$$0 = \sum_B \nu_B B(aq)$$

$$K^\ominus = \prod_B (c_B/c^\ominus)^{\nu_B} \tag{5-6}$$

式中，$\prod_B (p_B/p^\ominus)^{\nu_B}$，$\prod_B (c_B/c^\ominus)^{\nu_B}$ 为平衡时化学反应计量方程式中各反应组分 $(p_B/p^\ominus)^{\nu_B}$ 或 $(c_B/c^\ominus)^{\nu_B}$ 的乘积（注意反应物的计量系数为负值）。由于 $c^\ominus = 1mol \cdot L^{-1}$，为简单起见，式（5-6）中 $c^\ominus$ 在与 $K^\ominus$ 有关的数值计算中常予以省略。

对于多相反应的标准平衡常数表达式，反应组分中的气体用相对分压（$p_B/p^\ominus$）表示；溶液中的溶质用相对浓度（$c_B/c^\ominus$）表示；固体和纯液体为"1"，可省略。

对一般的可逆化学反应：

$$aA(g)+bB(aq)+cC(s)\rightleftharpoons xX(g)+yY(aq)+zZ(l)$$

其标准平衡常数表达式为：

$$K^\ominus=\frac{\left(\frac{c_Y}{c^\ominus}\right)^y\left(\frac{p_X}{p^\ominus}\right)^x}{\left(\frac{c_B}{c^\ominus}\right)^b\left(\frac{p_A}{p^\ominus}\right)^a}$$

例如，实验室中制取 Cl_2（g）的反应：

$$MnO_2(s)+2Cl^-(aq)+4H^+(aq)\rightleftharpoons Mn^{2+}(aq)+Cl_2(g)+2H_2O(l)$$

$$K^\ominus=\frac{\frac{c_{Mn^{2+}}}{c^\ominus}\cdot\frac{p_{Cl_2}}{p^\ominus}}{\left(\frac{c_{Cl^-}}{c^\ominus}\right)^2\left(\frac{c_{H^+}}{c^\ominus}\right)^4}$$

通常如无特殊说明，平衡常数一般均指标准平衡常数。

（3）标准平衡常数表达式中的注意事项

在书写和应用标准平衡常数表达式时应注意以下几个方面。

① 表达式中各组分的分压（或浓度）应为平衡状态时的分压（或浓度），即为参加反应各物的相对平衡分压（或浓度），其量纲为1。

② 标准平衡常数仅是温度的函数，与反应的起始浓度无关。

③ 若反应物或产物中有液体或固体，其标准态为相应的纯液体或纯固体，因此表示液体和固体的相应物理量不出现在标准平衡常数的表达式中。

④ 由于表达式以反应计量方程中各物质的化学计量系数（ν_B）为幂指数，所以 $K^\ominus$ 与化学反应计量式有关，同一化学反应若反应计量方程不同，其 $K^\ominus$ 值也不同。

例如合成氨反应可用下面两个计量方程表示：

（1）

$$N_2(g)+3H_2(g)\rightleftharpoons 2NH_3(g)$$

$$K_1^\ominus=\frac{\left(\frac{p_{NH_3}}{p^\ominus}\right)^2}{\left(\frac{p_{N_2}}{p^\ominus}\right)\left(\frac{p_{H_2}}{p^\ominus}\right)^3}$$

（2）

$$\frac{1}{2}N_2(g)+\frac{3}{2}H_2(g)\rightleftharpoons NH_3(g)$$

$$K_2^\ominus=\frac{\left(\frac{p_{NH_3}}{p^\ominus}\right)}{\left(\frac{p_{N_2}}{p^\ominus}\right)^{\frac{1}{2}}\left(\frac{p_{H_2}}{p^\ominus}\right)^{\frac{3}{2}}}$$

显然 $K_1^{\ominus} \neq K_2^{\ominus}$，$K_1^{\ominus} = (K_2^{\ominus})^2$。

因此使用和查阅标准平衡常数时，必须注意它们所对应的化学反应计量方程。

5.1.3 Gibbs 函数与化学平衡

在第 3 章中，曾提到用 $\Delta_r G_m^{\ominus}$ 判断标准状态时反应进行的方向，而在实际反应系统中各物质不可能都处于标准状态，故用 $\Delta_r G_m^{\ominus}$ 来判断反应自发性是有局限的。在标准状态下不能自发的反应，不一定在非标准状态下也不能自发。因为大多数反应在非标准状态进行，因此，具有普遍实用意义的判据应是 $\Delta_r G_m$。

从第 3 章的讨论可知，在定温定压、不做非体积功条件下的化学反应方向判据为：

$\Delta_r G_m < 0$，正反应自发进行；

$\Delta_r G_m = 0$，反应处于平衡态；

$\Delta_r G_m > 0$，逆反应自发进行。

热力学研究证明，在定温定压，任意状态下化学反应的 $\Delta_r G_m$ 与其标准态 $\Delta_r G_m^{\ominus}$ 之间有如下关系：

$$\Delta_r G_m(T) = \Delta_r G_m^{\ominus}(T) + RT\ln J \tag{5-7}$$

式（5-7）称为化学反应等温方程式，其中，J 为反应商。

对气相反应，$0 = \sum_B \nu_B B(g)$，定义某时刻的反应商 J（也称分压商）为

$$J = \prod_B (p'_B / p^{\ominus})^{\nu_B} \tag{5-8}$$

若为溶液中溶质的反应 $0 = \sum_B \nu_B B(aq)$，定义某时刻的反应商 J（也称浓度商）为

$$J = \prod_B (c'_B / c^{\ominus})^{\nu_B} \tag{5-9}$$

式（5-8）和式（5-9）中，p'_B，c'_B 分别表示反应进行到某一时刻的分压和浓度，可以是平衡态的，也可以是非平衡态的。反应达到平衡时的反应商 J 和标准平衡常数 $K^{\ominus}$ 相等，即 $J = K^{\ominus}$。

根据化学反应进行方向的判据，当化学反应达到平衡时，反应的 $\Delta_r G_m(T) = 0$，此时反应方程式中物质 B 的浓度或分压均为平衡态时的浓度或分压。因此，反应商 J 即为 $K^{\ominus}$，即 $J = K^{\ominus}$，故有

$$0 = \Delta_r G_m^{\ominus}(T) + RT\ln K^{\ominus}$$

即

$$\Delta_r G_m^{\ominus}(T) = -RT\ln K^{\ominus} \tag{5-10a}$$

将上式进一步整理可得

$$\ln K^{\ominus} = \frac{-\Delta_r G_m^{\ominus}(T)}{RT} \tag{5-10b}$$

即

$$K^{\ominus}=\exp\left(\frac{-\Delta_r G_m^{\ominus}(T)}{RT}\right) \tag{5-10c}$$

式（5-10）为化学反应的标准平衡常数与化学反应的标准摩尔吉布斯函数变之间的关系。因此，只要知道任意温度 T 时的 $\Delta_r G_m^{\ominus}$，就可以计算该反应温度 T 时的标准平衡常数 $K^{\ominus}$。

$\Delta_r G_m^{\ominus}$(298.15K) 可根据热力学常数 $\Delta_f G_m^{\ominus}$(B,相态,298.15K) 进行计算，而其他温度的 $\Delta_r G_m^{\ominus}$ 可根据下式计算。

$$\Delta_r G_m^{\ominus}(T)\approx\Delta_r H_m^{\ominus}(298.15\text{K})-T\cdot\Delta_r S_m^{\ominus}(298.15\text{K})$$

就是说任一定温定压下的化学反应的标准平衡常数均可由式（5-10）计算得到。

从式（5-10）可以看出，在一定温度下，化学反应的 $\Delta_r G_m^{\ominus}$ 值越小，则 $K^{\ominus}$ 值越大，反应就进行得越完全；反之，若 $\Delta_r G_m^{\ominus}$ 值越大，则 $K^{\ominus}$ 值越小，反应进行得程度越小。因此 $\Delta_r G_m^{\ominus}$ 在一定意义上反映了标准状态时化学反应进行的完全程度。

5.1.4 多重平衡规则

前面讨论的都是单一反应系统的化学平衡问题，但实际的化学过程往往有若干种平衡状态同时存在。在指定条件下，一个反应系统中的某一种（或几种）物质参与两个（或两个以上）的化学反应并共同达到化学平衡，称为同时平衡，也称多重平衡。化学反应的平衡常数也可以利用多重平衡规则计算获得。如果某反应可以由几个反应相加（或相减）得到，则该反应的平衡常数等于几个反应平衡常数之积（或商），这种关系称为多重平衡规则。多重平衡规则证明如下。

设反应(1)、反应(2) 和反应(3) 在温度 T 时的标准平衡常数分别为 $K_1^{\ominus}$、$K_2^{\ominus}$ 和 $K_3^{\ominus}$，它们的标准摩尔吉布斯函数变分别为 $\Delta_r G_{m,1}^{\ominus}$、$\Delta_r G_{m,2}^{\ominus}$ 和 $\Delta_r G_{m,3}^{\ominus}$。

若 反应(3)＝反应(1)＋反应(2)

则 $$\Delta_r G_{m,3}^{\ominus}=\Delta_r G_{m,1}^{\ominus}+\Delta_r G_{m,2}^{\ominus}$$

因 $$\Delta_r G_m^{\ominus}=-RT\ln K^{\ominus}$$

所以 $$-RT\ln K_3^{\ominus}=-RT\ln K_1^{\ominus}+(-RT\ln K_2^{\ominus})$$

$$\ln K_3^{\ominus}=\ln(K_1^{\ominus}K_2^{\ominus})$$

$$K_3^{\ominus}=K_1^{\ominus}K_2^{\ominus}$$

同理 反应(3) ＝反应(1)－反应(2)

则 $$\Delta_r G_{m,3}^{\ominus}=\Delta_r G_{m,1}^{\ominus}-\Delta_r G_{m,2}^{\ominus}$$

所以 $$-RT\ln K_3^{\ominus}=-RT\ln K_1^{\ominus}-(-RT\ln K_2^{\ominus})$$

$$\ln K_3^{\ominus}=\ln(K_1^{\ominus}/K_2^{\ominus})$$

$$K_3^{\ominus}=K_1^{\ominus}/K_2^{\ominus}$$

【例 5-1】 已知下列反应在 1362K 的标准平衡常数：

(1) $H_2(g)+\frac{1}{2}S_2(g) \rightleftharpoons H_2S(g)$ $K_1^{\ominus}=0.80$

(2) $3H_2(g)+SO_2(g) \rightleftharpoons H_2S(g)+2H_2O(g)$ $K_2^{\ominus}=1.8\times10^4$

计算反应 $4H_2(g)+2SO_2(g) \rightleftharpoons S_2(g)+4H_2O(g)$ 在 1362K 的标准平衡常数 $K^{\ominus}$。

解：[式(2) －式(1)] ×2，得

$$4H_2(g)+2SO_2(g) \rightleftharpoons S_2(g)+4H_2O(g)$$

因此

$$K^{\ominus}=\left[\frac{K_2^{\ominus}}{K_1^{\ominus}}\right]^2=\left[\frac{1.8\times10^4}{0.80}\right]^2=5.1\times10^8$$

5.2 标准平衡常数的应用

化学反应的标准平衡常数是表明反应系统处于平衡状态的一种数量标志。利用它能回答许多重要问题，如判断反应程度（或限度）、预测反应方向以及计算平衡组成等。

5.2.1 判定反应程度

在一定条件下，化学反应达到平衡状态时，正、逆反应速率相等，净反应速率相当于零，平衡组成不再改变。这表明在这种条件下反应物向生成物转化达到了最大限度。如果该反应的标准平衡常数 $K^{\ominus}$ 很大，则其表达式中的分子项（对应生成物的分压或浓度）比分母项（对应反应物的分压或浓度）要大得多，说明反应物大部分转化为生成物了，反应进行得比较完全。不难理解，如果 $K^{\ominus}$ 的数值很小，表明平衡时生成物对反应物的比例很小，反应正向进行的程度很小，反应进行得很不完全。

① 酸碱中和反应

$$H^+(aq)+OH^-(aq) = H_2O(l) \qquad K^{\ominus}(298K)=1.0\times10^{14}$$

平衡常数 $K^{\ominus}$ 很大，反应进行得很完全。这类反应在宏观上难以观察到反应的可逆性。

② CO 分解反应

$$CO(g) \rightleftharpoons C(s)+\frac{1}{2}O_2(g) \qquad K^{\ominus}(298K)=6.9\times10^{-25}$$

平衡常数很小，反应基本不能发生。

③ 如果 $K^{\ominus}$ 的数值不太大也不太小（如 $10^3>K^{\ominus}>10^{-3}$），平衡混合物中产物和反应物的分压（或浓度）相差不大，反应物部分地转化为产物。

除了可用 $K^{\ominus}$ 表示反应程度外，反应进行的程度也常用平衡转化率来表示。反

应物 A 的平衡转化率 α_A 被定义为：

$$\alpha_A=\frac{n_{A,0}-n_{A,eq}}{n_{A,0}} \tag{5-11}$$

式中，$n_{A,0}$ 为反应开始时反应物 A 的物质的量；$n_{A,eq}$ 为平衡时 A 的物质的量。$K^{\ominus}$ 越大，往往 α_A 也越大。

5.2.2　预测反应方向

应强调指出，在定温定压下，一个给定化学反应进行方向的热力学判据为 Gibbs 函数变判据。

根据化学反应等温方程式（5-7）和式（5-10a）可得

$$\Delta_r G_m=\Delta_r G_m^{\ominus}(T)+RT\ln J=-RT\ln K^{\ominus}+RT\ln J=RT\ln\frac{J}{K^{\ominus}} \tag{5-12}$$

则 Gibbs 函数变判据可化为下述形式：

$\Delta_r G_m<0, \frac{J}{K^{\ominus}}<1$，即 $J<K^{\ominus}$，反应正向自发进行；

$\Delta_r G_m=0, \frac{J}{K^{\ominus}}=1$，即 $J=K^{\ominus}$，反应处于平衡状态；

$\Delta_r G_m>0, \frac{J}{K^{\ominus}}>1$，即 $J>K^{\ominus}$，反应逆向自发进行。

经过对数转化后，$RT\ln J$ 项一般较小，若 $\Delta_r G_m^{\ominus}$ 的绝对值很大，则 $\Delta_r G_m$ 的正负由 $\Delta_r G_m^{\ominus}$ 决定，即可用 $\Delta_r G_m^{\ominus}$ 代替 $\Delta_r G_m$ 近似判断反应进行的方向。

通常认为：当一个反应的平衡常数 $K^{\ominus}>10^5$ 时，反应进行得很完全。代入式(5-10a)，可得 $\Delta_r G_m^{\ominus}=-34.2\text{kJ}\cdot\text{mol}^{-1}$。故一般认为（经验判据），$|\Delta_r G_m^{\ominus}|\geqslant 40.0\text{kJ}\cdot\text{mol}^{-1}$ 时，用 $\Delta_r G_m^{\ominus}$ 代替 $\Delta_r G_m$ 判断反应进行的方向，此时参与反应的各物质的浓度或分压的变化不足以改变反应方向。用 $\Delta_r G_m^{\ominus}$ 判断反应方向的经验判据是：

$\Delta_r G_m^{\ominus}<-40.0\text{kJ}\cdot\text{mol}^{-1}$，反应多半正向进行；

$\Delta_r G_m^{\ominus}>40.0\text{kJ}\cdot\text{mol}^{-1}$，反应多半逆向进行。

当 $|\Delta_r G_m^{\ominus}|<40.0\text{kJ}\cdot\text{mol}^{-1}$ 时，有可能通过改变反应条件来改变反应进行的方向，需要结合反应具体条件计算 $\Delta_r G_m$，采用 Gibbs 函数变判据（或根据 J 与 $K^{\ominus}$ 的关系）进行准确判定。

$\frac{J}{K^{\ominus}}<1$，即 $J<K^{\ominus}$，反应正向自发进行；

$\frac{J}{K^{\ominus}}=1$，即 $J=K^{\ominus}$，反应处于平衡状态；

$\frac{J}{K^{\ominus}}>1$，即 $J>K^{\ominus}$，反应逆向自发进行。

根据 J 与 $K^{\ominus}$ 的关系判断反应方向，称为化学反应进行方向的反应商判据。

【例 5-2】 反应 $A(s) \rightleftharpoons B(s) + C(g)$，在 $\Delta_r G_m^{\ominus}(298K) = 40.0 kJ \cdot mol^{-1}$。试问：(1) 该反应在 298K 时的标准平衡常数；(2) 当 $p_C = 1.0Pa$ 时，该反应是否能正方向自发进行？

解：(1) 根据式 (5-10c) $K^{\ominus} = \exp\left(\dfrac{-\Delta_r G_m^{\ominus}(T)}{RT}\right)$

$$K^{\ominus} = \exp\left(\frac{-40.0 \times 10^3}{8.314 \times 298}\right) = 1 \times 10^{-7}$$

(2) 当 $p_C = 1.0Pa$ 时，$J = \dfrac{p_C}{p^{\ominus}} = \dfrac{1 \times 10^{-3}}{100} = 1 \times 10^{-5}$

因 $J > K^{\ominus}$，$\Delta_r G_m > 0$，反应不能正向自发进行。

或由化学反应等温方程

$$\begin{aligned}\Delta_r G_m(T) &= \Delta_r G_m^{\ominus}(T) + RT\ln J \\ &= [40.0 + 8.314 \times 10^{-3} \times 298 \times \ln(1 \times 10^{-5})] kJ \cdot mol^{-1} \\ &= 12.0 kJ \cdot mol^{-1}\end{aligned}$$

因 $\Delta_r G_m > 0$，所以反应不能正向自发进行。

计算结果表明，当 $\Delta_r G_m^{\ominus}(298K) = 40.0 kJ \cdot mol^{-1}$ 时，$K^{\ominus} = 1 \times 10^{-7}$，可以认为该反应不能正向自发进行。即使当产物 C 的分压由标态降低为 1.0Pa 时，反应商的值降低了 5 个数量级，$\Delta_r G_m$ 仍为正值，未能改变反应的方向。

5.2.3 计算平衡组成

许多重要的工程实际过程，都涉及化学平衡或需借助平衡产率以衡量实践过程的完善程度，因此掌握化学平衡的计算很重要。

(1) 有关平衡计算的注意事项

① 写出配平的化学反应方程式，并注明物质的聚集状态（如果物质有多种晶型，还应注明是哪一种）。这对查找标准热力学函数的数据进行计算，或正确地书写 $K^{\ominus}$ 表达式都是十分必要的。

② 当涉及物质的初始量，变化量、平衡量时，关键是要搞清各物质的变化量之比即为反应方程式中各物质的化学计量数之比。

(2) 标准平衡常数的计算

【例 5-3】 若将 1.00mol SO_2 和 1.00mol O_2 的混合气体，在 903K 和 100kPa 压力下缓缓通过 V_2O_5 催化剂，使生成 SO_3。反应达平衡时，测得混合物中剩余的氧气为 0.615mol。试计算反应的 $K^{\ominus}$。

解：反应中氧的转化的量＝1.00－0.615＝0.385mol

	$2SO_2(g)$	+ $O_2(g) \rightleftharpoons$	$2SO_3(g)$
起始物质的量 n/mol	1.00	1.00	0
变化物质的量 n/mol	-2×0.385	-0.385	$+2 \times 0.385$
平衡物质的量 n/mol	0.230	0.615	0.770

平衡时

$$n(\text{总})=(0.230+0.615+0.770)\text{mol}=1.615\text{mol}$$

$$p_{SO_2}=p_{\text{总}}\cdot y_{SO_2}=p^{\ominus}\cdot\frac{0.230}{1.615}$$

$$p_{O_2}=p_{\text{总}}\cdot y_{O_2}=p^{\ominus}\cdot\frac{0.615}{1.615}$$

$$p_{SO_3}=p_{\text{总}}\cdot y_{SO_3}=p^{\ominus}\cdot\frac{0.770}{1.615}$$

$$K^{\ominus}=\frac{[p_{SO_3}/p^{\ominus}]^2}{[p_{SO_2}/p^{\ominus}]^2[p_{O_2}/p^{\ominus}]}=\frac{(0.770)^2\times1.615}{(0.230)^2\times0.615}=29.4$$

【例 5-4】 已知下列反应的标准平衡常数：

(1) $HCN \rightleftharpoons H^+ + CN^-$　　$K_1^{\ominus}=4.9\times10^{-10}$

(2) $NH_3+H_2O \rightleftharpoons NH_4^+ + OH^-$　　$K_2^{\ominus}=1.8\times10^{-5}$

(3) $H_2O \rightleftharpoons H^+ + OH^-$　　$K_w^{\ominus}=1.0\times10^{-14}$

试计算反应 $NH_3+HCN \rightleftharpoons NH_4^+ + CN^-$ 的标准平衡常数 $K^{\ominus}$。

解：式(1) ＋式(2) －式(3)，得

$$NH_3+HCN \rightleftharpoons NH_4^+ + CN^-$$

因此　$$K^{\ominus}=\frac{K_1^{\ominus}K_2^{\ominus}}{K_w^{\ominus}}=\frac{4.9\times10^{-10}\times1.8\times10^{-5}}{1.0\times10^{-14}}=0.882$$

【例 5-5】 根据热力学数据计算反应 $HI(g) \rightleftharpoons \frac{1}{2}H_2(g)+\frac{1}{2}I_2(g)$ 在 320K 时的标准平衡常数 $K^{\ominus}$。

解：由附录3查得298.15K时

	$HI(g) \rightleftharpoons$	$\frac{1}{2}H_2(g)+$	$\frac{1}{2}I_2(g)$
$\Delta_f H_m^{\ominus}/kJ\cdot mol^{-1}$	26.48	0	62.438
$S_m^{\ominus}/J\cdot mol^{-1}\cdot K^{-1}$	206.594	130.684	260.69

$$\begin{aligned}\Delta_r H_m^{\ominus}(298.15K)&=\sum_B \nu_B \Delta_f H_m^{\ominus}(B)\\&=\frac{1}{2}\Delta_f H_m^{\ominus}(I_2,g)-\Delta_f H_m^{\ominus}(HI,g)\\&=\frac{1}{2}\times62.438kJ\cdot mol^{-1}-26.48kJ\cdot mol^{-1}\\&=4.739kJ\cdot mol^{-1}\end{aligned}$$

$$\begin{aligned}\Delta_r S_m^{\ominus}(298.15K)&=\sum_B \nu_B S_m^{\ominus}(B)\\&=\frac{1}{2}S_m^{\ominus}(I_2,g)+\frac{1}{2}S_m^{\ominus}(H_2,g)-S_m^{\ominus}(HI,g)\end{aligned}$$

$$=\frac{1}{2}\times 260.69\text{J}\cdot\text{mol}^{-1}\cdot\text{K}^{-1}+\frac{1}{2}\times 130.684\text{J}\cdot\text{mol}^{-1}\cdot\text{K}^{-1}$$

$$-206.594\text{J}\cdot\text{mol}^{-1}\cdot\text{K}^{-1}$$

$$=-10.907\text{J}\cdot\text{mol}^{-1}\cdot\text{K}^{-1}$$

$$\begin{aligned}\Delta_r G_m^{\ominus}(320\text{K}) &= \Delta_r H_m^{\ominus}(298.15\text{K})-T\cdot\Delta_r S_m^{\ominus}(298.15\text{K})\\ &=4.739\text{kJ}\cdot\text{mol}^{-1}-320\text{K}\times(-10.907)\times 10^{-3}\text{kJ}\cdot\text{mol}^{-1}\cdot\text{K}^{-1}\\ &=8.23\text{kJ}\cdot\text{mol}^{-1}\end{aligned}$$

由式（5-10c）得
$$\begin{aligned}K^{\ominus} &= \exp\left(\frac{-\Delta_r G_m^{\ominus}(T)}{RT}\right)\\ &=\exp\left(\frac{-8.23\times 10^{3}\text{J}\cdot\text{mol}^{-1}}{8.314\text{J}\cdot\text{mol}^{-1}\cdot\text{K}^{-1}\times 320\text{K}}\right)\\ &=4.6\times 10^{-2}\end{aligned}$$

(3) 计算平衡组成或平衡转化率

化学反应达到平衡时，系统中各物质的浓度（或分压）不再随时间而改变，此时反应物已最大限度地转化为生成物。标准平衡常数具体反映出平衡时各组分相对浓度、相对分压之间的关系，通过标准平衡常数可以计算化学反应进行的最大限度，即化学平衡组成。

在化工生产中也常用转化率 α_A 来衡量化学反应进行的程度，化学反应达平衡时的转化率称平衡转化率。显然，平衡转化率是理论上该反应的最大转化率。但在实际生产中，反应达到平衡需要一定时间，流动的生产过程往往系统还没有达到平衡状态，反应物就离开了反应容器，所以实际的转化率要低于平衡转化率，实际转化率与反应进行的时间有关。工业上所说的转化率一般指实际转化率，而一般教材中所说的转化率是指平衡转化率。

有关平衡组成或平衡转化率的计算一般分三步进行：

① 按已知条件列出化学反应方程式并配平；

② 按计量关系计算反应开始时及平衡时各物料的衡算（根据题意可以用 n，c 或 p）；

③ 根据②得到的物料衡算，列出标准平衡常数表达式进行运算。

特别要注意，若用物质的量进行衡算时，则要转换成浓度或分压方可代入 $K^{\ominus}$ 表达式中。

【例 5-6】 $N_2O_4(g)$ 的分解反应为：$N_2O_4(g) \rightleftharpoons 2NO_2(g)$，该反应在 298K 时的 $K^{\ominus}=0.116$，求 298K 时，当系统的平衡总压为 200kPa 时 $N_2O_4(g)$ 的平衡转化率。

解：设起始时 $N_2O_4(g)$ 物质的量为 1mol，平衡转化率为 α。

	$N_2O_4(g) \rightleftharpoons$	$2NO_2(g)$
起始物质的量 n/mol	1	0

变化物质的量 n/mol　　$-\alpha$　　$+2\alpha$

平衡物质的量 n/mol　　$1-\alpha$　　2α

平衡时　　$n(总)=1-\alpha+2\alpha=1+\alpha$

平衡分压 p/kPa　　$p_{总}\cdot\dfrac{1-\alpha}{1+\alpha}$　　$p_{总}\cdot\dfrac{2\alpha}{1+\alpha}$

$$K^{\ominus}=\frac{[p_{NO_2}/p^{\ominus}]^2}{[p_{N_2O_4}/p^{\ominus}]}=\frac{\left[\dfrac{p_{总}}{p^{\ominus}}\cdot\dfrac{2\alpha}{1+\alpha}\right]^2}{\dfrac{p_{总}}{p^{\ominus}}\cdot\dfrac{1-\alpha}{1+\alpha}}=0.116$$

解得　　$\alpha=0.12=12\%$

【例 5-7】 在 523.15K 时，将 0.70mol $PCl_5(g)$ 置于 2.0L 密闭容器中，待其达到平衡 $PCl_5(g) \rightleftharpoons PCl_3(g)+Cl_2(g)$ 时，经测定 $PCl_5(g)$ 的物质的量为 0.2mol。

(1) 求该反应的标准平衡常数 $K^{\ominus}$ 及 $PCl_5(g)$ 的平衡转化率 α。

(2) 在 523.15K 时，于上述平衡系统中再加入 0.10mol $PCl_5(g)$，求重新达到平衡后各物种的平衡分压。

解：(1)　　$PCl_5(g) \rightleftharpoons PCl_3(g)+Cl_2(g)$

起始物质的量 n/mol　　0.70　　0　　0

平衡物质的量 n/mol　　0.20　　0.50　　0.50

由 $pV=nRT$，得平衡时各组分分压为：

$$p_{PCl_5}=(0.20\times8.314\times523.15/2.0)\text{kPa}=4.35\times10^2\text{kPa}$$

$$p_{PCl_3}=(0.50\times8.314\times523.15/2.0)\text{kPa}=1.09\times10^3\text{kPa}$$

$$p_{Cl_2}=p_{PCl_3}=1.09\times10^3\text{kPa}$$

$$K^{\ominus}=\frac{[p_{Cl_2}/p^{\ominus}]\cdot[p_{PCl_3}/p^{\ominus}]}{[p_{PCl_5}/p^{\ominus}]}=\frac{(1.09\times10^3/100)^2}{4.35\times10^2/100}=27.3$$

$$\alpha=\frac{0.5}{0.7}\times100\%=71.4\%$$

(2)　　$PCl_5(g) \rightleftharpoons PCl_3(g)+Cl_2(g)$

起始物质的量 n/mol　　0.20+0.10　　0.50　　0.50

平衡物质的量 n/mol　　$0.30-x$　　$0.50+x$　　$0.50+x$

由标准平衡常数的表达式

$$K^{\ominus}=\frac{[p_{Cl_2}/p^{\ominus}]\cdot[p_{PCl_3}/p^{\ominus}]}{[p_{PCl_5}/p^{\ominus}]}=\frac{\left(\dfrac{(0.50+x)RT}{V}/100\right)^2}{\dfrac{(0.30-x)RT}{V}/100}=27.3$$

解得　　$x=0.055\text{mol}$

$$p_{Cl_2}=p_{PCl_3}=\frac{(0.50+x)RT}{V}$$

$$=\frac{(0.50+0.055)\times8.314\times523.15}{2.0}\text{kPa}$$

$$=1.21\times10^{3}\,\text{kPa}$$

$$p_{PCl_5}=\frac{(0.30-x)RT}{V}$$

$$=\frac{(0.30-0.055)\times8.314\times523.15}{2.0}\text{kPa}$$

$$=5.33\times10^{2}\,\text{kPa}$$

5.3 影响化学平衡移动的因素——平衡移动原理

任何化学平衡都是在一定温度、压力、浓度条件下的暂时的动态平衡。一旦维持平衡的条件发生改变，原有的平衡就会被破坏，平衡系统的宏观性质和物质的组成也随之变化，从而出现一个新的平衡态，这个过程叫做化学平衡的移动。由 $\Delta_r G_m = RT\ln\frac{J}{K^{\ominus}}$，可以看出凡是能够改变反应商 J 和标准平衡常数 $K^{\ominus}$ 的因素都会导致化学平衡的移动。

5.3.1 浓度（或分压）对化学平衡的影响

浓度（或分压）对化学平衡的影响是通过改变反应商 J，进而通过 $\frac{J}{K^{\ominus}}$ 的比值决定 $\Delta_r G_m$ 的符号，从而也决定了化学平衡移动的方向。

在一定温度下，若 $J=K^{\ominus}$，即 $\Delta_r G_m=0$，反应处于平衡状态；如果这时增加某反应物的浓度（或分压），或者从反应系统中取走某一生成物，则必然使 $J<K^{\ominus}$，从而使 $\Delta_r G_m<0$，化学反应将向正反应方向自发地进行，即平衡向正反应方向移动。如果从反应速率角度考虑也是如此，平衡时，正反应速率与逆反应速率相等，当增加反应物的浓度（或分压）时，正反应速率增大，平衡被打破而正向移动。随着正反应的进行，反应物的浓度（或分压）逐渐降低，生成物的浓度（或分压）逐渐增加，直到 J 重新等于 $K^{\ominus}$ 建立新的平衡。

结论：在一定温度下，增大反应物浓度或减小生成物的浓度，平衡向正反应方向移动；减小反应物浓度或增大生成物的浓度，平衡向逆反应方向移动。

实际生产中，常不断地将生成物取走使平衡右移以增大反应物的转化率，也常常将价格便宜、比较易得的物料过量，使平衡正向移动，以提高另一物料的转化率。

【例 5-8】 在含有 $0.100\text{mol}\cdot\text{L}^{-1}\ AgNO_3$，$0.100\text{mol}\cdot\text{L}^{-1}\ Fe(NO_3)_2$ 和 $0.0100\text{mol}\cdot\text{L}^{-1}\ Fe(NO_3)_3$ 的溶液中，可发生如下反应：

$$Fe^{2+}(aq)+Ag^{+}(aq)\rightleftharpoons Fe^{3+}(aq)+Ag(s)$$

25℃，$K^{\ominus}=2.98$。

(1) 反应向哪个方向进行？

(2) 平衡时，Fe^{2+}、Ag^{+}、Fe^{3+}的浓度各为多大？

(3) Ag^{+}的转化率为多大？

(4) 如果保持最初Ag^{+}、Fe^{3+}浓度不变，而将Fe^{2+}浓度改变为$0.300\text{mol}\cdot\text{L}^{-1}$，求在新条件下$Ag^{+}$的转化率。

解：(1) 反应开始时的反应商：

$$J=\frac{c_{Fe^{3+}}/c^{\ominus}}{(c_{Fe^{2+}}/c^{\ominus})(c_{Ag^{+}}/c^{\ominus})}=\frac{0.0100}{0.100\times 0.100}=1$$

$J<K^{\ominus}$，从而使$\Delta_r G_m<0$，化学反应将向正反应方向自发地进行。

(2) 平衡组成的计算：

	$Fe^{2+}(aq)$ +	$Ag^{+}(aq)$ $\rightleftharpoons$	$Fe^{3+}(aq)+Ag(s)$
开始浓度/$\text{mol}\cdot\text{L}^{-1}$	0.100	0.100	0.0100
转化浓度/$\text{mol}\cdot\text{L}^{-1}$	$-x$	$-x$	$+x$
平衡浓度/$\text{mol}\cdot\text{L}^{-1}$	$0.100-x$	$0.100-x$	$0.0100+x$

$$K^{\ominus}=\frac{c_{Fe^{3+}}/c^{\ominus}}{(c_{Fe^{2+}}/c^{\ominus})(c_{Ag^{+}}/c^{\ominus})}$$

$$2.98=\frac{0.0100+x}{(0.100-x)^2}$$

解得

$$x=0.0130$$

$$c_{Fe^{2+}}=c_{Ag^{+}}=0.100-0.0130=0.0870\text{mol}\cdot\text{L}^{-1}$$

$$c_{Fe^{3+}}=0.0100+0.0130=0.0230\text{mol}\cdot\text{L}^{-1}$$

(3) 在溶液中的反应可被看作是定容反应。因此

$$\alpha_{Ag^{+}}=\frac{0.0130}{0.100}\times 100\%=13.0\%$$

(4) 设在新条件下的平衡转化率为α'

	$Fe^{2+}(aq)$ +	$Ag^{+}(aq)$ $\rightleftharpoons$	$Fe^{3+}(aq)$ + $Ag(s)$
新平衡浓度/$\text{mol}\cdot\text{L}^{-1}$	$0.300-0.100\alpha'$	$0.100-0.100\alpha'$	$0.0100+0.100\alpha'$

$$K^{\ominus}=\frac{0.0100+0.100\alpha'}{(0.300-0.100\alpha')(0.100-0.100\alpha')}=2.98$$

解得

$$\alpha'=38.1\%$$

由此可见，增大某反应物的浓度，可使平衡向正反应方向移动，且使另一反应物的转化率提高。

5.3.2 压力对化学平衡的影响

对于有气体参与的化学反应来说，同浓度的变化相仿，压力的变化也不改变标准平衡常数的数值，只可能使反应商的数值改变。只有$J\neq K^{\ominus}$，平衡才有可能发生移动。由于改变系统压力的方法不同，所以改变压力对平衡移动的影响要视具体情况而定。

(1) 系统体积改变引起系统总压的变化

对于有气体参与的化学反应来说，反应系统体积的变化能导致系统总压和各物质分压的变化。例如：

$$aA(g)+bB(g) \rightleftharpoons yY(g)+zZ(g)$$

平衡时
$$J=K^{\ominus}=\frac{[p_{Y}/p^{\ominus}]^{y}\cdot[p_{Z}/p^{\ominus}]^{z}}{[p_{A}/p^{\ominus}]^{a}\cdot[p_{B}/p^{\ominus}]^{b}}$$

在一定温度下将反应系统压缩至 $1/x$ （$x>1$） 时，系统的总压力将增大到 x 倍，相应各组分的分压也同时增大到 x 倍，此时反应商为：

$$J=\frac{[xp_{Y}/p^{\ominus}]^{y}\cdot[xp_{Z}/p^{\ominus}]^{z}}{[xp_{A}/p^{\ominus}]^{a}\cdot[xp_{B}/p^{\ominus}]^{b}}=x^{\sum\nu_{B}(g)}K^{\ominus}$$

① $\sum\nu_{B}(g)>0$ 的反应，即为气体分子总数增加的反应，此时 $J>K^{\ominus}$，平衡向逆方向移动，或者说平衡向气体分子总数减小的方向移动。

② $\sum\nu_{B}(g)<0$ 的反应，即为气体分子总数减小的反应，此时 $J<K^{\ominus}$，平衡向正方向移动，或者说平衡向气体分子总数减小的方向移动。

③ $\sum\nu_{B}(g)=0$ 的反应，即反应前后气体分子总数不变，此时 $J=K^{\ominus}$，平衡不发生移动。

结论：对于反应方程式两边气体分子总数不相等的反应$[\sum\nu_{B}(g)\neq0]$，定温下，增大系统的压力，平衡向气体分子总数减少的方向移动；减小压力，平衡向气体分子总数增加的方向移动。

对于反应方程式两边气体分子总数相等的反应$[\sum\nu_{B}(g)=0]$，由于系统总压力的改变同等程度地改变反应物和生成物的分压，J 值不变仍等于 $K^{\ominus}$，故对平衡不发生影响。

总之，定温压缩（或膨胀）只能使$[\sum\nu_{B}(g)\neq0]$的平衡发生移动。

【例 5-9】 讨论定温下合成氨反应 $N_2(g)+3H_2(g) \rightleftharpoons 2NH_3(g)$在达平衡后，压力增加一倍和减少一倍时平衡将如何移动？

解：设平衡时总压为 p，各物质平衡时分压为 $p_{NH_3}=a$，$p_{N_2}=b$，$p_{H_2}=c$，则反应的标准平衡常数为：

$$K^{\ominus}=\frac{\left(\frac{p_{NH_3}}{p^{\ominus}}\right)^{2}}{\left(\frac{p_{N_2}}{p^{\ominus}}\right)\left(\frac{p_{H_2}}{p^{\ominus}}\right)^{3}}=\frac{\left(\frac{a}{p^{\ominus}}\right)^{2}}{\left(\frac{b}{p^{\ominus}}\right)\left(\frac{c}{p^{\ominus}}\right)^{3}}=\frac{a^{2}}{bc^{3}}(p^{\ominus})^{2}$$

温度一定，合成氨反应的标准平衡常数 $K^{\ominus}$ 不变。

当总压为 $2p$ 时，各物质的分压为 $p'_{NH_3}=2a$，$p'_{N_2}=2b$，$p'_{H_2}=2c$，则此时反应商为：

$$J=\frac{\left(\frac{2a}{p^{\ominus}}\right)^{2}}{\left(\frac{2b}{p^{\ominus}}\right)\left(\frac{2c}{p^{\ominus}}\right)^{3}}=\frac{a^{2}}{4bc^{3}}(p^{\ominus})^{2}$$

由于 $J<K^{\ominus}$，平衡向正方向移动。

当总压为 $\frac{p}{2}$ 时，各物质的分压为 $p'_{NH_3}=\frac{a}{2}$，$p'_{N_2}=\frac{b}{2}$，$p'_{H_2}=\frac{c}{2}$，则此时反应商为：

$$J=\frac{\left(\frac{a}{2p^{\ominus}}\right)^2}{\left(\frac{b}{2p^{\ominus}}\right)\left(\frac{c}{2p^{\ominus}}\right)^3}=\frac{4a^2}{bc^3}(p^{\ominus})^2$$

由于 $J>K^{\ominus}$，平衡向逆方向移动。

(2) 惰性气体存在产生的影响

惰性气体为不参与化学反应的气态物质，通常为 $H_2O(g)$ 和 $N_2(g)$ 等。惰性气体的加入将对化学平衡产生不同的影响。

① 反应系统在有惰性气体存在下达到平衡

即在反应前，向系统中加入惰性气体（指不参加反应的气体），系统在一定条件下达到平衡时，由于此时惰性气体的分压不出现在 J 和 $K^{\ominus}$ 的表达式中，讨论结果同(1)。即只要 $\sum\nu_B(g)\neq0$，定温压缩平衡同样向气体分子总数减少的方向移动。

② 反应在定温定容下达到平衡后，引入惰性气体

即反应系统的总体积不变，虽然惰性气体的存在造成总压力增大，但反应系统的各物质分压并没有改变，$J=K^{\ominus}$，此时原平衡不变，平衡不发生移动。

③ 反应在定温定压下达到平衡后，引入惰性气体

即反应系统的总压不变，显然惰性气体的存在引起系统的总体积增大，造成反应系统的各物种的分压降低，当 $\sum\nu_B(g)\neq0$ 时，导致 $J\neq K^{\ominus}$，则化学平衡向气体分子总数增加的方向移动。

综上所述，压力对平衡移动的影响，关键在于各反应物和产物的分压是否改变，同时要考虑反应前后气体分子数是否改变。基本的判据仍然是 J 与 $K^{\ominus}$ 的关系。由于压力对一般的只有液、固体参加的反应影响很小，平衡不发生移动，因此可以认为压力对只有液、固体参加的反应无影响。

【例 5-10】 $N_2O_4(g)$ 的分解反应为：$N_2O_4(g)\rightleftharpoons 2NO_2(g)$。已知反应在总压 101.3kPa 和 325K 达到平衡时 $N_2O_4(g)$ 的平衡转化率为 50.2%，试求：

(1) 325K 时反应的 $K^{\ominus}$；

(2) 相同温度下，压力增加到 5×101.3kPa 时 $N_2O_4(g)$ 平衡转化率。

解：(1)

	$N_2O_4(g)$	$\rightleftharpoons$ $2NO_2(g)$
起始物质的量 n/mol	1	0
变化物质的量 n/mol	$-\alpha$	$+2\alpha$
平衡物质的量 n/mol	$1-\alpha$	2α

平衡时 $n(总)=1-\alpha+2\alpha=1+\alpha$

平衡分压 p/kPa $\quad p_{总}\cdot\dfrac{1-\alpha}{1+\alpha} \quad p_{总}\cdot\dfrac{2\alpha}{1+\alpha}$

$$K^{\ominus}=\frac{[p_{NO_2}/p^{\ominus}]^2}{[p_{N_2O_4}/p^{\ominus}]}=\frac{\left[\dfrac{p_{总}}{p^{\ominus}}\cdot\dfrac{2\alpha}{1+\alpha}\right]^2}{\dfrac{p_{总}}{p^{\ominus}}\cdot\dfrac{1-\alpha}{1+\alpha}}=\frac{p_{总}}{p^{\ominus}}\cdot\frac{4\alpha^2}{1-\alpha^2}$$

将 $p_{总}=101.3\text{kPa}$，$\alpha=50.2\%$代入

$$K^{\ominus}=1.37$$

(2) 当压力增加到 5×101.3kPa 时，$K^{\ominus}$不变，设 N_2O_4(g) 平衡转化率为 α'，则有

$$K^{\ominus}=\frac{p_{总}}{p^{\ominus}}\cdot\frac{4\alpha'^2}{1-\alpha'^2}=\frac{5\times101.3}{100}\cdot\frac{4\alpha'^2}{1-\alpha'^2}=1.37$$

解得 $\alpha'=0.251=25.1\%$

结果表明增加压力，N_2O_4(g) 平衡转化率降低，平衡向气体分子总数减小的方向移动。

5.3.3 温度对化学平衡的影响

浓度或压力的变化可造成 J 发生改变，使得 J 和 $K^{\ominus}$不相等，导致化学平衡移动。而温度对化学平衡移动的影响改变的是 $K^{\ominus}$，使得 J 和 $K^{\ominus}$不相等，平衡将发生移动。

由 $\Delta_r G_m^{\ominus}(T)=\Delta_r H_m^{\ominus}(T)-T\cdot\Delta_r S_m^{\ominus}(T)$ 及 $\Delta_r G_m^{\ominus}(T)=-RT\ln K^{\ominus}$ 可以导出下列关系式：

$$\ln K^{\ominus}=\frac{-\Delta_r H_m^{\ominus}(T)}{RT}+\frac{\Delta_r S_m^{\ominus}(T)}{R} \tag{5-13a}$$

严格地说，$\Delta_r H_m^{\ominus}(T)$ 和 $\Delta_r S_m^{\ominus}(T)$ 与温度有关，但在温度变化范围不大的条件下，物质本身又无相变化发生的情况下，可近似地将 $\Delta_r H_m^{\ominus}(T)$ 和 $\Delta_r S_m^{\ominus}(T)$ 看作与温度无关，即近似认为 $\Delta_r H_m^{\ominus}(T)\approx\Delta_r H_m^{\ominus}(298.15\text{K})$，$\Delta_r S_m^{\ominus}(T)\approx\Delta_r S_m^{\ominus}(298.15\text{K})$。式 (5-13a) 可被写作：

$$\ln K^{\ominus}=\frac{-\Delta_r H_m^{\ominus}(298.15\text{K})}{RT}+\frac{\Delta_r S_m^{\ominus}(298.15\text{K})}{R} \tag{5-13b}$$

$\ln K^{\ominus}$与 $1/T$ 呈线性关系。该直线的斜率 $-\Delta_r H_m^{\ominus}(298.15\text{K})/R$，截距为 $\Delta_r S_m^{\ominus}(298.15\text{K})/R$。

设某反应，在温度 T_1，T_2 时对应的平衡常数为 $K_1^{\ominus}$ 和 $K_2^{\ominus}$，代入式 (5-13b) 中得

$$\ln K_1^{\ominus}=\frac{-\Delta_r H_m^{\ominus}(298.15\text{K})}{RT_1}+\frac{\Delta_r S_m^{\ominus}(298.15\text{K})}{R}$$

$$\ln K_2^{\ominus}=\frac{-\Delta_r H_m^{\ominus}(298.15\text{K})}{RT_2}+\frac{\Delta_r S_m^{\ominus}(298.15\text{K})}{R}$$

两式相减，得

$$\ln\frac{K_2^{\ominus}}{K_1^{\ominus}}=\frac{\Delta_r H_m^{\ominus}(298.15\text{K})}{R}\left(\frac{1}{T_1}-\frac{1}{T_2}\right) \tag{5-13c}$$

（1）吸热反应

由于 $\Delta_r H_m^{\ominus}>0$，若升高温度 $T_2>T_1$，则 $J=K_1^{\ominus}<K_2^{\ominus}$，化学平衡向正反应方向移动，即向吸热方向移动。

（2）放热反应

由于 $\Delta_r H_m^{\ominus}<0$，若升高温度 $T_2>T_1$，则 $J=K_1^{\ominus}>K_2^{\ominus}$，化学平衡向逆反应方向移动，同样向吸热反应方向移动。

（3）结论

升高温度，化学平衡向吸热反应方向移动；降低温度，化学平衡向放热反应方向移动。

【例 5-11】 已知反应 $CaCO_3(s) \rightleftharpoons CaO(s)+CO_2(g)$ 在 973K 时的 $K^{\ominus}=3.00\times10^{-2}$；在 1173K 时的 $K^{\ominus}=1.00$。问：

（1）该反应是吸热反应还是放热反应？

（2）该反应的 $\Delta_r H_m^{\ominus}(298.15\text{K})$ 是多少？

解：（1）因为该反应的 $K^{\ominus}$ 值随温度的升高而增大，所以该反应为吸热反应。

（2）由

$$\ln\frac{K_2^{\ominus}}{K_1^{\ominus}}=\frac{\Delta_r H_m^{\ominus}(298.15\text{K})}{R}\left(\frac{1}{T_1}-\frac{1}{T_2}\right)$$

$$\ln\frac{1.00}{3.00\times10^{-2}}=\frac{\Delta_r H_m^{\ominus}(298.15\text{K})}{8.314}\left(\frac{1}{973}-\frac{1}{1173}\right)$$

$$\Delta_r H_m^{\ominus}(298.15\text{K})=1.66\times10^{5}\text{J}\cdot\text{mol}^{-1}=166\text{kJ}\cdot\text{mol}^{-1}$$

由 $\Delta_r H_m^{\ominus}$（298.15K）>0 也可判断该反应为吸热反应。

5.3.4 催化剂对化学平衡的影响

因为催化剂只改变反应的活化能 E_a，不改变反应的热效应，因此不影响平衡常数的数值，即催化剂只能改变平衡到达的时间而不能使化学平衡移动。这无疑有利于提高生产效率。

5.3.5 Le Châtelier 原理

早在 1907 年，在总结大量实验事实的基础上 Le Châtelier（勒夏特列），定性得出平衡移动的普遍原理，即任何一个处于化学平衡的系统，当某一确定系统状态的因素（如浓度、压力、温度等）发生改变时，系统的平衡将发生移动，平衡移动的方向总是向着减弱外界因素改变的方向。

例如增加反应物的浓度或反应气体的分压，平衡向生成物方向移动，以减弱反应物浓度或反应气体分压增加的影响；如果增加平衡系统的总压（不包括充入不参与反应的气体）平衡向气体分子数减少的方向移动，以减小系统总压增加的影响；如果升高温度，平衡向吸热反应方向移动，以减弱温度升高对系统的影响。因此，平衡移动的规律可以归纳为：如果改变平衡系统的条件之一（如浓度、压力或温度），平衡就向着能减弱这个改变的方向移动。这就是 Le Châtelier 原理。更简洁的语言来描述即：如果对平衡系统施加外力，平衡将沿着减小外力影响的方向移动。

必须注意，Le Châtelier 原理只适用于已经处于平衡状态的系统，而对于未达平衡状态的系统并不适用。

思考题

1. 试述化学平衡的基本特征。

2. 区分下列各组中的基本概念。

（1）反应速率系数和标准平衡常数；（2）标准平衡常数和反应商

3. 下列叙述是否正确？并说明之。

（1）标准平衡常数大，反应速率系数一定也大；

（2）在定温条件下，某反应系统中，反应物开始时的温度和分压不同，则平衡时系统的组成不同，标准平衡常数也不同；

（3）对于合成氨反应来说，当温度一定，尽管反应开始时 n_{H_2} ∶ n_{N_2} ∶ n_{NH_3} 不同，但是，只要系统中 n_{N_2}、n_{H_2} 保持不变，则平衡组成相同，标准平衡常数不变；

（4）二氧化硫被氧气氧化为三氧化硫，可写作如下两种形式的反应方程式：

① $2SO_2(g)+O_2(g) \rightleftharpoons 2SO_3(g)$； $K_1^{\ominus}$

② $SO_2(g)+\frac{1}{2}O_2(g) \rightleftharpoons SO_3(g)$； $K_2^{\ominus}$

$K_2^{\ominus}=\sqrt{K_1^{\ominus}}$。如果温度一定，反应开始时，系统中 p_{SO_3}，p_{O_2}，p_{SO_2} 保持一定，则按上述两种化学反应计量式计算平衡组成，结果是一样的；

（5）对放热反应来说，升高温度，标准平衡常数 $K^{\ominus}$ 变小，正反应速率系数变小，逆反应速率系数变大。

4. 你怎样理解判断化学反应的 Gibbs 函数变判据。

5. 氨被氧气氧化的反应有：

$$4NH_3(g)+3O_2(g) \rightleftharpoons 2N_2(g)+6H_2O(g)$$

$$4NH_3(g)+5O_2(g) \rightleftharpoons 4NO(g)+6H_2O(g)$$

增加氧气的压力，对上述哪一个反应的平衡移动产生更大的影响？并解释之。

6. 雨水中含有来自大气的二氧化碳。按照平衡移动的原理，解释下列观察到的现象。已知下列反应的 $\Delta_r H_m^{\ominus}=-40.55 kJ \cdot mol^{-1}$。

$$CaCO_3(aq)+H_2O(l)+CO_2(g) \rightleftharpoons Ca^{2+}(aq)+2HCO_3^-(aq)$$

（1）当雨水通过石灰石岩层时，有可能形成山洞，雨水变成了含有 Ca^{2+} 的硬水；

（2）当硬水在壶中被加热或煮沸时，形成了水垢；

(3) 当硬水慢慢地渗过山洞顶部的岩石层，钟乳石和石笋就有可能形成。

7. 如何应用反应商和平衡常数的关系判断反应进行的方向？怎样判断化学平衡的移动方向？

8. 反应 $4NH_3(g)+7O_2(g) \rightleftharpoons 2N_2O_4(g)+6H_2O(g)$，在某温度下达到平衡。在以下两种情况下向该平衡系统中通入氮气，将会有什么变化？

(1) 总体积不变，总压增加；

(2) 总体积改变，总压不变。

习　题

1. 写出下列反应的标准平衡常数 $K^\ominus$ 的表达式。

(1) $CH_4(g)+H_2O(g) \rightleftharpoons CO(g)+3H_2(g)$

(2) $C(s)+H_2O(g) \rightleftharpoons CO(g)+H_2(g)$

(3) $2NO_2(g)+7H_2(g) \rightleftharpoons 2NH_3(g)+4H_2O(l)$

(4) $VO_4^{3-}(aq)+H_2O(l) \rightleftharpoons [VO_3(OH)]^{2-}(aq)+OH^-(aq)$

(5) $2MnO_4^-(aq)+5H_2O_2(aq)+6H^+(aq) \rightleftharpoons 2Mn^{2+}(aq)+5O_2(g)+8H_2O(l)$

2. 在一定温度下，二硫化碳能被氧氧化，其反应方程式与标准平衡常数如下：

(1) $CS_2(g)+3O_2(g) \rightleftharpoons CO_2(g)+2SO_2(g)$；　　$K_1^\ominus$

(2) $\frac{1}{3}CS_2(g)+O_2(g) \rightleftharpoons \frac{1}{3}CO_2(g)+\frac{2}{3}SO_2(g)$；　　$K_2^\ominus$

试确立 $K_1^\ominus$ 与 $K_2^\ominus$ 之间的数量关系。

3. 已知下列两反应的标准平衡常数：

(1) $XeF_6(g)+H_2O(g) \rightleftharpoons XeOF_4(g)+2HF(g)$；　　$K_1^\ominus$

(2) $XeO_4(g)+XeF_6(g) \rightleftharpoons XeOF_4(g)+XeO_3F_2(g)$；　　$K_2^\ominus$

根据上述两反应的已知条件，确定下列反应的标准平衡常数 $K^\ominus$ 与 $K_1^\ominus$、$K_2^\ominus$ 之间的关系。

$$XeO_4(g)+2HF(g) \rightleftharpoons XeO_3F_2(g)+H_2O(g); \quad K^\ominus$$

4. 已知下列反应在1362K时的标准平衡常数：

(1) $H_2(g)+\frac{1}{2}S_2(g) \rightleftharpoons H_2S(g)$；　　$K_1^\ominus=0.80$

(2) $3H_2(g)+SO_2(g) \rightleftharpoons H_2S(g)+2H_2O(g)$；　　$K_2^\ominus=1.8\times10^4$

计算反应：$4H_2(g)+2SO_2(g) \rightleftharpoons S_2(g)+4H_2O(g)$ 在1362K时的标准平衡常数 $K^\ominus$。

5. 计算合成氨反应 $N_2(g)+3H_2(g) \rightleftharpoons 2NH_3(g)$ 在673K时的标准平衡常数 $K^\ominus$，并指出在673K，下列三种情况下反应向何方向进行？

(1) $p_{NH_3}=304kPa, p_{N_2}=171kPa, p_{H_2}=2022kPa$；

(2) $p_{NH_3}=600kPa, p_{N_2}=625kPa, p_{H_2}=1875kPa$；

(3) $p_{NH_3}=100kPa, p_{N_2}=725kPa, p_{H_2}=2175kPa$。

6. 已知 $NH_4HCO_3(s) \rightleftharpoons NH_3(g)+CO_2(g)+H_2O(g)$ 的 $\Delta_r G_m^\ominus=31.3kJ \cdot mol^{-1}$，试说明在通常条件下 NH_4HCO_3 易于分解的原因。

7. 在 1273K 时反应 $FeO(s)+CO(g) \rightleftharpoons Fe(s)+CO_2(g)$ 的 $K^\ominus=0.5$，若 CO 和 CO_2 的初始分压分别为 500kPa 和 100kPa，问：

（1）反应物 CO 及产物 CO_2 的平衡分压为多少？

（2）平衡时 CO 的转化率是多少？

（3）若增加 FeO 的量，对平衡有没有影响？

8. 反应 $H_2(g)+I_2(g) \rightleftharpoons 2HI(g)$ 在 713K 时 $K^\ominus=49$，698K 时的 $K^\ominus=54.3$。

（1）上述反应 $\Delta_r H_m^\ominus$ 为多少？在 698～713K 温度范围内，上述反应是吸热反应还是放热反应？

（2）计算 713K 时反应的 $\Delta_r G_m^\ominus$。

（3）当 H_2、I_2、HI 的分压分别为 100kPa、100kPa 和 50kPa 时，计算 713K 时反应的 $\Delta_r G_m^\ominus$。

9. 已知反应 $CaCO_3(s) \rightleftharpoons CaO(s)+CO(s)$ 在 937K 时 $K^\ominus=3.0\times10^{-8}$，在 173K 时 $K^\ominus=1.0\times10^{-5}$，回答：

（1）该反应是吸热反应还是放热反应？

（2）反应的 $\Delta_r H_m^\ominus$ 是多少？

10. 一氧化氮可以破坏臭氧层，其反应是：

$$NO(g)+O_3(g) \rightleftharpoons NO_2(g)+O_2(g)$$

该反应的标准平衡常数 $K^\ominus(298K)=6.1\times10^{34}$。假定高层大气层中的 NO、$O_3$ 和 O_2 的分压分别为 $5.0\times10^{-6}kPa$、$2.5\times10^{-6}kPa$ 和 5.0kPa。计算 298K 下 O_3 的平衡分压和该反应的 $\Delta_r G_m^\ominus(298K)$。

11. Ag_2CO_3 遇热易分解，$Ag_2CO_3(s) \rightleftharpoons Ag_2O(s)+CO_2(g)$，其中 $\Delta_r G_m^\ominus(383K)=14.8kJ \cdot mol^{-1}$。在 110℃ 烘干时，空气中掺入一定量的 CO_2 就可避免 $AgCO_3$ 的分解。请问空气中掺入多少 CO_2 可以避免 $AgCO_3$ 的分解？

12. 1000℃时反应 $FeO(s)+CO(g) \rightleftharpoons Fe(s)+CO_2(g)$ 的 $K^\ominus=0.40$，在装有 2.0mol FeO(s) 的密闭容器中通入 CO(g)，反应达到平衡时欲得到 0.5mol 的 FeO(s)，问：

（1）开始时应通入多少摩尔 CO(g)？

（2）增加 FeO(s) 的量，对平衡有何影响？

13. NH_3 的分解反应为 $2NH_3(g) \rightleftharpoons N_2(g)+3H_2(g)$，在 673K 和 100kPa 总压下，$NH_3(g)$ 的解离度为 98%，求该温度下的平衡常数 $K^\ominus$ 和 $\Delta_r G_m^\ominus$。

14. 若 $\Delta_f G_m^\ominus(COCl_2, g)=-204.6kJ \cdot mol^{-1}$，$\Delta_f G_m^\ominus(CO, g)=-137.168kJ \cdot mol^{-1}$ 试求：

（1）反应 $CO(g)+Cl_2(g) \rightleftharpoons COCl_2(g)$ 在 298.15K 时的平衡常数 $K^\ominus$。

（2）若 $\Delta_f H_m^\ominus(COCl_2, g)=-218.8kJ \cdot mol^{-1}$，$\Delta_f H_m^\ominus(CO, g)=-110.525kJ \cdot mol^{-1}$，求（1）中反应在 398.15K 时的平衡常数 $K^\ominus$。

15. 甲醇可以通过反应 $CO(g)+2H_2(g) \rightleftharpoons CH_3OH(g)$ 来合成，225℃时该反应的

$K^{\ominus}=6.08\times10^{-3}$。开始时 $p_{CO}:p_{H_2}=1:2$，平衡时 $p_{CH_3OH}=50.0\text{kPa}$。计算 CO 和 H_2 的平衡分压。

16. 已知反应：$PCl_5(g)\rightleftharpoons PCl_3(g)+Cl_2(g)$

(1) 523K 时，将 0.70mol PCl_5 注入容积为 2.0L 密闭容器中，平衡时有 0.50mol PCl_5 被分解了。试计算该温度下的标准平衡常数 $K^{\ominus}$ 和 PCl_5 的分解率。

(2) 若在上述容器中已达到平衡后，再加入 0.10mol Cl_2，则 PCl_5 的分解率与 (1) 的分解率相比相差多少？

(3) 如开始时在注入 0.70mol PCl_5 的同时，就注入了 0.10mol Cl_2，则平衡时 PCl_5 的分解率又是多少？比较 (2)、(3) 所得结果，可以得出什么结论？

17. 在 770K，100.0kPa 下，反应 $2NO_2(g)\rightleftharpoons 2NO(g)+O_2(g)$ 达到平衡，此时 NO_2 的转化率为 56.0%，试计算：

(1) 该温度下反应的标准平衡常数 $K^{\ominus}$；

(2) 若要使 NO_2 的转化率增加到 80.0%，则平衡时压力为多少？

18. 根据 Le Châtelier 原理，讨论下列反应：

$$2Cl_2(g)+2H_2O(g)\rightleftharpoons 4HCl(g)+O_2(g) \qquad \Delta_r H_m^{\ominus}>0$$

将 Cl_2、$H_2O(g)$、$HCl(g)$、O_2 四种气体混合后，反应达到平衡时，下列左面的操作条件改变对右面各物理量的平衡数值有何影响（操作条件中没有注明的，是指温度不变和体积不变）？

(1) 增大容器体积 $n_{H_2O(g)}$

(2) 加 O_2 $n_{H_2O(g)}$

(3) 加 O_2 $n_{O_2(g)}$

(4) 加 O_2 $n_{HCl(g)}$

(5) 减小容器体积 $n_{Cl_2(g)}$

(6) 减小容器体积 p_{Cl_2}

(7) 减小容器体积 $K^{\ominus}$

(8) 升高温度 $K^{\ominus}$

(9) 升高温度 p_{HCl}

(10) 加氮气 $n_{HCl(g)}$

(11) 加催化剂 $n_{HCl(g)}$

19. 已知反应 $N_2O_4(g)\rightleftharpoons 2NO_2(g)$，在 45℃时，将 0.0030mol N_2O_4 注入容积为 0.5L 的真空容器中，系统达平衡时，压力为 26.3kPa，试计算：

(1) 45℃时 N_2O_4 的分解率及反应的标准平衡常数；

(2) 25℃时反应的标准平衡常数；

(3) 25℃时反应的标准摩尔熵变；

(4) 反应的标准摩尔 Gibbs 函数变随温度变化的函数关系式。

20. 在一定温度下，$Ag_2O(s)$ 和 $AgNO_3(s)$ 受热均能分解。反应为：

$$Ag_2O(s)\rightleftharpoons 2Ag(s)+\frac{1}{2}O_2(s)$$

$$2AgNO_3(s) \rightleftharpoons Ag_2O(s) + 2NO_2(g) + \frac{1}{2}O_2(g)$$

假定反应的 $\Delta_r H_m^\ominus$ 和 $\Delta_r S_m^\ominus$ 不随温度的变化而改变，估算 Ag_2O 和 $AgNO_3$ 按上述反应方程式进行分解时的最低温度，并确定 $AgNO_3$ 分解的最终产物。

21. (1) 计算 298K 下反应 $C_2H_6(g, p^\ominus) \rightleftharpoons C_2H_4(g, p^\ominus) + H_2(g, p^\ominus)$ 的 $\Delta_r G_m^\ominus$，并判断在标准状态下反应向何方进行。

(2) 计算 298K 下反应 $C_2H_6(g, 80kPa) \rightleftharpoons C_2H_4(g, 3.0kPa) + H_2(g, 3.0kPa)$ 的 $\Delta_r G_m$，并判断反应方向。

22. 反应 $\frac{1}{2}Cl_2(g) + \frac{1}{2}F_2(g) \rightleftharpoons ClF(g)$，在 298K 和 398K 下，测得其标准平衡常数分别为 9.3×10^9 和 3.3×10^7。

(1) 计算 $\Delta_r G_m^\ominus(298K)$；

(2) 若 298～398K 范围内 $\Delta_r H_m^\ominus$ 和 $\Delta_r S_m^\ominus$ 基本不变，计算 $\Delta_r H_m^\ominus$ 和 $\Delta_r S_m^\ominus$。

第6章

酸碱平衡

酸碱反应是大家很熟悉的又很重要的一类反应。例如，人的体液 pH 要保持在 7.35～7.45；胃中消化液的成分是稀盐酸，胃酸过多会引起溃疡，过少又可能引起贫血；激烈运动过后，肌肉中产生的乳酸使人感到疲劳；牛奶中乳酸的生成能使牛奶凝结；土壤和水的酸碱性对某些植物和动物的生长有重大影响；地质过程中岩石的风化、钟乳石的形成等也受到水的酸性影响；日常生活中，药物阿司匹林和维生素 C 本身就是酸，食醋含有乙酸，柠檬水含有柠檬酸和抗坏血酸；还有小苏打、氧化镁乳、刷墙粉、洗涤剂等都是碱。

本章首先在酸碱质子理论中介绍质子酸碱的概念及相关的理论，着重讨论水溶液中的酸碱质子转移反应及其平衡移动的规律。计算溶液的 pH 是本章的重点内容。

6.1 酸碱质子理论

6.1.1 酸碱理论的发展

人们对于酸碱的认识，经历了一个由浅入深、由低级到高级的认识过程。早在化学科学萌芽时期，人们就已通过实验现象认识了酸碱的性质，并归纳出有酸味、能使蓝色石蕊试纸变红的物质是酸；有涩味、滑腻感、能使红色石蕊试纸变蓝，并能与酸反应生成盐和水的物质是碱。之后，人们试图从组成上来定义酸，1777 年法国化学家拉瓦锡提出了所有的酸都含有氧元素。后来又从氢卤酸不含有氧的这一事实出发，1810 年，英国化学家 S. H. Davy（戴维）指出，酸中的共同元素是氢，而不是氧。此后不久，德国化学家 J. Liebig（利比希）又提出酸是含有能被金属置换的氢原子的化合物。

1884 年，瑞典化学家阿伦尼乌斯根据电解质溶液理论，提出了第一个酸碱理论——酸碱电离理论，赋予了酸和碱的科学定义。阿伦尼乌斯指出：酸是在水溶液中经电离只生成 H^+ 一种阳离子的物质；碱是在水溶液中经电离只生成 OH^- 一种阴离子的物质。也就是说，能电离出 H^+ 是酸的特征，能电离出 OH^- 是碱的特征。酸与碱中和反应的本质是 H^+ 和 OH^- 化合生成作为溶剂的 H_2O。

酸碱电离理论从物质的组成上阐明了酸、碱的特征，是人类对酸碱的认识从现象到本质的一次飞跃，它对化学科学的发展起到了积极作用。至今这一理论仍在化学各领域中广泛地应用。然而，这种理论有局限性，它把酸和碱只限于水溶液中，因此对非水系统和无溶剂系统都不适用；另外，该理论仅把碱看成为氢氧化物，这样就不能解释一些不含 OH^- 基团的分子（如 NH_3 等）或离子（如 F^-、Ac^-、CO_3^{2-} 等）在水中所表现出的碱性。这说明电离理论还不完善，需要进一步补充和发展。

所以，在酸碱理论的发展过程中相继出现了 E. C. Franklin（弗兰克林）的酸碱溶剂理论，J. N. Brønsted（布朗斯台德）和 T. M. Lowry（劳莱）的酸碱质子理论，G. N. Lewis（路易斯）的酸碱电子理论，以及 Lux（鲁克斯）的氧化物-离子理论、乌萨诺维奇的正负理论等。这些酸碱理论的提出使酸碱的范围不断扩大，人们对酸碱的认识也不断发展和深化。现代酸碱理论中广泛应用的是酸碱质子理论和酸碱电子理论。

6.1.2　酸碱质子理论

1923 年丹麦化学家 J. N. Brønstred（布朗斯台德）和英国化学家 T. M. Lowry（劳莱）分别各自独立地提出了酸碱质子理论。所以质子理论又称为 Brønstred-Lowry 酸碱理论。

根据酸碱的电离理论，水溶液中酸电离出来的质子 H^+ 实际上在水中不能独立存在，而是以水合质子的形式存在，其组成为 $H_9O_4^+$，一般简写为 H_3O^+，再简化才写成 $H^+(aq)$。实际上酸碱反应是质子转移的反应，即酸给出质子 H^+，与碱 OH^- 结合生成 H_2O。酸碱质子理论就是按照质子转移的观点来定义酸和碱。

质子理论认为：凡是能给出质子(H^+)的物质是酸；凡是能接受质子的物质是碱，即酸是质子给予体，碱是质子接受体。酸和碱并不是孤立的，而是统一在对质子的关系上，这种关系可用下式表示为：

$$\text{酸} \rightleftharpoons \text{质子} + \text{碱}$$

满足上述关系的一对酸和碱称为共轭酸碱对，例如：

$$HAc \rightleftharpoons H^+ + Ac^-$$

上式中，HAc 是酸，它给出质子后，转化成的 Ac^- 对于质子具有一定的亲和力，能接受质子，因而 Ac^- 就是 HAc 的共轭碱。这种因一个质子的得失而互相转变的一对酸碱，称为共轭酸碱对，例如：

$$HClO_4 \rightleftharpoons H^+ + ClO_4^-$$

$$NH_4^+ \rightleftharpoons H^+ + NH_3$$

$$HCO_3^- \rightleftharpoons H^+ + CO_3^{2-}$$

$$H_2PO_4^- \rightleftharpoons H^+ + HPO_4^{2-}$$

$$HPO_4^{2-} \rightleftharpoons H^+ + PO_4^{3-}$$

酸给出质子后生成相应的碱（酸的共轭碱），而碱结合质子后又生成相应的酸（碱的共轭酸），酸碱之间的这种相互依存关系即“酸中有碱，碱中有酸”，被称为酸碱的共轭关系。

从上述几对共轭酸碱可以看出，酸和碱可以是分子，也可以是阴离子或阳离子。

6.1.3　酸碱反应的实质

根据酸碱质子理论可知，酸和碱是成对存在的。酸给出质子，必须有接受质子的碱存在，质子才能从酸转移至碱。因此，酸碱反应的实质是两个共轭酸碱对之间的质子转移反应，可用通式表示为：

$$酸_1+碱_2 \rightleftharpoons 酸_2+碱_1$$

式中，酸$_1$ 和碱$_1$，酸$_2$ 和碱$_2$ 互为共轭酸碱对。质子从一种物质（酸$_1$）转移到另一种物质（碱$_2$）上，这种反应无论是在水溶液中，还是在非水溶液中或气相中进行，其实质都是一样的，解决了非水溶液中和气体间的酸碱反应，为研究质子反应开辟了广阔的天地。

（1）酸碱的解离反应

例如，HAc 在水溶液中解离时，作为溶剂的水就是可以接受质子的碱，它们之间的反应可以表示如下：

$$HAc \rightleftharpoons H^+ + Ac^-$$

$$H_2O + H^+ \rightleftharpoons H_3O^+$$

$$\underset{酸_1}{HAc} + \underset{碱_2}{H_2O} \rightleftharpoons \underset{酸_2}{H_3O^+} + \underset{碱_1}{Ac^-}$$

两个共轭酸碱对通过质子交换，相互作用而达到平衡。

同样，碱在水溶液中接受质子的过程，也必须有溶剂水的分子参加。例如：

$$H_2O \rightleftharpoons H^+ + OH^-$$

$$NH_3 + H^+ \rightleftharpoons NH_4^+$$

$$H_2O + NH_3 \rightleftharpoons NH_4^+ + OH^-$$

在这个平衡中作为溶剂的水起了酸的作用，与 HAc 在水中解离的情况相比较可知，水是一种两性溶剂。

（2）水的解离反应

由于水分子的两性作用，一个水分子可以从另一个水分子中夺取质子，而形成 H_3O^+ 和 OH^-，即

$$H_2O + H_2O \rightleftharpoons H_3O^+ + OH^-$$

在水分子之间存在着的质子传递作用，称为水的质子自递作用。

（3）酸碱的中和反应

根据质子理论，酸和碱的中和反应也是质子的转移过程，例如 HCl 与 NH_3 反应：

$$HCl + H_2O \rightleftharpoons H_3O^+ + Cl^-$$

$$H_3O^+ + NH_3 \rightleftharpoons H_2O + NH_4^+$$

反应的结果是各反应物转化为它们各自的共轭酸或共轭碱。

(4) 盐的水解反应

盐的水解过程，实质上也是质子的转移过程。它们和酸碱解离过程在本质上是相同的，例如：

$$HAc + H_2O \rightleftharpoons H_3O^+ + Ac^- \quad 解离$$

$$H_2O + NH_3 \rightleftharpoons NH_4^+ + OH^- \quad 解离$$

酸$_1$ 碱$_2$ 酸$_2$ 碱$_1$

$$H_2O + Ac^- \rightleftharpoons HAc + OH^- \quad 水解$$

$$NH_4^+ + H_2O \rightleftharpoons H_3O^+ + NH_3 \quad 水解$$

酸$_1$ 碱$_2$ 酸$_2$ 碱$_1$

上述的最后两个反应式也可分别看作 HAc 的共轭碱 Ac^- 的水解反应和 NH_3 的共轭酸 NH_4^+ 的水解反应。

总之，各种酸碱反应过程都是质子转移过程，因此运用质子理论就可以找出各种酸碱反应的基本特征。

6.2 弱酸、弱碱的解离平衡

通常所说的弱酸和弱碱是指酸、碱的基本存在形式为中性分子，它们大部分以分子形式存在于水溶液中，当与水发生质子转移反应时，只部分解离为阳、阴离子。通常所说的盐多数为强电解质，在水中完全解离为阳、阴离子，其中有些阳离子或阴离子与水也能发生质子转移反应，或者给出质子或者接受质子，称它们为离子酸或离子碱。另外，从每个酸（或碱）能否给出（或接受）多少个质子来划分：只能给出一个质子的，称为一元弱酸，能给出多个质子的称为多元弱酸；只能接受一个质子的称为一元弱碱，能接受多个质子的称为多元弱碱。弱酸、弱碱在水溶液中的质子转移平衡完全服从化学平衡移动的一般规律，其标准平衡常数均小于1。

6.2.1 水的解离与溶液的 pH

水是生命之源，也是最重要的溶剂。许多生物、地质和环境化学反应以及多数化工产品的生产都是在水溶液中进行的。实验证明，纯水是一种极弱的电解质，按照酸碱质子理论，其自身解离反应如下：

$$H_2O(l) + H_2O(l) \rightleftharpoons H_3O^+(aq) + OH^-(aq)$$

该解离反应很快达到平衡，平衡时，水中的 H_3O^+ 和 OH^- 的浓度很小。根据水的电导率的测定，一定温度下，$c_{H_3O^+}$ 和 c_{OH^-} 的乘积是恒定的。根据热力学中对溶质和溶剂标准状态的规定，水解离反应的标准平衡常数表达式为：

$$K_w^{\ominus}=\left(\frac{c_{H_3O^+}}{c^{\ominus}}\right)\cdot\left(\frac{c_{OH^-}}{c^{\ominus}}\right) \tag{6-1a}$$

通常简写为：

$$K_w^{\ominus}=c_{H_3O^+}\cdot c_{OH^-} \tag{6-1b}$$

或写作：

$$H_2O(l)\rightleftharpoons H^+(aq)+OH^-(aq)$$

$$K_w^{\ominus}=c_{H^+}\cdot c_{OH^-} \tag{6-1c}$$

上式中 $K_w^{\ominus}$ 被称为水的离子积常数，下标 w 表示水。

298.15K 时，根据电导率的测定纯水中 $c_{H^+}=c_{OH^-}=1.0\times10^{-7}mol\cdot L^{-1}$，这时水的离子积 $K_w^{\ominus}=1.0\times10^{-14}$。由于水的解离反应是强酸强碱中和反应的逆反应，即水在解离时要吸收大量的热。因此，温度升高，水的解离度增大，离子积也随之增大。例如 333.15K 时，$K_w^{\ominus}=9.6\times10^{-14}$，373.15K 时，$K_w^{\ominus}=5.5\times10^{-13}$，但在常温时，$K_w^{\ominus}$ 值一般可以认为是 1.0×10^{-14}。

常温时，无论是中性、酸性还是碱性的水溶液里，H^+ 浓度和 OH^- 浓度的乘积都等于 1.0×10^{-14}。溶液中 H^+ 浓度或 OH^- 浓度的大小反映了溶液酸碱性的强弱，在常温下，若：

$c_{H^+}>c_{OH^-}$ 或 $c_{H^+}>1.0\times10^{-7}mol\cdot L^{-1}$　　溶液呈酸性

$c_{H^+}=c_{OH^-}=1.0\times10^{-7}mol\cdot L^{-1}$　　溶液呈中性

$c_{H^+}<c_{OH^-}$ 或 $c_{H^+}<1.0\times10^{-7}mol\cdot L^{-1}$　　溶液呈碱性

由于在生产实践中，经常要用到一些 H^+ 浓度很小的溶液，若直接用 H^+ 浓度来表示溶液的酸碱性就很不方便，因此，在化学上常用 pH 表示溶液的酸碱性，pH 等于 H^+ 浓度的负对数，即

$$pH=-\lg c_{H^+} \tag{6-2}$$

因此，若以 pH 表示溶液的酸碱性，则关系如下：

pH<7，溶液呈酸性；

pH=7，溶液呈中性；

pH>7，溶液呈碱性。

显然 pH 越低，溶液的酸性越强。同样，OH^- 浓度、$K_w^{\ominus}$ 的负对数也可以分别用 pOH 和 $pK_w^{\ominus}$ 来表示，因而在常温时有：

$$pK_w^{\ominus}=pH+pOH=14 \tag{6-3}$$

pH 仅适用于表示 c_{H^+} 或 c_{OH^-} 在 $1mol\cdot L^{-1}$ 以下的溶液酸碱性。如果 $c_{H^+}>1mol\cdot L^{-1}$，则 pH<0；$c_{OH^-}>1mol\cdot L^{-1}$，则 pH>14。在这种情况下就直接写出 c_{H^+} 或 c_{OH^-}，而不用 pH 表示这类溶液的酸碱性。

6.2.2 一元弱酸、弱碱的解离平衡

在一定温度下，弱酸或弱碱在水溶液中达到解离平衡时，解离所生成的各种离子相对浓度的乘积与溶液中未解离的分子的相对浓度之比是一个常数，称为解离平

衡常数，简称解离常数。弱酸的解离常数用 $K_a^\ominus$ 表示，弱碱的解离常数用 $K_b^\ominus$ 表示，其值可由热力学数据计算，也可以由实验测定。常见 $K_a^\ominus$，$K_b^\ominus$ 的值见附录5。

（1）一元弱酸的解离平衡

① 解离常数

一元弱酸 HA 在水溶液中存在如下质子转移反应：

$$HA(aq)+H_2O(l) \rightleftharpoons H_3O^+(aq)+A^-(aq)$$

简写为：

$$HA(aq) \rightleftharpoons H^+(aq)+A^-(aq)$$

这类反应一般都能很快达到平衡，称其为解离平衡（或电离平衡）。在稀溶液中水的量基本保持恒定，平衡时 c_{H^+}、c_{HA} 和 c_{A^-} 之间有下列关系：

$$K_a^\ominus(HA)=\frac{(c_{H^+}/c^\ominus)(c_{A^-}/c^\ominus)}{c_{HA}/c^\ominus} \tag{6-4}$$

或简写为：

$$K_a^\ominus(HA)=\frac{c_{H^+}\cdot c_{A^-}}{c_{HA}} \tag{6-5}$$

式中，$K_a^\ominus(HA)$ 被称为弱酸 HA 的解离常数，弱酸解离常数的数值表明了酸的相对强弱。在相同温度下，解离常数大的酸是较强的酸，其给出质子的能力强。$K_a^\ominus$ 虽然受温度的影响，但变化不大。弱酸的解离常数可以借助 pH 计测定溶液的 pH，然后通过计算来确定。已知弱酸的解离常数 $K_a^\ominus$，就可以计算出一定浓度的弱酸溶液的平衡组成。实际上在弱酸溶液中还存在着水的解离平衡：

$$H_2O(l)+H_2O(l) \rightleftharpoons H_3O^+(aq)+OH^-(aq)$$

简写为：

$$H_2O(l) \rightleftharpoons H^+(aq)+OH^-(aq)$$

虽然 HA 和 H_2O 它们都能解离出 H^+，二者之间相互联系、相互影响，但通常情况下 $K_a^\ominus \gg K_w^\ominus$，只要 c_{HA} 不是很小，H^+ 主要是由 HA 解离产生的。因此，计算 HA 溶液中 H^+ 时，就可以不考虑水的解离平衡。

② 解离度

在弱酸、弱碱的解离平衡组成计算中，常用到解离度的概念，以 α 表示。解离度 α 是这样定义的：解离的分子数与分子总数之比。在定容反应中，已解离的弱酸（或弱碱）的浓度与原始浓度之比等于其解离度。弱酸的解离度可表示为：

$$\alpha=\frac{c_{已,HA}}{c_{0,HA}}\times 100\% \tag{6-6}$$

弱酸解离度的大小也可以表示酸的相对强弱。在温度、浓度相同的条件下，解离度大的酸，$K_a^\ominus$ 大，其 pH 小，为较强的酸；解离度小的酸，$K_a^\ominus$ 小，其 pH 大，为较弱的酸。

③ 稀释定律

以初始浓度为 c mol·L^{-1} HA 的解离平衡为例，平衡时溶液中 H^+ 浓度及 α 与 $K_a^\ominus$ 间的定量关系可以推导如下：

$$HA(aq) \rightleftharpoons H^+(aq) + A^-(aq)$$

初始浓度/$mol \cdot L^{-1}$　　c　　0　　0

平衡浓度/$mol \cdot L^{-1}$　　$c(1-\alpha)$　　$c\alpha$　　$c\alpha$

$$K_a^{\ominus}(HA) = \frac{(c\alpha)^2}{c(1-\alpha)}$$

当（$K_a^{\ominus}(HA)/c$）$<10^{-4}$时，$1-\alpha \approx 1$，$\alpha < 10^{-2}$

$$K_a^{\ominus}(HA) = c\alpha^2$$

$$\alpha = \sqrt{\frac{K_a^{\ominus}(HA)}{c}} \tag{6-7}$$

式（6-7）表明了一元弱酸溶液的浓度、解离度和解离常数之间的关系，称为稀释定律。稀释定律表明了在一定温度下 $K_a^{\ominus}$ 保持不变，溶液在一定浓度范围内被稀释时，解离度 α 将增大。

根据稀释定律，一元弱酸达到平衡时

$$c_{H^+} = c\alpha = \sqrt{c \cdot K_a^{\ominus}(HA)} \tag{6-8}$$

（2）一元弱碱的解离平衡

一元弱碱的解离平衡组成的计算方法与一元弱酸的解离平衡组成的计算没有本质上的差别。比如在弱碱 NH_3 溶液中，存在如下质子转移反应：

$$NH_3(aq) + H_2O(l) \rightleftharpoons NH_4^+(aq) + OH^-(aq)$$

$$K_b^{\ominus}(NH_3) = \frac{(c_{NH_4^+}/c^{\ominus})(c_{OH^-}/c^{\ominus})}{c_{NH_3}/c^{\ominus}} \tag{6-9}$$

或简写为

$$K_b^{\ominus}(NH_3) = \frac{c_{NH_4^+} \cdot c_{OH^-}}{c_{NH_3}} \tag{6-10}$$

式中，$K_b^{\ominus}(NH_3)$ 被称为一元弱碱 NH_3 的解离常数。

与一元弱酸类似，对于一元弱碱来说，稀释定律可表示为：

$$\alpha = \sqrt{\frac{K_b^{\ominus}(NH_3)}{c}} \tag{6-11}$$

一元弱碱达到平衡时

$$c_{OH^-} = \sqrt{c \cdot K_b^{\ominus}(NH_3)} \tag{6-12}$$

【例 6-1】 计算 25℃时，$0.10 mol \cdot L^{-1}$ HAc 溶液中 H^+、Ac^-、HAc、OH^- 的浓度及溶液的 pH。

解：查附录 5 知，$K_a^{\ominus}(HAc) = 1.8 \times 10^{-5}$

$$HAc(aq) \rightleftharpoons H^+(aq) + Ac^-(aq)$$

起始浓度/$mol \cdot L^{-1}$　　0.10　　0　　0

平衡浓度/$mol \cdot L^{-1}$　　$0.10-x$　　x　　x

$$K_a^{\ominus}(HAc) = \frac{c_{H^+} \cdot c_{Ac^-}}{c_{HAc}}$$

$$1.8\times10^{-5}=\frac{x^2}{0.10-x} \qquad x=1.3\times10^{-3}$$

$$c_{H^+}=c_{Ac^-}=1.3\times10^{-3}mol\cdot L^{-1}$$

$$c_{HAc}=(0.10-1.3\times10^{-3})mol\cdot L^{-1}\approx0.10mol\cdot L^{-1}$$

溶液中 OH^- 来自于水解离：$K_w^\ominus=c_{H^+}\cdot c_{OH^-}$

$$c_{OH^-}=7.7\times10^{-12}mol\cdot L^{-1}$$

由水本身解离出来的 $c_{H^+}=c_{OH^-}=7.7\times10^{-12}mol\cdot L^{-1}$，将 $7.7\times10^{-12}mol\cdot L^{-1}$ 与 $1.3\times10^{-3}mol\cdot L^{-1}$ 比较，可以看出，忽略水解离所产生的 H^+ 是完全合理的。

该溶液的 $pH=-\lg c_{H^+}=-\lg1.3\times10^{-3}=2.89$

【例 6-2】 已知 25℃时，$0.20mol\cdot L^{-1}$ NH_3 溶液的 $pH=11.27$，计算溶液中 OH^- 的浓度、解离度 α 及 NH_3 的 $K_b^\ominus$。

解：$pH=11.27, pOH=2.73, c_{OH^-}=1.9\times10^{-3}mol\cdot L^{-1}$

$$\alpha=\frac{1.9\times10^{-3}}{0.20}\times100\%=0.95\%$$

$$K_b^\ominus(NH_3)=\frac{c\alpha^2}{1-\alpha}=\frac{0.20\times(0.0095)^2}{1-0.0095}=1.8\times10^{-5}$$

6.2.3 多元弱酸、弱碱的解离平衡

在水溶液中能提供两个或两个以上 H^+ 的酸叫多元酸，多元酸在水中的解离是分步进行的，每一步都有相应的解离常数。前面所讨论的一元弱酸的解离平衡原理，完全适用于多元弱酸弱碱的解离平衡。现以碳酸 H_2CO_3 为例，H_2CO_3 是二元弱酸，它的解离分两步进行。

第一步：$H_2CO_3(aq)+H_2O(l) \rightleftharpoons H_3O^+(aq)+HCO_3^-(aq)$

$$K_{a_1}^\ominus(H_2CO_3)=\frac{c_{HCO_3^-}\cdot c_{H_3O^+}}{c_{H_2CO_3}}=4.2\times10^{-7}$$

第二步：$HCO_3^-(aq)+H_2O(l) \rightleftharpoons H_3O^+(aq)+CO_3^{2-}(aq)$

$$K_{a_2}^\ominus(H_2CO_3)=\frac{c_{CO_3^{2-}}\cdot c_{H_3O^+}}{c_{HCO_3^-}}=4.7\times10^{-11}$$

分析碳酸的分步解离可以发现：第一步解离中的共轭碱 HCO_3^-，是第二步解离中的酸，其共轭碱为二元酸的酸根离子 CO_3^{2-}，所以 HCO_3^- 是两性物质。另外，在多元弱酸溶液中，实际上存在多个解离平衡，除了酸自身的多步解离平衡之外，还有溶剂水的解离平衡。它们能同时很快达到平衡。这些平衡中有相同的物种 H_3O^+，平衡时溶液中的 $c_{H_3O^+}$ 保持恒定。此时，$c_{H_3O^+}$ 满足各平衡的平衡常数表达式的数量关系。关键是各平衡的 $K^\ominus$ 相对大小不同，它们解离出来的 H_3O^+ 对溶液中 H_3O^+ 的总浓度贡献不同。少数多元弱酸的 $K_{a_1}^\ominus$，$K_{a_2}^\ominus$…相差很小（查附录 5），多数多元酸的 $K_{a_1}^\ominus$，$K_{a_2}^\ominus$…都相差很大。这种情况 $K_{a_1}^\ominus/K_{a_2}^\ominus\geqslant10^3$ 下，溶液中 H_3O^+ 主要来自于第一步解

离反应，溶液中 H_3O^+ 的计算可按一元弱酸的解离平衡作近似处理。

多元弱碱也可以按多元弱酸类似处理。

【例 6-3】 计算 $0.010mol \cdot L^{-1}$ H_2CO_3 溶液中 H_3O^+、H_2CO_3、HCO_3^-、CO_3^{2-} 和 OH^- 浓度，以及溶液的 pH。

解：由附录 5 可知 H_2CO_3 的 $K^{\ominus}_{a_1}=4.2\times10^{-7}$，$K^{\ominus}_{a_2}=4.7\times10^{-11}$。由于 $K^{\ominus}_{a_1}\gg K^{\ominus}_{a_2}$，且 $K^{\ominus}_{a_1}\gg K^{\ominus}_{w}$，溶液中的产生的主要反应是 H_2CO_3 的第一步解离反应：

$$H_2CO_3(aq)+H_2O(l)\rightleftharpoons H_3O^+(aq)+HCO_3^-(aq)$$

平衡浓度/$mol\cdot L^{-1}$ $\quad 0.010-x \quad\quad x+y\approx x \quad x-y\approx x$

$$K^{\ominus}_{a_1}=\frac{c_{HCO_3^-}\cdot c_{H_3O^+}}{c_{H_2CO_3}}=\frac{x^2}{0.010-x}=4.2\times10^{-7}$$

$$0.010-x\approx0.010, x^2=4.2\times10^{-7}\times0.010, x=6.5\times10^{-5}$$

$$c_{HCO_3^-}=c_{H_3O^+}=6.5\times10^{-5}mol\cdot L^{-1}$$

$$c_{H_2CO_3}\approx0.010mol\cdot L^{-1}$$

CO_3^{2-} 是在第二步解离中产生的：

$$HCO_3^-(aq)+H_2O(l)\rightleftharpoons H_3O^+(aq)+CO_3^{2-}(aq)$$

平衡浓度/$mol\cdot L^{-1}$ $\quad 6.5\times10^{-5} \quad\quad 6.5\times10^{-5} \quad y$

$$K^{\ominus}_{a_2}=\frac{c_{CO_3^{2-}}\cdot c_{H_3O^+}}{c_{HCO_3^-}}=\frac{6.5\times10^{-5}y}{6.5\times10^{-5}}=4.7\times10^{-11}$$

$$y=K^{\ominus}_{a_2}=4.7\times10^{-11}mol\cdot L^{-1}$$

$$c_{CO_3^{2-}}=K^{\ominus}_{a_2}mol\cdot L^{-1}=4.7\times10^{-11}mol\cdot L^{-1}$$

OH^- 来自 H_2O 的解离平衡：

$$H_2O + H_2O\rightleftharpoons H_3O^+ + OH^-$$

平衡浓度/$mol\cdot L^{-1}$ $\quad 6.5\times10^{-5} \quad z$

$$K^{\ominus}_{w}=c_{H_3O^+}\cdot c_{OH^-}=6.5\times10^{-5}z=1.0\times10^{-14}$$

$$c_{OH^-}=z=1.5\times10^{-10}mol\cdot L^{-1}$$

$$pH=-\lg c_{H_3O^+}=-\lg6.5\times10^{-5}=4.19$$

在计算即将结束时，很重要的是要认真核对、检查解题过程中的近似处理是否可行。第一步解离出的 $c_{H_3O^+}=6.5\times10^{-5}mol\cdot L^{-1}$；第二步解离出的 $c_{H_3O^+}=4.7\times10^{-11}mol\cdot L^{-1}$；由水解离出的 $c_{H_3O^+}=1.5\times10^{-10}mol\cdot L^{-1}$。因此，$6.5\times10^{-5}\pm y+z\approx6.5\times10^{-5}$是完全合理的。由此也看出，溶液的 pH 是由第一步解离出来的 $c_{H_3O^+}$ 决定的。

其次，在上述解题过程中确认了 $c_{CO_3^{2-}}$ 在数值上等于 $K^{\ominus}_{a_2}$，这对二元弱酸来说具有普遍意义的。即在仅含有二元弱酸的溶液中，$K^{\ominus}_{a_1}\gg K^{\ominus}_{a_2}$时，二元酸根离子的浓度 $c_{A^{2-}}=K^{\ominus}_{a_2}$ (H_2A)。但是，这个结论却不能简单地推广到三元弱酸溶液中。以磷酸溶液为例，可以推导出：

$$c_{HPO_4^{2-}}=K^{\ominus}_{a_2}mol\cdot L^{-1}$$

$$c_{PO_4^{3-}}=\frac{K_{a_2}^{\ominus}\cdot K_{a_3}^{\ominus}}{c_{H_3O^+}}\text{mol}\cdot\text{L}^{-1}$$

第三，在二元弱酸 H_2A 溶液中，$c_{H_3O^+}\neq 2c_{A^{2-}}$。这是因为 H_2A 的第二步解离只是部分的，若二元弱酸 H_2A 与强酸的混合溶液中，$c_{A^{2-}}$ 与 $c_{H_3O^+}$ 的关系推导如下：

$$\begin{array}{lll} & H_2A(aq)+H_2O(l)\rightleftharpoons H_3O^+(aq)+HA^-(aq) & K_{a_1}^{\ominus} \\ +) & \underline{HA^-(aq)+H_2O(l)\rightleftharpoons H_3O^+(aq)+A^{2-}(aq)} & K_{a_2}^{\ominus} \\ & H_2A(aq)+2H_2O(l)\rightleftharpoons 2H_3O^+(aq)+A^{2-}(aq) & \end{array}$$

$$K^{\ominus}=\frac{c_{H_3O^+}^2\cdot c_{A^{2-}}}{c_{H_2A}}=K_{a_1}^{\ominus}\cdot K_{a_2}^{\ominus}$$

$$c_{A^{2-}}=\frac{K_{a_1}^{\ominus}K_{a_2}^{\ominus}\cdot c_{H_2A}}{c_{H_3O^+}^2}$$

这里的 $c_{H_3O^+}$ 不仅来自于 H_2A 的解离，更确切地说，主要不是来自于 H_2A 的解离，而主要是来自于强酸的全部解离产生的 H_3O^+。在这种混酸中，$c_{A^{2-}}$ 的数值与溶液中的 $c_{H_3O^+}^2$ 成反比。这样可以通过改变 pH 的方法来控制 $c_{A^{2-}}$，以达到实际需要的目的。

6.2.4 盐溶液的酸碱平衡

盐溶液有中性、酸性或碱性的，这取决于组成盐的阳离子和阴离子的酸碱性。由强酸强碱所生成的盐在水中完全解离产生的阳、阴离子不与水发生质子转移反应，这种盐不水解，其水溶液为中性。除此之外，其他各类盐在水中解离所产生的阳、阴离子则不同。它们中的一种或多种离子能与水发生质子转移反应，这种反应被称为盐类的水解反应。这些能与水发生质子转移反应的离子物质被称为离子酸或离子碱。它们的溶液酸碱性取决于这些离子酸和离子碱的相对强弱。

（1）强碱弱酸盐（离子碱）

NaAc，NaCN 等这类一元弱酸强碱盐的水溶液均显碱性。这些盐在水中完全解离生成的阳离子（如 Na^+）往往并不发生水解，而阴离子在水中发生水解反应。如在 NaAc 水溶液中：

$$H_2O(l)+Ac^-(aq)\rightleftharpoons HAc(aq)+OH^-(aq)$$

该质子转移反应的标准平衡常数：

$$K_b^{\ominus}(Ac^-)=\frac{c_{HAc}\cdot c_{OH^-}}{c_{Ac^-}}$$

$K_b^{\ominus}(Ac^-)$ 是离子碱 Ac^- 的解离常数，也就是 Ac^- 的水解常数。Ac^- 是 HAc 的共轭碱。$K_b^{\ominus}(Ac^-)$ 与 HAc 的解离常数 $K_a^{\ominus}(HAc)$ 之间有一定的联系：

$$K_b^{\ominus}(Ac^-)=\frac{c_{HAc}\cdot c_{OH^-}}{c_{Ac^-}}\times\frac{c_{H^+}}{c_{H^+}}$$

$$=\frac{K_w^\ominus}{K_a^\ominus(HAc)} \tag{6-13a}$$

显然，任何一对共轭酸碱对的 $K_a^\ominus$ 和 $K_b^\ominus$ 都有下列关系：

$$K_a^\ominus \cdot K_b^\ominus = K_w^\ominus = 1.0\times10^{-14} \quad (25℃) \tag{6-13b}$$

将等式两边分别取负对数：

$$-\lg K_a^\ominus + (-\lg K_b^\ominus) = -\lg K_w^\ominus$$

$$pK_a^\ominus + pK_b^\ominus = pK_w^\ominus$$

在 25℃条件下 $$pK_a^\ominus + pK_b^\ominus = 14.00 \tag{6-13c}$$

根据式（6-13）可以求得离子酸或离子碱的 $K_a^\ominus$ 或 $K_b^\ominus$。如 HAc-Ac^-、NH_4^+-NH_3、HS^--S^{2-} 和 $H_2PO_4^-$-HPO_4^{2-} 四对共轭酸碱对，现将有关数据列于表 6-1。

表 6-1 共轭酸碱对的解离平衡常数

共轭酸碱对	$K_a^\ominus$	$K_b^\ominus$
HAc-Ac^-	1.8×10^{-5}	5.6×10^{-10}
$H_2PO_4^-$-HPO_4^{2-}	6.2×10^{-8}	1.6×10^{-7}
NH_4^+-NH_3	5.6×10^{-10}	1.8×10^{-5}
HS^--S^{2-}	1.3×10^{-13}	1.4

用计算一般弱酸、弱碱平衡组成的同样方法，可以确定盐溶液的平衡组成和 pH。

（2）强酸弱碱盐（离子酸）

通常，强酸弱碱盐在水中完全解离生成的阳离子，如 NH_4^+ 在水溶液中发生质子转移反应，它们的水溶液呈酸性。例如 NH_4Cl 在水中全部解离：

$$NH_4Cl(aq) \rightleftharpoons NH_4^+(aq) + Cl^-(aq)$$

Cl^- 与水不反应，而 NH_4^+ 与 H_2O 反应：

$$NH_4^+(aq) + H_2O(l) \rightleftharpoons H_3O^+(aq) + NH_3(aq)$$

该质子转移反应中，NH_4^+ 是酸，其共轭碱为 NH_3。反应的标准平衡常数为离子酸 NH_4^+ 的解离常数，其表达式为：

$$K_a^\ominus(NH_4^+) = \frac{c_{H_3O^+} \cdot c_{NH_3}}{c_{NH_4^+}}$$

$K_a^\ominus(NH_4^+)$ 又称为 NH_4^+ 的水解常数。$K_a^\ominus(NH_4^+)$ 与 NH_3 的解离常数 $K_b^\ominus(NH_3)$ 之间有一定的联系，可根据共轭酸碱解离常数的关系式（6-13）由 $K_b^\ominus(NH_3)$ 求得 $K_a^\ominus(NH_4^+)$。

【例 6-4】 计算 25℃时，$0.10mol\cdot L^{-1}$ NH_4Cl 溶液的 pH 和 NH_4^+ 的解离度 α。

解： 由附录 5 中查得 $K_b^\ominus(NH_3) = 1.8\times10^{-5}$

$$K_a^\ominus(NH_4^+) = \frac{K_w^\ominus}{K_b^\ominus(NH_3)} = \frac{1.0\times10^{-14}}{1.8\times10^{-5}} = 5.6\times10^{-10}$$

$$NH_4^+(aq)+H_2O(l) \rightleftharpoons H_3O^+(aq)+NH_3(aq)$$

起始浓度/$mol \cdot L^{-1}$　　0.10

平衡浓度/$mol \cdot L^{-1}$　　$0.10-x$　　　　x　　　x

$$5.6\times10^{-10}=\frac{x^2}{0.10-x} \qquad x=7.5\times10^{-6}$$

$$c_{H^+}=7.5\times10^{-6}\,mol \cdot L^{-1}$$

$$pH=-\lg c_{H^+}=-\lg 7.5\times10^{-6}=5.12$$

$$\alpha_{NH_4^+}=\frac{x}{c}=\sqrt{\frac{K_a^{\ominus}(NH_4^+)}{c}}=\sqrt{\frac{5.6\times10^{-10}}{0.10}}=0.0075\%$$

(3) 多元弱酸强碱盐

Na_2CO_3、Na_3PO_4 溶液也呈碱性，它们在水中解离产生的阴离子，如 CO_3^{2-}、PO_4^{3-} 等是多元离子碱，如同多元弱酸一样，这些阴离子与水之间存在的质子转移反应也是分步进行的。平衡时有相应的解离（水解）常数，共轭酸碱的解离平衡常数间的关系也符合式（6-13）。例如，Na_2CO_3 在水溶液中的质子转移反应：

$$H_2O(l)+CO_3^{2-}(aq) \rightleftharpoons HCO_3^-(aq)+OH^-(aq) \qquad K_{b_1}^{\ominus}(CO_3^{2-})$$

$$H_2O(l)+HCO_3^-(aq) \rightleftharpoons H_2CO_3(aq)+OH^-(aq) \qquad K_{b_2}^{\ominus}(CO_3^{2-})$$

根据共轭酸碱的解离平衡常数间的关系式：

$$K_{b_1}^{\ominus}(CO_3^{2-})=\frac{K_w^{\ominus}}{K_{a_2}^{\ominus}(H_2CO_3)}$$

$$K_{b_2}^{\ominus}(CO_3^{2-})=\frac{K_w^{\ominus}}{K_{a_1}^{\ominus}(H_2CO_3)}$$

因为　　$K_{a_1}^{\ominus}(H_2CO_3) \gg K_{a_2}^{\ominus}(H_2CO_3)$

所以　　$K_{b_1}^{\ominus}(CO_3^{2-}) \gg K_{b_2}^{\ominus}(CO_3^{2-})$

这说明 CO_3^{2-} 的第一级解离（水解）反应是主要的。计算 Na_2CO_3 溶液 pH 时，只需考虑第一步的质子转移反应。对于其他多元离子碱溶液 pH 的计算也可照此处理。

【例 6-5】 计算 25℃时 $0.20mol \cdot L^{-1}\,Na_2CO_3$ 溶液的 pH。

解：已知 H_2CO_3 的 $pK_{a_1}^{\ominus}=6.38$，$pK_{a_2}^{\ominus}=10.25$

则 $pK_{b_1}^{\ominus}=14-pK_{a_2}^{\ominus}=14-10.25=3.75$，同理 $pK_{b_2}^{\ominus}=7.62$

由于 $K_{b_1}^{\ominus}/K_{b_2}^{\ominus} \gg 10^3$，可按一元弱碱计算。

即　　$c_{OH^-}=\sqrt{cK_{b_1}^{\ominus}}=\sqrt{0.20\times10^{-3.75}}\,mol \cdot L^{-1}=5.96\times10^{-3}\,mol \cdot L^{-1}$

$$c_{H^+}=1.68\times10^{-12}\,mol \cdot L^{-1}$$

$$pH=-\lg c_{H^+}=-\lg 1.68\times10^{-12}=11.77$$

【例 6-6】 计算 25℃时 $0.10mol \cdot L^{-1}\,Na_3PO_4$ 溶液的 pH。

解：已知 H_3PO_4 的 $K_{a_1}^{\ominus}=6.7\times10^{-3}$，$K_{a_2}^{\ominus}=6.2\times10^{-8}$，$K_{a_3}^{\ominus}=4.5\times10^{-13}$

因为　　$K_{a_1}^{\ominus} \gg K_{a_2}^{\ominus} \gg K_{a_3}^{\ominus}$

则有 $$K^{\ominus}_{b_1} \gg K^{\ominus}_{b_2} \gg K^{\ominus}_{b_3}$$

因此只考虑 PO_4^{3-} 的一级水解，即按一元弱碱计算。

$$H_2O(l) + PO_4^{3-}(aq) \rightleftharpoons HPO_4^{2-}(aq) + OH^-(aq)$$

平衡浓度/$mol \cdot L^{-1}$ $\qquad 0.10-x \qquad x \qquad x$

$$K^{\ominus}_{b_1}(PO_4^{3-}) = \frac{x^2}{0.10-x} = \frac{K^{\ominus}_w}{K^{\ominus}_{a_3}(H_3PO_4)} = \frac{1.0\times10^{-14}}{4.5\times10^{-13}} = 2.2\times10^{-2}$$

因为 $K^{\ominus}_{b_1}(PO_4^{3-})$ 较大，$0.10-x \neq 0.10$，必须解一元二次方程。

$$x^2 + 0.022x - 2.2\times10^{-3} = 0$$

$$x = 0.037 mol \cdot L^{-1}$$

即 $$c_{OH^-} = 0.037 mol \cdot L^{-1}$$

$$c_{H^+} = 1.68\times10^{-12} mol \cdot L^{-1}$$

$$pH = 14 - pOH = 14 - (-\lg 0.037) = 12.57$$

(4) 酸式盐

$NaHCO_3$、NaH_2PO_4、K_2HPO_4 及邻苯二甲酸氢钾（$KHC_8H_4O_4$）等，在水溶液中完全解离出的阴离子 HCO_3^-、$H_2PO_4^-$、HPO_4^{2-}、$HC_8H_4O_4^-$ 既可给出质子，显酸性；又可接受质子，显出碱性，是两性物质。

以二元弱酸的酸式盐 NaHA 为例，H_2A 的解离常数为 $K^{\ominus}_{a_1}$、$K^{\ominus}_{a_2}$，在水溶液中存在下列平衡：

解离： $$HA^-(aq) + H_2O(l) \rightleftharpoons H_3O^+(aq) + A^{2-}(aq)$$

H_3O^+ 以下简写 H^+

$$K^{\ominus}_{a_2}(H_2A) = \frac{c_{A^{2-}}c_{H^+}}{c_{HA^-}} \tag{1}$$

水解： $$HA^-(aq) + H_2O(l) \rightleftharpoons H_2A(aq) + OH^-(aq)$$

$$K^{\ominus}_{b_2}(A^{2-}) = \frac{c_{H_2A}c_{OH^-}}{c_{HA^-}} = \frac{K^{\ominus}_w}{K^{\ominus}_{a_1}(H_2A)} \tag{2}$$

反应达到平衡时 c_{H^+}、$c_{A^{2-}}$、c_{HA^-}、c_{H_2A} 和 c_{OH^-}，共五个量都是未知的。为了求解需要联立几个方程式。已有了（1)、(2）两个方程式。再根据水的自身解离平衡：

$$H_2O(l) + H_2O(l) \rightleftharpoons H_3O^+(aq) + OH^-(aq)$$

$$K^{\ominus}_w = c_{H^+} \cdot c_{OH^-} \tag{3}$$

设 NaHA 的总浓度为 c_0，某组分的总浓度等于其各有关存在形式平衡浓度之和，即物料平衡。因此有：

$$c_{H_2A} + c_{HA^-} + c_{A^{2-}} = c_0 \tag{4}$$

溶液中正离子的总电荷数等于负离子的总电荷数，以维持溶液的电中性，即电荷平衡。因此有：

$$c_{H^+} + c_{Na^+} = c_{HA^-} + c_{OH^-} + 2c_{A^{2-}} \tag{5}$$

$c_{Na^+}=c_0$，由（5）－（4）可得：

$$c_{H^+}+c_{H_2A}=c_{A^{2-}}+c_{OH^-} \tag{6}$$

由（1）可得：
$$c_{A^{2-}}=\frac{K_{a_2}^{\ominus}c_{HA^-}}{c_{H^+}}$$

由（2）可得：
$$c_{H_2A}=\frac{c_{H^+}c_{HA^-}}{K_{a_1}^{\ominus}}$$

因此

$$c_{H^+}+\frac{c_{H^+}c_{HA^-}}{K_{a_1}^{\ominus}}=\frac{K_{a_2}^{\ominus}c_{HA^-}}{c_{H^+}}+\frac{K_w^{\ominus}}{c_{H^+}}$$

$$c_{H^+}=\sqrt{\frac{K_{a_1}^{\ominus}(K_{a_2}^{\ominus}c_{HA^-}+K_w^{\ominus})}{K_{a_1}^{\ominus}+c_{HA^-}}} \tag{6-14}$$

一般 NaHA 溶液的浓度 c_0 较大，而且 $K_{a_2}^{\ominus}$、$K_{b2}^{\ominus}$ 都较小，说明 HA^- 给出质子与接受质子的能力都比较弱，则可以认为 $c_{HA^-}\approx c_0$ 可得：

$$c_{H^+}=\sqrt{\frac{K_{a_1}^{\ominus}(K_{a_2}^{\ominus}c_0+K_w^{\ominus})}{K_{a_1}^{\ominus}+c_0}} \tag{6-15}$$

① 满足 $c_0K_{a_2}^{\ominus}\gg K_w^{\ominus}$ 条件

$c_0K_{a_2}^{\ominus}\gg K_w^{\ominus}$ 时，HA^- 提供的 c_{H^+} 比水提供的 c_{H^+} 大得多，所以可略去 $K_w^{\ominus}$ 项，则式（6-15）可简化得近似计算式：

$$c_{H^+}=\sqrt{\frac{c_0K_{a_1}^{\ominus}K_{a_2}^{\ominus}}{K_{a_1}^{\ominus}+c_0}} \tag{6-16}$$

② 满足 $c_0\gg K_{a_1}^{\ominus}$ 条件

若 $c_0\gg K_{a_1}^{\ominus}$，则分母中的 $K_{a_1}^{\ominus}$ 可略去，式（6-15）可简化得近似计算式：

$$c_{H^+}=\sqrt{\frac{K_{a_1}^{\ominus}(K_{a_2}^{\ominus}c_0+K_w^{\ominus})}{c_0}} \tag{6-17}$$

③ 满足 $c_0K_{a_2}^{\ominus}\gg K_w^{\ominus}$，$c_0\gg K_{a_1}^{\ominus}$ 两个条件

则式（6-15）可进一步简化为

$$c_{H^+}=\sqrt{K_{a_1}^{\ominus}K_{a_2}^{\ominus}} \tag{6-18}$$

式（6-18）为常用的最简式。

对于其他多元酸的酸式盐，可按类似的方法处理。例如，计算 NaH_2PO_4、Na_2HPO_4 溶液中 H^+ 浓度的最简式如下：

NaH_2PO_4 溶液：
$$c_{H^+}=\sqrt{K_{a_1}^{\ominus}K_{a_2}^{\ominus}}$$

Na_2HPO_4 溶液：
$$c_{H^+}=\sqrt{K_{a_2}^{\ominus}K_{a3}^{\ominus}}$$

这种粗略计算表明 c_{H^+} 与酸式盐的原始浓度无关。

酸式盐溶液的酸碱性取决于两性的阴离子的解离和水解程度的相对大小。例如 NaH_2PO_4 溶液中的 $H_2PO_4^-$ 的解离平衡：

$$H_2PO_4^-(aq)+H_2O(l)\rightleftharpoons HPO_4^{2-}(aq)+H_3O^+(aq)$$

$$K_{a_2}^\ominus(H_3PO_4)=6.2\times10^{-8}$$

$H_2PO_4^-$ 的水解平衡：

$$H_2PO_4^-(aq)+H_2O(l)\rightleftharpoons H_3PO_4(aq)+OH^-(aq)$$

$$K_{b_3}^\ominus(PO_4^{3-})=1.5\times10^{-12}$$

显然，$H_2PO_4^-$ 的解离程度大于水解程度，所以 NaH_2PO_4 溶液显酸性。而 HPO_4^{2-} 恰好相反，水解程度大于解离程度，所以 Na_2HPO_4 溶液显弱碱性。

【例 6-7】 计算 25℃时 $0.1mol\cdot L^{-1}$ 邻苯二甲酸氢钾溶液的 pH。

解：已知邻苯二甲酸的 $pK_{a_1}^\ominus=2.89$，$pK_{a_2}^\ominus=5.54$

则 $$pK_{b_2}^\ominus=14.00-2.89=11.11$$

对于多元弱酸，其各级 $K_a^\ominus$、$K_b^\ominus$ 之间的相互对应关系不能混淆。从 $pK_{a_2}^\ominus$ 和 $pK_{b_2}^\ominus$ 可知，邻苯二甲酸氢根离子的酸性和碱性都比较弱，可近似认为 $c_{HA^-}\approx c_0$。

$$c_0\gg K_{a_1}^\ominus$$

且 $$c_0K_{a_2}^\ominus=0.10\times10^{-5.54}\gg K_w^\ominus$$

根据式 (6-18) 得 $c_{H^+}=\sqrt{10^{-2.89}\times10^{-5.54}}\,mol\cdot L^{-1}=10^{-4.22}\,mol\cdot L^{-1}$

$$pH=4.22$$

6.3 影响酸碱平衡的因素

酸碱解离平衡和其他一切化学平衡一样，也是一个暂时的、相对的动态平衡。当外界条件改变时，旧的平衡就被破坏，经过分子或离子之间的相互反应，在新的条件下建立新的平衡，这就是酸碱平衡的移动。影响酸碱平衡的因素主要有以下几方面。

6.3.1 稀释作用

弱酸或弱碱在水中会部分解离，解离度可以表示其解离的程度。解离度 α 不仅与电解质的本性和温度有关，还与电解质的浓度有关。

对于浓度为 c 的一元弱酸，在水溶液中达到解离平衡时：

$$\alpha=\sqrt{\frac{K_a^\ominus}{c}}$$

对于浓度为 c 的一元弱碱，在水溶液中达到解离平衡时：

$$\alpha=\sqrt{\frac{K_b^\ominus}{c}}$$

写成通式：
$$\alpha=\sqrt{\frac{K^\ominus}{c}} \tag{6-19}$$

式（6-19）表明，在一定温度下，解离度 α 与解离常数 $K^{\ominus}$ 的平方根成正比，与溶液浓度 c 的平方根成反比，即浓度越稀，解离度越大。这个关系称为稀释定律。由此可见，α 和 $K^{\ominus}$ 都可用来表示弱酸或弱碱的相对强弱。α 会随浓度的改变而改变，而 $K^{\ominus}$ 在一定温度下是个常数，不随浓度而改变，所以 $K^{\ominus}$ 具有更广泛的实用意义。

但是必须注意，弱酸或弱碱经稀释后，虽然解离度增大，但溶液中 c_{H^+} 不是升高了，而是降低了，只是由于稀释时，解离度增大的倍数总是小于溶液稀释的倍数。

【例 6-8】 已知 25℃时，0.10mol·L^{-1} NH_3 的解离度 α 为 1.33%，计算 NH_3 的解离平衡常数。

解：对于一元弱碱

$$\alpha = \sqrt{\frac{K_b^{\ominus}(NH_3)}{c}}$$

因此 $K_b^{\ominus}(NH_3) \approx c\alpha^2 = 0.10 \times (1.33\%)^2 = 1.77 \times 10^{-5}$

6.3.2 同离子效应与盐效应

（1）同离子效应

取两支试管，各加入 10mL 1.0mol·L^{-1} HAc 溶液及甲基橙指示剂 2 滴，试管中的溶液呈红色，然后在试管 1 中加入少量固体 NaAc，边振荡边与试管 2 比较，结果发现试管 1 中溶液的红色逐渐褪去，最后变成黄色。实验表明，试管 1 中的溶液因加固体 NaAc 后，酸度降低了。这是因为 HAc、NaAc 溶液中存在着下列解离关系：

$$HAc \rightleftharpoons H^+ + Ac^-$$

$$NaAc \longrightarrow Na^+ + Ac^-$$

由于 NaAc 在溶液中是以 Na^+ 和 Ac^- 存在，溶液中 Ac^- 的浓度增加（即生成物浓度增大），使 HAc 的解离平衡向左移动，结果使溶液中的 H^+ 浓度减小，HAc 的解离度降低。

这种在弱酸或弱碱溶液中，加入与弱酸或弱碱具有相同离子的易溶强电解质后，使弱酸或弱碱的解离度降低的现象称为同离子效应。

【例 6-9】 计算 0.1mol·L^{-1} HAc 溶液的解离度。如果在此溶液中加入 NaAc 固体，使 NaAc 的浓度达到 0.1mol·L^{-1}，溶液中 HAc 的解离度又是多少？

解：（1）加入 NaAc 前：$\alpha = \sqrt{\frac{K_a^{\ominus}(HAc)}{c}} = \sqrt{\frac{1.8 \times 10^{-5}}{0.10}} = 1.3\%$

（2）加入 NaAc 后，由于 NaAc 完全解离，所以溶液中 HAc、Ac^- 的起始浓度都是 0.1mol·L^{-1}，即

	$HAc(aq) \rightleftharpoons$	$H^+(aq) +$	$Ac^-(aq)$
起始浓度/mol·L^{-1}	0.10	0	0.10
平衡浓度/mol·L^{-1}	$0.10 - c_{H^+}$	c_{H^+}	$0.10 + c_{H^+}$

$$K_a^{\ominus}(HAc)=\frac{c_{H^+}\cdot c_{Ac^-}}{c_{HAc}}=\frac{c_{H^+}(0.10+c_{H^+})}{0.10-c_{H^+}}$$

由于 $c_{H^+}\ll 0.10$　$0.10-c_{H^+}\approx 0.10+c_{H^+}\approx 0.10$

则
$$1.8\times10^{-5}=\frac{0.10\times c_{H^+}}{0.10}$$

$$c_{H^+}=1.8\times10^{-5}\,mol\cdot L^{-1}$$

所以
$$\alpha=\frac{c_{H^+}}{c_{HAc}}=\frac{1.8\times10^{-5}}{0.10}\times100\%=0.018\%$$

计算结果表明，HAc 溶液中加入 NaAc 后，其解离度比不加 NaAc 时，降低了约 74 倍，同离子效应作用比较明显。

（2）盐效应

如果在弱酸或弱碱溶液中加入不含相同离子的强电解质，如在 HAc 溶液中加入 NaCl 时，由于 NaCl 中 Na^+ 和 Cl^- 与 HAc 解离出来的 H^+ 和 Ac^- 相互吸引，这样就会降低 H^+ 和 Ac^- 结合成 HAc 的速度，使 HAc 的解离度略有增加。这种在弱酸或弱碱溶液中加入不含相同离子的易溶强电解质时，可稍增大弱酸或弱碱解离度的现象，称为盐效应。

事实上，在发生同离子效应的同时也伴随着盐效应的发生。但与同离子效应相比，盐效应的影响很小，因此一般不考虑盐效应的影响。例如，在 1L 0.1mol·L^{-1} HAc 溶液中加入 0.1mol NaCl 时，HAc 的解离度仅从 1.3%增加到 1.8%。

6.3.3 温度

对于分子酸或分子碱，因解离反应的焓变较小，温度对解离平衡的影响较小，一般情况下不考虑温度的影响。但对于离子酸或离子碱的解离平衡，温度的影响则不能忽略。离子酸或离子碱的解离反应也称为水解反应，它是中和反应的逆反应。因中和反应是放热反应，则水解反应是吸热反应，且反应的焓变较大（绝对值），升高温度可促进水解反应的进行。例如：

$$NH_4^+ + H_2O \rightleftharpoons H_3O^+ + NH_3$$

$$[Fe(H_2O)_6]^{3+} + H_2O \rightleftharpoons [Fe(H_2O)_5(OH)]^{2+} + H_3O^+$$

$$CO_3^{2-} + H_2O \rightleftharpoons HCO_3^- + OH^-$$

$$HCO_3^- + H_2O \rightleftharpoons H_2CO_3 + OH^-$$

洗涤物品时，加热 Na_2CO_3 溶液，使其水解度增大，溶液中的 OH^- 浓度增大，去污能力增强。又如，将 $FeCl_3$ 溶于水配成稀溶液，溶液呈浅黄色，加热煮沸一段时间后，就会析出红棕色的 $Fe(OH)_3$ 沉淀。

$$[Fe(H_2O)_6]^{3+} \rightleftharpoons Fe(OH)_3 + 3H_3O^+$$

为了简便起见，反应一般在室温下进行，即不考虑温度变化的影响。

6.4　缓冲溶液

在水溶液中进行的许多反应都与溶液的 pH 有关，其中有些反应要求在一定的 pH 范围内进行，这就需要使用缓冲溶液。缓冲溶液在化学反应和生物化学系统中占有重要地位。

6.4.1　缓冲溶液的概念和组成

弱酸与它的共轭碱（或弱碱和它的共轭酸）共存于同一溶液，产生同离子效应，而使弱酸（或弱碱）的解离平衡发生移动。为了了解缓冲溶液的概念，先分析表 6-2 所列实验数据。

表 6-2　缓冲溶液与非缓冲溶液的比较实验

溶液	$1.8\times10^{-5}mol\cdot L^{-1}HCl$	$0.10mol\cdot L^{-1}HAc+0.10mol\cdot L^{-1}NaAc$
1.0L 溶液的 pH	4.74	4.74
加 0.010molNaOH	12.00	4.83
加 0.010molHCl	2.00	4.66

在 $1.8\times10^{-5}mol\cdot L^{-1}$稀 HCl 溶液中，加入少量 NaOH 或 HCl，溶液的 pH 有较明显的变化，说明这种溶液不具有保持 pH 相对稳定的性能。但是在 HAc-NaAc 这对共轭酸碱组成的溶液中，加入少量的强酸或强碱，溶液的 pH 改变很小，这类溶液具有缓解改变氢离子浓度而能保持 pH 基本不变的性能。同样 NH_3-NH_4Cl 混合溶液及 $NaHCO_3$-Na_2CO_3 等溶液都具有这种性质。这种具有能保持 pH 相对稳定性能的溶液（也就是不因加入少量强酸或强碱而显著改变 pH 的溶液）叫做缓冲溶液。从组成上来看，通常缓冲溶液是由弱酸和它的共轭碱（或弱碱和它的共轭酸）组成的。常见的缓冲溶液见表 6-3。

表 6-3　常见的缓冲溶液

弱酸	共轭碱	$K_a^{\ominus}$	pH 范围
HAc	NaAc	1.8×10^{-5}	3.7～5.7
NH_4Cl	NH_3	5.6×10^{-10}	8.3～10.3
NaH_2PO_4	Na_2HPO_4	6.2×10^{-8}	6.2～8.2
Na_2HPO_4	Na_3PO_4	4.5×10^{-13}	11.3～13.3
$C_6H_4(COOH)_2$	$C_6H_4(COOH)COOK$	1.1×10^{-3}	1.9～3.9

6.4.2　缓冲原理

缓冲溶液为什么能够保持 pH 相对稳定，而不因加入少量强酸或强碱引起 pH

有较大的变化？假定缓冲溶液含有浓度相对较大的弱酸 HA 和它的共轭碱 A^-，在溶液中发生的质子转移反应为：

$$\underset{\text{大量}}{HA(aq)} + H_2O(l) \rightleftharpoons \underset{\text{很少}}{H_3O^+(aq)} + \underset{\text{大量（来自共轭碱）}}{A^-(aq)}$$

（1）外加少量强酸

当加入少量强酸时，H_3O^+（简称 H^+）浓度增加，根据平衡移动原理，溶液中大量存在的 A^- 会与外加的少量 H^+ 作用，平衡向左移动，A^- 浓度略有减少，HA 浓度略有增加，H^+ 浓度基本不变，即溶液的 pH 基本保持不变。显然溶液中的共轭碱 A^- 起到了抵抗外来少量酸的作用。

（2）外加少量强碱

当加入少量强碱时，OH^- 浓度增加，加入的 OH^- 将与溶液中 H^+ 结合生成 H_2O，似乎会使 H^+ 浓度略有减少。根据化学平衡移动原理，上述平衡将向右移动，HA 和 H_2O 作用产生 H^+ 以补充其减少的 H^+。这样 HA 浓度略有减少，A^- 浓度略有增加，H^+ 浓度基本不变，即溶液的 pH 基本保持不变。显然溶液中的共轭酸 HA 起到了抵抗外来少量碱的作用。

含有足够大浓度的弱酸与其共轭碱的混合溶液具有缓冲作用的原理是外加少量酸碱时，质子在共轭酸碱之间发生转移以维持质子的浓度基本不变。

（3）缓冲溶液应具备的条件

① 具有既能抗碱（弱酸）又能抗酸（共轭碱）的组成成分。

② 弱酸及其共轭碱保证足够大的浓度和适当的浓度比。

6.4.3 缓冲溶液 pH 的计算

以弱酸 HA 及其共轭碱 A^- 组成的缓冲溶液为例，设其浓度分别 c_{HA}，c_{A^-}。在水溶液中发生的质子转移反应为：

$$HA(aq) + H_2O(l) \rightleftharpoons H_3O^+(aq) + A^-(aq)$$

起始浓度/$mol \cdot L^{-1}$	c_{HA}	0	c_{A^-}
平衡浓度/$mol \cdot L^{-1}$	$c_{HA} - x$	x	$c_{A^-} + x$

通常 $K_a^\ominus$ 较小，且由于同离子效应的存在，x 会很小，

所以有 $c_{HA} - x \approx c_{HA}$；$c_{A^-} + x \approx c_{A^-}$

则
$$c_{H^+} = K_a^\ominus \frac{c_{HA}}{c_{A^-}} \tag{6-20}$$

由式（6-20）可知，缓冲溶液中 H^+ 浓度取决于弱酸的解离常数和共轭酸碱对浓度的比值。

这一关系式实际上来源于弱酸 HA 的平衡组成的计算，与处理同离子效应的情况完全一样。如果将式（6-20）两边分别取负对数：

$$-\lg c_{H^+} = -\lg K_a^\ominus - \lg \frac{c_{HA}}{c_{A^-}}$$

$$pH = pK_a^\ominus - \lg \frac{c_{HA}}{c_{A^-}} \quad (6\text{-}21a)$$

或

$$pH = pK_a^\ominus + \lg \frac{c_{A^-}}{c_{HA}} \quad (6\text{-}21b)$$

例如 HAc-NaAc 缓冲溶液 $c_{H^+} = K_a^\ominus(HAc)\frac{c_{HAc}}{c_{Ac^-}}$

又如 NH_3-NH_4Cl 缓冲溶液 $c_{H^+} = K_a^\ominus(NH_4^+)\frac{c_{NH_4^+}}{c_{NH_3}}$

或表示为 $c_{OH^-} = K_b^\ominus(NH_3)\frac{c_{NH_3}}{c_{NH_4^+}}$

则

$$pOH = pK_b^\ominus - \lg \frac{c_{NH_3}}{c_{NH_4^+}} \quad (6\text{-}22)$$

溶液的 $pH = 14 - pOH = 14 - (pK_b^\ominus - \lg \frac{c_{NH_3}}{c_{NH_4^+}}) = pK_a^\ominus - \lg \frac{c_{NH_4^+}}{c_{NH_3}}$

【例 6-10】 10.0mL 0.20mol·L^{-1} HAc 溶液与 5.5mL 0.20mol·L^{-1}NaOH 溶液混合，求该混合液的 pH。已知 HAc 的 $pK_a^\ominus = 4.74$。

解：加入 HAc 的物质的量为：

$$0.20\text{mol}\cdot\text{L}^{-1} \times 10.0\text{mL} \times 10^{-3} = 2.0 \times 10^{-3}\text{mol}$$

加入 NaOH 的物质的量为：

$$0.20\text{mol}\cdot\text{L}^{-1} \times 5.5\text{mL} \times 10^{-3} = 1.1 \times 10^{-3}\text{mol}$$

HAc（过量）与 NaOH 反应后，生成的 NaAc 与剩余的 HAc 组成缓冲溶液，此时二者的浓度分别为：

$$c_{Ac^-} = 1.1 \times 10^{-3}\text{mol}/(10.0+5.5)\text{mL} \times 10^{-3} = 0.071\text{mol}\cdot\text{L}^{-1}$$

剩余的 HAc 的物质的量为：$2.0 \times 10^{-3}\text{mol} - 1.1 \times 10^{-3}\text{mol} = 0.9 \times 10^{-3}\text{mol}$

$$c_{HAc} = 0.9 \times 10^{-3}\text{mol}/(10.0+5.5)\text{mL} \times 10^{-3} = 0.058\text{mol}\cdot\text{L}^{-1}$$

所以 $c_{H^+} = K_a^\ominus \frac{c_{HAc}}{c_{Ac^-}} = 10^{-4.74} \times \frac{0.058}{0.071}\text{mol}\cdot\text{L}^{-1} = 1.5 \times 10^{-5}\text{mol}\cdot\text{L}^{-1}$

$$pH = 4.83$$

【例 6-11】 NH_3-NH_4Cl 混合溶液中，NH_3 的浓度 0.8mol·L^{-1}，NH_4Cl 的浓度为 0.9mol·L^{-1}，求该混合液的 pH。

解：查附录 5 知 NH_3 的 $pK_b^\ominus = 4.74$

$$c_{OH^-} = K_b^\ominus \frac{c_{NH_3}}{c_{NH_4^+}} = 10^{-4.74} \times \frac{0.8}{0.9}\text{mol}\cdot\text{L}^{-1} = 1.62 \times 10^{-5}\text{mol}\cdot\text{L}^{-1}$$

$$c_{H^+} = 6.2 \times 10^{-10}\text{mol}\cdot\text{L}^{-1}$$

$$pH = 9.21$$

本题如果从 NH_4^+ 出发，可由 NH_4^+-NH_3 的平衡中，求得 NH_4^+ 的 $pK_a^\ominus=9.26$，再代入 $c_{H^+}=K_a^\ominus\frac{c_{NH_4^+}}{c_{NH_3}}$亦可得到相同的答案。

【例 6-12】 在 50.00mL 0.10mol·L^{-1} HAc 溶液和 0.10mol·L^{-1} NaAc 缓冲溶液中，加入 1.0mol·L^{-1} HCl 0.10mL 后，分别计算

(1) 未加入 HCl 前，缓冲溶液的 pH；

(2) 加入 1.0mol·L^{-1} HCl 0.10mL 后，溶液的 pH。

解：(1) 缓冲溶液的 pH 为：

$$pH=pK_a^\ominus-\lg\frac{c_{HAc}}{c_{Ac^-}}=4.74-\lg\frac{0.10}{0.10}=4.74$$

(2) 加入 0.10mL 1.0mol·L^{-1} HCl 后，所解离出的 H^+ 与 Ac^- 结合生成 HAc 分子，溶液中的 Ac^- 浓度降低，HAc 浓度升高，此时溶液中：

$$c_{HAc}=\left(0.10+\frac{1.0\times0.10}{50.10}\right)\text{mol}\cdot\text{L}^{-1}=0.102\text{mol}\cdot\text{L}^{-1}$$

$$c_{Ac^-}=\left(0.10-\frac{1.0\times0.10}{50.10}\right)\text{mol}\cdot\text{L}^{-1}=0.098\text{mol}\cdot\text{L}^{-1}$$

$$pH=pK_a^\ominus-\lg\frac{c_{HAc}}{c_{Ac^-}}=4.74-\lg\frac{0.102}{0.098}=4.72$$

从计算结果可知，加入少量盐酸前后，溶液的 pH 分别为 4.74 和 4.72，基本不变。

6.4.4 缓冲能力和缓冲范围

任何缓冲溶液的缓冲能力都是有一定限度的。在化学分析中定义：使缓冲溶液的 pH 改变 1.0 所需的强酸或强碱的量，称为缓冲能力。对每一种缓冲溶液，只有在加入的酸碱的量不大时，或将溶液适当稀释时，才能保持溶液的 pH 基本不变或变化不大。溶液缓冲能力的大小常用缓冲容量来度量。缓冲范围的大小取决于缓冲溶液中共轭酸碱对的浓度及其浓度的比值。

在浓度较大的缓冲溶液中，当缓冲组分浓度的比为 1∶1 时，缓冲容量最大。当共轭酸碱对浓度比为 1∶1 时，共轭酸碱对的总浓度越大，缓冲能力越大。因此，常用的缓冲溶液各组分的浓度一般在 0.10～1.0mol·L^{-1}。

根据式 (6-21a) $\quad pH=pK_a^\ominus-\lg\frac{c_{HA}}{c_{A^-}}$

当共轭酸碱对浓度比 $\quad \frac{c_{HA}}{c_{A^-}}=\frac{1}{10}, pH=pK_a^\ominus+1$

当共轭酸碱对浓度比 $\quad \frac{c_{HA}}{c_{A^-}}=10, pH=pK_a^\ominus-1$

在共轭酸碱对浓度比 1/10～10，其对应的 pH 变化范围 $pH=pK_a^\ominus\pm1$ 称为缓冲溶液的缓冲范围。

各溶液系统的相应的缓冲范围显然取决于共轭酸碱对的 $K_a^\ominus$ 和 $K_b^\ominus$。

6.4.5 缓冲溶液的配制

根据对缓冲能力的讨论，在配制一定 pH 的缓冲溶液时，为了使所配制的溶液具有一定的缓冲能力，应按下列原则和步骤进行。

（1）选择适当的缓冲系统

在选择缓冲溶液时，除要求缓冲溶液对反应没有干扰，有足够的缓冲容量外，还要使所要求的 pH 包括在此缓冲溶液的缓冲范围内，并且尽量接近共轭酸的 $pK_a^\ominus$，使缓冲容量接近极大值。如欲配制 pH＝4.00 的缓冲溶液，可选择 $HCOOH\text{-}HCOO^-$ 缓冲系统，HCOOH 的 $pK_a^\ominus=3.75$；还可选择 $HAc\text{-}Ac^-$ 缓冲系统，HAc 的 $pK_a^\ominus=4.75$。在相同条件下，二者比较选择 $HCOOH\text{-}HCOO^-$ 缓冲系统的缓冲容量更大一些。

（2）配制的缓冲溶液要有适当的浓度

若总浓度太低，则缓冲能力过小；若总浓度太高，则造成溶液中离子强度太大，而且在实际应用中也没必要。一般总浓度控制在 $0.2\sim2\text{mol}\cdot\text{L}^{-1}$ 范围内为宜。

（3）计算所需共轭酸和共轭碱的量

为方便起见，常使用相同浓度的酸和共轭碱溶液进行配制。设缓冲溶液的总体积为 V，酸的体积为（V_{HA}）。共轭碱的体积为（V_{A^-}）。混合前浓度均为 c。则

$$c_{HA}=cV_{HA}/V$$

$$c_{A^-}=cV_{A^-}/V$$

代入式（6-21a），得

$$pH=pK_a^\ominus-\lg\frac{cV_{HA}/V}{cV_{A^-}/V}$$

$$pH=pK_a^\ominus-\lg\frac{V_{HA}}{V_{A^-}}$$

$$V=V_{HA}+V_{A^-}$$

利用上式很容易计算出共轭酸、共轭碱的体积。

（4）校正

按计算结果，分别量取 HA 溶液 V_{HA} 和 A^- 溶液 V_{A^-} 相混合，就可配制成 V 体积、pH 与所需 pH 接近的缓冲溶液。如果要求 pH 较精确的实验，还需用 pH 计对所配缓冲溶液的 pH 进行校正。

根据上述方法配制的缓冲溶液与实际测定值还会有一定误差，因为没有考虑离子强度所引起的偏差及温度等因素的影响。为了准确又方便地配制所需 pH 的缓冲溶液，科学家们对缓冲溶液的配制进行了精密的系统研究，并制订了许多配制准确 pH 缓冲溶液的配制方法，在实际工作中往往不需临时计算，可查有关手册，根据这些标准配制方法进行配制，就可得到所需要准确 pH 的缓冲溶液。附录 6 中列出了常用缓冲溶液的配制方法。

【例 6-13】 怎样配制 pH＝7.40 的磷酸盐缓冲溶液？

解：磷酸是三元弱酸，其三步解离方程式及相应的 $K_a^{\ominus}$ 值如下：

$$H_3PO_4 \rightleftharpoons H^+ + H_2PO_4^- \qquad K_{a_1}^{\ominus}=6.7\times10^{-3} \quad pK_{a_1}^{\ominus}=2.12$$

$$H_2PO_4^- \rightleftharpoons H^+ + HPO_4^{2-} \qquad K_{a_2}^{\ominus}=6.2\times10^{-8} \quad pK_{a_2}^{\ominus}=7.21$$

$$HPO_4^{2-} \rightleftharpoons H^+ + PO_4^{3-} \qquad K_{a_3}^{\ominus}=4.5\times10^{-13} \quad pK_{a3}^{\ominus}=12.36$$

在三种缓冲系统中最适宜的是 $H_2PO_4^- \sim HPO_4^{2-}$，因为 $pK_{a_2}^{\ominus}$ 与要求的 pH 最接近。

再根据：

$$pH=pK_a^{\ominus}-\lg\frac{c_a}{c_b}$$

则

$$7.40=7.21-\lg\frac{c_{H_2PO_4^-}}{c_{HPO_4^{2-}}}$$

$$\frac{c_{H_2PO_4^-}}{c_{HPO_4^{2-}}}=\frac{1}{1.5}$$

因此，按 $n_{H_2PO_4^-} : n_{HPO_4^{2-}}=1:1.5$，将 NaH_2PO_4 和 Na_2HPO_4 溶解在水中即可。如将 1mol NaH_2PO_4 和 1.5mol Na_2HPO_4 溶解在足量的水中配制成 1L 溶液。

6.5 酸碱指示剂

检测溶液酸碱性的简便方法是用酸碱指示剂，常用的 pH 试纸就是用多种指示剂的混合溶液浸制而成的。在控制酸碱滴定终点时，选用合适的指示剂是十分必要的。

6.5.1 指示剂的作用原理

酸碱指示剂是一些有机弱酸或弱碱，由于其共轭酸碱具有不同的结构及颜色，溶液的酸度必然影响其解离平衡及存在形式的分布。所以，当溶液的 pH 改变时，指示剂共轭酸碱对之间必然发生存在形式的相互转化，从而引起颜色的改变。例如酚酞为无色的二元弱酸，在水中有下列解离平衡和颜色变化：

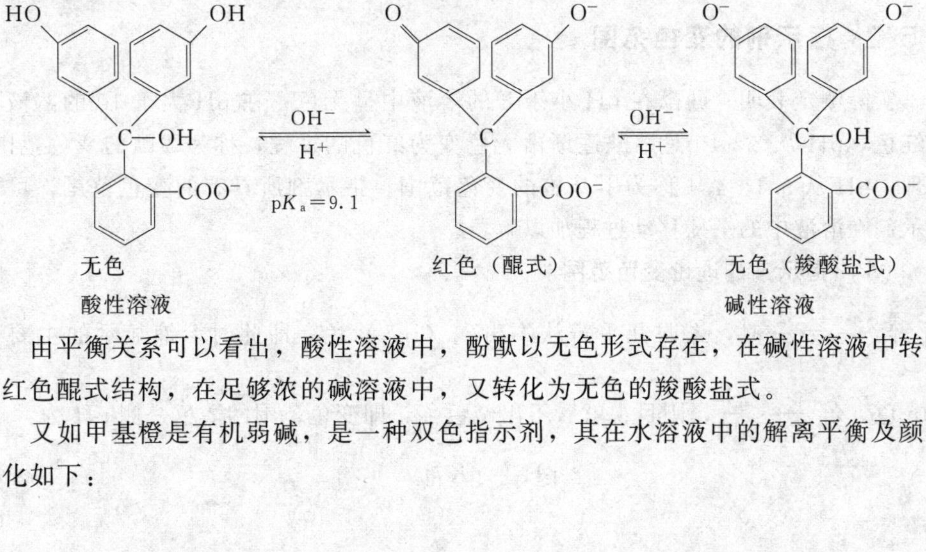

HO　OH　C—OH　COO⁻　⇌（OH^- / H^+，$pK_a=9.1$）　O　O⁻　C　COO⁻　⇌（OH^- / H^+）　O⁻　O⁻　C—OH　COO⁻

无色　酸性溶液　　　红色（醌式）　　　无色（羧酸盐式）　碱性溶液

由平衡关系可以看出，酸性溶液中，酚酞以无色形式存在，在碱性溶液中转化为红色醌式结构，在足够浓的碱溶液中，又转化为无色的羧酸盐式。

又如甲基橙是有机弱碱，是一种双色指示剂，其在水溶液中的解离平衡及颜色变化如下：

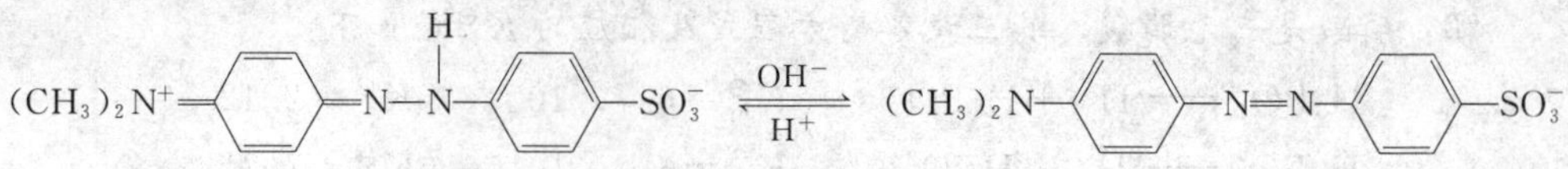

$$(CH_3)_2N^+\!=\!\langle\rangle\!=\!N-NH-\langle\rangle-SO_3^- \underset{H^+}{\overset{OH^-}{\rightleftharpoons}} (CH_3)_2N-\langle\rangle-N\!=\!N-\langle\rangle-SO_3^-$$

红色（醌式）　　$pK_a=3.4$　　黄色（偶氮式）

由平衡关系可以看出，当溶液酸度增大时，平衡向左移动，甲基橙主要以红色的酸式结构（醌式）存在；当溶液酸度减小时，甲基橙主要以黄色的碱式结构（偶氮式）存在。

酸碱指示剂之所以具有上述性质，是由于它们是有机弱酸或有机弱碱，其酸式形式（HIn）和碱式形式（In^-）颜色显著不同。当溶液的 pH 改变时，引起指示剂结构变化，因而呈现不同的颜色。例如，对弱酸型指示剂，它在溶液中存在下列平衡：

$$HIn(aq)+H_2O(l)\rightleftharpoons H_3O^+(aq)+In^-(aq)$$

简记为

$$HIn\rightleftharpoons H^+ + In^-$$

平衡常数

$$K^{\ominus}_{HIn}=\frac{c_{H^+}c_{In^-}}{c_{HIn}}$$

则

$$\frac{c_{In^-}}{c_{HIn}}=\frac{K^{\ominus}_{HIn}}{c_{H^+}} \qquad (6\text{-}23)$$

显然，指示剂颜色的转变取决于 c_{In^-} 和 c_{HIn} 的比值。由式（6-23）可知 c_{In^-} 和 c_{HIn} 的比值由两个因素决定：一个是 $K^{\ominus}_{HIn}$ 值；另一个是溶液的酸度 c_{H^+}。$K^{\ominus}_{HIn}$ 称为指示剂常数，由指示剂本质决定，对于某种指示剂，一定温度下，是一个常数。因此，某种指示剂颜色的转变就完全是由溶液的酸度 c_{H^+} 决定。所以，当溶液 c_{H^+} 改变时，引起 $\frac{c_{In^-}}{c_{HIn}}$ 值的改变，因而引起颜色变化，所以酸碱指示剂能指示溶液的酸度。

6.5.2 指示剂的变色范围

实际测定表明，酚酞在 pH 小于 8 的溶液中呈无色，在 pH 大于 10 的溶液中呈红色，pH 从 8～10 是酚酞逐渐由无色变为红色的过程，称为酚酞的变色范围。同理，pH 从 3.1～4.4 称为甲基橙的变色范围。指示剂所具有的变色范围，可由指示剂在溶液中的平衡移动过程加以解释。

（1）指示剂的理论变色范围

当 $\frac{c_{In^-}}{c_{HIn}}=\frac{1}{10}$ 时，人眼几乎辨认不出碱（In^-）色，即此时溶液显示的主要是 HIn 色。若 $\frac{c_{In^-}}{c_{HIn}}<\frac{1}{10}$，则目视就看不出碱色了，即变色范围的酸色一侧 pH 为：

$$pH_1=pK^{\ominus}_{HIn}-1$$

同理，当$\frac{c_{In^-}}{c_{HIn}}=\frac{10}{1}$时，人眼几乎辨认不出酸（HIn）色，即此时溶液显示的主要是In^-色。若$\frac{c_{In^-}}{c_{HIn}}$比值大于 10，则目视就看不出酸色了，即变色范围的碱色一侧 pH 为：

$$pH_2=pK^{\ominus}_{HIn}+1$$

指示剂的组成和其颜色变化如下所示：

$\frac{c_{In^-}}{c_{HIn}}<\frac{1}{10}$	$\frac{c_{In^-}}{c_{HIn}}=\frac{1}{10}$	$\frac{c_{In^-}}{c_{HIn}}=1$	$\frac{c_{In^-}}{c_{HIn}}=\frac{10}{1}$	$\frac{c_{In^-}}{c_{HIn}}>\frac{10}{1}$
酸色	略带碱色	中间色	略带酸色	碱色
酸色	⟵	变色范围	⟶	碱色

$$pH_1=pK^{\ominus}_{HIn}-1$$

$$pH_2=pK^{\ominus}_{HIn}+1$$

由上面的分析可知，当溶液的 pH 由 pH_1 逐渐上升到 pH_2 时，指示剂由酸色逐渐变成碱色，即 $pH=pK^{\ominus}_{HIn}\pm1$ 称为指示剂的理论变色范围。如酚酞的 $pK^{\ominus}_{HIn}=9.1$，所以其理论变色范围为 8.1～10.1，甲基橙的 $pK^{\ominus}_{HIn}=3.4$，所以其理论变色范围为 2.4～4.4。

（2）理论变色点

据式（6-23）可知，当 $c_{In^-}=c_{HIn}$ 时，溶液中的 $c_{H^+}=K^{\ominus}_{HIn}$，此时溶液的颜色应该是酸色和碱色的混合（中间）颜色，即 $pH=pK^{\ominus}_{HIn}$ 称为指示剂的理论变色点。如酚酞的理论变色点为 pH=9.1，甲基橙的理论变色点为 pH=3.4。

（3）指示剂的实际变色范围

顾名思义，实际测得的指示剂由酸色转变成碱色时的 pH 范围称为指示剂的实际变色范围，也常称指示剂的变色范围。根据实际测定，酚酞的变色范围为 8.0～10.0，甲基橙的变色范围 3.1～4.4。

表 6-4 列出了一些常用酸碱指示剂的组成、变色范围及其用量。

（4）指示剂变色范围的相关结论

① 指示剂的变色范围不是恰好位于 pH=7 左右，而是因各种指示剂常数 $K^{\ominus}_{HIn}$ 不同而不同。

② 各种指示剂在变色范围内显示出逐渐变化的过渡颜色。

③ 各种指示剂的变色范围的幅度各不相同，但一般说来，不大于两个 pH 单位，也不小于一个 pH 单位。

④ 指示剂的理论变色范围与实际变色范围有些不完全一致，这是由于人眼观察实际变色范围时，对于各种颜色的敏感程度不同所致。例如，甲基橙的理论变色范围为 2.4～4.4，由于浅黄色在红色中不明显，加之人眼对红色特别敏感，当红色所占比重 2 倍于黄色时就能观察出来，因此甲基橙变色范围在 pH 小的一边就短一些，因而实际测得的变色范围为 3.1～4.4。

表 6-4　一些常用酸碱指示剂的组成、变色范围及其用量

指示剂	变色范围 pH	$pK^{\ominus}_{HIn}$	酸色	碱色	配制方法	用量/(滴/10mL)
百里酚蓝	1.2～2.8	1.7	红	黄	0.1%的20%乙醇溶液	1～2
甲基黄	2.9～4.0	3.3	红	黄	0.1%的90%乙醇溶液	1
甲基橙	3.1～4.4	3.4	红	黄	0.1%或0.05%水溶液	1
溴酚蓝	3.0～4.6	4.1	黄	紫	0.1%的20%乙醇溶液或其钠盐水溶液	1
甲基红	4.4～6.2	5.0	红	黄	0.1%的60%乙醇溶液或其钠盐水溶液	1
溴百里酚蓝	6.2～7.6	7.3	黄	蓝	0.1%的20%乙醇溶液或其钠盐水溶液	1
中性红	6.8～8.0	7.4	红	黄橙	0.1%的60%乙醇溶液	1
酚酞	8.0～10.0	9.1	无	红	0.1%的90%乙醇溶液	1～3
百里酚酞	9.4～10.6	10.0	无	蓝	0.1%的90%乙醇溶液	1～2

注：表中列出的是室温下水溶液中各种指示剂的变色范围。实际上，当温度改变或溶剂不同时，指示剂的变色范围是要移动的。此外，溶液中盐类的存在也会使指示剂的变色范围发生移动。

用酸碱指示剂测定溶液的 pH 是很粗略的，只能知道溶液 pH 在某一个范围之内。用 pH 试纸测定就比较准确了。然而，更精确地测定溶液 pH 的方法是用 pH 计。

6.6　酸碱电子理论

酸碱质子理论虽然使酸碱理论的应用范围得到了进一步扩展，但该理论不能说明那些既不能提供质子也不能接受质子的物质的酸碱性。例如，Al^{3+}、BF_3 具有明显的酸性，但并不提供质子。为了说明不含质子化合物的酸性，就在质子理论提出酸碱概念的同时，即1923年，美国化学家路易斯（G. N. Lewis）提出了酸碱的电子理论。

Lewis 对于酸、碱的定义如下。

酸：凡是能接受电子对的分子、离子或原子团，如 BF_3、Al^{3+}、Cu^{2+}、H_3BO_3 等。

碱：凡是能提供电子对的分子、离子或原子团，如 NH_3、Cl^-、OH^-、N_2H_4 等。

这样的酸、碱常称为 Lewis 酸、碱。按照该理论，酸是电子对接受体，必须具有接受电子对的空轨道，而碱是电子对给予体，必须具有未共享的孤对电子。酸碱反应不再是质子的转移，而是电子对的转移。

许多实例说明了 Lewis 酸碱电子理论的适用范围更广泛。例如：

① H^+ 与 OH^- 反应生成 H_2O，这是典型的电离理论的酸碱中和反应；质子理论也能说明 H^+ 是酸，OH^- 是碱。根据酸碱的电子理论：OH^- 具有孤对电子，能给出电子对，它是碱；而 H^+ 有空轨道，可接受电子对，是酸。H^+ 与 OH^- 反应形成 H_2O，H_2O 是酸碱加合物。

② 在气相中氯化氢与氨反应生成氯化铵。在这一反应中，氯化氢中的氢转移给氨，生成铵离子和氯离子。显然这是一个质子转移反应。同样，按照电子理论，$:NH_3$中 N 上的孤对电子提供给 HCl 中的 H（指定原来 HCl 中的 H—Cl 键的共用电子对完全归属于 Cl 之后，H 有了空轨道），形成 NH_4^+ 中的配位共价键 $[H_3N \rightarrow H]^+$。

③ 碱性氧化物 Na_2O 与酸性氧化物 SO_3 反应生成盐 Na_2SO_4，它也是酸碱反应。然而，此反应不能用质子理论说明。但根据酸碱电子理论 Na_2O 中的 O^{2-} 具有孤对电子(是碱)，SO_3 中 S^{2-} 能提供空轨道接受一对孤对电子（是酸)。

④ 硼酸 H_3BO_3 不是质子酸，而是 Lewis 酸。在水中，$B(OH)_3$ 与水反应并不是给出它自身的质子，而是 B 有空轨道接受了 H_2O 的 OH 中 O 提供的孤对电子形成 $[(OH)_3B \leftarrow OH]^-$。

在 Lewis 酸碱电子理论中，酸碱的定义既无对溶剂品种的限制，并且也适用于无溶剂的体系。下面列出了几种 Lewis 酸和 Lewis 碱以及它们之间进行反应所得的产物。在这些反应中都形成了配位键。可用下式表示其过程：

$$\text{A(Lewis 酸)} + :\text{B(Lewis 碱)} \rightleftharpoons \text{A} \leftarrow \text{B(酸碱加合物)}$$

例如：

$$H^+ + :OH^- \rightleftharpoons H^+ \leftarrow OH^-$$

$$Ag^+ + :I^- \rightleftharpoons Ag^+ \leftarrow I^-$$

$$BF_3 + :F^- \rightleftharpoons [BF_3 \leftarrow F]^-$$

$$Ag^+ + 2:NH_3 \rightleftharpoons [H_3N \rightarrow Ag^+ \leftarrow NH_3]^+$$

由于含有配位键的化合物是普遍存在的，所以电子理论的酸碱范围极为广泛，凡是金属离子都是酸，与金属离子结合的不管是阴离子或中性分子都是碱。而电离理论中所谓盐类如 $MgSO_4$、$SnCl_4$ 等，金属氧化物如 CuO、Fe_2O_3 等以及各种配合物等都是酸碱配合物。许多有机化合物也可看作是酸碱配合物，如乙醇可以看作是由乙基离子 $C_2H_5^+$（酸）和羟基离子 OH^-（碱）组成的。

可见，Lewis 酸碱电子理论扩展了酸碱概念的范畴，它包容了前面所论及的几种酸碱定义，所以又把 Lewis 酸碱称为广义酸碱。用 Lewis 酸碱理论可以处理较多的反应，包括配合物的形成反应，应用范围很广。

Lewis 酸碱电子理论的缺陷是酸、碱的概念过于笼统，特征不够明确，目前还难以定量处理。至今，还没有一种在所有场合下完全适用的酸碱理论。

思考题

1. 说明下列概念。

(1) 质子酸、质子碱和两性物质；

(2) 质子酸和质子碱的共轭关系；

(3) pH 和 pOH；

(4) 解离常数、解离度和稀释定律；

(5) 同离子效应；

(6) 缓冲溶液和缓冲能力。

2. 根据酸碱质子理论，确定以水为溶剂时下列物种哪些是酸，哪些是碱，哪些是两性物质。

SO_3^{2-}；H_3AsO_3；$Cr_2O_7^{2-}$；$HC_2O_4^-$；$NH_2—NH_2$；BrO^-；$H_2PO_4^-$；HS^-；H_3PO_3

3. 总结如何计算弱酸、弱碱、离子酸碱和缓冲溶液的 pH。

4. 如果在缓冲溶液中加入大量的强酸或强碱，其 pH 是否也能够保持基本不变？

习 题

1. 阿司匹林的有效成分是乙酰水杨酸 $HC_9H_7O_4$，其 $K_a^\ominus=3.0\times10^{-4}$。在水中溶解 0.65g 乙酰水杨酸，最后稀释至 65mL。计算该溶液的 pH。

2. 水杨酸（邻羟基苯甲酸）$C_7H_4O_3H_2$ 是二元弱酸。25℃下，$K_{a_1}^\ominus=1.06\times10^{-2}$，$K_{a_2}^\ominus=3.6\times10^{-14}$。有时可用它作为止痛药而代替阿司匹林，但它有较强的酸性，能引起胃出血。计算 $0.065mol\cdot L^{-1}$ $C_7H_4O_3H_2$ 溶液中平衡时各物种的浓度和 pH。

3. 确定下列反应中的共轭酸碱对，计算反应的标准平衡常数并判断在标准状态下反应进行的方向。

(1) $HClO_2(aq)+NO_2^-(aq) \rightleftharpoons HNO_2(aq)+ClO_2^-(aq)$

(2) $HPO_4^{2-}(aq)+HCO_3^-(aq) \rightleftharpoons PO_4^{3-}(aq)+H_2CO_3(aq)$

(3) $NH_4^+(aq)+CO_3^{2-}(aq) \rightleftharpoons NH_3(aq)+HCO_3^-(aq)$

(4) $HAc(aq)+OH^-(aq) \rightleftharpoons Ac^-(aq)+H_2O(l)$

(5) $NH_3(aq)+HAc(aq) \rightleftharpoons NH_4^+(aq)+Ac^-(aq)$

(6) $H_2PO_4^-(aq)+PO_4^{3-}(aq) \rightleftharpoons 2HPO_4^{2-}(aq)$

4. 计算下列盐溶液的 pH。

(1) $0.10mol\cdot L^{-1}$ NaCN　　(2) $0.10mol\cdot L^{-1}$ Na_2CO_3

(3) $0.10mol\cdot L^{-1}$ NaH_2PO_4　　(4) $0.10mol\cdot L^{-1}$ Na_2HPO_4

5. 已知室温下 H_2CO_3 的饱和水溶液浓度约为 $0.040mol\cdot L^{-1}$，试求该溶液的 pH。

6. 在 $0.1mol\cdot L^{-1}$ HCl 溶液中通入 H_2S 至饱和，求溶液中 S^{2-} 的浓度。已知常温常压下饱和 H_2S 溶液的浓度为 $0.1mol\cdot L^{-1}$。

7. 在 298K 时，已知 $0.10mol\cdot L^{-1}$某一元弱酸水溶液的 pH 为 3.00，试计算：

(1) 该酸的解离常数 $K_a^\ominus$；

(2) 该酸的解离度 α；

(3) 将该酸溶液稀释一倍后的 α 及 pH。

8. 根据下列酸、碱的解离常数，选取适当的酸及其共轭碱来配制 pH=4.50 和 pH=10.00 的缓冲溶液，其共轭酸、碱的浓度比应是多少？

HAc　　NH_3　　$H_2C_2O_4$　　$NaHCO_3$

NH_4Cl　　H_3PO_4　　$NaAc$　　Na_2HPO_4

9. 欲配制 250mL pH 为 5.00 的缓冲溶液，问在 125mL 1.0mol·L^{-1} NaAc 溶液中应加入多少毫升 6.0mol·L^{-1} HAc 溶液？

10. 今有 2.00L 0.50mol·L^{-1} NH_3(aq) 和 2.00L 0.50mol·L^{-1} HCl 溶液，若配制 pH＝9.00 的缓冲溶液，不允许再加水，最多能配制多少升的缓冲溶液？其中 c_{NH_3}，$c_{NH_4^+}$ 各为多少？

11. 计算下列各溶液的 pH。

(1) 20.0mL 0.10mol·L^{-1} HCl 和 20.0mL 0.10mol·L^{-1} NH_3(aq) 溶液混合；

(2) 20.0mL 0.10mol·L^{-1} HCl 和 20.0mL 0.20mol·L^{-1} NH_3(aq) 溶液混合；

(3) 20.0mL 0.10mol·L^{-1} NaOH 和 20.0mL 0.20mol·L^{-1} NH_4Cl 溶液混合；

(4) 20.0mL 0.20mol·L^{-1} HAc 和 20.0mL 0.10mol·L^{-1} NaOH 溶液混合；

(5) 20.0mL 0.10mol·L^{-1} HCl 和 20.0mL 0.20mol·L^{-1} NaAc 溶液混合；

(6) 20.0mL 0.10mol·L^{-1} NaOH 和 20.0mL 0.10mol·L^{-1} NH_4Cl 溶液混合；

(7) 300.0mL 0.50mol·L^{-1} H_3PO_4 与 250.0mL 0.30mol·L^{-1} NaOH 溶液混合；

(8) 300.0mL 0.50mol·L^{-1} H_3PO_4 与 500.0mL 0.50mol·L^{-1} NaOH 溶液混合；

(9) 300.0mL 0.50mol·L^{-1} H_3PO_4 与 400.0mL 1.00mol·L^{-1} NaOH 溶液混合。

12. 若要控制 0.10mol·L^{-1} NH_3 中的 OH^- 浓度为 1.79×10^{-3}mol·L^{-1}，问需向 1L 此溶液中加入 NH_4Cl 固体多少克？

13. 在 100mL 0.1mol·L^{-1}氨水中加入 1.07g NH_4Cl。计算：

(1) 溶液的 pH 为多少？

(2) 在此溶液中再加入 100mL 水，pH 有何变化？(已知 NH_3 的 $K_b^\ominus=1.8\times10^{-5}$)

14. 某一元弱碱 (MOH) 的相对分子质量为 125，在 25℃时将 1g 此碱溶于 0.1L 水中，所得溶液的 pH 为 11.9，求该弱碱的解离常数 $K_b^\ominus$。

第 7 章
沉淀溶解平衡

7.1 溶解度与溶度积

7.2 沉淀的生成与溶解

7.3 分步沉淀与沉淀的转化

在化学平衡中不仅存在着酸碱平衡（单相平衡系统），还存在着多相平衡系统。难溶电解质的饱和水溶液中存在着难溶电解质固体与由它解离产生的各水合离子间的平衡，即沉淀溶解平衡，这是一种多相离子平衡，是无机化学中四大平衡之一。沉淀的生成和溶解现象在我们的周围经常发生。例如，肾结石通常是生成难溶盐草酸钙 CaC_2O_4和磷酸钙 $Ca_3(PO_4)_2$所致；自然界中石笋和钟乳石的形成与碳酸钙 $CaCO_3$沉淀的生成和溶解反应有关；工业上用碳酸钠与消石灰制取烧碱等。这些实例说明沉淀溶解平衡对生物化学、医学、工业生产以及生态学有着深远的影响。

在工农业生产和科学实验中，经常需要利用沉淀溶解平衡对一些物质进行分离、提纯等。怎样判断沉淀能否生成或溶解；如何使沉淀的生成和溶解更加完全；又如何创造条件，在含有几种离子的溶液中只能使某一种或几种离子沉淀完全，而其余离子保留在溶液中，这都是实际工作中经常遇到的问题。

本章将讨论沉淀溶解平衡的规律及其应用。

7.1 溶解度与溶度积

7.1.1 溶解度

溶解性是物质的重要性质之一。常以溶解度来定量表明物质的溶解性。溶解度被定义为：在一定温度下，达到溶解平衡时，一定量的溶剂中含有溶质的质量。物质的溶解度有多种表示方法。对水溶液来说，通常以饱和溶液中每 100g 水中所含溶质的质量来表示。许多无机化合物在水中溶解时，能形成水合阳离子和阴离子，称其为电解质。电解质的溶解度往往有很大的差异，习惯上常将其划分为可溶、微溶和难溶等不同等级。

可溶：在 100g 水中能溶解 1g 以上的溶质，这种溶质被称为可溶的。

微溶：在 100g 水中能溶解 0.1～1g 的溶质，这种溶质被称为微溶的。

难溶：在 100g 水中溶解溶质小于 0.1g 的，这种溶质被称为难溶的。

了解无机化合物的溶解性，是化学学习中十分重要的内容。现将常见无机化合物的溶解性总结如下。

① 几乎所有的钠盐、钾盐均是可溶的。

② 常见的无机酸是可溶的；硅酸是难溶的。

③ 氨、ⅠA 族氢氧化物、$Ba(OH)_2$是可溶的；$Sr(OH)_2$、$Ca(OH)_2$是微溶的；其余元素的氢氧化物多是难溶的。

④ 几乎所有硝酸盐都是可溶的；$Ba(NO_3)_2$是微溶的。

⑤ 大多数醋酸盐是可溶的；$Be(Ac)_2$是难溶的。

⑥ 大多数硫酸盐是可溶的；$CaSO_4$、Ag_2SO_4、$HgSO_4$ 是微溶的；$SrSO_4$、$BaSO_4$、$PbSO_4$是难溶的。

⑦ 多数碳酸盐、磷酸盐和亚硫酸盐是难溶的；ⅠA族金属（Li除外）和铵离子的这些盐是可溶的。

⑧ 几乎所有的氯酸盐、高氯酸盐都是可溶的；$KClO_4$是微溶的。

⑨ 大多数氯化物是可溶的；$PbCl_2$是微溶的；$AgCl$，Hg_2Cl_2是难溶的。

⑩ 大多数溴化物、碘化物是可溶的；$PbBr_2$、$HgBr_2$是微溶的；$AgBr$、Hg_2Br_2、AgI、Hg_2I_2、PbI_2和HgI_2是难溶的。

⑪ 大多数硫化物是难溶的，ⅠA和ⅡA族金属硫化物和$(NH_4)_2S$是可溶的。

⑫ 多数氟化物是难溶的；ⅠA族（Li除外）金属氟化物、NH_4F、AgF和BeF_2是可溶的；SrF_2、BaF_2、PbF_2是微溶的。

利用溶解度的差异可以达到分离或提纯物质的目的。

值得注意的是，难溶电解质也有强弱之分。有些是难溶的强电解质，如硫酸钡、氯化银等，虽然它们的溶解度很小，但由于都属于离子晶体，溶解的部分在极性水分子的作用下完全电离。有些难溶电解质是弱电解质，如多数重金属的氢氧化物和硫化物等，由于它们是难溶的物质，所以在水溶液中的浓度是极低的。我们知道，弱电解质的浓度越小解离度越大。因此，不管是难溶的强电解质还是弱电解质，都可以认为溶解的部分全部电离，完全以水合离子状态存在，这是以下讨论沉淀溶解平衡的一个前提。

图7-1　溶解与沉淀过程

7.1.2　溶度积

在一定温度下，将难溶强电解质晶体放入水中时，就发生溶解和沉淀两个相反的过程。以硫酸钡为例，如图7-1所示，把$BaSO_4$晶体放入水中时，在极性分子H_2O作用下，$BaSO_4$晶体表面的部分Ba^{2+}、SO_4^{2-}脱离晶体表面进入溶液成为水合离子，这个过程即为溶解。另一方面，进入溶液的水合离子Ba^{2+}、SO_4^{2-}在不断的运动中互相碰撞或与未溶解的$BaSO_4$固体表面碰撞，又返回到晶体表面，以沉淀的形式析出，这一过程即为沉淀。在一定条件下，当沉淀与溶解的速率相等时，这两个相反方向的可逆过程达到平衡状态，便建立了一种动态的多相离子平衡，此时溶液为饱和溶液，溶液中有关离子的浓度不再随时间而变化。

$BaSO_4$在水中的沉淀溶解平衡可表示为：

$$BaSO_4(s) \underset{\text{沉淀}}{\overset{\text{溶解}}{\rightleftharpoons}} Ba^{2+}(aq) + SO_4^{2-}(aq)$$

该平衡过程的标准平衡常数可以表示为：

$$K_{sp}^{\ominus}(BaSO_4)=(c_{Ba^{2+}}/c^{\ominus})\cdot(c_{SO_4^{2-}}/c^{\ominus})$$

式中，$K_{sp}^{\ominus}(BaSO_4)$ 被称为 $BaSO_4$ 的溶度积常数，简称溶度积。为书写方便，可以简写为：

$$K_{sp}^{\ominus}(BaSO_4)=c_{Ba^{2+}}\cdot c_{SO_4^{2-}}$$

如果难溶电解质为 A_mB_n 型，在一定温度下其饱和溶液中的沉淀溶解平衡为：

$$A_mB_n(s)\underset{沉淀}{\overset{溶解}{\rightleftharpoons}}mA^{n+}(aq)+nB^{m-}(aq)$$

溶度积常数的表达式为：

$$K_{sp}^{\ominus}(A_mB_n)=(c_{A^{n+}}/c^{\ominus})^m\cdot(c_{B^{m-}}/c^{\ominus})^n$$

简写通式为：

$$K_{sp}^{\ominus}(A_mB_n)=(c_{A^{n+}})^m(c_{B^{m-}})^n \tag{7-1}$$

因此溶度积可定义为：在一定温度下，难溶电解质的饱和溶液中，有关离子浓度幂的乘积为一常数（每种离子浓度的幂与化学计量式中的计量数相同），称为溶度积常数，简称溶度积。$K_{sp}^{\ominus}$ 的大小主要取决于难溶电解质的本性，也与温度有关，而与离子浓度改变无关。难溶电解质的溶度积常数的数值在稀溶液中不受其他离子存在的影响，只取决于温度。温度升高，多数难溶电解质的溶度积增大。在一定温度下，$K_{sp}^{\ominus}$的大小可以反映难溶电解质的溶解能力和生成沉淀的难易。$K_{sp}^{\ominus}$越大，表明该物质在水中溶解的趋势越大，生成沉淀的趋势越小；反之亦然。

$K_{sp}^{\ominus}$可由实验测定，但由于有些难溶电解质的溶解度太小，很难直接测出，因此也可利用热力学函数计算。

第 5 章已经介绍过标准平衡常数的计算式：

$$K^{\ominus}=\exp\left(\frac{-\Delta_r G_m^{\ominus}(T)}{RT}\right)$$

溶度积也是一种标准平衡常数，故上式同样适用 $K_{sp}^{\ominus}$，即

$$K_{sp}^{\ominus}=\exp\left(\frac{-\Delta_r G_m^{\ominus}(T)}{RT}\right)$$

【例 7-1】 试通过热力学数据计算 298.15K 时 AgCl 的溶度积。

解：

$$AgCl(s)\rightleftharpoons Ag^+(aq)+Cl^-(aq)$$

$\Delta_f G_m^{\ominus}/kJ\cdot mol^{-1}$ $\quad -109.8 \quad 77.11 \quad -131.25$

$$\begin{aligned}\Delta_r G_m^{\ominus}(298.15K)&=\sum_B \nu_B \Delta_f G_m^{\ominus}(B,相态,298.15K)\\&=-131.25kJ\cdot mol^{-1}+77.11kJ\cdot mol^{-1}-(-109.8)kJ\cdot mol^{-1}\\&=55.66kJ\cdot mol^{-1}\end{aligned}$$

$$K_{sp}^{\ominus}=\exp\left(\frac{-\Delta_r G_m^{\ominus}(T)}{RT}\right)=\exp\left[\frac{-55.66\times10^3 J\cdot mol^{-1}}{8.314J\cdot K^{-1}\cdot mol^{-1}\times298.15K}\right]=1.8\times10^{-10}$$

常见难溶化合物的溶度积常数见附录 7。

7.1.3　溶度积与溶解度的关系

溶解度和溶度积虽然都可以表示难溶电解质的溶解性，但二者既有联系又有区别。溶度积是未溶解的固相与溶液中相应离子达到平衡时的离子浓度幂的乘积，反映的是难溶电解质溶解的热力学本质——溶解作用进行的倾向，$K_{sp}^{\ominus}$ 只与温度有关而与难溶电解质的离子浓度无关，若温度一定，$K_{sp}^{\ominus}$ 便是一个定值。而此时难溶电解质的溶解度是指在纯水中的溶解度，即在一定温度下，1L 难溶电解质的饱和溶液中难溶电解质溶解的量，用 s 表示，单位为 $mol \cdot L^{-1}$。溶解度 s 除与难溶电解质的本性和温度有关外，还与溶液中难溶电解质离子浓度有关。如在 NaCl 溶液中，AgCl 的溶解度就要降低。

既然溶度积和溶解度都反映了物质溶解能力的大小，所以二者之间必然存在着联系。根据溶度积 $K_{sp}^{\ominus}$ 的表达式，难溶电解质的溶度积 $K_{sp}^{\ominus}$ 和溶解度 s 可以互相换算，换算时浓度单位采用 $mol \cdot L^{-1}$。

对任一难溶电解质 A_mB_n，设在一定温度下其饱和溶液中的溶解度为 $s\,mol \cdot L^{-1}$，在一定温度下其饱和溶液中的沉淀溶解平衡为：

$$A_mB_n(s) \rightleftharpoons mA^{n+}(aq) + nB^{m-}(aq)$$

平衡浓度/$mol \cdot L^{-1}$　　ms　　ns

则 s 与 $K_{sp}^{\ominus}$ 的关系为：

$$K_{sp}^{\ominus}(A_mB_n) = (c_{A^{n+}})^m (c_{B^{m-}})^n = (ms)^m (ns)^n = m^m \cdot n^n \cdot s^{m+n}$$

$$s = \sqrt[m+n]{\frac{K_{sp}^{\ominus}(A_mB_n)}{m^m \cdot n^n}} \tag{7-2}$$

【例 7-2】 25℃时，AgBr 在水中的溶解度为 $1.33 \times 10^{-4} g \cdot L^{-1}$，求该温度下 AgBr 的溶度积。

解：AgBr 的摩尔质量为 $187.78 g \cdot mol^{-1}$，则

$$s = \frac{1.33 \times 10^{-4} g \cdot L^{-1}}{187.78 g \cdot mol^{-1}} = 7.08 \times 10^{-7} mol \cdot L^{-1}$$

$$AgBr(s) \rightleftharpoons Ag^+(aq) + Br^-(aq)$$

平衡浓度/$mol \cdot L^{-1}$　　s　　s

$$K_{sp}^{\ominus}(AgBr) = c_{Ag^+} \cdot c_{Br^-} = s^2 = (7.08 \times 10^{-7})^2 = 5.0 \times 10^{-13}$$

【例 7-3】 25℃时，AgCl 的 $K_{sp}^{\ominus}$ 为 1.8×10^{-10}，Ag_2CO_3 的溶度积常数为 8.1×10^{-12}，求 AgCl 和 Ag_2CO_3 在水中的溶解度。

解：设 AgCl 的溶解度为 $s_1 mol \cdot L^{-1}$

$$K_{sp}^{\ominus}(AgCl) = c_{Ag^+} \cdot c_{Cl^-} = (s_1)^2$$

$$s_1 = \sqrt{K_{sp}^{\ominus}(AgCl)} = \sqrt{1.8 \times 10^{-10}} = 1.3 \times 10^{-5} mol \cdot L^{-1}$$

设 Ag_2CO_3 的溶解度为 $s_2 mol \cdot L^{-1}$

$$K_{sp}^{\ominus}(Ag_2CO_3)=(c_{Ag^+})^2 \cdot c_{CO_3^{2-}}=(2s_2)^2 \cdot (s_2)=4s_2^3$$

$$s_2=\sqrt[3]{\frac{K_{sp}^{\ominus}(Ag_2CO_3)}{4}}=\sqrt[3]{\frac{8.1\times10^{-12}}{4}}=1.3\times10^{-4}\ mol\cdot L^{-1}$$

归纳以上两种类型的难溶电解质，可得出 $K_{sp}^{\ominus}$ 与 s 的关系如下：

AB 型： $$K_{sp}^{\ominus}=s^2 \qquad s=\sqrt{K_{sp}^{\ominus}} \tag{7-3}$$

AB_2（或 A_2B）型： $$K_{sp}^{\ominus}=4s^3 \qquad s=\sqrt[3]{\frac{K_{sp}^{\ominus}}{4}} \tag{7-4}$$

值得注意的是，上面所列溶解度与溶度积常数的换算关系只是一种近似关系，计算的值与实验结果很可能有一定的差距。在上述关系中我们假定难溶电解质溶于水的部分全部以简单的水合离子存在，而没有别的存在形式。实际上也有可能生成羟基化阳离子及质子化的阴离子，这一部分与水中的 OH^- 或 H^+ 发生反应的离子在上述关系中是没有考虑的。另一方面还有一假定，即认为难溶电解质的溶解部分是完全电离的，溶液中不存在未电离的或未完全电离的分子或离子。这对于典型的离子化合物来说是正确的，但对于许多难溶电解质来说则是不够正确的。例如在 $Fe(OH)_3$ 溶液中，就有可能存在 $Fe(OH)_2^+$、$Fe(OH)^{2+}$ 等离子。为了不致使问题复杂化，本章将难溶电解质全部当作强电解质处理，不考虑溶解的部分存在有未电离或未完全电离的物种。对于离子的羟基化和质子化问题，一般情况下不予考虑。

关于溶解度和溶度积的关系，一般来讲，溶解度越大的难溶电解质其溶度积也越大。但绝对不能笼统讲溶度积越大，溶解度就一定越大。从【例 7-3】可知，AgCl 比 Ag_2CO_3 的溶度积大，但 AgCl 比 Ag_2CO_3 的溶解度反而小。由此可见，溶度积大的难溶电解质其溶解度不一定也大，这与难溶电解质的类型有关。如果属于相同类型（如 AgCl、AgBr、AgI 都属 AB 型）时，可直接用 $K_{sp}^{\ominus}$ 的数值大小来比较它们溶解度的大小。但如果属于不同类型（如 AgCl 是 AB 型，Ag_2CO_3 是 A_2B 型）时，其溶解度的相对大小须经不同方式计算才能进行比较，就是说对于不同类型的难溶电解质，不能直接由它们的溶度积来比较溶解度的相对大小。

7.2 沉淀的生成与溶解

难溶电解质的沉淀溶解平衡与其他动态平衡一样，完全遵循平衡移动原理。如果条件改变，可以使溶液中的离子转化为固相——沉淀生成；或者使固相转化为溶液中的离子——沉淀溶解。

7.2.1 溶度积规则

对于 A_mB_n 型难溶电解质，多相离子平衡如下：

$$A_mB_n(s) \rightleftharpoons mA^{n+} + nB^{m-}$$

其反应商——有关离子浓度幂次方的乘积（又称为难溶电解质的离子积）J 表达式可表示为：

$$J = (c_{A^{n+}})^m (c_{B^{m-}})^n \tag{7-5}$$

根据平衡移动原理，将 J 与 $K_{sp}^{\ominus}$ 比较，可以得出：

① $J > K_{sp}^{\ominus}$，反应向左移动，沉淀从溶液中析出；

② $J = K_{sp}^{\ominus}$，溶液为饱和溶液，溶液中的离子与沉淀之间处于平衡状态；

③ $J < K_{sp}^{\ominus}$，溶液为不饱和溶液，无沉淀析出；若原来系统中有沉淀，平衡向右移动，沉淀溶解。

这就是沉淀溶解平衡的反应商判据，称其为溶度积规则，它是难溶电解质多相离子平衡移动规律的总结。据此可以判断系统中是否有沉淀生成或溶解，也可以通过控制离子的浓度，使沉淀生成或使沉淀溶解。

7.2.2　沉淀的生成

由溶度积规则可知，生成沉淀的条件为：溶液中离子浓度幂的乘积大于难溶电解质的溶度积。因此，只要设法增大溶液中某一离子的浓度，就会使多相离子平衡向生成沉淀的方向移动。除此之外，还有一些沉淀反应与溶液的 pH 有关，通过改变溶液的 pH，也可达到生成沉淀的目的。

【例 7-4】 25℃ 时，在 1.00L $0.030\text{mol}\cdot\text{L}^{-1}$ $AgNO_3$ 溶液中加入 0.50L $0.060\text{mol}\cdot\text{L}^{-1}$ $CaCl_2$ 溶液，能否生成 AgCl 沉淀？如果有沉淀生成，生成的 AgCl 的质量是多少？最后溶液中 c_{Ag^+} 是多少？此时 Ag^+ 是否被沉淀完全？

解：由附录 7 查得 $K_{sp}^{\ominus}(AgCl) = 1.8\times10^{-10}$，反应前，$Ag^+$ 与 Cl^- 的浓度分别为：

$$c_{Ag^+} = \frac{0.030\times1.00}{1.50}\text{mol}\cdot\text{L}^{-1} = 0.020\text{mol}\cdot\text{L}^{-1}$$

$$c_{Cl^-} = \frac{0.060\times0.50\times2}{1.50}\text{mol}\cdot\text{L}^{-1} = 0.040\text{mol}\cdot\text{L}^{-1}$$

$$J = c_{Ag^+}\cdot c_{Cl^-} = 0.020\times0.040 = 8.0\times10^{-4}$$

$J > K_{sp}^{\ominus}(AgCl)$，有 AgCl 沉淀析出。

为了计算沉淀 AgCl 的质量和最后溶液中 c_{Ag^+}，就必须确定反应前后 Ag^+ 与 Cl^- 浓度的变化量。因为混合前二者浓度关系是 $c_{Cl^-} > c_{Ag^+}$，生成 AgCl 沉淀时，Cl^- 是过量的。设平衡时 $c_{Ag^+} = x\,\text{mol}\cdot\text{L}^{-1}$。

	$AgCl(s) \rightleftharpoons$	$Ag^+(aq)$	+	$Cl^-(aq)$
初始浓度/$\text{mol}\cdot\text{L}^{-1}$		0.020		0.040
变化浓度/$\text{mol}\cdot\text{L}^{-1}$		$0.020-x$		$0.020-x$
平衡浓度/$\text{mol}\cdot\text{L}^{-1}$		x		$0.040-(0.020-x)$

$$K_{sp}^{\ominus}(AgCl) = c_{Ag^+}\cdot c_{Cl^-}$$

$$1.80\times10^{-10}=x\cdot[0.040-(0.020-x)]$$

$$x=\frac{1.80\times10^{-10}}{0.020}=9.0\times10^{-9}$$

$$即\ c_{Ag^+}=9.0\times10^{-9}\,mol\cdot L^{-1}$$

AgCl 的摩尔质量为 143.32g·mol^{-1}，析出 AgCl 的质量：

$$m_{AgCl}=0.020mol\cdot L^{-1}\times1.50L\times143.32g\cdot mol^{-1}=4.3g$$

所谓沉淀完全，并不是使溶液中的某种被沉淀离子浓度等于零，实际这也是做不到的。一般情况下，只要溶液中被沉淀的离子浓度不超过 1.0×10^{-5} mol·L^{-1}，即认为这种离子沉淀完全了。故本例中可以认为 Ag^+ 已沉淀完全。

【例 7-5】 在 10mL 0.080mol·L^{-1} $FeCl_3$ 溶液中，加入 30mL 含有 0.1mol·L^{-1} NH_3 和 1.0mol·L^{-1} NH_4Cl 的混合溶液，能否产生 $Fe(OH)_3$ 沉淀。

解：由附录 7 查得 $K_{sp}^{\ominus}[Fe(OH)_3]=2.79\times10^{-39}$。生成 $Fe(OH)_3$ 沉淀所需的 Fe^{3+} 由 $FeCl_3$ 提供，而 OH^- 则由 NH_3-NH_4Cl 缓冲溶液提供。混合后溶液中各物质浓度为：

$$c_{Fe^{3+}}=\frac{10mL\times10^{-3}\times0.08mol\cdot L^{-1}}{(10+30)mL\times10^{-3}}=0.020mol\cdot L^{-1}$$

在 NH_3-NH_4Cl 缓冲溶液中：

$$c_{NH_3}=\frac{30mL\times10^{-3}\times0.1mol\cdot L^{-1}}{(30+10)mL\times10^{-3}}=0.075mol\cdot L^{-1}$$

$$c_{NH_4^+}=\frac{30mL\times10^{-3}\times1.0mol\cdot L^{-1}}{(30+10)mL\times10^{-3}}=0.750mol\cdot L^{-1}$$

$$c_{OH^-}=K_b^{\ominus}\frac{c_{NH_3}}{c_{NH_4^+}}=\left(1.8\times10^{-5}\times\frac{0.075}{0.750}\right)mol\cdot L^{-1}=1.8\times10^{-6}mol\cdot L^{-1}$$

$$J=c_{Fe^{3+}}\cdot(c_{OH^-})^3=0.020\times(1.8\times10^{-6})^3=1.2\times10^{-19}$$

$J>K_{sp}^{\ominus}[Fe(OH)_3]$，所以有 $Fe(OH)_3$ 沉淀生成。

有一些离子，溶液的酸度也影响着沉淀的生成。例如组成沉淀的阴离子为 CO_3^{2-}、PO_4^{3-}、OH^-、S^{2-} 等的难溶电解质，沉淀的生成与溶解就取决于溶液的酸碱度。

7.2.3 影响沉淀溶解平衡的主要因素

（1）温度

大多数难溶电解质的溶解过程是吸热过程，故温度升高将使平衡正向移动，难溶电解质的溶解度增大；降低温度将使平衡逆向移动，难溶电解质的溶解度减小。

（2）同离子效应

和弱电解质溶液的解离平衡一样，在难溶电解质的沉淀溶解平衡系统中，加入相同离子会引起多相离子平衡的移动，改变难溶电解质的溶解度。根据溶度积规则，若向 $BaSO_4$ 饱和溶液中加入 $BaCl_2$ 溶液，由于 Ba^{2+} 浓度增大，$J>K_{sp}^{\ominus}$，因此溶液中有沉淀析出，从而使 $BaSO_4$ 的溶解度降低。同样，若加入 Na_2SO_4，也会产生相同效果。这种难溶电解质在含有相同离子的强电解质溶液中溶解度降低的现象，称为难溶电解质的同离子效应。

【例7-6】 计算25℃时 $CaF_2(s)$ 在下面几种条件下的溶解度（$mol \cdot L^{-1}$）。

(1) 在水中；(2) 在 $0.010 mol \cdot L^{-1} Ca(NO_3)_2$ 溶液中；(3) 在 $0.010 mol \cdot L^{-1}$ NaF 溶液中。计算结果说明什么？

解：由附录7查得 $K_{sp}^{\ominus}(CaF_2)=1.4\times10^{-9}$

(1) 设 $CaF_2(s)$ 在纯水中的溶解度为 $s_1 mol \cdot L^{-1}$

$$K_{sp}^{\ominus}(CaF_2)=c_{Ca^{2+}} \cdot (c_{F^-})^2$$

$$1.4\times10^{-9}=s_1 \cdot (2s_1)^2=4s_1^3$$

$$s_1=7.0\times10^{-4} mol \cdot L^{-1}$$

(2) 设 $CaF_2(s)$ 在 $0.010 mol \cdot L^{-1} Ca(NO_3)_2$ 溶液中的溶解度为 $s_2 mol \cdot L^{-1}$

$$CaF_2(s) \rightleftharpoons Ca^{2+}(aq)+2F^-(aq)$$

平衡浓度/$mol \cdot L^{-1}$ $\qquad 0.010+s_2 \qquad 2s_2$

$$1.4\times10^{-9}=(0.010+s_2) \cdot (2s_2)^2$$

$$0.010+s_2 \approx 0.010$$

$$s_2=1.9\times10^{-4} mol \cdot L^{-1}$$

(3) 设 $CaF_2(s)$ 在 $0.010 mol \cdot L^{-1}$ NaF 溶液中的溶解度为 $s_3 mol \cdot L^{-1}$

$$CaF_2(s) \rightleftharpoons Ca^{2+}(aq)+ 2F^-(aq)$$

平衡浓度/$mol \cdot L^{-1}$ $\qquad s_3 \qquad 0.010+2s_3$

$$1.4\times10^{-9}=s_3 \cdot (0.010+2s_3)^2$$

$$0.010+2s_3 \approx 0.010$$

$$s_3=1.4\times10^{-5} mol \cdot L^{-1}$$

比较 s_1，s_2，s_3 的计算结果，CaF_2 在纯水中的溶解度最大。在 $Ca(NO_3)_2$ 与 CaF_2 中均含有 Ca^{2+}；NaF 与 CaF_2 中都含有相同离子 F^-。$Ca(NO_3)_2$ 与 NaF 都是强电解质，CaF_2 在含有相同离子（Ca^{2+} 或 F^-）的强电解质溶液中，由于同离子效应，溶解度均有所降低。

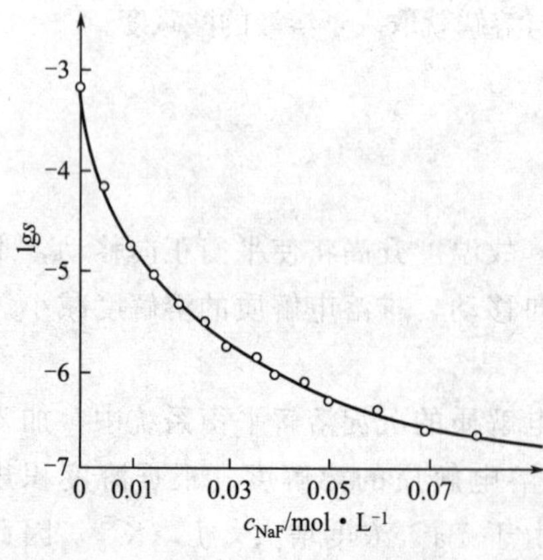

图7-2 CaF_2 在 NaF 溶液中的同离子效应

CaF_2 在 NaF 溶液中的同离子效应可以在图7-2中看出：在没有加入 NaF 时，即在纯水中的溶解度，其数值是最大的；加入 NaF 后，CaF_2 在 NaF 溶液中的溶解度随着 F^- 浓度的增大而减小；在一定的 NaF 浓度范围内（例如 $c_{NaF} < 0.03 mol \cdot L^{-1}$）溶解度的减小比较显著，而在另一浓度范围内（如 $c_{NaF} < 0.07 mol \cdot L^{-1}$）溶解度变化不大。

由于在 NaF 溶液中 CaF_2 的溶解度（$mol \cdot L^{-1}$）等于 Ca^{2+} 浓度，所以若使某含有 Ca^{2+} 的溶液生成 CaF_2 沉淀，可控制所加的 NaF 浓度，使溶液中的 Ca^{2+} 沉淀完全。在实际应用中，可利用沉淀反应来分离溶液中的离子。依据同离子效应，加入适当过量的沉淀试剂（如生成 CaF_2 沉淀时所加的 NaF 溶液），使沉淀反应趋于完全。

在洗涤沉淀时，也常应用同离子效应的原理。从溶液中析出的沉淀常含有杂质，要得到纯净的沉淀，就必须洗涤。为了减少洗涤过程中沉淀的损失，常用与沉淀含有相同离子的稀溶液来洗涤，而不用纯水洗涤。例如，在洗涤 AgCl 沉淀时，可使用 NH_4Cl 溶液。

同离子效应在分析鉴定和分离提纯中应用很广泛。但是，任何事物都具有两重性。在实际应用中，如果认为沉淀试剂过量越多沉淀越完全，因而大量使用沉淀试剂，这是片面的。实际上，加入沉淀试剂太多时，不仅不会产生明显的同离子效应(见图 7-2)，往往还会因其他副反应的发生，反而会使沉淀的溶解度增大。例如，AgCl 沉淀中加入过量的 HCl，可以生成配离子 $AgCl_2^-$，从而使 AgCl 溶解度增大，甚至能溶解。另外，盐效应也能使沉淀的溶解度增大。

（3）盐效应

在难溶电解质的饱和溶液中，加入某种强电解质，会使难溶电解质的溶解度比同温度时纯水中的溶解度大，这种溶解度增大的现象称为盐效应。

例如，在 KNO_3 强电解质溶液存在的情况下，AgCl 的溶解度比在纯水中大，而且溶解度随 KNO_3 强电解质的浓度增大而增大（表 7-1）。

表 7-1 AgCl 在 KNO_3 溶液中的溶解度（25℃）

$c_{KNO_3}/mol \cdot L^{-1}$	0.00	0.00100	0.00500	0.0100
$s_{AgCl}/10^{-5} mol \cdot L^{-1}$	1.278	1.325	1.385	1.427

为什么难溶电解质 AgCl 的溶解度增大了呢？这是由于加入易溶的强电解质后，溶液中各种离子总浓度增大，增强了离子间的静电作用，在 Ag^+ 周围有更多的离子（主要是 NO_3^-），形成了所谓的“离子氛”；在 Cl^- 周围有更多的阳离子(主要是 K^+)，也形成了“离子氛”。由于“离子氛”的存在，使 Ag^+ 与 Cl^- 受到较强的牵制作用，降低了它们的有效浓度，因而在单位时间内与沉淀表面碰撞次数减少，沉淀过程变慢，难溶电解质的溶解过程暂时超过了沉淀过程，平衡向溶解方向移动。当建立起新的平衡时，难溶电解质的溶解度就增大了。

盐效应并不只限于加入盐类，若加入强酸或强碱等强电解质，在不发生其他化学反应的前提下，所加入的强酸或强碱同样能使溶液中各种离子总浓度增大，有利于离子氛的形成，同样也能使难溶电解质的溶解度增大。

不但加入不具有相同离子的强电解质能产生盐效应，在加入具有相同离子的强电解质，在产生同离子效应的同时，还能产生盐效应。表 7-2 表明 $PbSO_4$ 在

Na_2SO_4溶液中溶解度的变化。当Na_2SO_4的浓度从 0 增加到 0.040mol·L^{-1}，$PbSO_4$的溶解度逐渐减小，同离子效应起主导作用；当Na_2SO_4的浓度为 0.040mol·L^{-1}时，$PbSO_4$的溶解度最小；当Na_2SO_4的浓度大于 0.040mol·L^{-1}时，$PbSO_4$的溶解度逐渐增大，盐效应起主导作用。

表 7-2　$PbSO_4$在Na_2SO_4溶液中的溶解度（25℃）

$c_{Na_2SO_4}$/mol·L^{-1}	0	0.001	0.010	0.020	0.040	0.100	0.200
s_{PbSO_4}/mmol·L^{-1}	0.15	0.024	0.016	0.014	0.013	0.016	0.023

所以在利用同离子效应原理降低沉淀的溶解度时，沉淀剂不能过量太多，否则将会引起盐效应，使沉淀溶解度增大。

一般来说，若难溶电解质的溶度积很小，盐效应的影响很小，可以忽略不计；若难溶电解质的溶度积较大，溶液中各种离子总浓度也较大时，就应该考虑盐效应的影响。

【例 7-7】 某溶液中Pb^{2+}的浓度为1.0×10^{-3}mol·L^{-1}，若要生成$PbCl_2$沉淀，Cl^-的浓度至少应该为多少？

解：由附录 7 查得$K_{sp}^{\ominus}(PbCl_2)=1.7\times10^{-5}$。根据溶度积规则，只有$J>K_{sp}^{\ominus}$($PbCl_2$)时，才能有$PbCl_2$沉淀析出，即

$$c_{Pb^{2+}}\cdot(c_{Cl^-})^2>K_{sp}^{\ominus}(PbCl_2)$$

$$c_{Cl^-}>\sqrt{\frac{1.7\times10^{-5}}{1.0\times10^{-3}}}$$

$$c_{Cl^-}>0.13\text{mol}\cdot\text{L}^{-1}$$

故只要Cl^-浓度超过 0.13mol·L^{-1}，就会有$PbCl_2$沉淀析出。

用沉淀反应来分离溶液中的某种离子时，要使离子沉淀完全，一般应采取以下几种措施。

① 选择适当的沉淀剂，使沉淀的溶解度尽可能小。例如，Ca^{2+}可以沉淀为CaC_2O_4和$CaSO_4$，它们的$K_{sp}^{\ominus}$分别为4.0×10^{-9}和9.1×10^{-6}，它们都属同类型的难溶电解质。因此，常常选用$C_2O_4^{2-}$作为Ca^{2+}沉淀剂，从而可使Ca^{2+}沉淀得更加完全。

② 可加入适当过量的沉淀剂。这实际上是根据同离子效应，加入过量的沉淀剂使沉淀更加完全。但沉淀剂的用量不是越多越好，否则就会引起其他效应（盐效应、配位效应等）使沉淀的溶解度增大。一般沉淀剂过量 10%～20%为宜，此时同离子效应占主导地位，盐效应的影响可忽略不计。

③ 对于某些离子沉淀时，还必须控制溶液的 pH，才能确保沉淀完全。在化学试剂生产中，控制Fe^{3+}含量是衡量产品质量的重要标志之一，要除去Fe^{3+}，一般都要通过控制溶液的 pH，使Fe^{3+}生成$Fe(OH)_3$沉淀。

7.2.4 沉淀的溶解

根据溶度积规则，对于已经达到沉淀溶解平衡的系统，只要设法降低溶液中有关离子的浓度，使 $J<K_{sp}^{\ominus}$，沉淀就可以溶解。降低离子浓度的方法有很多，例如，使有关离子生成弱电解质，生成配合物或者发生氧化还原反应等。

首先讨论酸碱平衡对沉淀溶解平衡的影响。

（1）沉淀的酸溶解

如果难溶电解质 MA 的阴离子是某弱酸（H_nA）的共轭碱（A^{n-}），由于 A^{n-} 对 H^+ 具有较强的亲和能力，则难溶电解质 MA 的溶解度将随溶液的 pH 减小而增大。这类难溶电解质就是通常所说的难溶弱酸盐和难溶金属氢氧化物。OH^- 是水中能够存在的最强碱，它是弱酸水的共轭碱，从这个意义上讲，金属氢氧化物也是弱酸盐。利用弱酸盐在酸中溶解度的差异，控制溶液的 pH，可以达到分离金属离子的目的。

① 难溶金属氢氧化物的溶解

加酸能使难溶金属氢氧化物溶解，现对难溶金属氢氧化物 $M(OH)_n$ 的溶解度与 pH 的定量关系进行讨论。在难溶金属氢氧化物饱和溶液中，存在如下沉淀溶解平衡：

$$M(OH)_n(s) \rightleftharpoons M^{n+}(aq) + nOH^-(aq)$$

$$K_{sp}^{\ominus}[M(OH)_n] = c_{M^{n+}} \cdot (c_{OH^-})^n$$

金属氢氧化物 $M(OH)_n$ 的溶解度 s 等于溶液中金属离子的浓度 $c_{M^{n+}}$。即

$$s = c_{M^{n+}} = \frac{K_{sp}^{\ominus}[M(OH)_n]}{(c_{OH^-})^n} \tag{7-6}$$

或

$$s = c_{M^{n+}} = \frac{K_{sp}^{\ominus}[M(OH)_n]}{(K_w^{\ominus})^n} \cdot (c_{H^+})^n \tag{7-7}$$

利用式（7-6）、式（7-7）可以计算出金属氢氧化物开始沉淀和沉淀完全时溶液的 c_{OH^-}，从而求出相应条件的 pH。

开始沉淀时： $$c_{OH^-,始} \geqslant \sqrt[n]{\frac{K_{sp}^{\ominus}[M(OH)_n]}{c_{M^{n+},0}}}$$

式中，$c_{M^{n+},0}$ 为溶液中 M^{n+} 的起始浓度，即溶液中 c_{OH^-} 若小于 $c_{OH^-,始}$，就不能形成 $M(OH)_n$ 沉淀。若溶液中有沉淀，只要将溶液中 OH^- 浓度控制在 $c_{OH^-,始}$ 以下，原有的 $M(OH)_n$ 沉淀将溶解，且溶解后溶液中的离子浓度为 $c_{M^{n+},0}$。

沉淀完全时：

$$c_{OH^-,完} \geqslant \sqrt[n]{\frac{K_{sp}^{\ominus}[M(OH)_n]}{1.0\times10^{-5}}}$$

【例 7-8】 试求 $0.01mol \cdot L^{-1}$ Fe^{3+} 开始沉淀和沉淀完全时，溶液的 pH 分别为多少？

解：由附录 7 可知 $K_{sp}^{\ominus}[Fe(OH)_3]=2.79\times10^{-39}$，

$$Fe(OH)_3(s) \rightleftharpoons Fe^{3+}(aq)+3OH^-(aq)$$

开始沉淀时：

$$c_{Fe^{3+}}\cdot(c_{OH^-})^3=K_{sp}^{\ominus}[Fe(OH)_3]$$

$$c_{OH^-}=\sqrt[3]{\frac{K_{sp}^{\ominus}[Fe(OH)_3]}{c_{Fe^{3+}}}}=\sqrt[3]{\frac{2.79\times10^{-39}}{0.01}}=6.5\times10^{-13}\,mol\cdot L^{-1}$$

$$pOH=12.2$$

$$pH=14-pOH=14-12.2=1.8$$

沉淀完全时：

$$c_{Fe^{3+}}\leqslant1\times10^{-5}\,mol\cdot L^{-1}$$

$$c_{OH^-}=\sqrt[3]{\frac{K_{sp}^{\ominus}[Fe(OH)_3]}{c_{Fe^{3+}}}}=\sqrt[3]{\frac{2.79\times10^{-39}}{1\times10^{-5}}}=6.5\times10^{-12}\,mol\cdot L^{-1}$$

$$pOH=11.2$$

$$pH=14-pOH=14-11.2=2.8$$

故 Fe^{3+} 开始沉淀时，溶液 pH 为 1.8；Fe^{3+} 沉淀完全时，溶液 pH 为 2.8。

【例 7-8】还说明了金属氢氧化物开始沉淀和沉淀完全时都可以是酸性环境，不同金属氢氧化物的 $K_{sp}^{\ominus}$ 不同，组成也不同，它们沉淀完全所需的 pH 也不同。因此，通过控制溶液的 pH，就可以达到分离某些金属离子的目的。

根据式（7-7）可以绘出难溶金属氢氧化物 $M(OH)_n$ 的溶解度与溶液 pH 的关系图，通常被称为 s-pH 图（图 7-3）。图中每条线的右方区域内任何一点对应的离子积 $J>K_{sp}^{\ominus}$，是沉淀生成区；每条线的左方区域内任何一点对应的离子积 $J<K_{sp}^{\ominus}$，是沉淀溶解区；线上任何一点的离子积 $J=K_{sp}^{\ominus}$，系统处于平衡状态。两条曲线相隔越远，两种离子的分离效果越好。比如，$K_{sp}^{\ominus}[Fe(OH)_3]$ 比其他常见难溶金属氢氧化物的溶度积小很多，在含铁杂质的金属离子混合液中，常通过控制溶液的 pH，使 Fe^{3+} 水解生成 $Fe(OH)_3$ 而除去。从图 7-3 中还可以看出 $Ni(OH)_2$ 和 $Co(OH)_2$ 的 s-pH 曲线挨得很近，所以不能利用生成难溶氢氧化物的方法将两者分离。

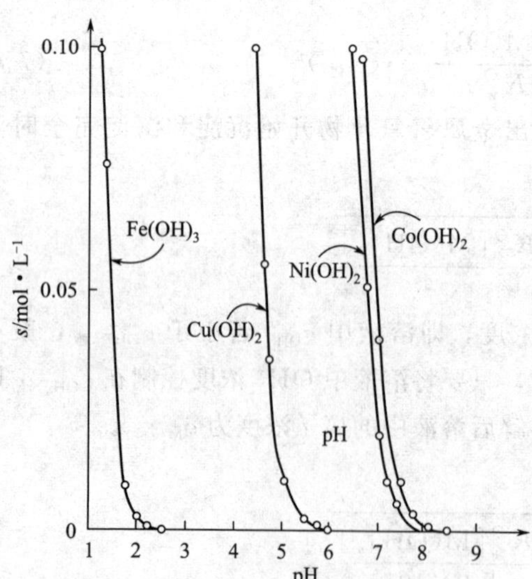

图 7-3　难溶金属氢氧化物的 s-pH 图

对于 $K_{sp}^{\ominus}$ 不是很小（$K_{sp}^{\ominus}$ 为 $10^{-12}\sim10^{-13}$）的难溶金属氢氧化物，常使用氨-铵盐缓冲溶液来控制溶液的

pH，达到沉淀生成或溶解的目的。

【例 7-9】 在 0.2L $0.50mol\cdot L^{-1}$ $MgCl_2$溶液中，加入等体积的 $0.10mol\cdot L^{-1}$ NH_3溶液。

(1) 试通过计算判断有无 $Mg(OH)_2$沉淀生成？

(2) 为了不使 $Mg(OH)_2$沉淀析出，应加入 $NH_4Cl(s)$ 的质量为多少（设加入固体 NH_4Cl 后溶液的体积不变）？

解：(1) 等体积混合，则反应发生前浓度减半，

$$c_{Mg^{2+}}=0.25mol\cdot L^{-1}, c_{NH_3}=0.050mol\cdot L^{-1}$$

先计算溶液中 OH^- 的浓度，系统中 OH^- 主要是由下列平衡决定：

$$NH_3(aq)+H_2O(l) \rightleftharpoons NH_4^+(aq)+OH^-(aq)$$

平衡浓度/$mol\cdot L^{-1}$　$0.050-x$　　　x　　x

由　$$K_b^\ominus(NH_3)=\frac{x^2}{0.050-x}=1.8\times10^{-5}$$

解得　$$x=c_{OH^-}=9.5\times10^{-4}mol\cdot L^{-1}$$

混合后，若有 $Mg(OH)_2$沉淀生成，则有如下平衡：

$$Mg(OH)_2(s) \rightleftharpoons Mg^{2+}(aq)+2OH^-(aq)$$

此时

有 $$J=c_{Mg^{2+}}\cdot(c_{OH^-})^2=0.25\times(9.5\times10^{-4})^2=2.3\times10^{-7}$$

$$K_{sp}^\ominus[Mg(OH)_2]=5.1\times10^{-12}$$

$$J>K_{sp}^\ominus[Mg(OH)_2]$$

所以有 $Mg(OH)_2$沉淀析出。

(2) 为了不使 $Mg(OH)_2$沉淀析出，则

$$J\leqslant K_{sp}^\ominus[Mg(OH)_2]$$

$$c_{OH^-}<\sqrt{\frac{K_{sp}^\ominus[Mg(OH)_2]}{c_{Mg^{2+}}}}=\sqrt{\frac{5.1\times10^{-12}}{0.25}}=4.5\times10^{-6}mol\cdot L^{-1}$$

$$NH_3(aq)+H_2O(l) \rightleftharpoons NH_4^+(aq)+OH^-(aq)$$

平衡浓度/$mol\cdot L^{-1}$　$0.050-4.5\times10^{-6}$　　$c_{NH_4^+}+4.5\times10^{-6}$　4.5×10^{-6}

　　　　≈0.050　　　　$\approx c_{NH_4^+}$

$$\frac{4.5\times10^{-6}\times c_{NH_4^+}}{0.050}=1.8\times10^{-5}$$

解得

$$c_{NH_4^+}=0.20mol\cdot L^{-1}$$

因为

$$M_{NH_4Cl}=53.5g\cdot mol^{-1}$$

为了不使 $Mg(OH)_2$沉淀析出，至少应加入 $NH_4Cl(s)$ 的质量为：

$$m_{NH_4Cl}=0.20mol\cdot L^{-1}\times 0.40L\times 53.5g\cdot mol^{-1}=4.3g$$

可以看出，在适当浓度的NH_3-NH_4Cl缓冲溶液中，$Mg(OH)_2$沉淀不会析出。

② 金属硫化物的溶解

很多金属硫化物在水中都是难溶的，而且它们的溶度积常数彼此有一定的差异，并各有特定的颜色。因此，在实际应用中，常利用硫化物的这些性质来分离或鉴定某些金属离子。金属硫化物是弱酸H_2S的盐，最近的研究表明，S^{2-}像O^{2-}一样是很强的碱，在水中不能存在。因此，不能将难溶硫化物MS的多相离子平衡写作：

$$MS(s) \rightleftharpoons M^{2+}(aq)+S^{2-}(aq)$$

必须考虑到强碱S^{2-}对质子的亲和作用，S^{2-}的水解作用如下：

$$S^{2-}(aq)+H_2O(l) \rightleftharpoons HS^-(aq)+OH^-(aq)$$

所以，难溶金属硫化物MS的多相离子平衡为：

$$MS(s)+H_2O(l) \rightleftharpoons M^{2+}(aq)+OH^-(aq)+HS^-(aq)$$

其标准平衡常数表达式为：

$$K^{\ominus}=c_{M^{2+}}\cdot c_{OH^-}\cdot c_{HS^-}$$

由于分离金属硫化物常常在酸性溶液中进行，所以难溶金属硫化物MS在酸中的沉淀溶解平衡更有实际意义。

$$MS(s)+2H_3O^+(aq) \rightleftharpoons M^{2+}(aq)+H_2S(aq)+2H_2O(l)$$

简记为

$$MS(s)+2H^+(aq) \rightleftharpoons M^{2+}(aq)+H_2S(aq)$$

$$K^{\ominus}_{spa}=\frac{c_{M^{2+}}\cdot c_{H_2S}}{c^2_{H^+}} \tag{7-8}$$

$K^{\ominus}_{spa}$被称为难溶金属硫化物在酸中的溶度积常数。表7-3中列出了某些难溶金属硫化物在酸中的溶度积常数。

表7-3　难溶金属硫化物的在酸中的溶度积常数

硫化物	$K^{\ominus}_{spa}$	硫化物	$K^{\ominus}_{spa}$
MnS	3×10^{10}	PbS	3×10^{-7}
FeS	6×10^{2}	CuS	6×10^{-16}
ZnS	2×10^{-2}	Ag_2S	6×10^{-30}
SnS	1×10^{-5}	HgS	2×10^{-32}
CdS	8×10^{-7}		

金属硫化物在酸中的溶解度有较大的差异，主要表现在以下几个方面。

a. $K^{\ominus}_{spa}$较大的硫化物，如MnS不仅在稀HCl中溶解，而且在HAc中也能溶解（FeS在HAc中不溶解）。MnS只有在氨碱性溶液中加入饱和H_2S溶液才能生成沉淀。只有当碱性增强，才能使Mn^{2+}沉淀完全。

b. FeS、ZnS等硫化物的$K^{\ominus}_{spa}>10^{-2}$，它们在稀盐酸（$0.30mol\cdot L^{-1}$）中溶解；CdS、PbS在稀盐酸中不溶，在浓盐酸中溶解（此时酸溶解和配位溶解同时存在)。在实际应用中，分离 Zn^{2+} 和 Cd^{2+} 时，可控制溶液中 $c_{H^+}=0.3mol \cdot L^{-1}$，使 CdS 沉淀，而 Zn^{2+} 仍保留在溶液中。

c. CuS，Ag_2S 在浓 HCl 中不溶，在硝酸中发生氧化还原溶解。

d. HgS 是 $K^{\ominus}_{spa}$ 非常小的硫化物，在盐酸、硝酸中均不溶解，只有在王水 $[V(HCl):V(HNO_3)=3:1]$ 中溶解。

（2）沉淀的配位溶解

许多难溶化合物在配位剂的作用下能生成配离子而溶解——配位溶解。例如：

$$AgCl(s) + Cl^-(aq) \rightleftharpoons AgCl_2^-(aq)$$

$$HgI_2(s) + 2I^-(aq) \rightleftharpoons HgI_4^{2-}(aq)$$

这类配位溶解是难溶化合物溶于具有相同阴离子的溶液中，发生了加合反应。另一类配位溶解是难溶化合物溶于含有不同阴离子（或分子）的溶液中，发生了取代反应。如 AgCl 能溶于氨水中，AgBr 能溶于 $Na_2S_2O_3$ 溶液中。在配位溶解过程中，它们分别形成了配离子 $[Ag(NH_3)_2]^+$ 和配离子 $[Ag(S_2O_3)_2]^{3-}$。反应方程式为：

$$AgCl(s) + 2NH_3(aq) \rightleftharpoons [Ag(NH_3)_2]^+(aq) + Cl^-(aq)$$

$$AgBr(s) + 2S_2O_3^{2-}(aq) \rightleftharpoons [Ag(S_2O_3)_2]^{3-}(aq) + Br^-(aq)$$

上述配位溶解反应中，海波（$Na_2S_2O_3$）是定影剂中的主要成分，在定影过程中，底片上未感光的 AgBr 因生成配离子 $[Ag(S_2O_3)_2]^{3-}$ 而溶解。

一般情况下，当难溶化合物的溶度积不是很小，并且配合物的生成常数比较大时，就有利于配位溶解反应的发生。此外，配位剂的浓度也是影响难溶化合物能否发生配位溶解的重要因素之一。

【例 7-10】 室温下，在 1.0L 氨水中溶解 0.10mol AgCl(s)，氨水浓度最低应为多少？

解：通常不考虑 NH_3 与 H_2O 之间的质子转移反应和 $Ag(NH_3)^+$ 的形成，近似地认为 AgCl 溶于氨水后全部生成 $[Ag(NH_3)_2]^+$。

$$AgCl(s) + 2NH_3(aq) \rightleftharpoons [Ag(NH_3)_2]^+(aq) + Cl^-(aq)$$

平衡浓度/$mol \cdot L^{-1}$　　x　　0.10　　0.10

反应的标准平衡常数为：

$$K^{\ominus} = \frac{c_{[Ag(NH_3)_2]^+} \cdot c_{Cl^-}}{(c_{NH_3})^2} = K_f^{\ominus}([Ag(NH_3)_2]^+) \cdot K_{sp}^{\ominus}(AgCl)$$

$$\frac{0.10 \times 0.10}{x^2} = 1.67 \times 10^7 \times 1.8 \times 10^{-10}$$

$$x = 1.8$$

由于生成 $0.10mol \cdot L^{-1}$ $[Ag(NH_3)_2]^+$ 需要消耗 $0.20mol \cdot L^{-1} NH_3$，所以氨的最低浓度应为：

$$c_{NH_3} = (1.8 + 0.10 \times 2) mol \cdot L^{-1} = 2.0 mol \cdot L^{-1}$$

图 7-4 表明了 AgCl(s) 在不同浓度氨水中的溶解度。随着 c_{NH_3} 增大，AgCl(s)

溶解度开始有明显增大，然后增大幅度较小。

有些两性金属氢氧化物 $Al(OH)_3$、$Cr(OH)_3$、$Zn(OH)_2$ 等不仅能溶于酸中，而且能溶于强碱中，生成羟基配合物，如 $Al(OH)_4^-$、$Cr(OH)_4^-$、$Zn(OH)_4^{2-}$ 等。以 $Al(OH)_3$ 为例讨论两性氢氧化物的配位溶解。为了全面了解 $Al(OH)_3$ 在酸和碱中溶解度的变化，可按式（7-7）画出 $Al(OH)_3$ 在酸中的 s-pH 曲线（图 7-5）。

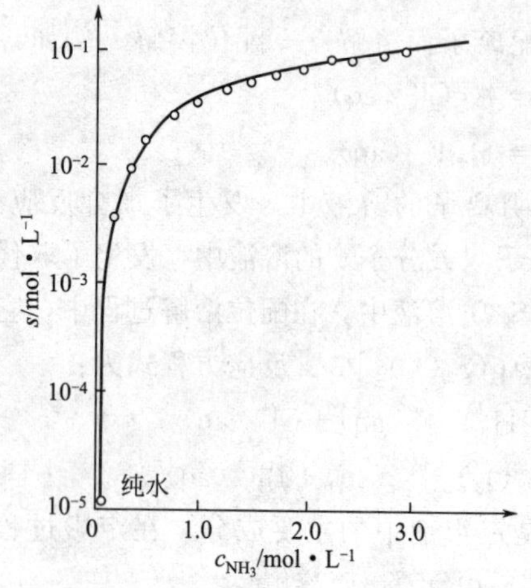

图 7-4 AgCl 在 NH_3 中的溶解度

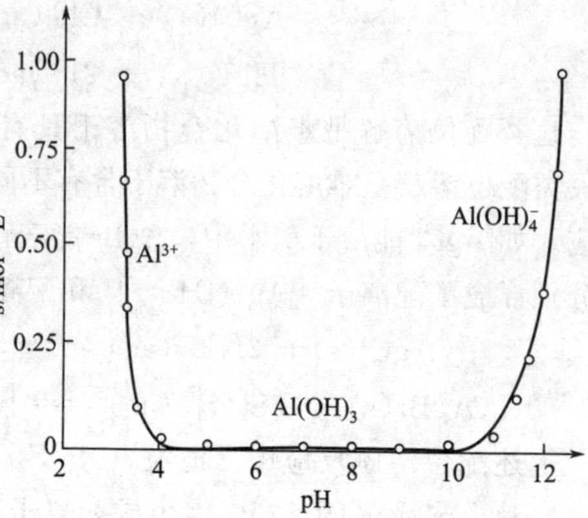

图 7-5 $Al(OH)_3$ 的 s-pH 曲线

$Al(OH)_3$ 在强碱中的配位反应：

$$Al(OH)_3(s) + OH^-(aq) \rightleftharpoons Al(OH)_4^-(aq)$$

从图 7-5 中可以看出，当 pH＜3.4 时，$Al(OH)_3$ 溶解在酸中，生成 Al^{3+}；当 pH＞12.9 时，$Al(OH)_3$ 溶解在碱中生成 $Al(OH)_4^-$；pH 在 4～11 范围内，$Al(OH)_3$ 基本不溶解。

（3）氧化还原溶解

某些难溶电解质在有氧化剂或还原剂存在的条件下，由于发生氧化还原反应，降低了溶液中某组分离子的浓度而溶解。例如，CuS 不溶于盐酸中，但易溶于具有氧化性的硝酸中，其溶解反应为：

$$CuS(s) \rightleftharpoons Cu^{2+}(aq) + S^{2-}(aq)$$

$$3S^{2-}(aq) + 8H^+(aq) + 2NO_3^-(aq) \rightleftharpoons 3S(s) + 2NO(g) + 4H_2O(l)$$

总反应：

$$3CuS(s) + 8H^+(aq) + 2NO_3^-(aq) \rightleftharpoons 3Cu^{2+}(aq) + 3S(s) + 2NO(g) + 4H_2O(l)$$

Ag_2S 溶于浓度较高的硝酸中：

$$3Ag_2S(s) + 8H^+(aq) + 2NO_3^-(aq) \rightleftharpoons 6Ag^+(aq) + 3S(s) + 2NO(g) + 4H_2O(l)$$

HgS 既不溶于盐酸，也不溶于硝酸，但可以溶于王水：

$$3HgS(s)+12Cl^-(aq)+8H^+(aq)+2NO_3^-(aq) \rightleftharpoons 3[HgCl_4]^{2-}(aq)+3S(s)+2NO(g)+4H_2O(l)$$

在这一反应中，除了硝酸能把 HgS 中的 S^{2-} 氧化为单质外，生成配离子 $[HgCl_4]^{2-}$ 也是促使溶解的因素之一。

7.3 分步沉淀与沉淀的转化

7.3.1 分步沉淀

实际上，溶液中往往含有多种可被沉淀的离子，即当加入某种沉淀试剂时，可能分别与溶液中的多种离子发生反应而产生沉淀。在这种情况下，沉淀反应将按照怎样的次序进行？哪种离子先被沉淀，哪种离子后被沉淀？第二种离子开始沉淀时，先沉淀的离子沉淀到什么程度？弄清这些问题在离子的分离过程中十分重要。

比如在含有 Cl^-、CrO_4^{2-} 的溶液（浓度均为 $0.01mol \cdot L^{-1}$）中滴加 $AgNO_3$ 溶液，开始可以看到有白色的 AgCl 沉淀生成，而后很明显地出现了红色沉淀 Ag_2CrO_4。像这种由于难溶电解质的溶解度或溶度积的不同，加入沉淀剂后溶液中发生先后沉淀的现象叫分步沉淀或分级沉淀。溶解度小的难溶电解质，需要较少的沉淀剂即能达到 $J=K_{sp}^{\ominus}$，从而最先生成沉淀，反之则后沉淀。下面通过计算，对分步沉淀作定量说明。

【例 7-11】 在浓度均为 $0.001mol \cdot L^{-1}$ KCl 和 KI 混合溶液中，逐滴加入 $AgNO_3$ 溶液（设体积不变），问 Cl^- 和 I^- 沉淀顺序如何？能否用分步沉淀的方法将两者分离？

解：由附录 7 查得 $K_{sp}^{\ominus}(AgCl)=1.8\times10^{-10}$，$K_{sp}^{\ominus}(AgI)=8.3\times10^{-17}$。根据溶度积规则，离子积达到溶度积时所需 Ag^+ 浓度小的先析出沉淀。生成 AgCl、AgI 沉淀时所需 Ag^+ 的浓度分别为：

$$c_{Ag^+}=\frac{K_{sp}^{\ominus}(AgCl)}{c_{Cl^-}}=\frac{1.8\times10^{-10}}{0.001}mol \cdot L^{-1}=1.8\times10^{-7}mol \cdot L^{-1}$$

$$c_{Ag^+}=\frac{K_{sp}^{\ominus}(AgI)}{c_{I^-}}=\frac{8.3\times10^{-17}}{0.001}mol \cdot L^{-1}=8.3\times10^{-14}mol \cdot L^{-1}$$

由于生成 AgI 沉淀所需 Ag^+ 浓度较生成 AgCl 沉淀所需 Ag^+ 浓度小，所以逐滴加入 $AgNO_3$ 后，首先析出黄色的 AgI 沉淀。只有当溶液中 $c_{Ag^+}>1.8\times10^{-7}mol \cdot L^{-1}$ 时，才有 AgCl 白色沉淀生成，此时溶液中残留的 I^- 浓度为

$$c_{I^-}=\frac{K_{sp}^{\ominus}(AgI)}{c_{Ag^+}}=\frac{8.3\times10^{-17}}{1.8\times10^{-7}}=4.6\times10^{-10}mol \cdot L^{-1}$$

$$c_{I^-}=4.6\times10^{-10}mol \cdot L^{-1}<1.0\times10^{-5}mol \cdot L^{-1}$$

可见，Cl^- 开始沉淀时，I^- 早已沉淀完全，利用分步沉淀可将二者分离。

总之，在溶液中，某种沉淀对应的离子积首先达到或超过其溶度积时，就先析出这种沉淀。必须指出：只有对同一类型的难溶电解质，且被沉淀离子浓度相同或相近的情况下，逐滴慢慢加入沉淀试剂时，才使溶度积小的沉淀先析出，溶度积大的沉淀后析出。若难溶电解质类型不同，或虽类型相同但被沉淀离子浓度不同时，生成沉淀的先后顺序就不能只根据溶度积的大小做出判断，必须通过具体计算才能确定。

上述例题中同时析出 AgCl 和 AgI 两种沉淀时，溶液中的 Ag^+ 浓度同时满足两个多相离子平衡。即

$$c_{Ag^+}=\frac{K_{sp}^{\ominus}(AgCl)}{c_{Cl^-}}mol\cdot L^{-1}=\frac{K_{sp}^{\ominus}(AgI)}{c_{I^-}}mol\cdot L^{-1}$$

$$\frac{c_{I^-}}{c_{Cl^-}}=\frac{K_{sp}^{\ominus}(AgI)}{K_{sp}^{\ominus}(AgCl)}=\frac{8.3\times10^{-17}}{1.8\times10^{-10}}=4.6\times10^{-7}$$

由此式可以推知，溶度积差别越大，就越有可能利用分步沉淀的方法将它们分离开。

显然分步沉淀的次序不仅与溶度积的数值有关，还与溶液中对应各种离子的浓度有关。如果溶液中的 $c_{Cl^-}>2.2\times10^6 c_{I^-}$（海水中的情况就与此类似），这样开始析出 AgCl 沉淀所需要的 Ag^+ 浓度比开始析出 AgI 沉淀所需要的 Ag^+ 浓度还小。当逐滴加入 $AgNO_3$ 试剂时，首先达到 AgCl 的溶度积而析出 AgCl 沉淀。因此，适当地改变被沉淀离子的浓度，可以使分步沉淀的顺序发生变化。当溶液中存在多种可被沉淀离子，加入沉淀试剂生成不同类型的难溶电解质时，也是离子积 J 首先达到溶度积 $K_{sp}^{\ominus}$ 的难溶电解质先析出沉淀。

掌握了分步沉淀的规律，根据具体情况，适当地控制条件就可以达到分离离子的目的。例如根据金属氢氧化物溶解度间的差别，控制溶液的 pH，使某些金属氢氧化物沉淀出来，另一些金属离子仍保留在溶液中，从而达到分离的目的。

【例 7-12】 在 $1.0mol\cdot L^{-1}$ $ZnSO_4$ 溶液中含有 Fe^{3+} 杂质，欲使 Fe^{3+} 以 $Fe(OH)_3$ 形式沉淀除去，而不使 Zn^{2+} 沉淀，问溶液的 pH 应控制在什么范围？

解：由附录 7 查得

$$K_{sp}^{\ominus}[Fe(OH)_3]=2.79\times10^{-39},K_{sp}^{\ominus}[Zn(OH)_2]=1.2\times10^{-17}$$

首先考虑 Fe^{3+} 沉淀完全（即 Fe^{3+} 浓度不超过 $1.0\times10^{-5}mol\cdot L^{-1}$）的 pH：

$$c_{OH^-}\geqslant\sqrt[3]{\frac{K_{sp}^{\ominus}[Fe(OH)_3]}{c_{Fe^{3+}}}}=\sqrt[3]{\frac{2.79\times10^{-39}}{1.0\times10^{-5}}}mol\cdot L^{-1}=6.53\times10^{-12}mol\cdot L^{-1}$$

则

$$pH\geqslant14-pOH=2.82$$

不使 Zn^{2+} 沉淀的 pH：

$$c_{Zn^{2+}}\cdot(c_{OH^-})^2<K_{sp}^{\ominus}[Zn(OH)_2]$$

$$c_{OH^-}<\sqrt{\frac{K_{sp}^{\ominus}[Zn(OH)_2]}{c_{Zn^{2+}}}}=\sqrt{\frac{1.2\times10^{-17}}{1.0}}mol\cdot L^{-1}=3.5\times10^{-9}mol\cdot L^{-1}$$

$$pH<5.54$$

可见，溶液中不生成 $Zn(OH)_2$ 沉淀条件是 $pH<5.54$，而 $Fe(OH)_3$ 沉淀完全的条件是 $pH\geqslant 2.82$。因此溶液的 pH 处于 2.82～5.54 之间，既能除去 Fe^{3+} 杂质，又不会生成 $Zn(OH)_2$ 沉淀，这样就达到分离的目的。

另外，很多金属硫化物都是难溶电解质，但不同难溶金属硫化物在酸中的溶度积常数不同。在 H_2S 的饱和溶液中，S^{2-} 的浓度可以通过控制溶液的 pH 来调节，从而使溶液中的某些金属离子达到分离或提纯的目的。

7.3.2 沉淀的转化

在含有沉淀的溶液中，加入适当试剂，使沉淀转化为另一种更难溶电解质的过程叫沉淀的转化。例如，向盛有白色 $PbSO_4$ 沉淀的试管中，加入 Na_2S 溶液，搅拌后，可以观察到沉淀由白色变为黑色。这是由于生成了更难溶解的 PbS 沉淀，从而降低了溶液中 Pb^{2+} 浓度，破坏了 $PbSO_4$ ［$K_{sp}^{\ominus}(PbSO_4)=2.5\times10^{-8}$］的沉淀溶解平衡，促使 $PbSO_4$ 溶解。

沉淀转化反应的实质是两个沉淀溶解平衡的同时平衡，两种沉淀转化达平衡时，共同平衡常数 $K^{\ominus}$ 值很大，说明沉淀的转化是很容易的。一般讲，$K_{sp}^{\ominus}$ 较大的沉淀易转化为 $K_{sp}^{\ominus}$ 较小的沉淀，两种沉淀的 $K_{sp}^{\ominus}$ 相差越大，转化越完全。

在生产实践中，有些沉淀很难处理，它们既难溶于水，又难溶于酸，对于这种沉淀就可采用沉淀的转化法来处理。例如，锅炉中锅垢的主要成分是 $CaSO_4$，虽然 $CaSO_4$ 的溶解度不是很小，但由于它既不溶于水又不溶于酸，很难用直接溶解的方法除去。如果先用 Na_2CO_3 溶液来处理，使 $CaSO_4$ 转化成溶解度更小的 $CaCO_3$，再用酸溶解 $CaCO_3$ 就能将锅垢消除干净。

【例 7-13】 在 1L Na_2CO_3 溶液中溶解 0.01mol $CaSO_4$，问 Na_2CO_3 的最初浓度应为多大？

解：由附录 7 查得 $K_{sp}^{\ominus}(CaSO_4)=4.9\times10^{-5}$，$K_{sp}^{\ominus}(CaCO_3)=3.4\times10^{-9}$

$$CaSO_4(s) \rightleftharpoons Ca^{2+}(aq)+SO_4^{2-}(aq)$$

$$Ca^{2+}(aq)+CO_3^{2-}(aq) \rightleftharpoons CaCO_3(s)$$

沉淀转化平衡为：

$$CaSO_4(s)+CO_3^{2-}(aq) \rightleftharpoons CaCO_3(s)+SO_4^{2-}(aq)$$

该过程的标准平衡常数：

$$K^{\ominus}=\frac{c_{SO_4^{2-}}}{c_{CO_3^{2-}}}=\frac{c_{SO_4^{2-}}}{c_{CO_3^{2-}}}\cdot\frac{c_{Ca^{2+}}}{c_{Ca^{2+}}}$$

$$=\frac{K_{sp}^{\ominus}(CaSO_4)}{K_{sp}^{\ominus}(CaCO_3)}=\frac{4.9\times10^{-5}}{3.4\times10^{-9}}=1.4\times10^{4}$$

平衡时 $c_{SO_4^{2-}}=0.01mol\cdot L^{-1}$，那么

$$c_{CO_3^{2-}}=\frac{c_{SO_4^{2-}}}{K^\ominus}=\frac{0.01}{1.4\times10^4}=7.1\times10^{-7}\,mol\cdot L^{-1}$$

因为溶解 0.01mol $CaSO_4$ 需要消耗 0.01mol 的 Na_2CO_3，所以 Na_2CO_3 的最初浓度应为（$0.01+7.1\times10^{-7}$）$mol\cdot L^{-1}$，近似为 $0.01mol\cdot L^{-1}$。

此例说明溶解度较大的沉淀转化为溶解度较小的沉淀时，沉淀转化的平衡常数一般比较大（$K^\ominus>1$），因此转化比较容易实现。如果是溶解度较小的沉淀转化为溶解度较大的沉淀，标准平衡常数（$K^\ominus<1$），这种转化往往比较困难，但在一定条件下也是能够实现的。

思考题

1. 说明下列基本概念。

（1）溶解度、溶度积和溶度积规则；

（2）沉淀反应中同离子效应和盐效应；

（3）分步沉淀与沉淀的转化。

2. 下列叙述是否正确？并说明之。

（1）溶解度大的，溶度积一定大；

（2）为了使某种离子沉淀得很完全，需要加入更多的沉淀试剂；

（3）所谓沉淀完全，就是指溶液中被沉淀离子的浓度为零；

（4）对含有多种可被沉淀离子的溶液来说，当逐滴慢慢加入沉淀试剂时，一定是浓度大的离子首先被沉淀出来；

（5）$CuCO_3$ 的溶度积 $K_{sp}^\ominus=1.4\times10^{-10}$，这表明在所含有 $CuCO_3$ 的溶液中，$c_{Cu^{2+}}=c_{CO_3^{2-}}$，而且 $c_{Cu^{2+}}\cdot c_{CO_3^{2-}}=1.4\times10^{-10}$。溶度积的大小决定于物质的本性和温度，与浓度无关。

（6）因为 Ag_2CrO_4 的溶度积小于 AgCl 的溶度积，所以，Ag_2CrO_4 必定比 AgCl 更难溶于水。AgCl 在 $1mol\cdot L^{-1}$ NaCl 溶液中，由于盐效应的影响，使其溶解度比在水中要略大一些。

（7）难溶物质的离子积达到（等于）其溶度积并有沉淀产生时，该溶液为其饱和溶液。

3. 根据溶度积规则，说明下列事实。

（1）$CaCO_3(s)$ 能溶解于 HAc 溶液中；

（2）$Fe(OH)_3(s)$ 溶解于稀 H_2SO_4 溶液中；

（3）MnS(s) 溶于 HAc，而 ZnS(s) 不溶于 HAc 能溶于稀 HCl 溶液中；

（4）$SrSO_4$ 难溶于稀 HCl 中；

（5）AgCl 不溶于稀 HCl（$2.0mol\cdot L^{-1}$），但可适当溶解于浓盐酸中。

4. 通过实例，总结出影响难溶电解质溶解度的因素，以及溶解沉淀的常用方法。

5. 将 1.0mL $1.0mol\cdot L^{-1}$ $Cd(NO_3)_2$ 溶液加入到 1.0L $5.0mol\cdot L^{-1}$ 氨水中，将生成 $Cd(OH)_2$ 还是 $[Cd(NH_3)_4]^{2+}$？并通过计算说明之。

6. 大约 50%的肾结石是由磷酸钙 $Ca_3(PO_4)_2$ 组成的。正常尿液中的钙含量每天约为 0.10g Ca^{2+}，正常的排尿量每天为 1.4L。

(1) 为不使尿中形成 $Ca_3(PO_4)_2$，其中最大的 PO_4^{3-} 浓度不得高于多少？

(2) 对肾结石患者来说，医生总让其多饮水，你能简单对其加以说明吗？

习 题

1. 在化学手册中查到下列各物质的溶解度，由于这些化合物在水中是微溶的或是难溶的，假定溶液体积近似等于溶剂体积，计算它们各自的溶度积。

(1) TlCl	0.29g/100mL
(2) $Ce(IO_3)_4$	1.5×10^{-2} g/100mL
(3) $Gd_2(SO_4)_3$	3.98g/100mL
(4) InF_3	4.0×10^{-2} g/100mL

2. 根据 $Mg(OH)_2$ 的溶度积计算：

(1) $Mg(OH)_2$ 在水中的溶解度（$mol\cdot L^{-1}$）；

(2) $Mg(OH)_2$ 饱和溶液中的 $c_{Mg^{2+}}$，c_{OH^-} 和 pH；

(3) $Mg(OH)_2$ 在 $0.010mol\cdot L^{-1}$ NaOH 溶液中的溶解度（$mol\cdot L^{-1}$）；

(4) $Mg(OH)_2$ 在 $0.010mol\cdot L^{-1}$ $MgCl_2$ 溶液中的溶解度（$mol\cdot L^{-1}$）。

3. 将 $0.30mol\cdot L^{-1}CuSO_4$、$1.80mol\cdot L^{-1}NH_3$ 和 $0.60mol\cdot L^{-1}NH_4Cl$ 三种溶液等体积混合。计算溶液中相关离子的平衡浓度，并判断有无 $Cu(OH)_2$ 沉淀生成？

4. 将 $Pb(NO_3)_2$ 溶液与 $BaCl_2$ 溶液混合，设混合液中 $Pb(NO_3)_2$ 的浓度为 $0.20mol\cdot L^{-1}$，问：

(1) 在混合溶液中 Cl^- 的浓度等于 $5.0\times10^{-4}mol\cdot L^{-1}$ 时，是否有沉淀生成？

(2) 混合溶液中 Cl^- 的浓度多大时，开始生成沉淀？

(3) 混合溶液中 Cl^- 的浓度为 $6.0\times10^{-2}mol\cdot L^{-1}$ 时，残留于溶液中 Pb^{2+} 的浓度为多少？

5. 通过计算回答下列问题：

(1) 在 10.0mL $0.015mol\cdot L^{-1}$ $MnSO_4$ 溶液中，加入 5.0mL $0.15mol\cdot L^{-1}NH_3(aq)$，是否能生成 $Mn(OH)_2$ 沉淀？

(2) 若在上述 10.0mL $0.015mol\cdot L^{-1}$ $MnSO_4$ 溶液中先加入质量为 0.495g $(NH_4)_2SO_4$ 晶体，然后再加入 5.0mL $0.15mol\cdot L^{-1}$ $NH_3(aq)$，是否有 $Mn(OH)_2$ 沉淀生成？

6. 已知反应：$Cu(OH)_2(s)+4NH_3(aq) \rightleftharpoons [Cu(NH_3)_4]^{2+}(aq)+2OH^-(aq)$

(1) 计算该反应在 298K 下的标准平衡常数；

(2) 估算 $Cu(OH)_2$ 在 $6.0mol\cdot L^{-1}$ 氨水中的溶解度（$mol\cdot L^{-1}$）（忽略氨水浓度的变化）。

7. 计算 298K 下，AgBr(s) 在 $0.010mol\cdot L^{-1}$ $Na_2S_2O_3$ 溶液中的溶解度。

8. 在 $1.0mol\cdot L^{-1}$ $ZnSO_4$ 溶液中，含有杂质 Fe^{3+}，欲要使 Fe^{3+} 以 $Fe(OH)_3$ 形式沉淀除去，而不使 Zn^{2+} 沉淀，问溶液的 pH 应控制在什么范围？若原溶液中还含有 Fe^{2+}，能否同时被除去？如何除去？

9. 某溶液中含有 Fe^{3+} 和 Fe^{2+}，它们的浓度都是 0.05mol·L^{-1}，如果要求 $Fe(OH)_3$ 沉淀完全，而 Fe^{2+} 不生成 $Fe(OH)_2$ 沉淀，应该如何控制溶液 pH?

10. 某厂排放废水中含有 1.47×10^{-3} mol·L^{-1} Hg^{2+}，用化学沉淀法控制 pH 为多少时才能达到排放标准（Hg^{2+} 排放标准为 0.001mg·L^{-1}，Hg 的相对原子质量为 200.59)?

11. 通过计算回答下列问题：

(1) 在 0.10mol·L^{-1} $FeCl_2$ 溶液中，不断通入 $H_2S(g)$，若不生成 FeS 沉淀，溶液的 pH 范围为多少?

(2) 在 pH 为 1.00 的某溶液中含有 $FeCl_2$ 与 $CuCl_2$，两者的浓度均为 0.10mol·L^{-1}，不断通入 $H_2S(g)$ 时，能有哪些沉淀生成？各种离子浓度分别是多少?

12. 某溶液中含有 Pb^{2+} 和 Zn^{2+}，两者的浓度均为 0.10mol·L^{-1}；在室温下通入 $H_2S(g)$ 使之成为 H_2S 饱和溶液，并加入 HCl 控制 S^{2-} 浓度。为了使 PbS 沉淀出来，而 Zn^{2+} 仍留在溶液中，则溶液中的 H^+ 浓度最低应是多少？此时溶液中的 Pb^{2+} 是否被沉淀完全?

13. 在含有 0.010mol·L^{-1} Zn^{2+}、0.10mol·L^{-1} HAc 和 0.050mol·L^{-1} NaAc 的溶液中，不断通入 $H_2S(g)$ 使之饱和，问沉淀出 ZnS 之后，溶液中残留的 Zn^{2+} 是多少？（虽然是缓冲系统，pH 的微小变化也会引起 Zn^{2+} 浓度的变化，这一点是要考虑的。）

14. Ca^{2+} 和 Ba^{2+}（$c_{Ca^{2+}}=1.0\times10^{-3}$ mol·L^{-1}，$c_{Ba^{2+}}=1.0\times10^{-2}$ mol·L^{-1}）混合液中，向其中滴加 Na_2SO_4 溶液，通过计算说明可否将两者分离（忽略体积变化）?

15. 某溶液中含有 0.10mol·L^{-1} Li^+ 和 0.10mol·L^{-1} Mg^{2+}，滴加 NaF 溶液（忽略体积变化），哪种离子最先被沉淀出来？当第二种沉淀析出时，第一种被沉淀的离子是否沉淀完全？两种离子有无可能分离开?

16. 如果用 $Ca(OH)_2$ 溶液来处理 $MgCO_3$ 沉淀，使之转化为 $Mg(OH)_2$ 沉淀。问：

(1) 该反应的标准平衡常数是多少?

(2) 若在 1.0L $Ca(OH)_2$ 溶液中溶解 0.0045mol $MgCO_3$，则 $Ca(OH)_2$ 的最初浓度至少应为多少?

第 8 章
氧化还原反应　电化学基础

氧化还原反应是化学反应中最重要的一类反应。早在远古时代，“燃烧”这一最早被应用的氧化还原反应促进了人类的进化。地球上植物的光合作用也是氧化还原过程。食物、天然纤维和矿物燃料等均来自于光合作用，光合作用还产生了人和动物呼吸以及燃料燃烧所需要的氧气。人体动脉血液中的血红蛋白同氧结合形成氧合血红蛋白，通过血液循环氧被输送到体内各部分，以氧合肌红蛋白的形式将氧贮存起来，直到人劳动或工作需要氧的时候，氧合肌红蛋白释放出氧将葡萄糖氧化，并放出能量。就是这种体内的缓慢“燃烧”反应使生命得以维持和生长。在现代社会中，金属冶炼、高能燃料和众多化工产品的合成都涉及氧化还原反应。

在原电池中自发的氧化还原反应将化学能转变为电能。相反，在电解池中，电能将迫使非自发的氧化还原反应进行，并将电能转化为化学能。电能与化学能间的相互转化是电化学研究的重要内容。电化学是化学科学的分支学科之一。本章将以原电池作为讨论氧化还原反应的模型，重点讨论标准电极电势的概念以及影响电极电势的因素。同时将氧化还原反应与原电池电动势联系起来，判断反应进行的方向和限度，为今后深入地学习电化学打下基础。

8.1 氧化还原反应

化学反应可被划分为两类：一类是非氧化还原反应，前面所讨论的酸碱反应和沉淀反应都是非氧化还原反应；另一类是氧化还原反应，这是一类有电子转移或得失的反应。氧化还原反应中电子从一种物质转移到另一种物质，相应某些元素的氧化数发生了改变。本节将讨论氧化还原反应的一些基本概念以及反应式的配平。

8.1.1 氧化数（氧化值）的确定规则

伴随氧化还原反应的发生，某些原子的带电状态发生了改变，为了描述原子带电状态的变化，说明元素被氧化或还原的程度，引入了氧化数的概念。氧化数也称氧化值，1970年国际纯粹和应用化学联合会（IUPAC）对氧化数做了严格的定义：氧化数是指某元素一个原子的电荷数，其数值取决于原子形成分子时，得失电子数或偏移的电子数。

（1）氧化数的一般确定规则

① 任何形态的单质中，元素的氧化数等于零。这是因为相同元素原子电负性相等，在形成单质时，化学键中没有电子的转移或偏移。

② 在离子化合物中，单原子离子的氧化数等于它所带的电荷数。如 $MgCl_2$ 中，镁原子的氧化数是+2，氯原子的氧化数为−1。

③ 对于共价型化合物，元素原子的氧化数可按照元素电负性的大小，把共用电子对归属于电负性较大的原子，再由各原子上的电荷数确定它们的氧化数，例如，CO_2 中碳原子的氧化数为+4，氧原子的氧化数为−2。

④ 在化合物中，所有元素原子的氧化数的代数和等于零。

⑤ 在多原子离子中，有关元素氧化数的代数和，就是该复杂离子的电荷数。

⑥ 氟是电负性最大的元素，氟在化合物中的氧化数皆为－1。

⑦ 碱金属和碱土金属在化合物中的氧化数分别为＋1 和＋2。

⑧ 在大多数化合物中，氢的氧化数为＋1，但在活泼金属氢化物（如 LiH，CaH_2）中，氢的氧化数为－1。

⑨ 通常在化合物中氧的氧化数为－2，但在过氧化物中（如 H_2O_2），氧的氧化数为－1；在超氧化物中（如 KO_2），氧的氧化数为－1/2；在氟氧化物中（如 OF_2），氧的氧化数为＋2。

（2）有机化合物中碳原子的氧化数的确定规则

① 碳原子与碳原子相连时，无论是单键还是双键或叁键，碳原子的氧化数为零。

② 碳原子与氢原子相连，碳原子的氧化数为－1。

③ 有机化合物中所含 O、N、S、X 等杂原子，它们的电负性都比碳原子大，碳原子以单键、双键或叁键与杂原子联结，碳原子的氧化数为＋1、＋2 或＋3。

根据这些规则，我们可以计算复杂分子中任一种元素的氧化数。

【例 8-1】 计算下列化合物中硫的氧化数。

H_2SO_4　　H_2SO_3　　$S_2O_3^{2-}$　　$S_4O_6^{2-}$　　H_2S

解：根据分子或离子的总电荷等于各元素氧化数的代数和。设硫的氧化数为 x。

H_2SO_4　$2\times(+1)+x+4\times(-2)=0$　　$x=+6$

H_2SO_3　$2\times(+1)+x+3\times(-2)=0$　　$x=+4$

$S_2O_3^{2-}$　$2x+3\times(-2)=-2$　　$x=+2$

$S_4O_6^{2-}$　$4x+6\times(-2)=-2$　　$x=+2.5$

H_2S　$2\times(+1)+x=0$　　$x=-2$

【例 8-2】 试求高锰酸钾（$KMnO_4$）中 Mn 的氧化数。

解：已知氧的氧化数为－2，而 $KMnO_4$ 中钾为 K^+ 形式，其氧化数等于其离子电荷为＋1。设锰的氧化数为 x，则

$$x+4\times(-2)=-1 \qquad x=+7$$

Mn 的氧化数为＋7。

由此可见，氧化数是为了说明物质的氧化状态而引入的一个概念，可以是正数、负数或分数。

8.1.2 氧化还原反应基本概念

根据氧化数的概念，凡化学反应中，反应前后元素的氧化数发生了变化的一类反应称为氧化还原反应，氧化数升高的过程称为氧化，氧化数降低的过程称为还

原。在氧化还原反应中，氧化与还原同时发生，且氧化数升高的总数必等于氧化数降低的总数。

(1) 氧化剂和还原剂

在氧化还原反应中，如果某物质的组成原子或离子氧化数升高，称此物质为还原剂，其本身在反应中被氧化，它的反应产物叫氧化产物；反之，氧化数降低的物质被称为氧化剂，其本身在反应中被还原，它的反应产物叫还原产物。例如：

$$2KMnO_4 + 5H_2O_2 + 3H_2SO_4 \rightleftharpoons 2MnSO_4 + K_2SO_4 + 5O_2\uparrow + 8H_2O$$

（氧化剂）（还原剂）　　（还原产物）　　（氧化产物）

氧化剂和还原剂是同一物质的氧化还原反应，称为自身氧化还原反应。例如：

$$2KClO_3 \rightleftharpoons 2KCl + 3O_2\uparrow$$

某物质中同一元素同一氧化态的原子部分被氧化、部分被还原的反应称为歧化反应。歧化反应是自身氧化还原反应的一种特殊类型。例如：

$$Cl_2 + H_2O \rightleftharpoons HClO + HCl$$

(2) 氧化还原电对和半反应

在氧化还原反应中，表示氧化或还原过程的反应式，分别叫氧化反应和还原反应，统称为半反应。例如：

氧化反应　　$Zn - 2e^- \rightleftharpoons Zn^{2+}$

还原反应　　$Cu^{2+} + 2e^- \rightleftharpoons Cu$

即氧化还原反应是由两个半反应组成的。通常将半反应中氧化数较高的那种物质叫做氧化型（如 Zn^{2+}、Cu^{2+}），氧化数较低的那种物质叫做还原型（如 Zn、Cu）。半反应中的同一元素的氧化型和还原型是彼此依存、相互转化的，这种共轭的氧化还原系统称为氧化还原电对，电对用“氧化型/还原型”的形式表示，如 Cu^{2+}/Cu、Zn^{2+}/Zn。一个电对就代表一个半反应，半反应可用下列通式表示：

$$a\ \text{氧化型} + ne^- \rightleftharpoons b\ \text{还原型}$$

每个氧化还原反应是由氧化剂的还原反应和还原剂的氧化反应来组成，就是说任何一个氧化还原反应均含有两个不同的氧化还原电对。

8.1.3 氧化还原反应方程式的配平

氧化还原反应往往比较复杂，反应方程式很难用目视法配平。配平这类反应方程式最常用的有离子-电子法、氧化数法等，这里只介绍离子-电子法。

(1) 离子-电子法的配平原则

① 反应过程中氧化剂得电子数必须等于还原剂失电子数。

② 反应前后各元素的原子总数相等。

(2) 离子-电子法配平氧化还原反应方程式的具体步骤

现以酸性溶液中高锰酸钾与亚硫酸钾的反应为例，配平过程如下：

① 将分子反应式改写为离子反应式。

$$KMnO_4 + K_2SO_3 \longrightarrow MnSO_4 + K_2SO_4$$

$$MnO_4^- + SO_3^{2-} \longrightarrow Mn^{2+} + SO_4^{2-}$$

② 把离子反应式分成氧化反应和还原反应两个半反应式。

还原反应 $MnO_4^- \longrightarrow Mn^{2+}$

氧化反应 $SO_3^{2-} \longrightarrow SO_4^{2-}$

③ 配平半反应式，并使半反应两边的电荷数相等。

还原反应 $MnO_4^- + 8H^+ + 5e^- \longrightarrow Mn^{2+} + 4H_2O$ (1)

氧化反应 $SO_3^{2-} + H_2O \longrightarrow SO_4^{2-} + 2H^+ + 2e^-$ (2)

式（1）中产物 Mn^{2+} 比反应物 MnO_4^- 少 4 个氧原子，因为反应是在酸性介质中进行，所以加 8 个 H^+，生成 4 个 H_2O。反应物 MnO_4^- 和 $8H^+$ 的总电荷数为 +7，而产物 Mn^{2+} 的电荷数只有 +2，所以在反应物中加 5 个电子，使半反应两边的原子数和电荷数都相等。

式（2）中产物 SO_4^{2-} 比反应物 SO_3^{2-} 多 1 个氧原子，反应在酸性介质中进行，应该加 1 个 H_2O，生成 2 个 H^+。反应物 SO_3^{2-} 的电荷数只有 −2，而产物 SO_4^{2-} 和 $2H^+$ 的总电荷数为 0，故在产物中加 2 个电子，使之配平。

④ 求出最小公倍数，合并两个半反应式。

根据电子的得失求出最小公倍数，将两个半反应分别乘以相应系数，进行合并，即得配平的离子反应式。

式(1)×2+式(2)×5：

$$2MnO_4^- + 5SO_3^{2-} + 6H^+ \rightleftharpoons 2Mn^{2+} + 5SO_4^{2-} + 3H_2O$$

最后将离子反应式还原为分子反应式，注意没有参加氧化还原反应的离子的配平。

$$2KMnO_4 + 5K_2SO_3 + 3H_2SO_4 \rightleftharpoons 2MnSO_4 + 6K_2SO_4 + 3H_2O$$

（3）配平氢、氧原子的经验规则

配平半反应式时，如果氧化剂或还原剂与其产物内所含的氧原子数目不同，可以根据介质的酸碱性，分别在半反应式中加 H^+、OH^- 和 H_2O，并利用水的解离平衡使两边的氢和氧原子数相等。不同介质条件下配平氧原子的经验规则见表 8-1。

表 8-1 配平氧原子的经验规则

介质条件	方程式两边氧原子数	左边应加入物质	右边应加入物质
酸性	左边 O 多	H^+	H_2O
	左边 O 少	H_2O	H^+
碱性	左边 O 多	H_2O	OH^-
	左边 O 少	OH^-	H_2O

【例 8-3】 酸性介质中用离子-电子法配平下列反应式：

$$H_2O_2 + I^- \longrightarrow H_2O + I_2$$

解：将反应拆分成两个半反应，并分别配平

$$2I^- \rightleftharpoons I_2 + 2e^-$$

$$H_2O_2 + 2H^+ + 2e^- \rightleftharpoons 2H_2O$$

将两个半反应相加得

$$H_2O_2 + 2H^+ + 2I^- \rightleftharpoons I_2 + 2H_2O$$

【例 8-4】 氯气在热的氢氧化钠溶液中生成氯化钠和氯酸钠。配平该反应方程式：

$$Cl_2 + NaOH \longrightarrow NaCl + NaClO_3$$

解：在该反应中，氯元素的氧化值从 0(Cl_2) 变为 +5($NaClO_3$) 和 −1(Cl^-)。因为反应在碱液中进行，由 Cl_2 到 ClO_3^- 的转化所需要增加的氧原子是由 OH^- 提供的。现将反应拆分成两个半反应，并分别配平。其中还原剂 Cl_2 被氧化的半反应为：

$$Cl_2 + 12OH^- \rightleftharpoons 2ClO_3^- + 6H_2O + 10e^-$$

氧化剂 Cl_2 被还原的半反应为：

$$Cl_2 + 2e^- \rightleftharpoons 2Cl^-$$

将两个半反应相加得：

$$Cl_2 + 12OH^- \rightleftharpoons 2ClO_3^- + 6H_2O + 10e^-$$

$$+)\ 5\times(Cl_2 + 2e^- \rightleftharpoons 2Cl^-)$$

$$6Cl_2 + 12OH^- \rightleftharpoons 2ClO_3^- + 6H_2O + 10Cl^-$$

应使配平的方程式中各种离子、分子的化学计量数为最小整数：

$$3Cl_2 + 6OH^- \rightleftharpoons ClO_3^- + 3H_2O + 5Cl^-$$

核对方程式两边电荷数和各元素的原子个数是否各自相等。其分子方程式为：

$$3Cl_2 + 6NaOH \rightleftharpoons 5NaCl + NaClO_3 + 3H_2O$$

离子-电子法突出了化学计量数的变化是电子得失的结果，更能反映氧化还原反应的真实情况。离子-电子法仅适用于水溶液中离子反应的配平。由于大多数氧化还原反应都是在水溶液中进行的，只要熟练掌握半反应，此法是很方便的。

8.2 原电池

8.2.1 原电池的构造

一切氧化还原反应均为电子从还原剂转移给氧化剂的过程。例如，将 Zn 片投入 $CuSO_4$ 溶液中，即发生如下的氧化还原反应：

$$Zn(s) + CuSO_4(aq) \rightleftharpoons ZnSO_4(aq) + Cu(s)$$

上述反应虽然发生了电子从 Zn 转移到 Cu^{2+} 的过程，但没有形成有序的电子

流。反应的化学能没有转变为电能，而变成了热能释放出来，导致溶液的温度升高。若把 Zn 片和 $ZnSO_4$ 溶液、Cu 片和 $CuSO_4$ 溶液分别放在两个容器内，两溶液以盐桥（含琼脂的 KCl 饱和溶液装入 U 型管中制成，其作用是沟通两个半电池，保持溶液的电荷平衡，使反应能持续进行）沟通，金属片之间用导线接通，并串联一个检流计，如图 8-1 所示。

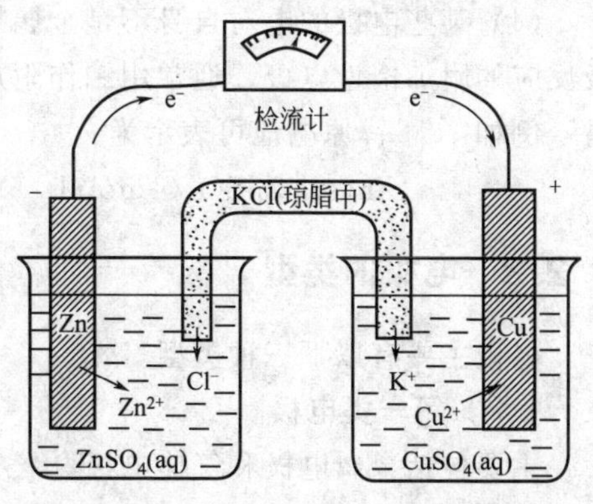

图 8-1 铜-锌原电池示意图

当线路接通后，会看到检流计的指针立刻发生偏转，说明导线上有电流通过。与此同时，还可以观察到，Zn 片慢慢溶解，Cu 片上有金属铜析出。说明发生了上述相同的氧化还原反应，这种把化学能转变为电能的装置称为原电池。原电池是由两个半电池组成，每个半电池称为一个电极。

原电池中依据电势的高低及电子流动的方向来确定正、负极。向外电路输出电子的电极为负极，如 Zn 电极，负极发生氧化反应；从外电路接受电子的电极为正极，如 Cu 电极，正极发生还原反应，将两电极反应合并，即得电池反应。如在 Cu-Zn 原电池中分别发生了如下反应：

负极（氧化反应） $Zn(s) \rightleftharpoons Zn^{2+}(aq) + 2e^-$

正极（还原反应） $Cu^{2+}(aq) + 2e^- \rightleftharpoons Cu(s)$

电池反应（氧化还原反应） $Zn(s) + Cu^{2+}(aq) \rightleftharpoons Zn^{2+}(aq) + Cu(s)$

在铜-锌原电池中所进行的电池反应，与 Zn 置换 Cu^{2+} 的化学反应是一样的。只是在原电池装置中，氧化剂和还原剂不直接接触，氧化反应和还原反应同时分别在两个不同的区域内进行，电子不是直接从还原剂转移给氧化剂，而是经导线传递，这正是原电池利用氧化还原反应产生电流的原因，即将化学能转变成电能。

8.2.2 原电池的符号表示

为了应用方便，通常用电池符号来表示一个原电池的组成。电池符号书写规则如下。

(1) 一般把负极写在左边，正极写在右边。左边的负极发生氧化作用，右边的正极发生还原作用。金属电极材料写在左右两边的最外侧，电解质溶液写在中间。

(2) 写明电池中物质的聚集状态（s，l，g），组成（活度 a 或浓度 c 或分压），因为这些都会影响电池的电动势。

(3) 用单垂线“|”表示溶液与不同相的区分界面，以表明此处有电势差存在，同一溶液中不同溶质之间用“,”分开。用双垂线“‖”表示连接两不同电解质溶液的盐桥。

(4) 某些电极的电对自身不是金属导体时，则需外加一个能导电而又不参与电极反应的附加惰性电极，通常用铂作附加电极。

例如：铜-锌原电池可表示为：

$$(-)Zn(s)|ZnSO_4(1mol\cdot L^{-1})\|CuSO_4(1mol\cdot L^{-1})|Cu(s)(+)$$

8.2.3 电极的类型

电极主要有以下三种类型。

(1) 第一类电极

主要包括金属电极和气体电极。

① 金属电极

将金属浸在含有该金属离子的溶液中即构成金属电极，可以表示为 $M^{n+}|M(s)$，电极反应为：

$$M^{n+}+ne^- \rightleftharpoons M$$

例如 Zn 插在 $ZnSO_4$ 溶液中构成的电极可表示为 $Zn^{2+}|Zn$，其电极反应为：

$$Zn^{2+}(aq)+2e^- \rightleftharpoons Zn(s)$$

② 气体电极

这类电极是一种气体单质与相应离子组成的电极，如氢电极、氧电极、氯气电极等。因为 H_2、O_2、Cl_2 等气体都不能起导电作用，所以要插入惰性金属 Pt 作导体。例如氯气电极符号 $Cl^-(aq)|Cl_2(g)|Pt(s)$，其电极反应为：

$$Cl_2(g)+2e^- \rightleftharpoons 2Cl^-(aq)$$

(2) 第二类电极

主要包括难溶盐和难溶氧化物电极。

① 难溶盐电极

难溶盐电极是由金属外面覆盖一层该金属的难溶盐，然后浸入含有该难溶盐的负离子的溶液中构成的。例如 Ag-AgCl 电极就属于这一类。

电极组成：$Cl^-(aq)|AgCl(s)|Ag(s)$

电极反应：$AgCl(s)+e^- \rightleftharpoons Ag(s)+Cl^-(aq)$

② 难溶氧化物电极

难溶氧化物电极是由金属外面覆盖一层该金属的难溶氧化物，然后浸入含有 H^+、OH^- 的溶液中构成的。例如氧化银电极就属于这一类。

电极组成：$H^+(aq)|Ag_2O(s)|Ag(s)$

电极反应：$Ag_2O(s)+2H^+(aq)+2e^- \rightleftharpoons 2Ag(s)+H_2O(l)$

(3) 第三类电极（氧化还原电极）

将惰性电极插入含有某种离子的不同氧化态所组成的溶液中就构成了氧化还原电极。这里惰性电极只起导电作用，而氧化还原反应在溶液中进行。例如，Fe^{3+} 和 Fe^{2+} 组成的电极。

电极组成：$Fe^{3+}(aq),Fe^{2+}(aq)|Pt(s)$

电极反应：$Fe^{3+}(aq)+e^- \rightleftharpoons Fe^{2+}(aq)$

这类电极的特点是氧化态和还原态物质的浓度可以改变。

熟悉电极的种类及构成，是将一个氧化还原反应设计成原电池的基础。从理论上说，任何一个氧化还原反应都可以设计成原电池。例如：

$$2Fe^{3+}(aq)+Sn^{2+}(aq) \rightleftharpoons 2Fe^{2+}(aq)+Sn^{4+}(aq)$$

在一个烧杯中放入含有 Fe^{3+} 和 Fe^{2+} 的溶液，另一烧杯中放入含有 Sn^{4+} 和 Sn^{2+} 的溶液。在两烧杯中插入铂片作附加电极，再用盐桥、导线等连接起来成为原电池（图 8-2）。电池符号为：

$$(-)Pt(s)|Sn^{2+}(aq),Sn^{4+}(aq) \| Fe^{3+}(aq),Fe^{2+}(aq)|Pt(s)(+)$$

该氧化还原反应的正负极均为第三类电极。

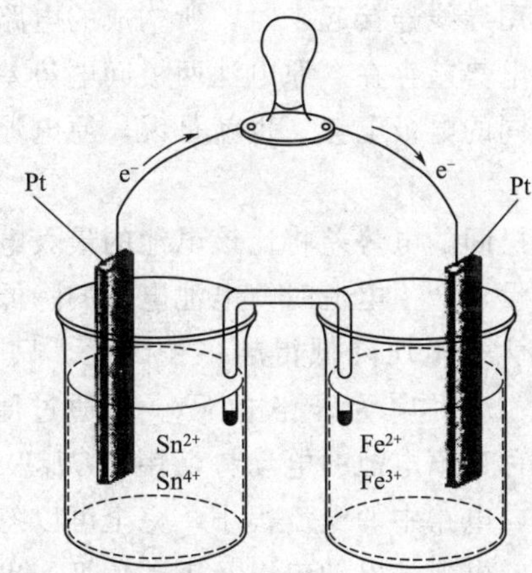

图 8-2 $(-)Pt(s)|Sn^{2+}(aq),Sn^{4+}(aq) \| Fe^{3+}(aq),Fe^{2+}(aq)|Pt(s)(+)$

【例 8-5】 已知下列电池符号，写出各原电池的电极反应和电池反应。

(1) $Zn(s)|Zn^{2+}(aq) \| H^+(aq)|H_2(g)|Pt(s)$

(2) $Cu(s)|Cu^{2+}(aq) \| Fe^{3+}(aq),Fe^{2+}(aq)|Pt(s)$

解：

(1) 负极，氧化反应：$Zn(s) \rightleftharpoons Zn^{2+}(aq)+2e^-$

正极，还原反应：$2H^+(aq)+2e^- \rightleftharpoons H_2(g)$

电池反应：$Zn(s)+2H^+(aq) \rightleftharpoons Zn^{2+}(aq)+H_2(g)$

(2) 负极，氧化反应：$Cu(s) \rightleftharpoons Cu^{2+}(aq)+2e^-$

正极，还原反应：$Fe^{3+}(aq)+e^- \rightleftharpoons Fe^{2+}(aq)$

电池反应：$2Fe^{3+}(aq)+Cu(s) \rightleftharpoons 2Fe^{2+}(aq)+Cu^{2+}(aq)$

【例 8-6】 写出下列电池反应对应的电极反应及电池符号。

(1) $2Fe^{3+}(aq)+2I^-(aq) \rightleftharpoons 2Fe^{2+}(aq)+I_2(s)$

(2) $2Fe^{2+}(aq)+Cl_2(g) \rightleftharpoons 2Fe^{3+}(aq)+2Cl^-(aq)$

解：

(1) 负极，氧化反应：$2I^-(aq) \rightleftharpoons I_2(s)+2e^-$

正极，还原反应：$Fe^{3+}(aq)+e^- \rightleftharpoons Fe^{2+}(aq)$

电池符号：$Pt(s)|I_2(s)|I^-(aq)\|Fe^{3+}(aq), Fe^{2+}(aq)|Pt(s)$

(2) 负极，氧化反应：$Fe^{2+}(aq) \rightleftharpoons Fe^{3+}(aq)+e^-$

正极，还原反应：$Cl_2(g)+2e^- \rightleftharpoons 2Cl^-(aq)$

电池符号：$Pt(s)|Fe^{2+}(aq), Fe^{3+}(aq)\|Cl^-(aq)|Cl_2(g)|Pt(s)$

原电池可以将化学能转化为电能，一方面具有实用价值，另一方面它也揭示了化学现象与电现象的关系，为电化学的形成打下基础。

8.2.4 原电池的电动势

将原电池的两个电极用导线连接起来时，所构成的电路中就有电流通过，这说明两个电极之间有一定的电势差存在。原电池两极间电势差的存在，说明构成原电池的两个电极各自具有不同的电极电势。也就是说，原电池中电流的产生是由于两个电极的电势不同所致。

当原电池放电时，两极间的电势差将比该电池的最大电压要小。这是因为驱动电流通过电池需要消耗能量，产生电流时，电池电压的降低正反映了电池内所消耗的这种能量，而且电流越大，电压降低得越多。因此，只有电路中没有电流通过时，电池才具有最大电压（又称其为开路电压）。当通过原电池的电流趋于零时，两电极间的最大电势差被称为原电池的电动势，用“E_{MF}”表示。可用电压表来测定电池的电动势。测量时，电路中的电流很小，完全可以忽略不计。因此，由电压表上所显示的数字可以确定电池的电动势以及正、负极。也可以用电势差计来测定原电池的电动势。

例如在铜-锌原电池中，两极一旦用导线连接，电流便从正极（铜极）流向负极（锌极），这说明两极之间存在电势差，而且正极的电势一定比负极的高。原电池的电动势等于在外电路没有电流通过的状态下，正极的电极电势与负极的电极电势之差，即

$$E_{MF}=\varphi_{+}-\varphi_{-} \tag{8-1}$$

电动势的大小主要取决于组成原电池物质的本性，此外，电动势还与温度有关。通常在标准状态下测定，所测得的电动势为标准电动势，在 298.15K 下的标准电动势以 $E_{MF}^{\ominus}$ 表示。

8.2.5 原电池的最大功与 Gibbs 函数

测定原电池的电动势，可用来计算电池内发生的化学反应的热力学函数。为此，要涉及可逆电池的概念。

可逆电池必须具备以下条件。第一，电极必须是可逆的，即当相反方向的电流

通过电极时，电极反应必然逆向进行；电流停止，反应亦停止。第二，要求通过电极的电流无限小，电极反应在接近电化学平衡的条件下进行。除此之外，在电池中进行的其他过程也必须是可逆的。总之，一个可逆电池经过自发的氧化还原反应产生电流之后，在外界直流电源的作用下，进行原电池的逆向反应，系统和环境都能复原。

在可逆电池中，进行自发反应产生电流可以做非体积功——电功。

热力学研究表明，在定温定压下：

$$\Delta_r G_m = W_{max} \tag{8-2}$$

即系统 Gibbs 函数的变化等于系统所做的非体积功。

根据物理学原理可以确定，可逆电池所做的最大电功等于电路中所通过的电荷量与电势差的乘积。

$$W_{max} = -nFE_{MF} \tag{8-3}$$

式中，n 为配平的电池反应方程式中转移的总电子数，即负极（还原剂）失去的电子数，正极（氧化剂）得到的电子数；F 为 Faraday（法拉第）常数，$96500C \cdot mol^{-1}$，nF 为 n 摩尔电子的总电荷量。

根据式（8-2）、式（8-3）得

$$\Delta_r G_m = -nFE_{MF} \tag{8-4a}$$

上式表明可逆电池中系统的 Gibbs 函数的变化等于系统对外所做的最大电功。

如果可逆电池反应是在标准状态下进行的，则式（8-4a）可写为：

$$\Delta_r G_m^{\ominus} = -nFE_{MF}^{\ominus} \tag{8-4b}$$

根据式（8-4）可以进行电池反应的 Gibbs 函数变和电池电动势的相互换算，它是热力学和电化学的联系桥梁。另外也可以利用测定原电池电动势的方法确定某些离子的标准摩尔吉布斯函数。

同理，对于电极反应也存在

$$\Delta_r G_m = -nF\varphi \tag{8-5a}$$

$$\Delta_r G_m^{\ominus} = -nF\varphi^{\ominus} \tag{8-5b}$$

【例 8-7】 在 298.15K 下，实验测定铜锌原电池的标准电池电动势。

$(-)Zn(s)\,|\,Zn^{2+}(1mol \cdot L^{-1})\,\|\,Cu^{2+}(1mol \cdot L^{-1})\,|\,Cu(s)(+)\qquad E_{MF}^{\ominus} = 1.10V$

（1）计算电池反应：$Zn(s) + Cu^{2+}(aq) \longrightarrow Zn^{2+}(aq) + Cu(s)$ 的 $\Delta_r G_m^{\ominus}$；

（2）若已知 $\Delta_f G_m^{\ominus}(Zn^{2+}, aq) = -147.06kJ \cdot mol^{-1}$，计算 $\Delta_f G_m^{\ominus}(Cu^{2+}, aq)$。

解：（1） $Zn(s) + Cu^{2+}(aq) \longrightarrow Zn^{2+}(aq) + Cu(s)$

因为电池反应方程式中 $n=2$

所以

$$\begin{aligned}\Delta_r G_m^{\ominus} &= -nFE_{MF}^{\ominus} \\ &= -2 \times 96500C \cdot mol^{-1} \times 1.10V \\ &= -212kJ \cdot mol^{-1}\end{aligned}$$

（2）

$$\Delta_r G_m^{\ominus} = \Delta_f G_m^{\ominus}(Zn^{2+}, aq) - \Delta_f G_m^{\ominus}(Cu^{2+}, aq)$$

$$\begin{aligned}\Delta_f G_m^{\ominus}(Cu^{2+},aq) &= \Delta_f G_m^{\ominus}(Zn^{2+},aq) - \Delta_r G_m^{\ominus} \\ &= (-147.06+212)\,kJ\cdot mol^{-1} \\ &= 65\,kJ\cdot mol^{-1}\end{aligned}$$

8.3 电极电势

电极电势是一个极为重要的物理量。它可以用来衡量氧化剂和还原剂的相对强弱，判断氧化还原反应自发方向和程度。迄今为止，电极电势的绝对值尚无法直接测量。

原电池是由两个独立的“半电池”组成，每一个半电池相当于一个电极，分别进行氧化作用和还原作用。由不同的半电池可以组成各式各样的原电池，通过实验可以测得由两个电极所组成的电池的电动势。

8.3.1 参比电极

（1）标准氢电极（SHE）

电极电势的绝对值尚无法确定。如同确定海拔高度以海平面作基准一样，通常选取标准氢电极（简写为 SHE）作为比较的基准，称其为参比电极。将其他电对的电极电势与氢电极的标准电极电势作比较，从而确定出各电对的电极电势。

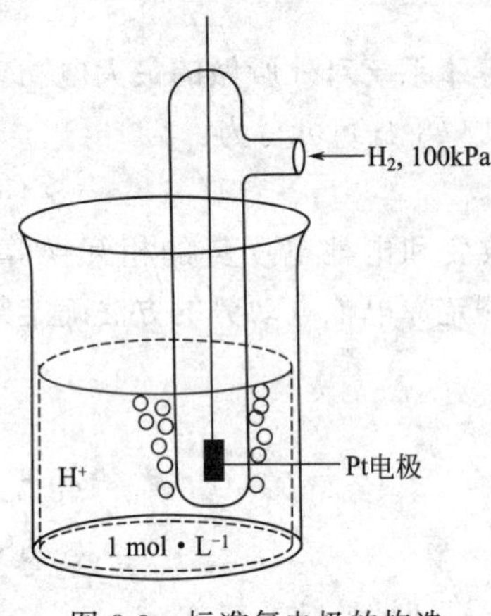

图 8-3　标准氢电极的构造

标准氢电极的构造如图 8-3 所示。将镀有铂黑的铂片（镀铂黑的目的是增加电极的表面积，促进对气体的吸附，以有利于与溶液达到平衡）浸入含有 H^+ 的酸溶液（$c_{H^+}=1.0\,mol\cdot L^{-1}$）中，并不断通入纯净的氢气（$p_{H_2}=100\,kPa$），使氢气冲打在铂片上，同时使溶液被氢气所饱和，氢气泡围绕铂片浮出液面。此时铂黑表面既有 H_2，又有 H^+。

氢电极的电极符号可表示为：$Pt|H_2(g)|H^+(aq)$ 或 $H^+(aq)|H_2(g)|Pt$

电极反应为：

$$2H^+(aq)+2e^- \rightleftharpoons H_2(g)$$

这种电极反应表明了电对的氧化型得电子转变为还原型的过程，是还原反应。与电对的还原反应相对应的电极电势为还原电极电势；与电对的氧化反应相对应的是氧化电势。本书全部采用还原电极电势。如热力学中规定 $\Delta_f H_m^{\ominus}(H^+,aq)=0$，$\Delta_f G_m^{\ominus}(H^+,aq)=0$ 一样，电化学中规定标准氢电极的还原电极电势为零，即 $\varphi^{\ominus}_{H^+/H_2}=0$。

标准氢电极是最精确的参比电极，是参比电极的一级标准，用标准氢电极与另一电极组成原电池，测得的原电池的电动势即电池两极的电势差值，就是另一电极的电极电位。氢电极的电极电势随温度变化改变得很小，这是它的优点。但是标准氢电极制作麻烦，氢气的净化，压力的控制等难以满足要求并且它对使用条件要求得十分严格，既不能用在含有氧化剂的溶液中，也不能用在含汞或砷的溶液中，而且铂黑容易中毒。因此，在实际应用中往往采用其他电极作为参比电极。实际工作中常用的参比电极有甘汞电极、银-氯化银电极等。它们的电极电势值是相对于标准氢电极而测得的，故称为二级标准。

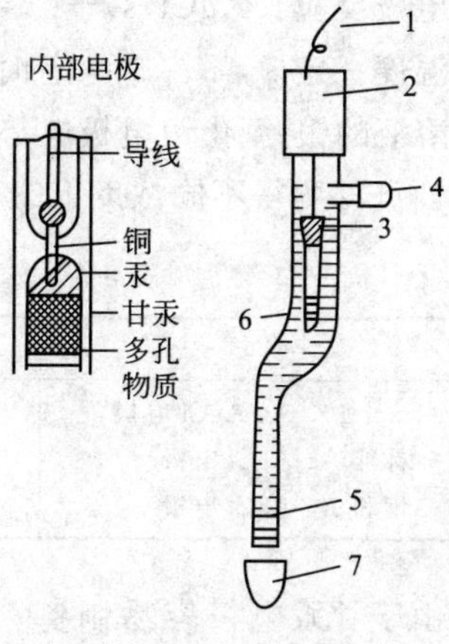

图 8-4 甘汞电极

1—电极引线；2—绝缘套；3—内部电极；4—封装口；5—纤维塞；6—KCl 溶液；7—电极胶盖

(2) 甘汞电极 (SCE)

甘汞电极（简写为 SCE）是金属汞、甘汞（Hg_2Cl_2）及 KCl 溶液组成的电极。它的结构如图 8-4 所示。

这是一类金属-难溶盐电极。它由两个玻璃套管组成，内套管下部有一多孔素瓷塞，并盛有汞和甘汞 Hg_2Cl_2 混合的糊状物，在其间插有作为导体的铂丝。在其外管中盛有饱和 KCl 溶液和少量 KCl 晶体，以保证 KCl 溶液处于饱和状态；外玻璃细管的最底部也有一多孔素瓷塞。多孔素瓷允许溶液中的离子迁移。

甘汞电极的组成：$Cl^-(aq)|Hg_2Cl_2(s)|Hg(l)$

电极反应为：$Hg_2Cl_2(s)+2e^- \rightleftharpoons 2Hg(l) + 2Cl^-(aq)$

温度一定时，甘汞电极的电极电势主要决定于 c_{Cl^-}，当 c_{Cl^-} 一定时，甘汞电极的电极电势就是个定值。不同浓度 KCl 溶液的甘汞电极电势，具有不同的恒定值。以标准氢电极的电极电势为基准，可以测得不同浓度 KCl 溶液甘汞电极（简写为 SCE）的电势，如表 8-2 所示。

表 8-2 25℃ 时甘汞电极的电极电势（对 SHE）

名称	KCl 溶液浓度	电极电势/V
0.1mol·L⁻¹甘汞电极	0.1mol·L⁻¹	+0.3335
标准甘汞电极	1.0mol·L⁻¹	+0.2799
饱和甘汞电极	饱和溶液	+0.2410

(3) 银-氯化银电极

银丝表面镀上一薄层 AgCl，浸在一定浓度的 KCl 溶液中，即构成 Ag-AgCl 电极。

Ag-AgCl 电极组成：$Cl^-(aq)|AgCl(s)|Ag(s)$

电极反应：$AgCl(s)+e^- \rightleftharpoons Ag(s)+Cl^-(aq)$

温度一定，当 c_{Cl^-} 一定时，银-氯化银电极的电极电势是个定值。不同浓度 KCl 溶液的银-氯化银电极电势，具有不同的恒定值。以标准氢电极的电极电势为基准，可以测得不同浓度 KCl 溶液 Ag-AgCl 电极的电势，如表 8-3 所示。

表 8-3　25℃ 时银-氯化银的电极电势（对 SHE）

名称	KCl 溶液浓度	电极电势/V
$0.1mol\cdot L^{-1}$ Ag-AgCl 电极	$0.1mol\cdot L^{-1}$	+0.2880
标准 Ag-AgCl 电极	$1.0mol\cdot L^{-1}$	+0.2220
饱和 Ag-AgCl 电极	饱和溶液	+0.2000

由于甘汞电极容易制备，便于使用，所以最常用。但是当温度超过 80℃时，甘汞电极不够稳定，此时可用 Ag-AgCl 电极代替。

8.3.2 标准电极电势

按照 1953 年国际纯粹和应用化学联合会（IUPAC）建议，采用标准氢电极作为标准。根据这个规定，某电极的电极电势就是所给电极与同温度下的标准氢电极所组成的电池的电动势。

（1）电极电势

采用标准氢电极作为参照基准，将待测电极与标准氢电极组成原电池：

标准氢电极 ‖ 待测电极

$$E_{MF}=\varphi_+-\varphi_-=\varphi_{待测}-\varphi_{标准氢电极}=\varphi_{待测}$$

因为标准氢电极的电极电势为零，所以规定该原电池的电动势就是待测电极的电极电势，并以 $\varphi_{待测}$ 表示。由此规定可知：当电池工作时，若待测电极实际上进行的是还原反应，则 $\varphi_{待测}$ 为正值；若待测电极实际上进行的是氧化反应，则 $\varphi_{待测}$ 为负值。

（2）标准电极电势

在电化学的实际应用中，半电池（即电对）的标准电极电势显得更重要些。标准电极电势可以通过实验测得。使待测半电池中各物种均处于标准态下，将其与标准氢电极相连接组成原电池，以电压表测定该电池的电动势并确定其正极和负极，进而可推算出待测半电池（电极或电对）的标准电极电势。标准电极电势用 $\varphi^{\ominus}_{待测}$ 表示，常见电极的标准电极电势值列于附录 8。

标准电极电势表给人们研究氧化还原反应带来很大的方便，使用标准电极电势表时应注意下面几点。

① 电极反应常写成：

$$a\ 氧化型+ne^- \rightleftharpoons b\ 还原型$$

需要注意的是，这里的氧化型与氧化态，还原型与还原态略有不同。如电极反应：

$$MnO_4^-(aq)+8H^+(aq)+5e^- \rightleftharpoons Mn^{2+}(aq)+4H_2O(l)$$

MnO_4^- 为氧化态，$MnO_4^- + 8H^+$ 为氧化型，即氧化型包括氧化态和介质产物，Mn^{2+} 为还原态，$Mn^{2+} + 4H_2O$ 为还原型，还原型包括还原态和介质产物。

② 电极电势是强度性质，没有加和性。因此，$\varphi^\ominus$ 值与电极反应的书写形式和物质的计量系数无关，仅取决于电极的本性。例如：

$$Cl_2(g)+2e^- \rightleftharpoons 2Cl^-(aq) \qquad \varphi^\ominus_{Cl_2/Cl^-}=1.36V$$

$$2Cl_2(g)+4e^- \rightleftharpoons 4Cl^-(aq) \qquad \varphi^\ominus_{Cl_2/Cl^-}=1.36V$$

$$2Cl^-(aq)-2e^- \rightleftharpoons Cl_2(g) \qquad \varphi^\ominus_{Cl_2/Cl^-}=1.36V$$

③ 使用电极电势时一定要注明相应的电对。例如：

$\varphi^\ominus_{Fe^{3+}/Fe^{2+}}=0.77V$，而 $\varphi^\ominus_{Fe^{2+}/Fe}=-0.44V$，二者相差很大，如不注明，容易混淆。

④ $\varphi^\ominus$ 是水溶液系统的标准电极电势。对于非标准态、非水溶液系统，不能用 $\varphi^\ominus$ 比较物质的氧化还原能力。

8.3.3 Nernst 方程

标准电极电势是在标准状态下测定的，通常参考温度为 298.15K。如果条件改变，温度、浓度、压力改变，则电对的电极电势也将随之发生改变。

（1）电极电势的 Nernst 方程

德国化学家 W. Nernst（能斯特）将影响电极电势大小的诸因素，如电极物质的本性、溶液中相关物质的浓度或分压、介质和温度等因素概括为一公式，称为能斯特方程式。

对于任意电极反应：

$$a\ 氧化型+ne^- \rightleftharpoons b\ 还原型$$

$$\Delta_r G_m(T)=\Delta_r G_m^\ominus(T)+RT\ln J$$

$$\Delta_r G_m=-nF\varphi$$

$$\Delta_r G_m^\ominus=-nF\varphi^\ominus$$

其电极电势的 Nernst 方程式为：

$$\varphi=\varphi^\ominus-\frac{RT}{nF}\ln\frac{c^b_{还原型}}{c^a_{氧化型}} \tag{8-6a}$$

或

$$\varphi=\varphi^\ominus+\frac{RT}{nF}\ln\frac{c^a_{氧化型}}{c^b_{还原型}} \tag{8-6b}$$

式中，φ 为电极在任意状态时的电极电势；$\varphi^\ominus$ 为电极在标准状态时的电极电势；R 为摩尔气体常数，$8.314J\cdot mol^{-1}\cdot K^{-1}$；$F$ 为法拉第常数，$96500C\cdot mol^{-1}$；n 为电极反应中转移电子的物质的量；T 为热力学温度；a、b 分别为在电极反应中氧化型、还原型的计量系数。利用式（8-6）可计算任一电极在不同温度和浓度时的电极电势。

温度为 298.15K，将各常数值代入式（8-6b），则浓度对电极电势影响的

Nernst 方程为：

$$\varphi=\varphi^{\ominus}+\frac{0.0592\text{V}}{n}\lg\frac{c^{a}_{\text{氧化型}}}{c^{b}_{\text{还原型}}} \tag{8-7}$$

（2）电池电动势的 Nernst 方程

若电池的总反应通式为：

$$a\text{A}+b\text{B}\rightleftharpoons y\text{Y}+z\text{Z}$$

则

$$E_{\text{MF}}=E^{\ominus}_{\text{MF}}-\frac{RT}{nF}\ln J=E^{\ominus}_{\text{MF}}-\frac{RT}{nF}\ln\frac{c^{y}_{\text{Y}}\cdot c^{z}_{\text{Z}}}{c^{a}_{\text{A}}\cdot c^{b}_{\text{B}}}$$

温度为298.15K 时，则

$$E_{\text{MF}}=E^{\ominus}_{\text{MF}}-\frac{0.0592\text{V}}{n}\lg\frac{c^{y}_{\text{Y}}\cdot c^{z}_{\text{Z}}}{c^{a}_{\text{A}}\cdot c^{b}_{\text{B}}} \tag{8-8}$$

由于在给定温度下 $E^{\ominus}_{\text{MF}}$有定值，所以上式表明了电动势 E_{MF}与参加反应的各组分浓度之间的关系，式（8-8）被称为电池电动势的 Nernst 方程。

（3）应用 Nernst 方程时的注意事项

① 如果电对中某一物质是固体、纯液体或稀溶液中水，它们的浓度为常数，不写入能斯特方程中。例如：

电极反应：$Cu^{2+}(aq)+2e^{-}\rightleftharpoons Cu(s)$

Nernst 方程：$\varphi_{Cu^{2+}/Cu}=\varphi^{\ominus}_{Cu^{2+}/Cu}+\frac{0.0592\text{V}}{2}\lg c_{Cu^{2+}}$

② 若电对中某一物质为气体，浓度项用相对分压 $p/p^{\ominus}$代替，例如：

电极反应：$2H^{+}(aq)+2e^{-}\rightleftharpoons H_2(g)$

Nernst 方程：$\varphi_{H^{+}/H_2}=\varphi^{\ominus}_{H^{+}/H_2}+\frac{0.0592\text{V}}{2}\lg\frac{c^{2}_{H^{+}}}{p_{H_2}/p^{\ominus}}$

③ 如果在电极反应中，除氧化型、还原型物质外，还有参加反应的其他物质如 H^{+}、OH^{-}存在，则应把这些物质的浓度也表示在 Nernst 方程中。例如电极反应：

$$MnO_4^{-}(aq)+8H^{+}(aq)+5e^{-}\rightleftharpoons Mn^{2+}(aq)+4H_2O(l)$$

Nernst 方程：$\varphi_{MnO_4^{-}/Mn^{2+}}=\varphi^{\ominus}_{MnO_4^{-}/Mn^{2+}}+\frac{0.0592\text{V}}{5}\lg\frac{c_{MnO_4^{-}}\cdot c^{8}_{H^{+}}}{c_{Mn^{2+}}}$

电极电势 Nernst 方程说明标准电极电势 $\varphi^{\ominus}$仅与电极的本性及温度有关，与参加电极反应的各物质浓度（压力）无关，而电极电势 φ 除了与电极的本性及温度有关，还与参加反应的各物质的浓度（压力）有关。

8.3.4 影响电极电势的因素

对一个指定的电极来说，由式（8-7）可以看出，氧化型物质的浓度越大，则 φ 值越大；相反，还原型物质的浓度越大，则 φ 值越小。电对中的氧化态或还原态物质的浓度或分压常因有弱电解质、沉淀物或配合物等的生成而发生改变，使电极电势受到影响。

（1）电对物质本身浓度变化对电极电势的影响

对于特定电极，在一定温度下，电极中氧化型物质和还原型物质的相对浓度决定了电极电势的高低。$c_{氧化型}/c_{还原型}$越大，电极电势越高；$c_{氧化型}/c_{还原型}$越小，电极电势越低。

【例 8-8】 计算 298.15K 时下列电极的 φ 值。

（1）当 $c_{Fe^{3+}}=1.0\text{mol}\cdot\text{L}^{-1}$ 和 $c_{Fe^{2+}}=0.0001\text{mol}\cdot\text{L}^{-1}$，求 $\varphi_{Fe^{3+}/Fe^{2+}}$。

（2）当 $p_{Cl_2}=1.0\text{kPa}$ 和 $c_{Cl^-}=0.1\text{mol}\cdot\text{L}^{-1}$，求 φ_{Cl_2/Cl^-}。

解：

（1）电极反应：$Fe^{3+}(aq)+e^- \rightleftharpoons Fe^{2+}(aq)\varphi^{\ominus}_{Fe^{3+}/Fe^{2+}}=0.77V$，

$$\varphi^{\ominus}_{Fe^{3+}/Fe^{2+}}=\varphi^{\ominus}_{Fe^{3+}/Fe^{2+}}+\frac{0.0592V}{n}\lg\frac{c_{Fe^{3+}}}{c_{Fe^{2+}}}$$

$$=0.77V+\frac{0.0592V}{1}\lg\frac{1.0}{0.0001}$$

$$=1.01V$$

（2）电极反应：$Cl_2(g)+2e^- \rightleftharpoons 2Cl^-(aq)\quad \varphi^{\ominus}_{Cl_2/Cl^-}=1.36V$

$$\varphi^{\ominus}_{Cl_2/Cl^-}=\varphi^{\ominus}_{Cl_2/Cl^-}+\frac{0.0592V}{n}\lg\frac{p_{Cl_2}/p^{\ominus}}{c^2_{Cl^-}}$$

$$=1.36V+\frac{0.0592V}{2}\lg\frac{1.0/100}{0.1^2}$$

$$=1.36V$$

计算结果表明，电对物质浓度相对值发生改变时才能引起电极电势的变化，如【例 8-8】（1）中，标准态时 $c_{Fe^{3+}}/c_{Fe^{2+}}=1$，变化后 $c_{Fe^{3+}}/c_{Fe^{2+}}=10^4$，所以电极电势增大；如果改变氧化型或还原型物质浓度，但它们的改变没有引起相对值的改变，如【例 8-8】（2）中，标准态时$\frac{p_{Cl_2}/p^{\ominus}}{c^2_{Cl^-}}=1$，变化后$\frac{p_{Cl_2}/p^{\ominus}}{c^2_{Cl^-}}=1$，这时，电极电势不发生变化。

【例 8-9】 298.15K 有一原电池：

$$Zn(s)|Zn^{2+}(aq)\parallel MnO_4^-(aq),Mn^{2+}(aq)|Pt(s)$$

若 pH＝2.00，$c_{MnO_4^-}=0.12\text{mol}\cdot\text{L}^{-1}$，$c_{Mn^{2+}}=0.0010\text{mol}\cdot\text{L}^{-1}$，$c_{Zn^{2+}}=0.015\text{mol}\cdot\text{L}^{-1}$。试求：

（1）两电极的电极电势；

（2）该电池的电动势。

解：（1）正极为 MnO_4^-/Mn^{2+}，负极为 Zn^{2+}/Zn，相应的电极反应为：

$$MnO_4^-(aq)+8H^+(aq)+5e^- \rightleftharpoons Mn^{2+}(aq)+4H_2O(l)$$

$$Zn^{2+}(aq)+2e^- \rightleftharpoons Zn(s)$$

查附录 8，298.15K 时，$\varphi^{\ominus}_{MnO_4^-/Mn^{2+}}=1.512V$，$\varphi^{\ominus}_{Zn^{2+}/Zn}=-0.7621V$

pH＝2.00 时，$c_{H^+}=1.0\times10^{-2}mol\cdot L^{-1}$。

正极：
$$\varphi^{\ominus}_{MnO_4^-/Mn^{2+}}=\varphi^{\ominus}_{MnO_4^-/Mn^{2+}}+\frac{0.0592V}{n}\lg\frac{c_{MnO_4^-}\cdot(c_{H^+})^8}{c_{Mn^{2+}}}$$
$$=1.512V+\frac{0.0592V}{5}\lg\frac{0.12\times(1.0\times10^{-2})^8}{0.0010}=1.347V$$

负极：
$$\varphi_{Zn^{2+}/Zn}=\varphi^{\ominus}_{Zn^{2+}/Zn}+\frac{0.0592V}{n}\lg c_{Zn^{2+}}$$
$$=-0.7621V+\frac{0.0592V}{2}\lg0.015=-0.816V$$

(2)
$$E_{MF}=\varphi_+-\varphi_-=\varphi_{MnO_4^-/Mn^{2+}}-\varphi_{Zn^{2+}/Zn}$$
$$=1.347V-(-0.816V)=2.163V$$

由式（8-6）和【例 8-9】的计算可以看出，电极反应中各物种的浓度或分压对电极电势的影响符合 Le Châtelier 平衡移动原理。电极反应中氧化型一侧各物种的浓度或分压增大，以及还原型一侧的各物种浓度或分压减小，都将使电极电势增大；反之，电极电势减小。

（2）酸度对电极电势的影响

许多物质的氧化还原能力与溶液的酸度有关。如果有 H^+ 或 OH^- 参加反应，由 Nernst 方程可知，改变介质的酸度，电极电势必随之改变，从而改变电对物质的氧化还原能力。

【例 8-10】 已知酸性条件下 $\varphi^{\ominus}_{MnO_4^-/Mn^{2+}}=1.512V$，当其他物质均处于标准态，$c_{H^+}=1.0\times10^{-3}mol\cdot L^{-1}$和 $c_{H^+}=10mol\cdot L^{-1}$时，计算 $\varphi_{MnO_4^-/Mn^{2+}}$ 值。

解：电极反应：

$$MnO_4^-(aq)+8H^+(aq)+5e^-\rightleftharpoons Mn^{2+}(aq)+4H_2O(l)$$

对应的电极电势 Nernst 方程：

$$\varphi^{\ominus}_{MnO_4^-/Mn^{2+}}=\varphi^{\ominus}_{MnO_4^-/Mn^{2+}}+\frac{0.0592V}{5}\lg\frac{c_{MnO_4^-}\cdot(c_{H^+})^8}{c_{Mn^{2+}}}$$

其他物质均处于标准态，当 $c_{H^+}=1.0\times10^{-3}mol\cdot L^{-1}$时，则

$$\varphi_{MnO_4^-/Mn^{2+}}=1.512V+\frac{0.0592V}{5}\lg(1.0\times10^{-3})^8=1.228V$$

当 $c_{H^+}=10mol\cdot L^{-1}$时，则：

$$\varphi_{MnO_4^-/Mn^{2+}}=1.512V+\frac{0.0592V}{5}\lg(10)^8=1.607V$$

计算结果表明，MnO_4^- 氧化能力随着 H^+ 浓度的增大而明显增大。因此，在实验室及工业生产中用来作氧化剂的盐类等物质，总是将它们溶于强酸性介质中制备成溶液备用。

（3）难溶化合物生成对电极电势的影响

当电对中氧化型或还原型物质与沉淀剂作用生成难溶化合物时，其浓度会发生

改变，从而引起电极电势的变化。

【例 8-11】 298.15K 时，在银电极中加入 NaCl 溶液，反应达到平衡时 $c_{Cl^-}=1.0mol\cdot L^{-1}$，计算 $\varphi_{Ag^+/Ag}$ 值。

解：电极反应：$Ag^+(aq)+e^- \rightleftharpoons Ag(s)$　　$\varphi^\ominus_{Ag^+/Ag}=0.799V$

加入 NaCl 后发生沉淀反应：

$$Ag^+(aq)+Cl^-(aq) \rightleftharpoons AgCl(s) \qquad K^\ominus_{sp}(AgCl)=1.8\times10^{-10}$$

当 $c_{Cl^-}=1.0mol\cdot L^{-1}$ 时，则

$$c_{Ag^+}=K^\ominus_{sp}(AgCl)$$

$$\begin{aligned}\varphi_{Ag^+/Ag}&=\varphi^\ominus_{Ag^+/Ag}+\frac{0.0592V}{n}\lg c_{Ag^+}\\&=\varphi^\ominus_{Ag^+/Ag}+\frac{0.0592V}{n}\lg K^\ominus_{sp}(AgCl)\\&=0.799V+\frac{0.0592V}{1}\lg(1.8\times10^{-10})\\&=0.222V\end{aligned}$$

与 $\varphi^\ominus_{Ag^+/Ag}$ 比较，由于难溶化合物的生成，使电极中 Ag^+ 浓度降低，电极电势下降，Ag^+ 氧化能力降低，Ag 还原能力增大。此时的电极对应另一类新电极即 AgCl/Ag 电极，电极反应为：

$$AgCl(s)+e^- \rightleftharpoons Ag(s)+Cl^-(aq) \qquad \varphi^\ominus_{AgCl/Ag}=0.222V$$

【例 8-12】 298.15K 条件下，在 Fe^{3+}、Fe^{2+} 的混合溶液中，加入 NaOH 溶液，有 $Fe(OH)_3$ 和 $Fe(OH)_2$ 沉淀生成。当沉淀反应达到平衡时，保持 $c_{OH^-}=1.0mol\cdot L^{-1}$，求 $\varphi_{Fe^{3+}/Fe^{2+}}$ 值。

解：电极反应：$Fe^{3+}(aq)+e^- \rightleftharpoons Fe^{2+}(aq)$　　$\varphi^\ominus_{Fe^{3+}/Fe^{2+}}=0.77V$

在 Fe^{3+}、Fe^{2+} 的混合溶液中，加入 NaOH 时，发生如下反应：

$$Fe^{3+}(aq)+3OH^-(aq) \rightleftharpoons Fe(OH)_3(s) \qquad K^\ominus_{sp}[Fe(OH)_3]=2.79\times10^{-39}$$

$$Fe^{2+}(aq)+2OH^-(aq) \rightleftharpoons Fe(OH)_2(s) \qquad K^\ominus_{sp}[Fe(OH)_2]=4.86\times10^{-17}$$

当平衡时，$c_{OH^-}=1.0mol\cdot L^{-1}$，则

$$c_{Fe^{3+}}=K^\ominus_{sp}[Fe(OH)_3]$$
$$c_{Fe^{2+}}=K^\ominus_{sp}[Fe(OH)_2]$$

$$\begin{aligned}\varphi_{Fe^{3+}/Fe^{2+}}&=\varphi^\ominus_{Fe^{3+}/Fe^{2+}}+\frac{0.0592V}{n}\lg\frac{c_{Fe^{3+}}}{c_{Fe^{2+}}}\\&=\varphi^\ominus_{Fe^{3+}/Fe^{2+}}+\frac{0.0592V}{n}\lg\frac{K^\ominus_{sp}[Fe(OH)_3]}{K^\ominus_{sp}[Fe(OH)_2]}\\&=0.77V+\frac{0.0592V}{1}\lg\frac{2.79\times10^{-39}}{4.86\times10^{-17}}\\&=-0.55V\end{aligned}$$

根据标准电极电势的定义，$c_{OH^-}=1.0mol·L^{-1}$时，$\varphi^{\ominus}_{Fe^{3+}/Fe^{2+}}$就是电极反应$Fe(OH)_3(s)+e^- \rightleftharpoons Fe(OH)_2(s)+3OH^-(aq)$的标准电极电势$\varphi^{\ominus}_{Fe(OH)_3/Fe(OH)_2}$，这样就得到：

$$\varphi^{\ominus}_{Fe(OH)_3/Fe(OH)_2}=\varphi^{\ominus}_{Fe^{3+}/Fe^{2+}}+\frac{0.0592V}{n}\lg\frac{K^{\ominus}_{sp}[Fe(OH)_3]}{K^{\ominus}_{sp}[Fe(OH)_2]}$$

根据计算得出结论：如果电对的氧化型生成难溶化合物，使氧化型的浓度变小，则电极电势变小；如果还原型生成难溶化合物，使还原型的浓度变小，则电极电势变大；当氧化型和还原型同时生成难溶化合物时，若$K^{\ominus}_{sp(氧化型)}<K^{\ominus}_{sp(还原型)}$，则电极电势变小；反之，电极电势就变大。

（4）配合物生成对电极电势的影响

当电对中氧化型或还原型物质与配位剂作用生成配合物时，其浓度会发生改变，同样会引起电极电势的变化。

【例8-13】 298.15K时，向标准铜电极中加入氨水，使平衡时$c_{NH_3}=c_{[Cu(NH_3)_4]^{2+}}=1.0mol·L^{-1}$，求$\varphi_{Cu^{2+}/Cu}$值。

解：电极反应：$Cu^{2+}(aq)+2e^- \rightleftharpoons Cu(s)$　　$\varphi^{\ominus}_{Cu^{2+}/Cu}=0.337V$

加入NH_3后发生配位反应：

$$Cu^{2+}(aq)+4NH_3(aq) \rightleftharpoons [Cu(NH_3)_4]^{2+}(aq)$$

$$K^{\ominus}_f([Cu(NH_3)_4]^{2+})=2.09\times10^{13}$$

当$c_{NH_3}=c_{[Cu(NH_3)_4]^{2+}}=1.0mol·L^{-1}$时，

$$\varphi_{Cu^{2+}}=\frac{1}{K^{\ominus}_f([Cu(NH_3)_4]^{2+})}$$

$$\begin{aligned}\varphi_{Cu^{2+}/Cu}&=\varphi^{\ominus}_{Cu^{2+}/Cu}+\frac{0.0592V}{2}\lg c_{Cu^{2+}}\\&=\varphi^{\ominus}_{Cu^{2+}/Cu}+\frac{0.0592V}{2}\lg\frac{1}{K^{\ominus}_f([Cu(NH_3)_4]^{2+})}\\&=0.337V+\frac{0.0592V}{2}\lg\frac{1}{2.09\times10^{13}}\\&=-0.06V\end{aligned}$$

此时溶液中Cu^{2+}/Cu电极对应另一类新电极即$[Cu(NH_3)_4]^{2+}/Cu$电极，电极反应为：

$$[Cu(NH_3)_4]^{2+}(aq)+2e^- \rightleftharpoons Cu(s)+4NH_3(aq)$$

$$\varphi^{\ominus}_{[Cu(NH_3)_4]^{2+}/Cu}=-0.06V$$

【例8-14】 298.15K时，当$c_{CN^-}=c_{[Fe(CN)_6]^{3-}}=c_{[Fe(CN)_6]^{4-}}=1.0mol·L^{-1}$，求$\varphi_{Fe^{3+}/Fe^{2+}}$值。

解：电极反应：$Fe^{3+}(aq)+e^- \rightleftharpoons Fe^{2+}(aq)$　　$\varphi^{\ominus}_{Fe^{3+}/Fe^{2+}}=0.77V$

加入CN^-后，发生配位反应：

$$Fe^{3+}(aq)+6CN^-(aq) \rightleftharpoons [Fe(CN)_6]^{3-}(aq)$$

$$K_f^{\ominus}([Fe(CN)_6]^{3-})=4.1\times10^{52}$$

$$Fe^{2+}(aq)+6CN^-(aq) \rightleftharpoons [Fe(CN)_6]^{4-}(aq)$$

$$K_f^{\ominus}([Fe(CN)_6]^{4-})=4.2\times10^{45}$$

当 $c_{CN^-}=c_{[Fe(CN)_6]^{3-}}=c_{[Fe(CN)_6]^{4-}}=1.0mol\cdot L^{-1}$ 时，则

$$c_{Fe^{3+}}=\frac{1}{K_f^{\ominus}([Fe(CN)_6]^{3-})}$$

$$c_{Fe^{2+}}=\frac{1}{K_f^{\ominus}([Fe(CN)_6]^{4-})}$$

$$\begin{aligned}\varphi_{Fe^{3+}/Fe^{2+}}&=\varphi^{\ominus}_{Fe^{3+}/Fe^{2+}}+\frac{0.0592V}{n}\lg\frac{c_{Fe^{3+}}}{c_{Fe^{2+}}}\\&=\varphi^{\ominus}_{Fe^{3+}/Fe^{2+}}+\frac{0.0592V}{n}\lg\frac{K_f^{\ominus}([Fe(CN)_6]^{4-})}{K_f^{\ominus}([Fe(CN)_6]^{3-})}\\&=0.77V+\frac{0.0592V}{1}\lg\frac{4.2\times10^{45}}{4.1\times10^{52}}\\&=0.36V\end{aligned}$$

此时溶液中 $\varphi_{Fe^{3+}/Fe^{2+}}=\varphi^{\ominus}_{[Fe(CN)_6]^{3-}/[Fe(CN)_6]^{4-}}$。这是因为电极反应 $[Fe(CN^-)_6]^{3-}(aq)+e^- \rightleftharpoons [Fe(CN^-)_6]^{4-}(aq)$处于标准状态。所以，得出：

$$\varphi^{\ominus}_{[Fe(CN)_6]^{3-}/[Fe(CN)_6]^{4-}}=\varphi^{\ominus}_{Fe^{3+}/Fe^{2+}}+\frac{0.0592V}{n}\lg\frac{K_f^{\ominus}([Fe(CN)_6]^{4-})}{K_f^{\ominus}([Fe(CN)_6]^{3-})}$$

据此得出结论：氧化还原反应系统中配合物的形成也会引起氧化型或还原型物质的浓度改变，从而导致电极电势发生改变。如果电对的氧化型生成配合物，使氧化型的浓度降低，则电极电势变小。如果电对的还原型生成配合物，使还原型的浓度降低，则电极电势变大。如果电对的氧化型和还原型同时生成配合物，电极电势的变化与氧化型和还原型的配合物的稳定常数有关，若 $K^{\ominus}_{f(氧化型)}>K^{\ominus}_{f(还原型)}$，则电极电势变小；反之，则电极电势变大。

由于 $K_f^{\ominus}([Fe(CN^-)_6]^{4-})<K_f^{\ominus}([Fe(CN^-)_6]^{3-})$，所以电极电势的减小说明氧化型物质的氧化能力降低，而还原型物质的还原能力升高，即氧化能力 $Fe^{3+}>[Fe(CN^-)_6]^{3-}$，还原能力 $Fe^{2+}>[Fe(CN^-)_6]^{4-}$。

8.4 电极电势的应用

电极电势是反映物质在水溶液中氧化还原能力大小的物理量。水溶液中进行的氧化还原反应的许多问题都可以通过电极电势来解决。

8.4.1 计算原电池的电动势

在组成原电池的两个半电池中，电极电势代数值较大的一个半电池是原电池的

正极，电极电势代数值较小的一个半电池是原电池的负极。原电池的电动势等于正极的电极电势减去负极的电极电势。

$$E_{MF}=\varphi_{+}-\varphi_{-}$$

【例 8-15】 计算下列原电池的电动势。

$$(-)Zn\,|\,ZnSO_4(0.100mol\cdot L^{-1})\,\|\,CuSO_4(2.00mol\cdot L^{-1})\,|\,Cu(+)$$

解：先计算两电极的电极电势

$$\varphi_{Zn^{2+}/Zn}=\varphi^{\ominus}_{Zn^{2+}/Zn}+\frac{0.0592V}{2}\lg c_{Zn^{2+}}$$

$$=-0.7621V+\frac{0.0592V}{2}\lg 0.100=-0.7917V$$

$$\varphi_{Cu^{2+}/Cu}=\varphi^{\ominus}_{Cu^{2+}/Cu}+\frac{0.0592V}{2}\lg c_{Cu^{2+}}$$

$$=0.337V+\frac{0.0592V}{2}\lg 2.00=0.346V$$

故

$$E_{MF}=\varphi_{+}-\varphi_{-}=0.346-(-0.7919)=1.138V$$

8.4.2 判断氧化剂、还原剂的相对强弱

φ 值的高低可用来判断氧化剂和还原剂的相对强弱。φ 值越高（代数值越大），电对的氧化型的氧化能力越强，是相对强的氧化剂；φ 值越低（代数值越小）电对的还原型的还原能力越强，是相对强的还原剂。

【例 8-16】 比较标准状态下，下列电对物质氧化还原能力的相对大小。

$\varphi^{\ominus}_{MnO_4^-/Mn^{2+}}=1.512V$；$\varphi^{\ominus}_{Cl_2/Cl^-}=1.36V$；$\varphi^{\ominus}_{Fe^{3+}/Fe^{2+}}=0.77V$

解：由上述电对的 $\varphi^{\ominus}$ 值的大小可知，

氧化型物质的氧化能力相对大小为：

$$MnO_4^- > Cl_2 > Fe^{3+}$$

还原型物质的还原能力相对大小为：

$$Fe^{2+} > Cl^- > Mn^{2+}$$

值得注意的是，$\varphi^{\ominus}$ 值大小只可用于判断标准状态下氧化剂、还原剂氧化还原能力的相对强弱。若电对处于非标准状态时，应根据 Nernst 方程计算出各电对的 φ 值，然后用 φ 值大小来判断物质的氧化能力和还原能力的相对强弱。

电对氧化型的氧化能力强，其对应的还原型的还原能力就弱，这种共轭关系如同酸碱的共轭关系一样。通常实验室用的强氧化剂其电对的 φ 值往往大于 1，如 $KMnO_4$、$K_2Cr_2O_7$、H_2O_2 等；常用的强还原剂其电对的 φ 值往往小于零或稍大于零，如 Zn、Fe、Sn^{2+} 等。当然，氧化剂、还原剂的强弱是相对的，并没有严格的界限。

生产实践和科学实验中，往往需要对混合系统中某一组分进行选择性氧化或还

原，而系统中其他组分则不发生氧化或还原反应，这时只有根据氧化剂、还原剂的相对强弱，选择适当的氧化剂或还原剂才能达到目的。

自发的氧化还原反应总是，较强的氧化剂与较强的还原剂相互作用，生成较弱的还原剂和较弱的氧化剂。因此可利用电极电势来选择合适的氧化剂或还原剂。

【例 8-17】 一种含 Br^-、I^- 的混合溶液，选择一种氧化剂只氧化 I^- 为 I_2，而不氧化 Br^-，应选择 $FeCl_3$ 还是 $K_2Cr_2O_7$？

解：有关电极电势值：

$\varphi^{\ominus}_{I_2/I^-}=0.535V$；$\varphi^{\ominus}_{Br_2/Br^-}=1.07V$；$\varphi^{\ominus}_{Cr_2O_7^{2-}/Cr^{3+}}=1.33V$；$\varphi^{\ominus}_{Fe^{3+}/Fe^{2+}}=0.77V$。

$\varphi^{\ominus}_{Cr_2O_7^{2-}/Cr^{3+}}>\varphi^{\ominus}_{Br_2/Br^-}$，$\varphi^{\ominus}_{Cr_2O_7^{2-}/Cr^{3+}}>\varphi^{\ominus}_{I_2/I^-}$，$Cr_2O_7^{2-}$ 既能氧化 Br^- 又能氧化 I^-，故 $K_2Cr_2O_7$ 不能选用。

$\varphi^{\ominus}_{Br_2/Br^-}>\varphi^{\ominus}_{Fe^{3+}/Fe^{2+}}>\varphi^{\ominus}_{I_2/I^-}$，$Fe^{3+}$ 不能氧化 Br^- 但能氧化 I^-，故应选择 $FeCl_3$ 作氧化剂。

8.4.3 判断氧化还原反应的方向

根据热力学理论，在等温等压下，反应系统 Gibbs 函数降低的方向为反应的自发方向。

在原电池中进行的氧化还原反应，反应 Gibbs 函数与其电池电动势间满足：

$$\Delta_r G_m=-nFE_{MF}$$

如果反应在标准状态下进行，则

$$\Delta_r G^{\ominus}_m=-nFE^{\ominus}_{MF}$$

根据上式可以用电极电势来判断水溶液中氧化还原反应的方向。即

$\Delta_r G_m<0$，$E_{MF}>0$，$\varphi_+>\varphi_-$，反应正向自发进行；

$\Delta_r G_m=0$，$E_{MF}=0$，$\varphi_+=\varphi_-$，反应系统处于平衡状态；

$\Delta_r G_m>0$，$E_{MF}<0$，$\varphi_+<\varphi_-$，反应逆向自发进行。

（1）根据 $\varphi^{\ominus}$ 值，判断标准状态下氧化还原反应进行的方向

① 查出氧化还原反应中两个电对相应的 $\varphi^{\ominus}$；

② 选择 $\varphi^{\ominus}$ 值大的电对中的氧化型物质作为氧化剂，选择 $\varphi^{\ominus}$ 值小的电对中的还原型物质作为还原剂；

③ 确定选择的氧化剂和还原剂在所给反应式中的位置：

在反应式的左侧，反应向右进行；

在反应式的右侧，反应向左进行。

【例 8-18】 在标准状态下，判断反应 $2Fe^{3+}+Cu \rightleftharpoons 2Fe^{2+}+Cu^{2+}$ 进行的方向。

解：$Fe^{3+}+e^- \rightleftharpoons Fe^{2+}$　　$\varphi^{\ominus}_{Fe^{3+}/Fe^{2+}}=0.77V$

$Cu-2e^- \rightleftharpoons Cu^{2+}$　　$\varphi^{\ominus}_{Cu^{2+}/Cu}=0.337V$

$\varphi^{\ominus}_{Fe^{3+}/Fe^{2+}}>\varphi^{\ominus}_{Cu^{2+}/Cu}$，即 Fe^{3+} 为氧化剂，单质 Cu 为还原剂，故 $E^{\ominus}_{MF}=\varphi^{\ominus}_+-\varphi^{\ominus}_-$

$=0.43V>0$，标准状态时，该反应正向自发进行。

（2）根据φ值，判断氧化还原反应进行方向

当反应物质不是都处于标准状态时，必须考虑到反应各物质的浓度对电极电势的影响，此时必须用电极电势 φ 来判断氧化还原反应进行方向。

【例 8-19】 判断反应 $Pb^{2+}+Sn \rightleftharpoons Pb+Sn^{2+}$ 在下列条件下进行的方向。

（1）标准状态时；

（2）$c_{Pb^{2+}}=0.1mol\cdot L^{-1}$，$c_{Sn^{2+}}=2.0mol\cdot L^{-1}$ 时。

解：已知 $\varphi^{\ominus}_{Pb^{2+}/Pb}=-0.13V$，$\varphi^{\ominus}_{Sn^{2+}/Sn}=-0.14V$。

（1）标准状态时

$$E^{\ominus}_{MF}=\varphi^{\ominus}_{+}-\varphi^{\ominus}_{-}=\varphi^{\ominus}_{Pb^{2+}/Pb}-\varphi^{\ominus}_{Sn^{2+}/Sn}=-0.13-(-0.14)=0.01V>0$$

故标准状态时，该反应正向自发进行。

（2）$c_{Pb^{2+}}=0.1mol\cdot L^{-1}$，$c_{Sn^{2+}}=2.0mol\cdot L^{-1}$ 时

$$\varphi_{Pb^{2+}/Pb}=\varphi^{\ominus}_{Pb^{2+}/Pb}+\frac{0.0592V}{2}\lg c_{Pb^{2+}}$$

$$=-0.13+\frac{0.0592V}{2}\lg 0.1=-0.16V$$

$$\varphi_{Sn^{2+}/Sn}=\varphi^{\ominus}_{Sn^{2+}/Sn}+\frac{0.0592V}{2}\lg c_{Sn^{2+}}$$

$$=-0.14+\frac{0.0592V}{2}\lg 2=-0.13V$$

$$E_{MF}=\varphi_{+}-\varphi_{-}=\varphi_{Pb^{2+}/Pb}-\varphi_{Sn^{2+}/Sn}=-0.16-(-0.13)=-0.03V<0$$

当 $c_{Pb^{2+}}=0.1mol\cdot L^{-1}$，$c_{Sn^{2+}}=2.0mol\cdot L^{-1}$ 时，反应向逆向进行。

须指出的是，如果想用标准电极电势 $\varphi^{\ominus}$ 值来判断非标准状态时氧化还原反应的方向，一般只适用于组成原电池的电动势较大的场合（$E^{\ominus}_{MF}>0.2V$）。如果电动势较小（$E^{\ominus}_{MF}<0.2V$）则需综合考虑浓度、酸度、温度的影响，即需用电极电势判断氧化还原反应的方向。

8.4.4 计算氧化还原反应的平衡常数

根据
$$\Delta_r G^{\ominus}_m(T)=-RT\ln K^{\ominus}$$
$$\Delta_r G^{\ominus}_m(T)=-nFE^{\ominus}_{MF}$$

所以
$$RT\ln K^{\ominus}=nFE^{\ominus}_{MF}$$
$$\ln K^{\ominus}=\frac{nFE^{\ominus}_{MF}}{RT}$$
$$K^{\ominus}=\exp\left(\frac{nFE^{\ominus}_{MF}}{RT}\right) \tag{8-9}$$

若反应在 298.15K 下进行，$\lg K^{\ominus}=\frac{nE^{\ominus}_{MF}}{0.0592V}$ (8-10)

式（8-10）反映出标准平衡常数和标准电池电动势的关系。对氧化还原反应可以利用标准电极电势值计算反应的标准平衡常数。

一个反应进行的程度可用反应的标准平衡常数 $K^{\ominus}$ 来衡量。由式（8-10）可知，对于氧化还原反应可以用两电极标准电极电势差来决定。差值越大（$E_{MF}^{\ominus}$ 越大），反应进行得越完全。对于一般的化学反应来说，若反应 $K^{\ominus}$ 的值大于 10^6，就可以认为反应正向进行得很完全。根据式（8-10），将 298.15K 和 $K^{\ominus}=10^6$ 代入式（8-10），则有：

$n=1$，$E_{MF}^{\ominus}=0.36V$；

$n=2$，$E_{MF}^{\ominus}=0.18V$；

$n=3$，$E_{MF}^{\ominus}=0.12V$。

因此，根据 $E_{MF}^{\ominus}$ 值是否大于 0.2～0.4V，判断氧化还原反应自发进行的方向和程度是很有实用意义的。

【例 8-20】 计算 298.15K 时，下列反应的标准平衡常数，并判断反应进行的完全程度。

$$Fe^{2+} + Ag^{+} \rightleftharpoons Fe^{3+} + Ag$$

解：已知 $\varphi_{Fe^{3+}/Fe^{2+}}^{\ominus}=0.77V$　　$\varphi_{Ag^{+}/Ag}^{\ominus}=0.799V$

因 $n=1$，所以

$$\lg K^{\ominus}=\frac{nE_{MF}^{\ominus}}{0.0592V}$$

$$\lg K^{\ominus}=\frac{n(\varphi_{Ag^{+}/Ag}^{\ominus}-\varphi_{Fe^{3+}/Fe^{2+}}^{\ominus})}{0.0592V}$$

$$=\frac{1\times(0.799-0.77)}{0.0592V}=0.49$$

$$K^{\ominus}=3.09$$

该反应的 $E_{MF}^{\ominus}=0.029V$，$K^{\ominus}=3.09$，反应正向进行得很不完全。

8.4.5 计算某些非氧化还原反应的平衡常数

由式（8-10）可知，根据氧化还原反应的标准平衡常数与原电池的标准电动势之间的定量关系，可以用测定原电池电动势的方法来推算弱酸的解离常数、水的离子积、难溶电解质的溶度积和配离子的稳定常数等。例如，用化学分析方法很难直接测定难溶物质在溶液中的离子浓度，所以很难用离子浓度来计算 $K_{sp}^{\ominus}$，但可以通过测定电池的电动势来计算 $K_{sp}^{\ominus}$。

【例 8-21】 计算 298.15K，AgCl 溶度积常数 $K_{sp}^{\ominus}(AgCl)$。

解：生成 AgCl 沉淀的反应：$Ag^{+} + Cl^{-} \rightleftharpoons AgCl$

该反应的

$$K^{\ominus}=\frac{1}{K_{sp}^{\ominus}(AgCl)}$$

生成 AgCl 沉淀的反应两边各加上一个金属 Ag，得下式：

$$Ag^{+} + Cl^{-} + Ag \rightleftharpoons AgCl + Ag$$

上述反应可以拆分成两个电对：Ag^{+}/Ag 电对和 AgCl/Ag 电对，两个电对可以设计下列原电池：

$$(-)Ag|AgCl(s)|Cl^{-}(1mol\cdot L^{-1})\parallel Ag^{+}(1mol\cdot L^{-1})|Ag(+)$$

查表得 (1) $Ag^{+} + e^{-} \rightleftharpoons Ag \qquad \varphi^{\ominus}_{Ag^{+}/Ag}=0.799V$

(2) $Ag + Cl^{-} \rightleftharpoons AgCl + e^{-} \qquad \varphi^{\ominus}_{AgCl/Ag}=0.222V$

$$\lg K^{\ominus}=\frac{nE^{\ominus}_{MF}}{0.0592V}$$

$$\lg K^{\ominus}=\frac{n(\varphi^{\ominus}_{Ag^{+}/Ag}-\varphi^{\ominus}_{AgCl/Ag})}{0.0592V}$$

$$=\frac{1\times(0.799-0.222)}{0.0592V}=9.75$$

$$K^{\ominus}=5.58\times10^{9}$$

$$K^{\ominus}_{sp}(AgCl)=\frac{1}{K^{\ominus}}=1.80\times10^{-10}$$

在上述例子中，电池反应并非氧化还原反应，但其电池确实有电流产生，

其电极电势差是由于两个半电池中 Ag^{+} 浓度不同引起的。这样的原电池被称为浓差电池。不少难溶电解质的 $K^{\ominus}_{sp}$ 就是用这种方法测定的。

利用浓差电池还可以确定配离子的稳定常数。

【例 8-22】 已知 298.15K 时，下列电极反应的 $\varphi^{\ominus}$：

$$Ag^{+}(aq) + e^{-} \rightleftharpoons Ag(s) \qquad \varphi^{\ominus}=0.799V$$

$$[Ag(NH_3)_2]^{+}(aq) + e^{-} \rightleftharpoons Ag(s)+2NH_3(aq) \qquad \varphi^{\ominus}=0.3719V$$

试求出 $K^{\ominus}_{f}([Ag(NH_3)_2]^{+})$。

解：以给出的两个电极反应组成原电池，电池反应为：

$$Ag^{+}(aq)+2NH_3(aq) \rightleftharpoons [Ag(NH_3)_2]^{+}(aq)$$

$$K^{\ominus}=K^{\ominus}_{f}([Ag(NH_3)_2]^{+})$$

$$E^{\ominus}_{MF}=\varphi^{\ominus}_{+}-\varphi^{\ominus}_{-}=\varphi^{\ominus}_{Ag^{+}/Ag}-\varphi^{\ominus}_{[Ag(NH_3)_2]^{+}/Ag}$$

$$=0.799-0.3791=0.420V$$

$$\lg K^{\ominus}=\frac{nE^{\ominus}_{MF}}{0.0592V}=\frac{1\times0.420}{0.0592V}=7.09$$

$$K^{\ominus}=K^{\ominus}_{f}([Ag(NH_3)_2]^{+})=1.24\times10^{7}$$

8.5 元素电势图及其应用

大多数非金属元素和过渡元素可以存在几种氧化态，同一元素的不同氧化数的

物质其氧化能力或还原能力各不相同。在讨论它们各种氧化数的物质在水溶液中稳定性及氧化还原能力时经常用图解的方式。

8.5.1 元素电势图

为了突出表示同一种元素各种不同氧化数物质的氧化还原能力以及它们相互之间的关系，把同一种元素的不同氧化数物质所对应的电对的标准电极电势以图解方式表示，此图称为元素电势图。

比较简单的元素电势图是把同一种元素的各种氧化态按照高低顺序排成横列(按氧化数由高到低，从左到右依次排列)，使用时应注意：在两种氧化态之间若构成一个电对，就用一条直线把它们连接起来，并在上方标出这个电对所对应的标准电极电势。

根据溶液的 pH 不同，又可以分为两大类：$\varphi_A^\ominus$ 表示溶液的 pH＝0 时的标准电极电势；$\varphi_B^\ominus$ 表示溶液的 pH＝14 时的标准电极电势。例如：

酸性溶液中 $\varphi_A^\ominus$/V

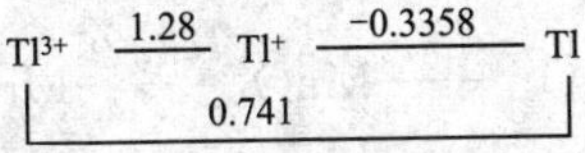

$$Tl^{3+} \xrightarrow{1.28} Tl^{+} \xrightarrow{-0.3358} Tl \quad (Tl^{3+} \text{—} Tl: 0.741)$$

碱性溶液中 $\varphi_B^\ominus$/V

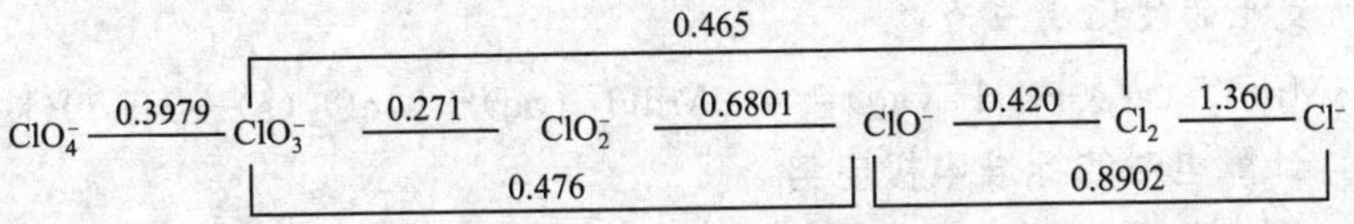

$$ClO_4^- \xrightarrow{0.3979} ClO_3^- \xrightarrow{0.271} ClO_2^- \xrightarrow{0.6801} ClO^- \xrightarrow{0.420} Cl_2 \xrightarrow{1.360} Cl^-$$

$$(ClO_3^- \text{—} Cl_2: 0.465;\ ClO_3^- \text{—} ClO^-: 0.476;\ ClO^- \text{—} Cl^-: 0.8902)$$

书写某种元素的元素电势图时，既可以将全部氧化态列出，也可以根据需要列出其中的一部分。

元素电势图清楚地表示了同种元素的不同氧化数物质的氧化能力、还原能力的相对大小。不仅可以全面地看出一种元素各种氧化态之间的电极电势高低和相互关系，而且可以判断出哪些氧化态在酸性或碱性溶液中能稳定存在。

8.5.2 元素电势图的应用

元素电势图对于了解元素的单质及化合物的性质是很有用的，其应用如下。

(1) 判断能否发生歧化反应

歧化反应是一种自身的氧化还原反应。例如：

$$2Cu^+ \rightleftharpoons Cu^{2+} + Cu$$

在这一反应中，一部分 Cu^+ 被氧化 Cu^{2+}，另一部分 Cu^+ 被还原为金属 Cu。

当一种元素处于中间氧化态时，它一部分向高氧化态变化（即被氧化），另一部分向低氧化态变化（即被还原），这类反应称为歧化反应。

铜的元素电势图为：

$$Cu^{2+}\xrightarrow{0.161}Cu^{+}\xrightarrow{0.535}Cu$$

因为 $\varphi^{\ominus}_{Cu^{+}/Cu}>\varphi^{\ominus}_{Cu^{2+}/Cu^{+}}$，即 $\varphi^{\ominus}_{Cu^{+}/Cu}-\varphi^{\ominus}_{Cu^{2+}/Cu^{+}}=0.374V>0$，所以 Cu^{+} 在水溶液中能自发歧化为 Cu^{2+} 和 Cu。

发生歧化反应的规律总结如下。

同一元素不同氧化态的三种物质可以组成两个电对，按氧化态由高到低排列如下：

$$A\xrightarrow{\varphi^{\ominus}_{左}}B\xrightarrow{\varphi^{\ominus}_{右}}C$$

如果 $\varphi^{\ominus}_{右}>\varphi^{\ominus}_{左}$，B既是氧化剂又是还原剂，即B可发生歧化反应生成A与C。

$$B\longrightarrow A+C$$

如果 $\varphi^{\ominus}_{左}>\varphi^{\ominus}_{右}$，则B物质不能发生歧化反应，而是A与C反应生成B。

$$A+C\longrightarrow B$$

【例 8-23】 据下列元素电势图判断能否发生歧化反应，能发生写出反应方程式。

$$MnO_4^{-}\xrightarrow{0.56}MnO_4^{2-}\xrightarrow{2.26}MnO_2$$

解：从电势图可知，$\varphi^{\ominus}_{右}>\varphi^{\ominus}_{左}$，所以 MnO_4^{2-} 可发生歧化反应生成 MnO_4^{-} 和 MnO_2。所发生的歧化反应为：

$$3MnO_4^{2-}(aq)+4H^{+}(aq)\rightleftharpoons 2MnO_4^{-}(aq)+MnO_2(s)+2H_2O(l)$$

（2）计算电对的标准电极电势

根据元素电势图，可以从某些已知电对的标准电极电势很简便地计算出另一电对的标准电极电势。

假设有一元素电势图：

$$A\xrightarrow{\Delta_r G^{\ominus}_{m,1},\ \varphi^{\ominus}_1}B\xrightarrow{\Delta_r G^{\ominus}_{m,2},\ \varphi^{\ominus}_2}C \qquad (A \rightarrow C:\ \Delta_r G^{\ominus}_{m},\ \varphi^{\ominus})$$

相应的电极反应可表示为：

$$A+n_1e^{-}\rightleftharpoons B\quad \varphi^{\ominus}_1\qquad \Delta_r G^{\ominus}_{m,1}=-n_1F\varphi^{\ominus}_1$$

$$B+n_2e^{-}\rightleftharpoons C\quad \varphi^{\ominus}_2\qquad \Delta_r G^{\ominus}_{m,2}=-n_2F\varphi^{\ominus}_2$$

$$A+ne^{-}\rightleftharpoons C\quad \varphi^{\ominus}\qquad \Delta_r G^{\ominus}_{m}=-nF\varphi^{\ominus}$$

式中，n_1，n_2，n 分别为相关电对的转移电子数，其中 $n=n_1+n_2$，则

$$\Delta_r G^{\ominus}_{m}=-nF\varphi^{\ominus}=-(n_1+n_2)F\varphi^{\ominus}$$

根据 Hess 定律，Gibbs 函数是可以加合的。即

$$\Delta_r G^{\ominus}_{m}=\Delta_r G^{\ominus}_{m,1}+\Delta_r G^{\ominus}_{m,2}$$

则

$$-nF\varphi^{\ominus}=-n_1F\varphi^{\ominus}_1+(-n_2F\varphi^{\ominus}_2)$$

整理得

$$\varphi^{\ominus}=\frac{n_1\varphi_1^{\ominus}+n_2\varphi_2^{\ominus}}{n} \tag{8-11}$$

以上的推导具有普遍的意义。若有 i 个相邻的电对及对应的标准电极电势值，则

$$\varphi^{\ominus}=\frac{n_1\varphi_1^{\ominus}+n_2\varphi_2^{\ominus}+\cdots+n_i\varphi_i^{\ominus}}{n_1+n_2+\cdots+n_i} \tag{8-12}$$

根据元素电势图，可以很简便地计算出欲求电对的 $\varphi^{\ominus}$ 值。

【例 8-24】 根据下面溴的元素电势图已知的标准电极电势，求 $\varphi^{\ominus}_{BrO_3^-/Br^-}$。

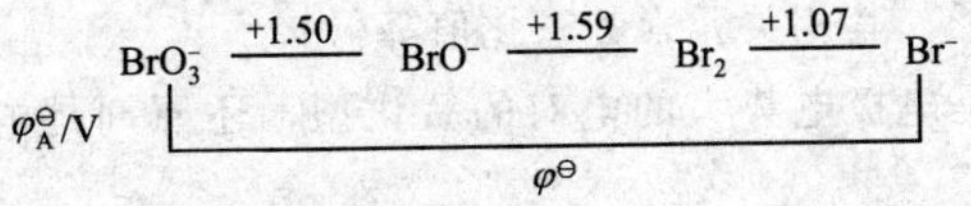

$\varphi_A^{\ominus}/V$ BrO_3^- —+1.50— BrO^- —+1.59— Br_2 —+1.07— Br^-（BrO_3^- 至 Br^-：$\varphi^{\ominus}$）

解：根据各电对的氧化数变化可以知道 n_1、n_2、n_3 分别为 4、1、1。

根据式（8-12）得

$$\varphi^{\ominus}_{BrO_3^-/Br^-}=\frac{n_1\varphi_1^{\ominus}+n_2\varphi_2^{\ominus}+n_3\varphi_3^{\ominus}}{n_1+n_2+n_3}$$

$$=\frac{(4\times1.50+1\times1.59+1\times1.07)\text{V}}{4+1+1}$$

$$=\frac{8.66\text{V}}{6}=1.44\text{V}$$

【例 8-25】 根据下面碘的元素电势图已知的标准电极电势，求 $\varphi^{\ominus}_{IO^-/I_2}$。

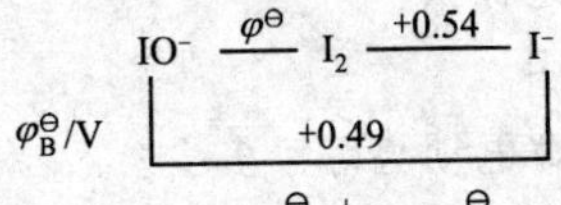

$\varphi_B^{\ominus}/V$ IO^- —$\varphi^{\ominus}$— I_2 —+0.54— I^-（IO^- 至 I^-：+0.49）

解：根据式（8-11）

$$\varphi^{\ominus}=\frac{n_1\varphi_1^{\ominus}+n_2\varphi_2^{\ominus}}{n}$$

则

$$\varphi_1^{\ominus}=\varphi^{\ominus}_{IO^-/I_2}=\frac{n\varphi^{\ominus}-n_2\varphi_2^{\ominus}}{n_1}$$

$$=\frac{(2\times0.49-1\times0.54)\text{V}}{1}$$

$$=0.44\text{V}$$

由于从元素电势图上能简便地计算出电对的 $\varphi^{\ominus}$ 值，所以在元素电势图上没有必要把所有电对的 $\varphi^{\ominus}$ 值都表示出来，只要在电势图上能够把最基本最常用电对的 $\varphi^{\ominus}$ 值表示出来即可。

思考题

1. 说明下列基本概念和术语。

（1）氧化还原反应； （2）氧化值；

(3) 氧化，还原；氧化剂，还原剂；

(4) 电对，氧化型与还原型；

(5) 正极和负极；

(6) 原电池和半电池；

(7) 标准氢电极，甘汞电极；

(8) 标准电动势和标准电极电势；

(9) Faraday 常数和 Nernst 方程；

(10) 歧化反应。

2. 总结配平氧化还原方程式应注意的问题。

3. 下列叙述是否正确？并说明之。

(1) 在氧化还原反应中，氧化值升高的物质是氧化剂，氧化值降低的物质是还原剂；

(2) 某物质得电子，其相关元素的氧化值降低；

(3) 氧化剂一定是电极电势大的电对的氧化型，还原剂是电极电势小的电对的还原型；

(4) 在原电池中，负极发生还原反应，正极发生氧化反应；

(5) $\Delta_r G_m = -nFE_{MF}$，不适合于电极反应；

(6) ClO_3^- 在碱性溶液中的氧化性强于在酸性溶液中的氧化性；

(7) 在 $Fe^{3+}(aq) + e^- \rightleftharpoons Fe^{2+}(aq)$ 这一电极反应中，没有 H^+ 或 OH^- 参与反应，因此，当 pH 增加时，Fe^{3+} 的氧化性并不改变；

(8) 原电池反应，一定是氧化还原反应；

(9) 原电池中正极电对的氧化型物种浓度或分压增大，电池电动势增大；同样，负极电对的氧化型物种浓度或分压增大，电池电动势也增大。

4. 在原电池中盐桥的作用是什么？

5. 举例说明电极电势的应用。

6. 当电池反应达到平衡时，电动势等于多少？

7. 总结溶液酸碱性的改变、沉淀与配合物的形成对电对的电极电势的影响及其变化规律。

8. 如何绘制元素电势图，它有哪些应用？

习 题

1. 根据标准电极电势，判断下列氧化剂的氧化性由强到弱的次序。

Cu^{2+}；Fe^{3+}；Br_2；Cl_2；$Cr_2O_7^{2-}$；MnO_4^-

2. 根据标准电极电势，判断下列还原剂的还原性由强到弱的次序。

Fe^{2+}；Sn^{2+}；Cu^+；H_2S；Br^-；I^-；Cl^-；Zn；Sn；SO_3^{2-}；Hg_2^{2+}

3. 某原电池中的一个半电池是由金属钴浸在 1.0mol·L^{-1} Co^{2+} 溶液中组成的；另一半电池则由铂（Pt）片浸在 1.0mol·L^{-1} Cl^- 溶液中，并不断通入 Cl_2（p_{Cl_2}）＝100.0kPa 组成。测得其电动势为 1.642V；钴电极为负极。回答下列问题：

(1) 写出电池反应方程式；

(2) 由附录 8 查得 $\varphi^{\ominus}_{Cl_2/Cl^-}$，计算 $\varphi^{\ominus}_{Co^{2+}/Co}$；

(3) p_{Cl_2} 增大时，电池的电动势将如何变化？

(4) 当 Co^{2+} 浓度为 0.010mol·L^{-1}，其他条件不变时，电池的电动势是多少？

4. 已知某原电池反应：

$3HClO_2(aq)+2Cr^{3+}(aq)+4H_2O(l) \rightleftharpoons 3HClO(aq)+Cr_2O_7^{2-}(aq)+8H^+(aq)$

(1) 计算原电池的 $E_{MF}^{\ominus}$；

(2) 当 $c_{Cr_2O_7^{2-}}=0.80mol\cdot L^{-1}$，$c_{HClO_2}=0.15mol\cdot L^{-1}$，$c_{HClO}=0.20mol\cdot L^{-1}$，pH=0.00 时，测定原电池的电动势 $E_{MF}=0.15V$，计算其中的 Cr^{3+} 浓度；

(3) 计算 25℃下电池反应的标准平衡常数 $K^{\ominus}$；

(4) $Cr_2O_7^{2-}$ 是橙红色，Cr^{3+} 为绿色。如果 20.0mL 1.00mol·L^{-1} $HClO_2$ 溶液与 20.00mL 0.50mol·L^{-1} $Cr(NO_3)_3$ 溶液混合，最终溶液（pH 为 0）为何种颜色？

5. 计算下列原电池的电动势，写出相应的电池反应。

(1) $(-)Zn|Zn^{2+}(0.01mol\cdot L^{-1}) \parallel Fe^{2+}(0.0010mol\cdot L^{-1})|Fe(+)$

(2) $(-)Pt|Fe^{2+}(0.010mol\cdot L^{-1}),Fe^{3+}(0.10mol\cdot L^{-1}) \parallel Cl^-(2.0mol\cdot L^{-1})|Cl_2(p^{\ominus})|Pt(+)$

(3) $(-)Ag|Ag^+(0.010mol\cdot L^{-1}) \parallel Ag^+(0.10mol\cdot L^{-1})|Ag(+)$

6. 在实验室通常用下列反应制取氯气：

$$MnO_2+4HCl \xrightarrow{\triangle} MnCl_2+Cl_2\uparrow+2H_2O$$

试通过计算回答，为何一定要用浓盐酸？

7. 计算下列反应的 $E_{MF}^{\ominus}$，$\Delta_r G_m^{\ominus}$，$K^{\ominus}$ 和 $\Delta_r G_m$。

(1) $Sn^{2+}(0.10mol\cdot L^{-1})+Hg^{2+}(0.10mol\cdot L^{-1}) \rightleftharpoons Sn^{4+}(0.020mol\cdot L^{-1})+Hg(l)$

(2) $Cu(s)+2Ag^+(0.010mol\cdot L^{-1}) \rightleftharpoons 2Ag(s)+Cu^{2+}(0.010mol\cdot L^{-1})$

(3) $Cl_2(g,10.0kPa)+2Ag(s) \rightleftharpoons 2AgCl(s)$

8. (1) 由附录 8 中查出 $\varphi_{Cu^+/Cu}^{\ominus}$，$\varphi_{CuI/Cu}^{\ominus}$，试计算 $K_{sp}^{\ominus}(CuI)$。

(2) 计算 298K 下反应 $CuI(s) \rightleftharpoons Cu^+(aq)+I^-(aq)$ 的 $\Delta_r G_m^{\ominus}$。

(3) 若已知 (2) 中反应的 $\Delta_r G_m^{\ominus}(298K)=84.3kJ\cdot mol^{-1}$，计算该反应的 $\Delta_r S_m^{\ominus}(298K)$。

9. 将 Cu 片插于盛有 0.5mol·L^{-1} $CuSO_4$ 溶液的烧杯中，Ag 片插于盛有 0.5mol·L^{-1} $AgNO_3$ 溶液的烧杯中。

(1) 写出该原电池的符号；

(2) 写出电极反应式和原电池的电池反应；

(3) 求该电池的电动势；

(4) 若加氨水于 $CuSO_4$ 溶液中，电池电动势如何变化？若加氨水于 $AgNO_3$ 溶液中，情况又如何？(定性回答)

10. 已知 298K 下，电极反应：

$$[Ag(S_2O_3)_2]^{3-}(aq)+e^- \rightleftharpoons Ag(s)+2S_2O_3^{2-}(aq);E_{MF}^{\ominus}=0.017V$$

设计原电池，以电池图示表示之，计算 $K_f^{\ominus}[Ag(S_2O_3)_2^{3-}]$。

11. 根据有关配合物的稳定常数和电对的 $\varphi^{\ominus}$，计算下列电极反应的 $\varphi^{\ominus}$。

(1) $[HgI_4]^{2-}(aq)+2e^- \rightleftharpoons Hg(s)+4I^-(aq)$

(2) $Cu^{2+}(aq) + 2I^-(aq) + e^- \rightleftharpoons [CuI_2]^-(aq)$

(3) $[Fe(C_2O_4)_3]^{3-}(aq)+ e^- \rightleftharpoons [Fe(C_2O_4)_3]^{4-}(aq)$

12. 已知下列电极反应的标准电极电势。

$$Cu^{2+}(aq)+2e^- \rightleftharpoons Cu(s); \qquad \varphi^{\ominus}=0.337V$$

$$Cu^{2+}(aq)+e^- \rightleftharpoons Cu^+(aq); \qquad \varphi^{\ominus}=0.161V$$

(1) 计算反应 $Cu^{2+}(aq)+Cu(s) \rightleftharpoons 2Cu^+$ 的 $K^{\ominus}$；

(2) 已知 $K_{sp}^{\ominus}(CuCl)=1.7\times10^{-7}$，计算下列反应的标准平衡常数 $K^{\ominus}$。

$$Cu^{2+}(aq)+Cu(s)+2Cl^-(aq) \rightleftharpoons 2CuCl(s)$$

13. 由附录 8 中查出酸性溶液中 $\varphi^{\ominus}_{MnO_4^-/MnO_4^{2-}}$，$\varphi^{\ominus}_{MnO_4^-/MnO_2}$，$\varphi^{\ominus}_{MnO_2/Mn^{2+}}$，$\varphi^{\ominus}_{Mn^{3+}/Mn^{2+}}$。

(1) 画出锰元素在酸性溶液中的元素电势图；

(2) 计算 $\varphi^{\ominus}_{MnO_4^{2-}/MnO_2}$ 和 $\varphi^{\ominus}_{MnO_2/Mn^{3+}}$；

(3) MnO_4^{2-} 能否歧化？写出相应的反应方程式，并计算该反应的 $\Delta_r G_m^{\ominus}$ 与 $K^{\ominus}$；还有哪些物种能歧化？

14. 根据下面电势图（在酸性介质中）：

$$BrO_4^- \xrightarrow{1.76V} BrO_3^- \xrightarrow{1.50V} HBrO \xrightarrow{1.59V} Br_2 \xrightarrow{1.07V} Br^-$$

(1) 写出能发生歧化反应的反应方程式；

(2) 计算该反应的 $\Delta_r G_m^{\ominus}$；

(3) 计算该反应在 298K 时的平衡常数 $K^{\ominus}$。

第9章

物质结构基础

物质种类繁多，性质各有差异，这种差异因物质的组成和结构不同所致。大多数物质由分子组成，而分子则由原子组成。科学技术的发展，使人们对原子核和电子等微观粒子的研究不断深入，从 1897 年 Thomson 发现了电子，打破原子不可再分的旧观念。1905 年 Einstein 提出的光子学说，1911 年 Rutherford 的粒子散射实验，1913 年 Bohr 的原子模型的提出及 1926 年 Schrödinger 的量子力学方程等，使人类对原子结构的认识有了突破性的进展，使原子弹的爆炸、核能的和平利用、人造卫星上天、信息高速公路的建立等成为现实。

迄今已发现 110 多种元素，正是这些元素的原子组成了千千万万种具有不同性质的物质。

本章主要讨论原子核外电子的运动状态及变化规律、核外电子排布、元素性质的周期性变化，化学键和分子间力的形成和性质，以及晶体结构的基本知识。

9.1 核外电子的运动状态

9.1.1 氢原子光谱和 Bohr 理论

1808 年，Dalton 提出了物质的原子论，认为原子是组成物质的最小微粒，不能再分割。经历了近 100 年，到 19 世纪末，由于科学上的许多重大发现，如 1895 年 X 射线的发现、1896 年放射性的发现、1897 年电子的发现等，有力地证明了原子是可以分割的，它由更小的并具有一定结构的微粒组成。1911 年，Rutherford 用 α 粒子轰击多种金属箔，证明原子内大部分是空的，中央有一个极小的核，它集中了原子的全部正电荷及原子的几乎全部质量，电子只占原子质量很小一部分，并绕原子核运动，这就是 Rutherford 的核式原子结构模型，它证明了原子不是不可分割的最小微粒。后来，相继发现了作为原子核组成部分的质子和中子，并确定了原子核的质量数等于质子数和中子数之和。其中质子数等于核外电子数，整个原子显电中性。

（1）氢原子光谱

光谱学的研究在原子结构理论的发展过程中是绝对不可或缺的。光谱学的研究成果对原子结构理论的建立奠定了坚实的实验基础。早在 19 世纪末，光谱学已经积累了大量实验数据资料。人们发现，每种元素的原子辐射都具有由一定频率成分构成的特征光谱，它们是一条条离散的谱线，被称为线状光谱，即原子光谱。

氢原子是最简单的原子，产生氢原子光谱的实验装置见图 9-1。氢原子光谱的研究对于探索原子核外电子的运动状态起了不小作用，也可以说是近代原子结构理论建立的开始。

在一个熔接着两个电极且抽成高真空的玻璃管内，填充极少量氢气。在电极上加高电压，使之放电发光。此光通过棱镜分光，在黑色屏幕上呈现出可见光区

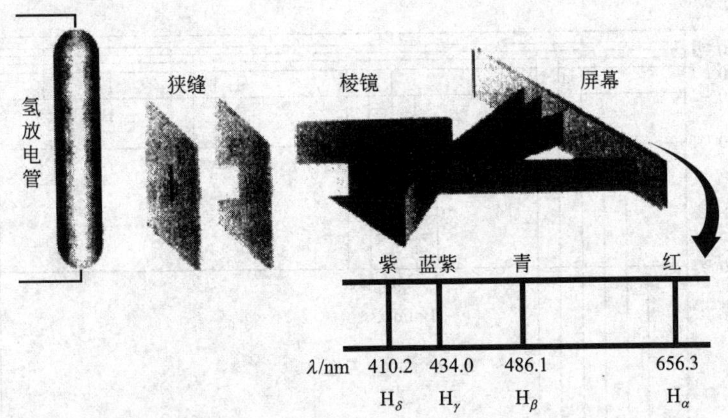

图 9-1 氢原子光谱仪及可见光区的氢原子光谱的谱线

（400～700nm）的四条颜色不同的谱线：H_α、H_β、H_γ、H_δ，分别呈现红、青、蓝紫和紫色。它们的频率分别为 $4.57\times10^{14}\,s^{-1}$、$6.17\times10^{14}\,s^{-1}$、$6.91\times10^{14}\,s^{-1}$、$7.31\times10^{14}\,s^{-1}$，相应的波长分别为 656.3nm、486.1nm、434.0nm、410.2nm。

1885 年，瑞士物理教师 J. J. Balmer 指出这些谱线符合下列公式：

$$\nu=3.289\times10^{15}\left(\frac{1}{2^2}-\frac{1}{n^2}\right) \tag{9-1}$$

当 $n=3$，4，5，6 时，可以算出，分别等于氢原子光谱中上述四条谱线的频率。后来，Paschen、Lyman、Brackett 等人又相继在紫外区和红外区发现氢原子光谱的若干谱线系。

1890 年，瑞典物理学家 J. R. Rydberg 提出了适合所有氢原子光谱的频率通式：

$$\nu=3.289\times10^{15}\left(\frac{1}{n_1^2}-\frac{1}{n_2^2}\right) \tag{9-2}$$

式中，n_1 和 n_2 为正整数，且 $n_2>n_1$。并指出式（9-1）只是其中 $n_1=2$ 的一个特例；当 $n_1=1$ 时，该谱线位紫外光谱区的 Lyman 系；$n_1=3$，4 时，依次为红外光谱区的 Paschen 系，Brackett 系（图 9-2）。

（2）Bohr 理论

人们基于 Rutherford 的核式模型，运用经典的电磁学理论解释原子光谱，发现与原子光谱的实验结果不符。因为根据经典电磁理论，原子应是不稳定的，电子绕核高速运转，由于有很大的向心加速度，将不断向原子核靠近，最终将落入原子核内。与此同时，原子将连续不断地以电磁波形式辐射出能量，且辐射电磁波的频率也应是连续不断地改变，由此得到的原子光谱应该是连续的而不应是线状的。但实际情况表明，除放射元素外，原子是稳定的，且各种原子所发射的光谱都是不连续的线状光谱。

1913 年，Rutherford 的学生，年仅 28 岁的丹麦原子物理学家 Bohr 接受了 Planck 量子论和 Einstein 光子论的观点，提出了新的原子结构理论，即 Bohr 原子

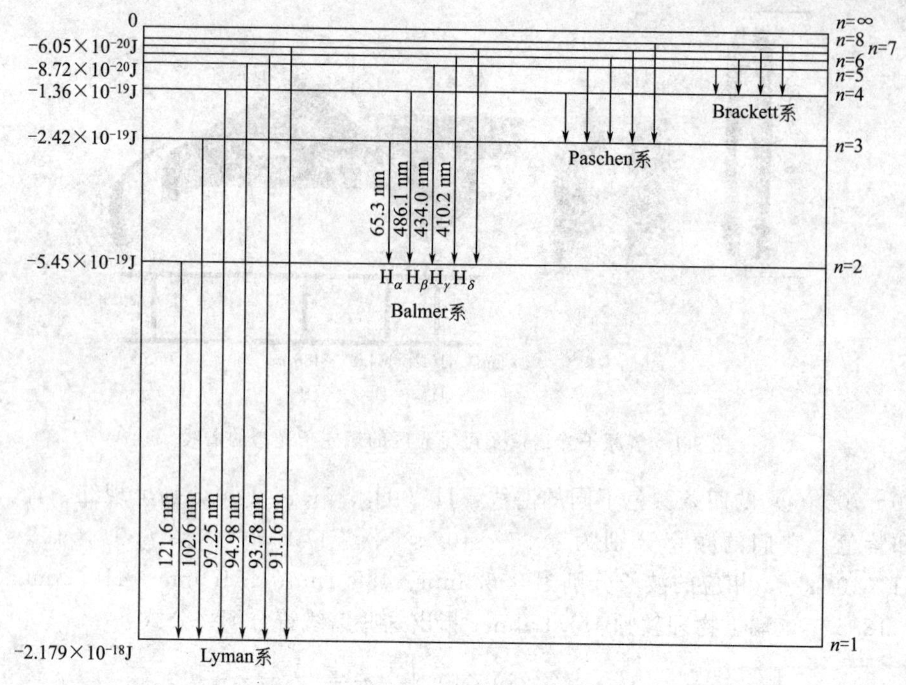

图 9-2　氢原子光谱与氢原子能级

结构理论。其三点假设如下。

① 定态假设　原子的核外电子在轨道上绕核旋转运行时，只能稳定地存在于一些符合量子条件，具有分立的、固定能量的状态中。

② 能级假设　电子在上述轨道上旋转时，不释放能量，是稳定的，此时原子具有一定的能量称为定态（能级）。原子可以有许多能级，能量最低的能级称为基态，其余的称为激发态。在正常情况下，原子中的电子尽可能处在离核最近的轨道上，这时原子的能量最低，即原子处于基态。

③ 跃迁假设　原子的能量变化只能在两定态之间以跃迁的方式进行。当原子受到辐射、加热或通电时获得能量后，电子可以从低能级跃迁到离核较远的高能级的轨道上，这时原子处于不稳定的激发态，并极易自动跃迁到离核较近的低能级轨道上去，同时释放出光子。以光的形式释放的能量为：

$$\Delta E = E_2 - E_1 = h\nu \tag{9-3}$$

式中，E_1，E_2是两个不同能级的能量，ν 是辐射频率。

玻尔理论提出能级的概念，由于能级是不连续的，即量子化的，造成氢原子光谱是不连续的线状光谱，成功地解释了经典物理学无法解释的氢原子光谱。把宏观的光谱现象和微观的原子内部电子分层结构联系起来，推动了原子结构理论的发展。但是，玻尔理论不能解释多电子原子的光谱，也不能说明氢光谱的精细结构。其原因是该理论的基础仍是经典力学，只是在经典力学上人为地加了一些量子化条件，存在问题和局限性是难以避免的。然而，微观粒子运动具有波粒二象性，不服从经典力学，因而玻尔理论必然被适用于微观粒子运动的量子力学理论代替。

9.1.2 微观粒子的波粒二象性

（1）光的波粒二象性

光的本质是物理学中曾经长期争论过的问题。到19世纪，人们发现了光的干涉、衍射和偏振等现象，Maxwell证明了光波的电磁性质，光的波动学说一度取得了胜利。在20世纪初，爱因斯坦提出光子学说，圆满解释了光电效应。物理学家通过大量实验证实，在承认光是波动的同时，还必须承认光是由一定能量和动量（mc）的光子所组成的。至此，人们认识到光不仅具有波动性，还具有微粒性。

一般来说，涉及光与实物相互作用有关的现象，如发射、吸收、光电效应等，表现出光的微粒性；而涉及与光在空间传播有关的现象，如干涉、衍射、偏振等，则表现出光的波动性。光的这种双重性就称为光的波粒二象性。波粒二象性是光的属性。

（2）微观粒子的波粒二象性

组成物质的结构微粒，如电子、质子、中子、原子等，其质量和体积都很小，运动速度又极大，称为微观粒子。而飞机、人造卫星等日常生活中遇见的一些物体，质量和体积都较大，而运动速度则比光速小得多，称为宏观物体。微观粒子与宏观物体的运动特征差异极大。要了解原子的内部结构，必须把握分子、原子、电子等微观粒子的基本特性；要了解微观粒子的运动特征和基本规律，必须从认识微观粒子的属性出发全面考虑。

在光的波粒二象性的启示下，1924年法国物理学家L. de Broglie指出“整个世纪以来，在光学上，比起波动的研究方法，是过于忽略了粒子的研究方法；在实物理论上，是否发生了相反的错误呢？是不是我们把粒子的图像想得太多，而过分忽略了波的图像？”他大胆假设，认为静止质量不等于零的电子、原子、分子等微观粒子和光一样，也具有波粒二象性，认为微观粒子在一定情况下，也不仅是粒子，而且可能呈现波的性质。每一个高速运动的微观粒子必定存在与它相应的波。微观粒子的波粒二象性是指微观粒子既具有微粒性（简称粒性）同时又具有波动性（简称波性）。波粒二象性是微观粒子运动的基本特性。

光的波粒二象性的两个重要公式也适合电子等实物粒子，即

$$E=h\nu \tag{9-4}$$

$$P=\frac{h}{\lambda} \tag{9-5}$$

式（9-4）、式（9-5）等号左边的能量E、动量P是表示电子等实物微粒具有微粒性的物理量；等号右边的频率ν和波长λ是表示电子等实物微粒具有波动性的物理量，实物微粒的波粒二象性通过普朗克常量h联系起来。

对于一个质量为 m、运动速度为 v 的实物微粒，其动量 $P=mv$，代入式（9-5），得到

$$\lambda=\frac{h}{mv} \tag{9-6}$$

式（9-6）称为 de Broglie 关系式。该式预示着实物微粒波（实物波）的波长可以用微粒的质量和运动速度来描述，如果实物微粒的 mv 值远大于 h 值时（如宏观物体），则实物波的波长很短，通常可以忽略，因而不显示波动性；如果实物微粒的 mv 值等于或小于 h 值，其波长不能忽略，即显示出波动性。

波粒二象性是个普遍现象，不仅电子、质子、分子等微观粒子有波粒二象性，宏观物体也有波粒二象性，不过不够显著而已。

【例 9-1】 分别计算 $m=2.5\times10^{-2}$kg，$v=300\text{m}\cdot\text{s}^{-1}$ 的子弹和 $m=9.1\times10^{-31}$ kg，$v=1.5\times10^{6}\text{m}\cdot\text{s}^{-1}$ 的电子的波长，并加以比较说明。

解：按式（9-6），子弹的波长为：

$$\lambda_1=\frac{h}{mv}=\frac{6.6\times10^{-34}}{2.5\times10^{-2}\times300}\text{nm}=8.8\times10^{-26}\text{nm}$$

电子的波长为：

$$\lambda_2=\frac{h}{mv}=\frac{6.6\times10^{-34}}{9.1\times10^{-31}\times1.5\times10^{6}}\text{nm}=0.5\text{nm}$$

计算结果表明子弹的波长很短，完全可以不予于考虑。而电子的波长接近 X 射线的波长，显示波性。

1927 年，Davisson 和 Germer 的电子衍射实验证明了 L. de Broglie 的假设是正确的。实验方法是将一束高速的电子流穿过薄晶片（或金属粉末），落在荧光屏上，如同光的衍射一样，可得到一系列明暗交替的环纹（图 9-3）。

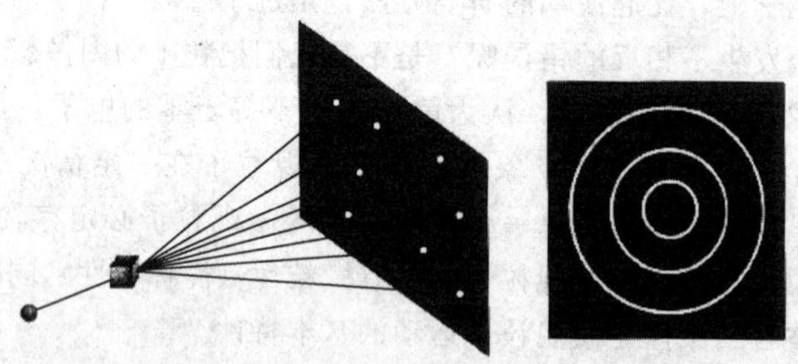

图 9-3　电子衍射图像形成的示意图

衍射现象是波所具有的特征现象。光的衍射环是光波互相干涉的结果。波的干涉使波峰相遇时互相加强，而波峰和波谷相遇时彼此减弱，从而形成了明暗交替的环形图纹。电子衍射实验证实了电子运动时确实有波动性。从实验所得的衍射图像，可以计算得到与该高速运动的电子相对应的波的波长，该计算结果与由式（9-6）预测的波长完全一致，从而证明 L. de Broglie 关于微观粒子波粒二象性的假设

和 de Broglie 关系式是正确的。

此后，人们又通过实验证明，质子、中子、原子等微观粒子运动时都具有波动性，都具有式（9-6）的关系。人们因此确信，微观粒子的波动特征是微观粒子的本质属性之一，微观粒子是具有波粒二象性。

在经典力学中，可以同时准确地测定宏观物体的位置和动量（或速度），即它的运动轨道是可测知的。但对具有波粒二象性的微观粒子来说，就不能像经典力学中那样来描述其运动状态，不可能同时准确地测定微观粒子在某瞬间的空间位置和运动速度，称为测不准原理。测不准原理并不意味着微观粒子的运动规律是不可认知的，也不是人们在主观能力上的“测不准”。测不准正是反映了微观粒子具有波粒二象性，微观粒子的运动不服从经典力学的规律，而是遵循量子力学所描述的运动规律。

微观粒子的波粒二象性和测不准原理，使人们认识到要从微观粒子特征出发，采用量子力学的统计方法，对电子的运动作出概率的判断，从而认识电子在核外空间的运动规律，描述电子的运动状态。

在电子衍射实验中，如果控制电子流的强度，使电子一个一个发射出去，每一个电子落在荧光屏上就出现一个点，这显示出电子的微粒性。但这些斑点出现的位置是毫无规则的、随机的，无法预言每个电子在荧光屏上出现的位置，这表明电子的运动无确定的轨道。

但随着时间的延长，随着发射出的电子数目的增多，荧光屏上斑点的数目逐渐增多，出现了规律性的明暗相间的环形衍射条纹，其结果与由大量电子在短时间内发射所形成的环形条纹完全一样。电子在荧光屏上的概率分布是相同的，这显示出电子运动的波动性，也反映出电子的运动规律具有统计性。荧光屏上衍射强度大的地方，电子出现的概率大，波的强度也大；反之，衍射强度小的地方，电子出现的概率小，波的强度也小。单个电子虽没有确定的运动轨道，但它在空间出现的概率可以由衍射波的强度反映出来。因此，核外电子的运动具有概率分布的规律。在这个意义上讲，电子波又称为概率波。在空间任何一点，电子波的强度与电子出现的概率密度成正比。

由此可见，电子衍射实验所揭示的电子的波动性是许多相互独立的电子在完全相同的情况下运动的统计结果，或者是一个电子在许多次相同实验中的统计结果。衍射图像实际上是以概率波的形式反映出粒子出现的概率，这就是电子的波动性和微粒性的统一。

综上所述，具有波动性的微观粒子不再服从经典力学规律，它们遵循测不准原理，其运动没有确定的轨道，只有一定的空间概率分布，因此要用量子力学来描述微观粒子的运动状态。

9.1.3 波函数和原子轨道

对于微观粒子的运动，1926 年奥地利物理学家 E. Schrödinger 根据 L. de

Broglie 的观点，对经典光波方程进行改造后提出氢原子的波动方程，从而建立了描述核外电子运动的波动方程，即 Schrödinger 方程。它是一个二阶偏微分方程式：

$$\frac{\partial^2 \Psi}{\partial x^2}+\frac{\partial^2 \Psi}{\partial y^2}+\frac{\partial^2 \Psi}{\partial z^2}=-\frac{8\pi^2 m}{h^2}(E-V)\Psi \tag{9-7}$$

Ψ 是含有变量的函数式，叫做波函数，波函数是描述核外电子运动状态的数学函数式，表征的是电子的波动性；电子的空间位置坐标（x，y，z）以及电子的质量（m）、总能量（E）和势能（V）描述的是电子的粒子性；h 是普朗克常量。

牛顿力学方程是描述宏观物体运动状态、变化规律的基本方程。而 Schrödinger 方程是描述微观粒子运动状态、变化规律的基本方程，较为全面地反映了电子的波粒二象性。

Schrödinger 方程的解并不是具体的数字，而是一个与坐标和三个参数（n，l，m）有关的函数式，可以用直角坐标表示 $\Psi_{n,l,m}(x, y, z)$，也可将其变换为球坐标（r，θ，φ），则表示为 $\Psi_{n,l,m}(r, \theta, \varphi)$。对于表述原子中电子运动状态来说，球坐标是最适应的，如图 9-4 所示。

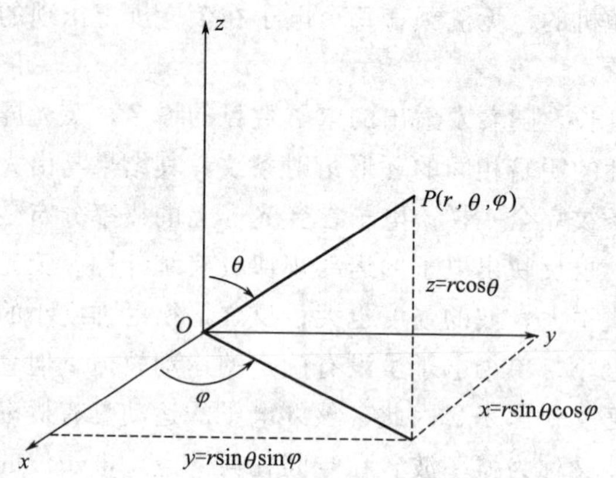

图 9-4 球坐标系与直角坐标系的关系

设原子核在坐标原点 O 上，P 为核外电子的位置，r 为从 P 点到球坐标原点 O 的距离（即电子离核的距离），θ 为 z 轴与 OP 间的夹角，φ 为 x 轴与 OP 在 xOy 平面上的投影的夹角。直角坐标与球坐标两者的关系为：

$$z=r\cos\theta$$

$$y=r\sin\theta\sin\varphi$$

$$x=r\sin\theta\cos\varphi$$

$$r=\sqrt{x^2+y^2+z^2}$$

坐标变换后，$\Psi(x, y, z)$ 转换成 $\Psi(r, \theta, \varphi)$，$\Psi(r, \theta, \varphi)$ 是变量（r，θ，φ）的函数。为了清楚和直观地了解波函数的图像，可以从 Ψ 随电子离核的距

离 r 的变化和随角度 θ，φ 的变化两个方面来进行，即可以将 $\Psi(r, \theta, \varphi)$ 表示为两个函数的乘积：

$$\Psi_{n,l,m}(r,\theta,\varphi)=R(r)Y(\theta,\varphi) \tag{9-8}$$

式中，$R(r)$ 叫做波函数的径向部分，它表明 θ，φ 一定时波函数 Ψ 随 r 的变化关系；$Y(\theta, \varphi)$ 叫做波函数的角度部分，它表明 r 一定时，波函数 Ψ 随 θ，φ 的变化关系。表 9-1 列出了若干氢原子的波函数及其径向和角度部分的函数。

表 9-1 氢原子的波函数（a_0 为玻尔半径）

轨道	$\Psi(r,\theta,\varphi)$	$R(r)$	$Y(\theta,\varphi)$
1s	$\sqrt{\frac{1}{\pi a_0^3}}\mathrm{e}^{-r/a_0}$	$2\sqrt{\frac{1}{a_0^3}}\mathrm{e}^{-r/a_0}$	$\sqrt{\frac{1}{4\pi}}$
2s	$\frac{1}{4}\sqrt{\frac{1}{2\pi a_0^3}}\left(2-\frac{r}{a_0}\right)\mathrm{e}^{-r/2a_0}$	$\sqrt{\frac{1}{8\pi a_0^3}}\left(2-\frac{r}{a_0}\right)\mathrm{e}^{-r/2a_0}$	$\sqrt{\frac{1}{4\pi}}$
$2\mathrm{p}_z$	$\frac{1}{4}\sqrt{\frac{1}{2\pi a_0^3}}\left(\frac{r}{a_0}\right)\mathrm{e}^{-r/2a_0}\cos\theta$	$\sqrt{\frac{1}{24\pi a_0^3}}\left(\frac{r}{a_0}\right)\mathrm{e}^{-r/2a_0}$	$\sqrt{\frac{3}{4\pi}}\cos\theta$
$2\mathrm{p}_x$	$\frac{1}{4}\sqrt{\frac{1}{2\pi a_0^3}}\left(\frac{r}{a_0}\right)\mathrm{e}^{-r/2a_0}\sin\theta\cos\varphi$	$\sqrt{\frac{1}{24\pi a_0^3}}\left(\frac{r}{a_0}\right)\mathrm{e}^{-r/2a_0}$	$\sqrt{\frac{3}{4\pi}}\sin\theta\cos\varphi$
$2\mathrm{p}_y$	$\frac{1}{4}\sqrt{\frac{1}{2\pi a_0^3}}\left(\frac{r}{a_0}\right)\mathrm{e}^{-r/2a_0}\sin\theta\sin\varphi$	$\sqrt{\frac{1}{24\pi a_0^3}}\left(\frac{r}{a_0}\right)\mathrm{e}^{-r/2a_0}$	$\sqrt{\frac{3}{4\pi}}\sin\theta\sin\varphi$

在一定状态下（如基态）原子中的每个电子都有自己的波函数 Ψ 和相应的能量 E（就是微粒在该稳定状态时的能量），即一个波函数 Ψ 代表电子的一种运动状态。波函数又称为原子轨道，两者是同义词。需要注意的是，原子轨道只是一种形象的比喻，它和经典力学中的轨道或轨迹有本质的区别。经典力学中的轨道是指具有某种速度、可以确定运动物体任意时刻所处位置的轨道；量子力学中的原子轨道不是某种确定的轨道，而是原子中一个电子可能的空间运动状态，包含电子所具有的能量、离核的平均距离、概率密度分布等。

9.1.4 波函数和电子云的空间图形

（1）原子轨道的角度分布图

由于波函数是空间坐标的函数，可以给出 Ψ 在三维空间的图形。其中波函数的角度分布图又称原子轨道角度分布图。它就是表现 Y 值随 θ，φ 变化的图像，如图 9-5 所示。

由于波函数的角度部分 $Y(\theta, \varphi)$ 只与 l 和 m 有关，因此，只要 l 和 m 相同，其 $Y(\theta, \varphi)$ 函数式就相同，就有相同的原子轨道角度分布图。原子轨道角度部分图形中的“+”、“−”号，表明波函数角度部分的值在该区域为“+”值或“−”值。这种“+”、“−”号的存在，科学地解释了由原子轨道重叠形成共价键而且有

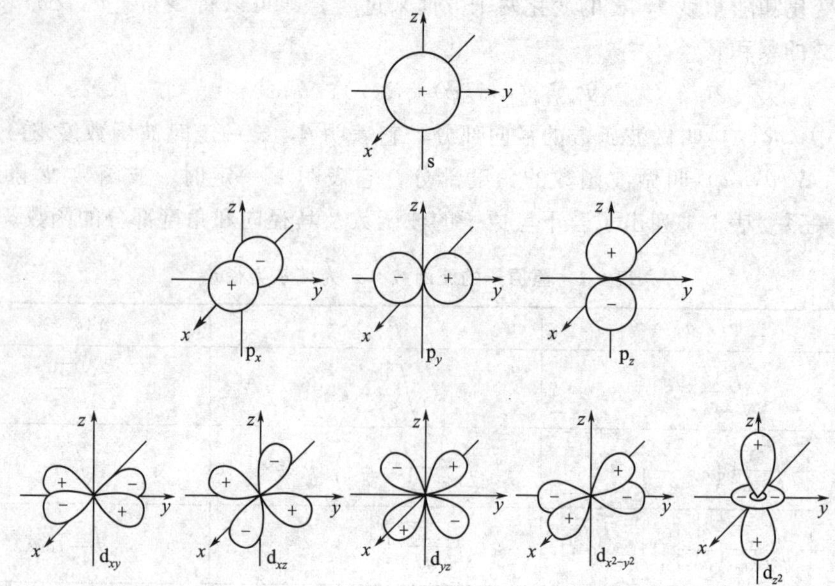

图 9-5　原子轨道角度分布图

方向性的原因之一。

需要强调，原子轨道的角度分布图并不是电子运动的具体轨道，它只反映出波函数在空间不同方向上的变化情况。

（2）电子云的角度分布图

电子在核外空间某处单位微小体积内出现的概率，称为概率密度，用波函数绝对值的平方$|\Psi|^2$表示。空间各点$|\Psi|^2$之值的大小，反映了电子在各点附近单位微体积元中出现概率的大小，这是$|\Psi|^2$的物理意义。$|\Psi|^2$值大，表明单位体积内电荷密度大；反之亦然。

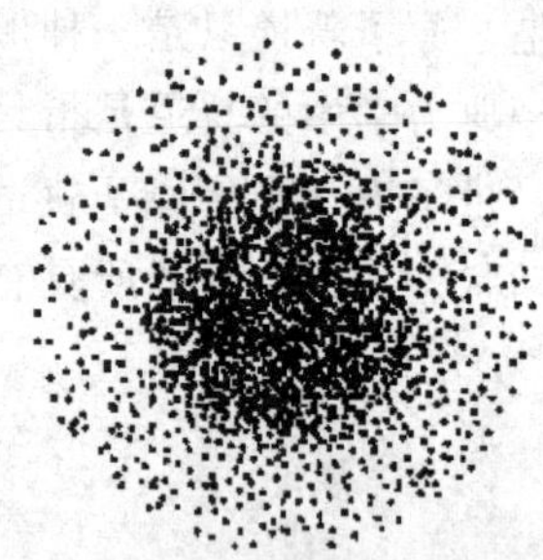

图 9-6　氢原子的 1s 电子云图

常常形象地将电子的概率密度$|\Psi|^2$称作“电子云”（图 9-6）。需指出的是，电子云概念并不是说电子真的像云那样地分散而不是一个粒子了，而只是电子行为具有统计性的一种形象说法。若用小黑点的疏密形象地表示概率密度的大小，则小黑点密的地方，表示$|\Psi|^2$数值大，小黑点稀的地方，表示$|\Psi|^2$数值小，这样就得到了电子云在空间的示意图像。

电子云的角度分布图是表现Y^2值随θ，φ变化的图像。图 9-7 表示 s，p，d 电子云的角度分布图。比较电子云的角度分布图与原子轨道的角度分布图发现，两种图形基本相似，但有两点不同：电子云的角度分布图比相应原子轨道的角度分布图要“瘦”一些；原子轨道有正、负号之分，电子云没有正负号，这是因为$|\Psi|^2$的结果。

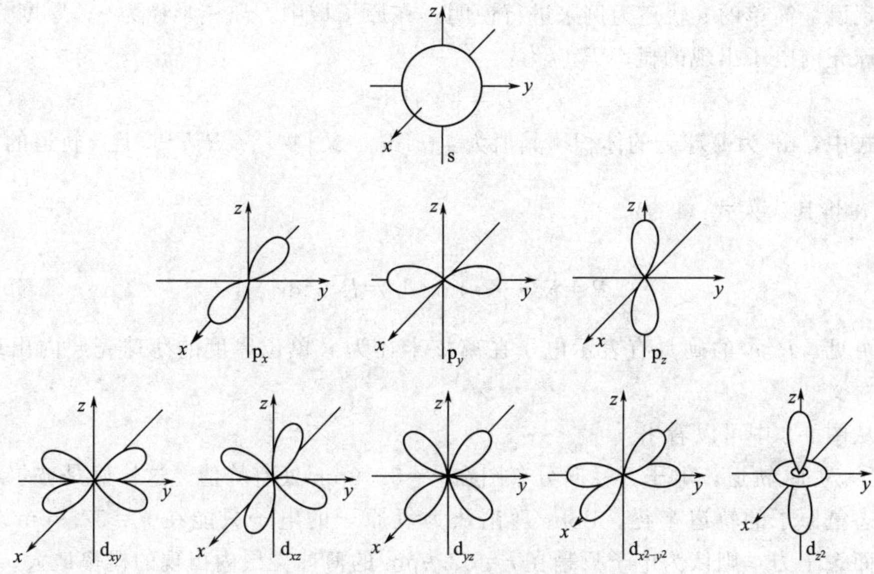

图 9-7 电子云的角度分布图

(3)电子云的径向分布图

波函数径向部分 $R(r)$ 本身没有明确的物理意义，但 r^2R^2 有明确的物理意义。它表示电子在离核半径为 r 单位厚度的薄球壳层内出现的概率。若令 $D(r)=r^2R^2$，以 $D(r)$ 对 r 作图即为电子云径向分布图。图 9-8 为氢原子一些轨道的电子云径向分布图。

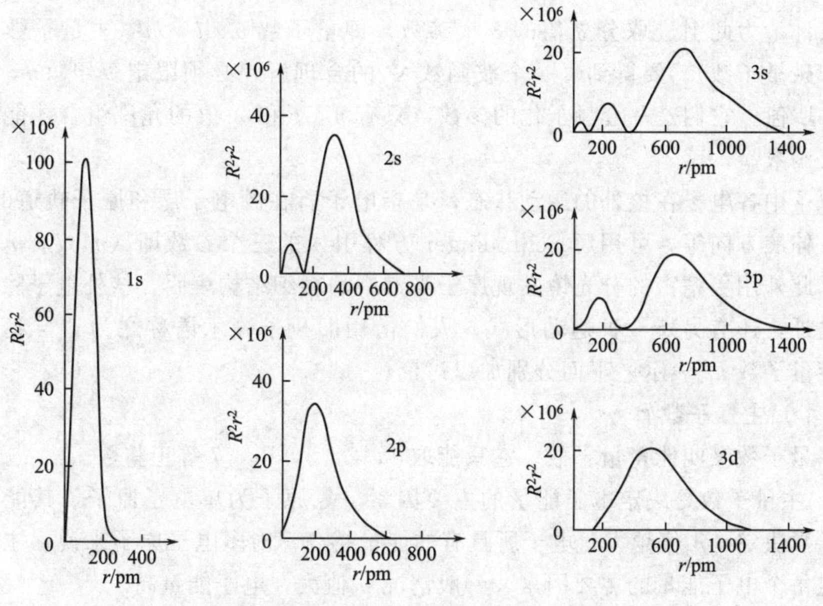

图 9-8 氢原子各种状态的径向分布图

现以最简单的s轨道为例来进行说明。在原子核中，离核半径为r，厚度为dr的薄球壳内电子出现的概率P应为：

$$P=|\Psi|^2\mathrm{d}\tau \tag{9-9}$$

式中，$\mathrm{d}\tau$为薄球壳的体积，其值为$4\pi r^2\mathrm{d}r$，又$|\Psi|^2=R^2Y^2$，且s轨道的$Y=\sqrt{\dfrac{1}{4\pi}}$，将其代入式（9-9），得

$$P=R^2\cdot\frac{1}{4\pi}\cdot 4\pi r^2\mathrm{d}r=R^2r^2\mathrm{d}r \tag{9-10}$$

可见，R^2r^2的确具有表示电子在离核半径为r单位厚度的薄球壳层内出现概率的含义。

从图9-8中可以看出：

① 对1s轨道，电子云径向分布图在$r=52.9$pm处有峰值，这恰好是玻尔理论中基态氢原子的轨道半径。Bohr理论认为氢原子的电子只能在$r=52.9$pm处运动，而量子力学则认为电子只是在$r=52.9$pm的薄球壳层内出现的概率最大；

② 电子云径向分布图中峰的数目为$n-l$；

③ n越大，电子离核平均距离越远；n相同，电子离核平均距离相近。因此从径向分布来看，核外电子是按n值大小分层分布的。

9.1.5　量子数与核外电子运动状态

由于波函数Ψ是描述原子处于定态时电子运动状态的数学函数式，核外电子是在原子核吸引作用下的球形空间中运动，要得到合理的波函数的解，必须满足一定的条件，为此引进取分立值的3个参数，即量子数n，l，m（主量子数、角量子数和磁量子数）。要得到每一个波函数Ψ的合理解，必须限定一组（n，l，m）的允许取值。它们是一套量子化的参数，只有n，l和m值的允许组合才能得到合理的波函数。

原子中各电子在核外的运动状态，是指电子所在的电子层和原子轨道的能级、形状、伸展方向等，可用解Schrödinger方程引入的三个参数即（n，l，m）加以描述。此外用更精密的分光镜发现原子光谱中的精细结构表明，核外电子除了空间运动之外，还有另外一种运动形式，人们借用旧量子论术语称之为“自旋运动”，用自旋量子数m_s表示。下面分别加以讨论。

（1）主量子数n

主量子数又叫能量量子数，它只能取1，2，3，…，7等正整数。

① 主量子数是决定电子能量的主要因素。氢原子为单电子原子，其能量只由主量子数决定，n值越大，电子所具有的能量越高。对多电子原子来说，主量子数是决定每个电子能量的主要因素，一般情况n值大，电子能量高。

② 主量子数表示电子离核的远近或电子层数。主量子数相同的电子，几乎在

离核相同距离的空间范围内运动，因此可将主量子数相同的电子归并在一起称为一个电子层或能层，$n=1$ 表示能量最低、离核最近的第一电子层，$n=2$ 表示能量次低、离核次近的第二电子层，其余类推。在光谱学上常用一套拉丁字母表示电子层，常用 K，L，M，N，O，P，Q 等符号分别表示 $n=1,2,3,4,5,6,7$ 电子层。

（2）角量子数 l

电子绕核运动时，不仅具有一定的能量，而且也具有一定的角动量，角动量由量子数 l 决定，故称 l 为角量子数，其取值为 $l=0,1,2,3,\cdots,(n-1)$，l 取值受 n 限制，最大为（$n-1$）。在光谱学上分别用符号 s，p，d，f 等来表示。l 的物理意义如下。

① 表示电子的亚层或能级。

由角量子数的取值可见，对应于一个 n 值，可能有几个 l 值，这表示同一电子层中包含有几个不同的亚层，不同亚层能量有所差异，故亚层又称为能级。例如，1s 态电子处于 1s 能级；2p 态电子处于 2p 能级；3d 态电子处于 3d 能级等。例如，$n=4, l=0,1,2,3$。l 有 4 个值，即有 4 个亚层（4s，4p，4d，4f 亚层）。不同 n 所对应的能级（亚层）数见表 9-2。

表 9-2　电子层和能级数

n	1	2		3			4			
电子层符号	K	L		M			N			
l	0	0	1	0	1	2	0	1	2	3
能级（亚层）符号	1s	2s	2p	3s	3p	3d	4s	4p	4d	4f
电子层中能级（亚层）数目	1	2		3			4			

② 表示原子轨道的形状。

$l=0$ 时，相应电子状态称为 s 态，其原子轨道的形状为球形；

$l=1$ 时，相应电子状态称为 p 态，其原子轨道形状为哑铃形；

$l=2$ 时，相应电子状态称为 d 态，其原子轨道形状为花瓣形，如图 9-5 所示。

③ 多电子原子中 l 与 n 一起决定电子的能量。

单电子系统，如氢原子，其能量 E 不受 l 的影响，只与 n 有关，即 $E_{ns}=E_{np}=E_{nd}=E_{nf}$。在多电子原子中，电子的能量不仅取决于主量子数 n，还与角量子数 l 有关。当 n 相同时，一般情况是 l 值越大能量越高，即 $E_{ns}<E_{np}<E_{nd}<E_{nf}$。因此在描述多电子原子系统电子的能量状态时，需要 n 和 l 两个量子数。

（3）磁量子数 m

在有磁场存在的情况下，线状光谱发生分裂，谱线分裂的数目取决于磁量子数 m。量子力学已经证明，原子中电子绕核运动的轨道角动量在外磁场方向上的分量是量子化的并由量子数 m 决定，因此称 m 为磁量子数。磁量子数的取值从 $-l$，…，0，…，$+l$，共有（$2l+1$）个取值，即 m 的取值受 l 值的限制，取值为 0，

±1，±2，±3，…，$\pm l$。

磁量子数决定原子轨道在空间的伸展方向。m 的每一个数值表示具有某种空间方向的一个原子轨道。一个亚层中，m 有几个可能的取值，这亚层就只能有几个不同伸展方向的同类原子轨道。例如：

$l=0$ 时，$m=0$，m 只有一个取值，表示 s 轨道在核外空间中只有一种分布方向，即以核为球心的球形。

$l=1$ 时，m 有 0，+1 和 −1 三个取值，表示 p 亚层在空间有 3 个分别沿着 x 轴、y 轴和 z 轴取向的轨道，即 p_x、p_y、p_z 轨道。

$l=2$ 时，m 有 0、±1、±2，共五个取值，表示 d 亚层有 5 个取向的轨道，分别是 d_{z^2}、d_{xz}、d_{yz}、d_{xy} 和 $d_{x^2-y^2}$ 轨道。

$l=0$ 的轨道都称为 s 轨道，其中按 $n=1$，2，3，4，…依次称为 1s，2s，3s，4s，…轨道。s 轨道内的电子称为 s 电子。

$l=1$，2，3 的轨道依次分别称为 p、d、f 轨道，p、d、f 轨道内的电子依次称为 p、d、f 电子。

在没有外加磁场情况下，l 相同、m 不同的原子轨道，其能量是相同的。不同原子轨道具有相同能量的现象称为能量简并，能量相同的各原子轨道称为简并轨道或等价轨道。

例如 $l=1$ 的 p 轨道有三个简并轨道 p_x、p_y、p_z，简并轨道的数量为 3。

亚层	p	d	f
简并轨道数	3 个	5 个	7 个

将 3 个量子数 n，l，m 与原子轨道间的关系归纳于表 9-3 中。

表 9-3　量子数与原子轨道

主量子数 n	主层符号	角量子数 l	亚层符号	亚层层数	磁量子数 m	原子轨道符号	亚层中的轨道数
1	K	0	1s	1	0	1s	1
2	L	0	2s	2	0	2s	1
		1	2p		0,±1	$2p_z$,$2p_x$,$2p_y$	3
3	M	0	3s	3	0	3s	1
		1	3p		0,±1	$3p_z$,$3p_x$,$3p_y$	3
		2	3d		0,±1,±2	$3d_{z^2}$,$3d_{xz}$,$3d_{yz}$,$3d_{xy}$,$3d_{x^2-y^2}$	5
4	N	0	4s	4	0	4s	1
		1	4p		0,±1	$4p_z$,$4p_x$,$4p_y$	3
		2	4d		0,±1,±2	$4d_{z^2}$,$4d_{xz}$,$4d_{yz}$,$4d_{xy}$,$4d_{x^2-y^2}$	5
		3	4f		0,±1,±2,±3	…	7

（4）自旋量子数 m_s

在解 Schrödinger 方程时，为了得到合理解，引入了三个量子数 n、l、m，但是，这还不能说明某些原子光谱线实际上是由靠得很近的两条线组成的实验事实。

例如，通过高分辨率的光谱仪发现，氢原子光谱中 656.3nm 这条红色谱线是由两条靠得很近的 656.272nm 和 656.285nm 两条谱线组成的。这一现象不但 Bohr 理论不能解释，也无法用 n、l、m 三个量子数进行解释。

高分辨光谱实验事实揭示了电子除了有用三个量子数表达的量子化能级外，还有一种运动存在。即电子除了轨道运动外，还有自旋运动。电子自旋运动具有自旋角动量，由自旋量子数 m_s 决定。

处于同一原子轨道上的电子自旋运动状态只能有两种，即自旋磁量子数的取值只有两个（$+1/2$ 和 $-1/2$），分别代表电子的两种自旋方向，可示意为顺时针方向和逆时针方向，用符号“↑”和“↓”表示。自旋只有两个方向，因此决定了每一轨道最多只能容纳两个电子，且自旋方向相反。

值得说明的是，“电子自旋”并不是电子真像地球自转一样，它只是表示电子的两种不同的运动状态。正是由于电子具有自旋角动量，使氢原子光谱在没有外磁场时也会发生微小的分裂，得到了靠得很近的谱线。

O. Stern 和 W. Gerlach 用实验证实了电子自旋现象的存在：将一束 Ag 原子流通过窄缝，再通过一不均匀磁场，结果原子束在磁场中分裂，有一部分向左偏转，另一部分向右偏转，如图 9-9 所示。这足以证明 Ag 原子最外层的一个电子的自旋方式不同，磁矩恰好相反。

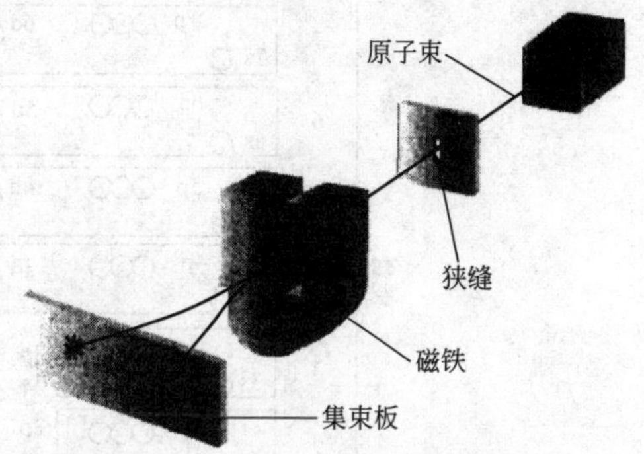

图 9-9 电子自旋的实验装置示意图

综上所述，量子力学对氢原子核外电子的运动状态有了较清晰的描述。解 Schrödinger 方程，得到多个可能的解 Ψ，电子在多条能量确定的轨道中运动，每条轨道由 n、l、m 三个量子数决定，主量子数 n 决定了电子的能量和离核远近；角量子数 l 决定了轨道的形状；磁量子数 m 决定了轨道的空间伸展方向，即 n、l、m 三个量子数共同决定了一个原子轨道 Ψ，但是原子中每个电子的运动状态则必须用 n、l、m、m_s 四个量子数来确定。

9.2 多电子原子结构

用 Schrödinger 方程可精确解出氢原子或类氢离子电子的概率分布与轨道能量。多电子原子系统的能量难以用 Schrödinger 方程得到精确解，这种原子系统的能量只能用光谱实验的数据，经过理论分析得到。这样得到的数据是整个原子处于各种状态时的能量，最低的能量便是原子处于基态时的能量。在一般情况下，原子系统的能量可看作是各单个电子在某个原子轨道上运动对原子系统能量贡献的总和。单个电子在原子轨道上运动的能量叫做轨道能量，它可以借助于某些实验数据或通过某种物理模型进行计算而求得。本节以轨道能级为重点，讨论核外电子排布规律。

9.2.1 Pauling 近似能级图

Pauling 根据光谱实验数据和理论计算结果，总结出多电子原子中原子轨道的近似能级图（图 9-10），它反映了各能级相对能量高低的顺序。图 9-10 中用小圆圈代表原子轨道，能量相近的划为一组，称为能级组，依 1，2，3，…能级组的顺序，能量依次增高。

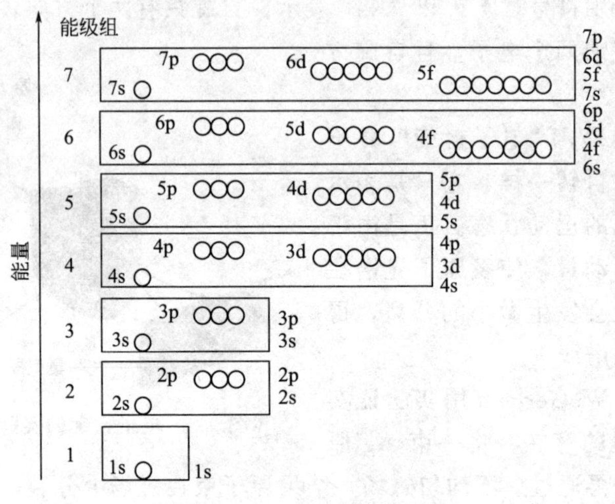

图 9-10 Pauling 近似能级图

由图 9-10 可见，角量子数 l 相同的能级的能量高低由主量子数 n 决定，例如，$E_{1s}<E_{2s}<E_{3s}<E_{4s}<\cdots$。主量子数 n 相同，角量子数 l 不同的能级，能量随 l 的增大而升高，如 $E_{ns}<E_{np}<E_{nd}<E_{nf}$，这现象称为能级分裂。当主量子数 n 和角量子数 l 均不同时，出现能级交错现象，如 $E_{4s}<E_{3d}<E_{4p}<\cdots$。

必须指出，Pauling 近似能级图仅仅反映了多电子原子中原子轨道能量的近似高低，不能认为所有元素原子的能级高低都是一成不变的。光谱实验和量子力学理论证明，随着元素原子序数的递增（核电荷增加），原子核对核外电子的吸引作用增强，轨道的能量有所下降。由于不同的轨道下降的程度不同，所以能级的相对顺序有所改变。

我国著名化学家徐光宪在总结前人工作的基础上，提出了轨道能量高低与主量子数和角量子数的关系式，他指出，原子在填充电子时，按式（9-11）计算原子轨道的能量，并从能量由低到高的顺序填充电子。

$$E=n+0.7l \tag{9-11}$$

式中，n、l 分别为对应轨道的主量子数和角量子数，其值越大，能量越高。

例如，$E_{4s}=(4+0.7\times0)=4$，$E_{3d}=(3+0.7\times2)=4.4$，$E_{3d}$大于 E_{4s}，出现了

能级交叉，电子应当先填 4s 轨道再填 3d 轨道。

考虑原子的电离时，则按式（9-12）计算原子轨道的能量，并按能量由高到低的顺序失去电子。

$$E=n+0.4l \tag{9-12}$$

例如，$E_{4s}=(4+0.4\times0)=4$，$E_{3d}=(3+0.4\times2)=3.8$，$E_{4s}$ 大于 E_{3d}，电离时，应当先失去 4s 电子再失去 3d 电子。

徐光宪的计算公式更为简洁，用这种方法计算得到的电离能数值与实验值较为符合。

9.2.2 核外电子排布的规则

原子中单个电子的运动状态主要由主量子数 n、角量子数 l、磁量子数 m 以及自旋量子数 m_s 四个量子数来描述。这四个量子数分别与电子层、电子亚层或能级、原子轨道和电子自旋相对应。原子的核外电子排布是通过原子的电子层、亚层和原子轨道来实现的。

原子中的电子按一定规则排布在各原子轨道上。人们根据原子光谱实验和量子力学理论，总结出三个排布规则：能量最低原理、Pauli 不相容原理和 Hund 规则。

（1）能量最低原理

能量最低原理是自然界一切事物共同遵守的法则。多电子原子在基态时核外电子总是尽可能的分布在能量最低的轨道，然后才依次占据能量稍高的轨道，以使原子系统的能量最低，这就是能量最低原理。近似能级图可以作为原子核外电子填充顺序的参考依据，电子填充顺序如图 9-11 所示。按照箭头所提示的顺序，将电子逐个填充到轨道中。

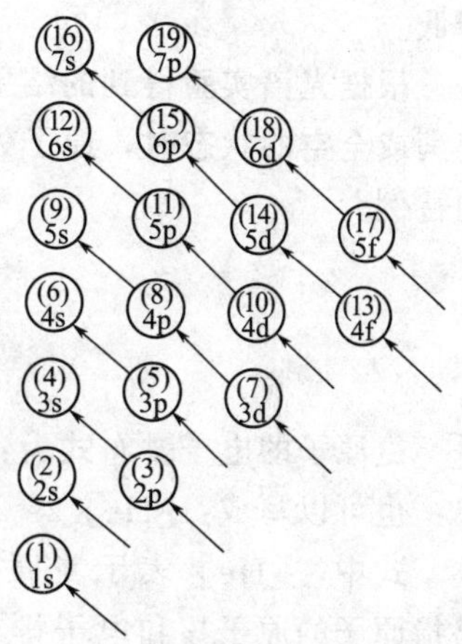

图 9-11 电子填充顺序

（2）Pauli 不相容原理

瑞士物理学家 W. Pauli 在 1925 年根据光谱分析结果和元素在周期系中的位置，提出了 Pauli 不相容原理：在同一个原子里没有四个量子数完全相同的电子，或者说，在同一个原子里没有运动状态完全相同的两个电子。即在原子中，若电子的 n、l、m 相同，m_s 则一定不同，在同一个原子轨道上最多可以容纳两个电子且自旋方向相反。

例如，氢原子核外唯一的电子排在能量最低的 1s 轨道上其电子排布式为 $1s^1$，描述它的量子数为 $n=1$，$l=0$，$m=0$，该电子的自旋量子数 m_s，既可取 $+1/2$，也可取 $-1/2$。氦原子的核外电子排布式为 $1s^2$，两个电子的 n、l、m 量子数相同，只是自旋量子数 m_s 不同，分别为 $+1/2$、$-1/2$。电子排布图常用小圆圈（或方框）表示原子轨道，用箭头表示电子且用“↑”和“↓”来区别 m_s 不同的电子。氦原子的电子排布图示为 ⇅。

按照这个原则，s 轨道最多可容纳 2 个电子，p、d、f 轨道依次最多可以容纳 6、10、14 个电子，并可推知每一电子层可容纳的最多电子数为 $2n^2$。

(3) Hund 规则

根据大量光谱实验数据，德国物理学家 F. H. Hund 提出：在相同 n 和相同 l 的轨道上分布的电子，将尽可能分占 m 值不同的轨道，且自旋平行。例如，碳原子核外有 6 个电子，根据能量最低原理、Pauli 不相容原理可以写出碳原子的电子排布式或电子构型为：$1s^2 2s^2 2p^2$。对应的电子轨道排布式如图 9-12 所示。由图可见，2p 的 2 个电子以相同的自旋方式分占两个轨道。

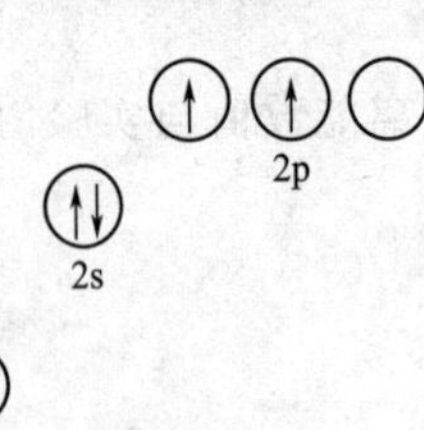

图 9-12　碳原子的电子排布图

因为当一个轨道上已占有一个电子时，要使另一电子与之配对，必须克服电子与电子之间的排斥力，所需的能量叫做电子成对能。这样，就会使得系统的能量增加，不符合能量最低原理。因此，在简并轨道上电子只有按照 Hund 规则进行排布，才有利于系统的能量降低。

根据光谱实验得到的结果，还可总结出一个规律：当简并轨道处于半充满、全充满或全空的状态时，原子处于比较稳定的状态，这些状态可以看作是 Hund 规则的特例。

全充满　　p^6, d^{10}, f^{14}

半充满　　p^3, d^5, f^7

全空　　p^0, d^0, f^0

氮原子的电子排布式为：$1s^2 2s^2 2p^3$

也可以写成：[He] $2s^2 2p^3$

式中，[He] 表示氮原子的原子实。所谓“原子实”是指原子的原子核和电子排布同某稀有气体原子里的电子排布相同的那部分实体。根据洪特规则，氮原子 2p 轨道的 3 个电子以相同的自旋方式分占三个轨道。

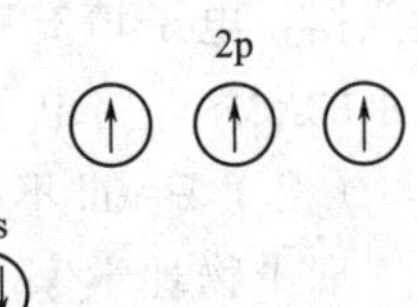

9.2.3 屏蔽效应和钻穿效应

多电子原子的结构由多电子原子的 Schrödinger 方程描述，对于含有 n 个电子的多电子原子系统来说，不仅有 n 个电子与原子核之间的吸引作用，还有 n 个电子之间的排斥作用。通常可用“屏蔽效应”和“钻穿效应”近似讨论核外电子能量的高低。

(1) 屏蔽效应

核电荷数为 Z 的多电子原子中，核外共有 Z 个电子，其中电子 i 除了受到原子核的吸引外，同时还受到其他（$Z-1$）个电子的排斥。这种排斥作用实际上相当于（$Z-1$）个电子的负电荷部分地屏蔽了原子核的正电荷，使电子 i 所感受到的有效核电荷数 Z^* 下降，即多电子原子中其余电子抵消核对指定电子的吸引作用，称为屏蔽效应。有效核电荷数 Z^* 的计算如式（9-13）所示：

$$Z^* = Z - \sigma \tag{9-13}$$

式（9-13）中，σ 为屏蔽常数，它是（$Z-1$）个电子对电子 i 的屏蔽作用的总和，不同的电子所产生的屏蔽作用并不相同，离核越近，屏蔽作用越大。

屏蔽常数 σ 可用 Slater 经验规则计算出来。

Slater 规则总结如下。

① 将原子中的轨道按下列顺序分组：

(1s),(2s,2p),(3s,3p),(3d),(4s,4p),(4d),(4f),(5s,5p),…

② 在上述顺序中处于被屏蔽电子右侧各组轨道中的电子，对此电子无屏蔽作用，即 $\sigma=0$。

③ 同组中每一个其他电子对被屏蔽电子的 $\sigma=0.35$（同组为 1s 电子时 $\sigma=0.30$）。

④ 如被屏蔽电子是（ns，np）组电子，（$n-1$）电子层中的每个电子对被屏蔽电子的 $\sigma=0.85$，（$n-2$）层以及更内层中的电子的屏蔽作用 $\sigma=1.00$。

⑤ 如被屏蔽电子是（nd）或（nf）组电子，则所有左侧各组中的每个电子对被屏蔽电子的 σ 均是 1.00。

在计算原子中某电子的 σ 时，可将有关屏蔽电子对该电子的数值相加而得（$\sigma=\sigma_1+\sigma_2+\sigma_3+\cdots$）

【例 9-2】 计算 Na 原子中其他电子对 2p 和 3s 电子的屏蔽常数 σ。

解：Na 原子的电子构型为：$1s^2 2s^2 2p^6 3s^1$。

按 Slater 规则分组为：

$$(1s)^2(2s,2p)^8(3s)^1$$

$$\sigma_{2p}=2\times0.85+7\times0.35=4.15$$

$$\sigma_{3s}=2\times1.00+8\times0.85=8.8$$

【例 9-3】 计算作用在 Sc 原子 3d 和 4s 电子的有效核电荷数 Z^*。

解：Sc 原子的电子构型为：$1s^2 2s^2 2p^6 3s^2 3p^6 3d^1 4s^2$。

按 Slater 规则分组为：

$$(1s)^2(2s,2p)^8(3s,3p)^8(3d)^1(4s)^2$$

$$\sigma_{3d}=18\times1.00=18.00$$

$$\sigma_{4s}=10\times1.00+9\times0.85+1\times0.35=18.00$$

$$Z^*_{3d}=Z^*_{4s}=Z-\sigma=21-18.00=3.00$$

利用 Slater 规则可得到第一至第三周期中原子的 s、p 轨道的有效核电荷 Z^*。如表 9-4 所示。

表 9-4 有效核电荷 Z^*

	H							He
1s	1							1.70
	Li	Be	B	C	N	O	F	Ne
1s	2.70	3.70	4.70	5.70	6.70	7.70	8.70	9.70
2s,2p	1.30	1.95	2.60	3.25	3.90	4.55	5.20	5.85
	Na	Mg	Al	Si	P	S	Cl	Ar
1s	10.70	11.70	12.70	13.70	14.70	15.70	16.70	17.70
2s,2p	6.85	7.85	8.85	9.85	10.85	11.85	12.85	13.85
3s,3p	2.20	2.85	3.50	4.15	4.80	5.45	6.10	6.75

从上表数据可看出，对主族元素，从左到右随着核电荷的递增，有效核电荷 Z^* 明显增大，因为核电荷增加1，屏蔽常数只增加0.35。元素有效核电荷呈现的周期性变化，体现了原子核外电子层的周期性变化，也使得元素的许多基本性质呈现周期性的变化。

多电子原子中，每个电子不但受其他电子的屏蔽，而且也对其他电子产生屏蔽作用。某个电子 i 的轨道能量 E_i 可按下式估算：

$$E_i = -2.179 \times 10^{-18} \frac{Z^{*2}}{n^{*2}} \text{J} \tag{9-14}$$

式中，Z^* 为作用在某一电子上的有效核电荷数，n^* 为该电子的有效主量子数，与主量子数 n 之间的关系如下：

n	1	2	3	4	5	6
n^*	1.0	2.0	3.0	3.7	4.0	4.2

多电子原子的总能量为每个电子的能量之总和，即

$$E(\text{原子}) = \sum E_i \tag{9-15}$$

Z^*，n^* 确定后，就能计算多电子原子中各能级的近似能量。

【例 9-4】 计算 Sc 原子 E_{3d} 和 E_{4s}。

解：根据式（9-14） $E_i = -2.179 \times 10^{-18} \frac{Z^{*2}}{n^{*2}} \text{J}$

因

$$Z^*_{3d} = Z^*_{4s} = 3.00$$

$$E_{3d} = -2.179 \times 10^{-18} \frac{(3.00)^2}{(3.0)^2} \text{J} = -2.2 \times 10^{-18} \text{J}$$

$$E_{4s} = -2.179 \times 10^{-18} \frac{(3.00)^2}{(3.7)^2} \text{J} = -1.4 \times 10^{-18} \text{J}$$

显然，$E_{4s} > E_{3d}$，所以 Sc 原子在失去电子时先失去 4s 电子，第四周期的过渡金属原子在失去电子时，都是先失去 4s 电子再失去 3d 电子。

同一原子中，当原子的角量子数 l 相同时，主量子数 n 越大，相应的轨道能量

越高，即有 $E_{1s}<E_{2s}<E_{3s}<E_{4s}<\cdots$，$E_{2p}<E_{3p}<E_{4p}<\cdots$，$E_{3d}<E_{4d}<E_{5d}\cdots$，$E_{4f}<E_{5f}\cdots$等。

同一原子中，当原子的主量子数 n 相同时，随着原子的角量子数 l 的增大，相应轨道的能量也随之升高，因而有 $E_{ns}<E_{np}<E_{nd}<E_{nf}$。

当 n 和 l 均不相同时，则有可能存在能级交错现象，这时需具体计算出轨道的能量才能确定能级的高低。如 E_{4s} 和 E_{3d} 能级，对 K 原子，$E_{4s}<E_{3d}$；对 Sc 原子，$E_{4s}>E_{3d}$。

原子轨道能级随原子序数的递增而降低，但降低的幅度不同。

（2）钻穿效应

在多电子原子中每个电子既被其余电子所屏蔽，也对其余电子起屏蔽作用，在原子核附近出现概率较大的电子，可更多地避免其余电子的屏蔽，受到核的较强的吸引而更靠近核，这种进入原子内部空间的作用叫做钻穿效应。就其实质而言，电子运动具有波动性，电子可在原子区域的任何位置上出现，也就是说，最外层电子有时也会出现在离核很近处，只是概率较小而已。

当主量子数 n 相同时，角量子数 l 越小的电子，钻穿效应越明显，能级也越低，即

钻穿能力大小：$n\mathrm{s}>n\mathrm{p}>n\mathrm{d}>n\mathrm{f}$

轨道能级高低：$E_{ns}<E_{np}<E_{nd}<E_{nf}$

9.2.4 核外电子排布式与元素周期律

1869 年，俄国化学家 Mendeleev（门捷列夫）在元素系统化的研究中，将元素按一定顺序排列起来，使元素的化学性质呈现周期性的变化，元素性质的这种周期性变化规律，称为元素的周期律，其表格形式称为元素周期表或元素周期系。今天，人们已经认识到，随着原子序数的增加，原子结构的周期性变化是造成元素性质周期性变化的根本原因。

（1）原子核外电子排布式

前述 Pauling 近似能级图中的能级顺序是电子按能级高低在核外排布的顺序，即随着原子序数的递增，基态原子的核外电子在各原子轨道上依次排布：1s，2s，2p，3s，3p，4s，3d，4p，5s，4d，5p，6s，4f，5d，6p，7s，5f，6d，7p，…这是从实验得到的一般规律，适用于大多数基态原子的核外电子排布。必须注意，出现 d 轨道时，电子按照 ns、$(n-1)$d、np 的顺序在原子轨道上排布，若 d 轨道与 f 轨道均已出现时，电子按照 ns、$(n-2)$f、$(n-1)$d、np 的顺序在原子轨道上排布。

根据核外电子排布原则并结合上述基态原子中的电子在原子轨道上的排布顺序，可以写出原子的核外电子排布式，也称该元素基态原子的电子层结构（电子层构型）。

① 核外电子排布式

以原子核外各亚层的分布情况来表示，例如：

$_{7}N$ 氮原子的核外电子排布式为：$1s^2 2s^2 2p^3$

$_{11}Na$ 钠原子的核外电子排布式为：$1s^2 2s^2 2p^6 3s^1$

$_{20}Ca$ 钙原子的核外电子排布式为：$1s^2 2s^2 2p^6 3s^2 3p^6 4s^2$

$_{26}Fe$ 铁原子　按照电子填充轨道的顺序是：

$$1s^2 2s^2 2p^6 3s^2 3p^6 4s^2 3d^6$$

但由于在写基态原子的核外电子排布式时，应将同一层（主量子数相同）的各亚层写在一起，所以，整理后$_{26}Fe$ 的核外电子排布式为：

$$1s^2 2s^2 2p^6 3s^2 3p^6 3d^6 4s^2$$

② 原子实

由于参与化学反应的只是原子的外层电子，内层电子结构一般是不变的，因此，可以用“原子实”来表示原子的内层电子结构。当内层电子构型与稀有气体的电子构型相同时，就用该稀有气体的元素符号来表示原子的内层电子构型，并称之为原子实。如：

[He] 表示电子构型 $1s^2$；

[Ne] 表示的电子构型是 $1s^2 2s^2 2p^6$；

[Ar] 表示的电子构型是 $1s^2 2s^2 2p^6 3s^2 3p^6$。

这样上述$_{7}N$，$_{11}Na$，$_{20}Ca$，$_{26}Fe$ 的核外电子排布式可表示为：

$_{7}N$:[He]$2s^2 2p^3$　　$_{11}Na$:[Ne]$3s^1$

$_{20}Ca$:[Ar]$4s^2$　　$_{26}Fe$:[Ar]$3d^6 4s^2$

对于原子序数偏大的原子，适合用原子实的表示法书写原子的核外电子排布式，以避免电子排布式过长。

$_{24}Cr$ 的核外电子排布式为 [Ar] $3d^5 4s^1$，而不是 [Ar] $3d^4 4s^2$；

$_{29}Cu$ 的核外电子排布式为 [Ar] $3d^{10} 4s^1$，而不是 [Ar] $3d^9 4s^2$。

这是因为 $3d^5$ 的半充满和 $3d^{10}$ 的全充满结构是能量较低的稳定结构。

表 9-5 列出了现已命名的 110 种元素原子的核外电子排布式，它是光谱实验结果，充分体现了核外电子排布的一般规律。

③ 价电子排布式

事实表明，在内层原子轨道上运动的电子因能量较低而不活泼，在外层原子轨道上运动的电子因能量较高而活泼，因此一般化学反应只涉及外层原子轨道上的电子，人们称这些电子为价电子。元素的化学性质与价电子的性质和数目有密切关系。为此，人们关注价电子排布，简便起见人们常常只表示出价电子排布。例如：

$_{24}Cr$ 的核外电子排布为 $1s^2 2s^2 2p^6 3s^2 3p^6 3d^5 4s^1$，价电子排布式为 $3d^5 4s^1$。$_{20}Ca$ 的核外电子排布式为 $1s^2 2s^2 2p^6 3s^2 3p^6 4s^2$，其价电子排布式为 $4s^2$。

表 9-5 原子的电子排布式

周期	原子序数	元素符号	电子结构
1	1	H	$1s^{1}$
	2	He	$1s^{2}$
2	3	Li	$[He]2s^{1}$
	4	Be	$[He]2s^{2}$
	5	B	$[He]2s^{2}2p^{1}$
	6	C	$[He]2s^{2}2p^{2}$
	7	N	$[He]2s^{2}2p^{3}$
	8	O	$[He]2s^{2}2p^{4}$
	9	F	$[He]2s^{2}2p^{5}$
	10	Ne	$[He]2s^{2}2p^{6}$
3	11	Na	$[Ne]3s^{1}$
	12	Mg	$[Ne]3s^{2}$
	13	Al	$[Ne]3s^{2}3p^{1}$
	14	Si	$[Ne]3s^{2}3p^{2}$
	15	P	$[Ne]3s^{2}3p^{3}$
	16	S	$[Ne]3s^{2}3p^{4}$
	17	Cl	$[Ne]3s^{2}3p^{5}$
	18	Ar	$[Ne]3s^{2}3p^{6}$
4	19	K	$[Ar]4s^{1}$
	20	Ca	$[Ar]4s^{2}$
	21	Sc	$[Ar]3d^{1}4s^{2}$
	22	Ti	$[Ar]3d^{2}4s^{2}$
	23	V	$[Ar]3d^{3}4s^{2}$
	24	Cr	$[Ar]3d^{5}4s^{1}$
	25	Mn	$[Ar]3d^{5}4s^{2}$
	26	Fe	$[Ar]3d^{6}4s^{2}$
	27	Co	$[Ar]3d^{7}4s^{2}$
	28	Ni	$[Ar]3d^{8}4s^{2}$
	29	Cu	$[Ar]3d^{10}4s^{1}$
	30	Zn	$[Ar]3d^{10}4s^{2}$
	31	Ga	$[Ar]3d^{10}4s^{2}4p^{1}$
	32	Ge	$[Ar]3d^{10}4s^{2}4p^{2}$
	33	As	$[Ar]3d^{10}4s^{2}4p^{3}$
	34	Se	$[Ar]3d^{10}4s^{2}4p^{4}$
	35	Br	$[Ar]3d^{10}4s^{2}4p^{5}$
	36	Kr	$[Ar]3d^{10}4s^{2}4p^{6}$
5	37	Rb	$[Kr]5s^{1}$
	38	Sr	$[Kr]5s^{2}$
	39	Y	$[Kr]4d^{1}5s^{2}$
	40	Zr	$[Kr]4d^{2}5s^{2}$
	41	Nb	$[Kr]4d^{4}5s^{1}$
	42	Mo	$[Kr]4d^{5}5s^{1}$
	43	Tc	$[Kr]4d^{6}5s^{2}$
	44	Ru	$[Kr]4d^{7}5s^{1}$
	45	Rh	$[Kr]4d^{8}5s^{1}$
	46	Pd	$[Kr]4d^{10}$
	47	Ag	$[Kr]4d^{10}5s^{1}$
	48	Cd	$[Kr]4d^{10}5s^{2}$
	49	In	$[Kr]4d^{10}5s^{2}5p^{1}$
	50	Sn	$[Kr]4d^{10}5s^{2}5p^{2}$
	51	Sb	$[Kr]4d^{10}5s^{2}5p^{3}$
	52	Te	$[Kr]4d^{10}5s^{2}5p^{4}$
	53	I	$[Kr]4d^{10}5s^{2}5p^{5}$
	54	Xe	$[Kr]4d^{10}5s^{2}5p^{6}$
6	55	Cs	$[Xe]6s^{1}$
	56	Ba	$[Xe]6s^{2}$
	57	La	$[Xe]5d^{1}6s^{2}$
	58	Ce	$[Xe]4f^{1}5d^{1}6s^{2}$
	59	Pr	$[Xe]4f^{3}6s^{2}$
	60	Nd	$[Xe]4f^{4}6s^{2}$
	61	Pm	$[Xe]4f^{5}6s^{2}$
	62	Sm	$[Xe]4f^{6}6s^{2}$
	63	Eu	$[Xe]4f^{7}6s^{2}$
	64	Gd	$[Xe]4f^{7}5d^{1}6s^{2}$
	65	Tb	$[Xe]4f^{9}6s^{2}$
	66	Dy	$[Xe]4f^{10}6s^{2}$
	67	Ho	$[Xe]4f^{11}6s^{2}$
	68	Er	$[Xe]4f^{12}6s^{2}$
	69	Tm	$[Xe]4f^{13}6s^{2}$
	70	Yb	$[Xe]4f^{14}6s^{2}$
	71	Lu	$[Xe]4f^{14}5d^{1}6s^{2}$
	72	Hf	$[Xe]4f^{14}5d^{2}6s^{2}$
6	73	Ta	$[Xe]4f^{14}5d^{3}6s^{2}$
	74	W	$[Xe]4f^{14}5d^{4}6s^{2}$
	75	Re	$[Xe]4f^{14}5d^{5}6s^{2}$
	76	Os	$[Xe]4f^{14}5d^{6}6s^{2}$
	77	Ir	$[Xe]4f^{14}5d^{7}6s^{2}$
	78	Pt	$[Xe]4f^{14}5d^{9}6s^{1}$
	79	Au	$[Xe]4f^{14}5d^{10}6s^{1}$
	80	Hg	$[Xe]4f^{14}5d^{10}6s^{2}$
	81	Tl	$[Xe]4f^{14}5d^{10}6s^{2}6p^{1}$
	82	Pb	$[Xe]4f^{14}5d^{10}6s^{2}6p^{2}$
	83	Bi	$[Xe]4f^{14}5d^{10}6s^{2}6p^{3}$
	84	Po	$[Xe]4f^{14}5d^{10}6s^{2}6p^{4}$
	85	At	$[Xe]4f^{14}5d^{10}6s^{2}6p^{5}$
	86	Rn	$[Xe]4f^{14}5d^{10}6s^{2}6p^{6}$
7	87	Fr	$[Rn]7s^{1}$
	88	Ra	$[Rn]7s^{2}$
	89	Ac	$[Rn]6d^{1}7s^{2}$
	90	Th	$[Rn]6d^{2}7s^{2}$
	91	Pa	$[Rn]5f^{2}6d^{1}7s^{2}$
	92	U	$[Rn]5f^{3}6d^{1}7s^{2}$
	93	Np	$[Rn]5f^{4}6d^{1}7s^{2}$
	94	Pu	$[Rn]5f^{6}7s^{2}$
	95	Am	$[Rn]5f^{7}7s^{2}$
	96	Cm	$[Rn]5f^{7}6d^{1}7s^{2}$
	97	Bk	$[Rn]5f^{9}7s^{2}$
	98	Cf	$[Rn]5f^{10}7s^{2}$
	99	Es	$[Rn]5f^{11}7s^{2}$
	100	Fm	$[Rn]5f^{12}7s^{2}$
	101	Md	$[Rn]5f^{13}7s^{2}$
	102	No	$[Rn]5f^{14}7s^{2}$
	103	Lr	$[Rn]5f^{14}6d^{1}7s^{2}$
	104	Rf	$[Rn]5f^{14}6d^{2}7s^{2}$
	105	Db	$[Rn]5f^{14}6d^{3}7s^{2}$
	106	Sg	$[Rn]5f^{14}6d^{4}7s^{2}$
	107	Bh	$[Rn]5f^{14}6d^{5}7s^{2}$
	108	Hs	$[Rn]5f^{14}6d^{6}7s^{2}$
	109	Mt	$[Rn]5f^{14}6d^{7}7s^{2}$
	110	Ds	$[Rn]5f^{14}6d^{8}7s^{2}$

④ 轨道排布式　用“○”的形式来表示原子轨道的排布情况。例如：

^{24}Cr　　[Ar]　(↑)(↑)(↑)(↑)(↑)　(↑)

　　　　　　　　　$3d^{5}$　　　$4s^{1}$

轨道排布式可以直观地将 Hund 规则表示出来。

⑤ 四个量子数 n、l、m 和 m_s 来表示原子核外电子的运动状态

如 ^{15}P 的价层电子构型可以用 $\left(3, 0, 0, +\frac{1}{2}\right)$、$\left(3, 0, 0, -\frac{1}{2}\right)$、$\left(3, 1, -1, +\frac{1}{2}\right)$、$\left(3, 1, 0, +\frac{1}{2}\right)$、$\left(3, 1, 1, +\frac{1}{2}\right)$ 来表示。

（2）元素的周期

原子中的电子排布与元素周期表中周期划分有内在联系。Pauling 近似能级图中能级组的序号对应周期序数。例如，第 1 能级组对应第一周期，第 2、3 能级组对应第二、第三周期，…以此类推。

总之，元素周期表中的七个周期分别对应 7 个能级组，或者说，原子核外最外层电子的主量子数为 n 时，该原子则属于第 n 周期。即

所属周期＝最外层的最高主量子数

第 1 能级组只有 1 个 s 轨道，至多容纳两个电子，因此第一周期为特短周期，只有两种元素。

第 2、3 能级组各有 1 个 ns 和 3 个 np 轨道，可以填充 8 个电子，因此第二、第三周期各有 8 种元素，称为短周期。

第 4、5 能级组有 1 个 ns 轨道、5 个 $(n-1)$d 轨道和 3 个 np 轨道，至多可容纳 18 个电子，因此第四、第五周期各有 18 种元素，称为长周期。

第 6、7 能级组各有 1 个 ns 轨道、7 个 $(n-2)$f 轨道、5 个 $(n-1)$d 轨道和 3 个 np，至多可容纳 32 个电子，第六周期有 32 种元素，称为特长周期。第七周期也应有 32 种元素，但是，至今才发现到 118 号元素，因此，称为不完全周期。

能级组与周期的关系列于表 9-6。

表 9-6　能级组与周期的关系

周期	特点	能级组	对应能级	原子轨道数	元素种类数
一	特短周期	1	1s	1	2
二	短周期	2	2s 2p	4	8
三	短周期	3	3s 3p	4	8
四	长周期	4	4s 3d 4p	9	18
五	长周期	5	5s 4d 5p	9	18
六	特长周期	6	6s 4f 5d 6p	16	32
七	不完全周期	7	7s 5f 6d 7p	16	应有 32

（3）元素的族

价电子是原子发生化学反应时易参与形成化学键的电子，价电子层的电子排布称价电子构型。对主族元素，其价电子构型为最外层电子构型（ns，np）；对副族元素，其价电子构型不仅包括最外层的 ns 电子，还包括 $(n-1)$d 亚层甚至（n－

2)f 亚层的电子。

周期表中每一个纵列的元素具有相似的价层电子结构，故称为一个族。在长式元素周期表中元素纵向分为 18 列。

主族元素：第 1～2 列和第 13～17 列共 7 列，以符号ⅠA～ⅦA 族。

零族：第 18 列，常称为零族元素（有些教材也称ⅧA 族）。零族元素为稀有气体，最外电子层均已填满，达到 8 电子稳定结构。

副族元素：也称过渡元素。第 3～12 列共 10 列，以符号ⅢB～ⅡB，其中Ⅷ族（有些教材也称ⅧB 族）元素有 3 列共 9 个元素。

① 主族

主族元素：按电子的填充顺序，最后一个电子填入 ns 或 np 轨道，则该元素即为主族元素。

主族族数＝最外层价电子总数

例如，元素$_7$N 的电子构型为 $[He]2s^2 2p^3$，最后一个电子填入 2p 轨道，价电子总数为 5，因而是ⅤA 元素。

② 副族

副族元素：按电子填充顺序，最后一个电子填在价电子层的 $(n-1)$d 轨道或 $(n-2)$f 轨道上的元素称为副族元素。

ⅠB，ⅡB 的族数＝最外层 s 电子的数目；

ⅢB～ⅦB 的族数＝最外层 s 电子＋次外层 $(n-1)$d 电子数目；

Ⅷ的族数＝最外层 s 电子＋次外层 $(n-1)$d 电子数目分别，为 8、9 或 10。

例如，元素$_{21}$Sc 的价电子构型为 $3d^2 4s^1$，价电子数为 3 因而是ⅢB 元素。

第 6 周期元素从 La（镧）到 Lu（镥）共 15 个元素称镧系元素。第 7 周期元素从 Ac（锕）到 Lr（铹）也是 15 个元素称锕系元素。

在周期表中，副族元素介于典型的金属元素（碱金属和碱土金属）和非金属（硼族至卤族）元素之间，所以又将它们称为过渡元素。第四周期、第五周期、第六周期中的过渡元素分别称为第一、第二、第三过渡系元素。镧系元素和锕系元素则称为内过渡系元素。

（4）元素的分区

根据元素的价电子构型，可以把周期表中的元素分成五个区。

① s 区

价电子构型为 $ns^{1\sim2}$，包括ⅠA 和ⅡA 族。它们在化学反应中易失去电子形成＋1 或＋2 价离子，为活泼金属。

② p 区

价电子构型为 $ns^2np^{1\sim6}$，包括ⅢA～ⅦA 族和零族。随着最外层电子数目的增加，原子失去电子趋势越来越弱，得电子趋势越来越强。

s 区和 p 区元素的共同特点是最后一个电子都填入最外电子层，最外层电子总数等于主族族数。

③ d区

价电子构型为 $(n-1)d^{1\sim8}ns^{1\sim2}$（少数例外，如 Pd：$4d^{10}5s^0$），包括ⅢB～ⅦB族。当价电子总数为3～7时，与相应的副族数对应；价电子总数为8～10时，为Ⅷ族。

④ ds区

价电子构型为 $(n-1)d^{10}ns^{1\sim2}$，包括ⅠB和ⅡB。ds区元素的族数等于最外层 ns 轨道上的电子数。

⑤ f区

价电子构型为 $(n-2)f^{0\sim14}(n-1)d^{0\sim2}ns^2$（有例外），包括镧系和锕系元素，位于周期表下方，f区元素最后一个电子填充在f亚层。

元素周期表的分区情况如图9-13所示。

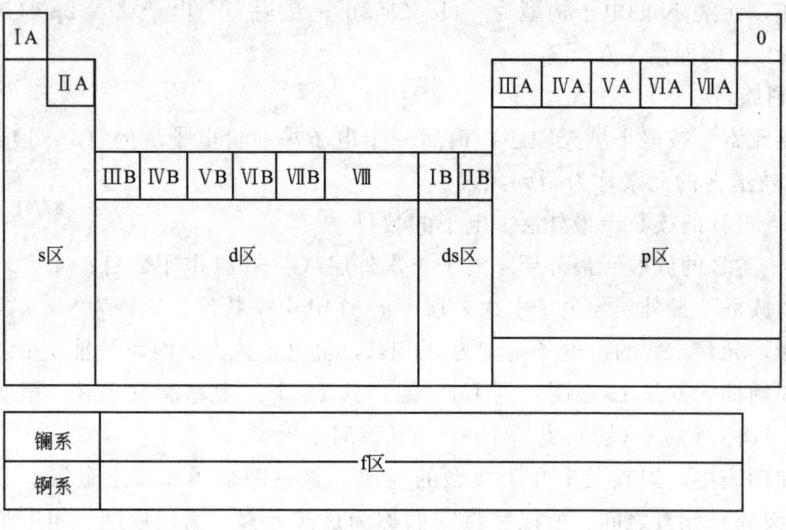

图9-13　周期表中元素的分区

综上所述，元素性质的周期性变化，正是原子核外电子周期性重复排布的结果。因此从元素在周期表中的位置可以推断出该原子的核外电子的排布和基本化学性质；也可以从该原子的电子构型来确定其在周期表中所处的位置（周期、区、族），并预测它的基本属性。

【例9-5】 已知某元素的原子序数为35，请推断它在周期表中所处的位置并简述该元素的基本属性。

解：由于 $Z=35$ 按原子核外电子排布的三个原子可知，其核外电子排布式为：

$$1s^2 2s^2 2p^6 3s^2 3p^6 3d^{10} 4s^2 4p^5$$

价电子构型为：

$4s^2 4p^5$

电子进入第四能级组，价电子总数为7，故该元素在周期表中应该位于第四周期，ⅦA。其最后一个电子进入的是p轨道，故属于p区元素。

结论：该元素为溴，可推测该元素有较强的非金属性。

9.2.5 元素性质的周期性

周期表中原子的电子结构呈现周期性的变化，因此元素的基本性质如原子半径、电离能、电子亲和能和电负性等，也必然呈现周期性的变化。

通常把这些基本性质称为原子参数。原子参数分为两类：一类是和自由原子的性质相关联，如原子的电离能、电子亲和能等只与气态原子本身有关，与其他原子无关；另一类参数是指化合物中表征原子性质的参数，如原子半径、电负性等，同一原子在不同的化学环境中这类参数的大小会有差别。随着元素的原子序数的增加，元素原子的核外电子排布式呈现周期性变化的同时，上述原子参数也呈现周期性变化。

（1）原子半径

依据量子力学的观点，电子在核外运动没有固定轨道，只是概率分布不同，因此，原子没有明确的界面，不存在经典意义上的半径。研究者通过假定原子呈球体，借助相邻原子的核间距来确定原子半径。基于假定以及原子的不同存在形式、原子与原子之间作用力的不同，原子半径可以分为共价半径、van der Waals半径、金属半径。

① 共价半径

同种元素的两个原子以共价单键连接时，它们核间距离的一半，称为该原子的共价半径。核间距可以通过晶体衍射、光谱实验测得。如图9-14所示，氯原子的共价半径为99pm。

同一元素的两个原子以共价单键、双键或叁键连接时，共价半径也不同。如氮原子的单键半径为70pm，双键半径为60pm，叁键半径为55pm。一般共价半径均指单键半径。

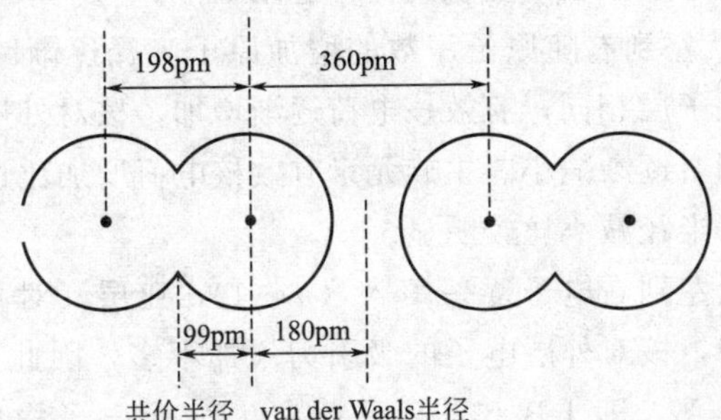

图9-14 氯原子的共价半径和van der Waals半径

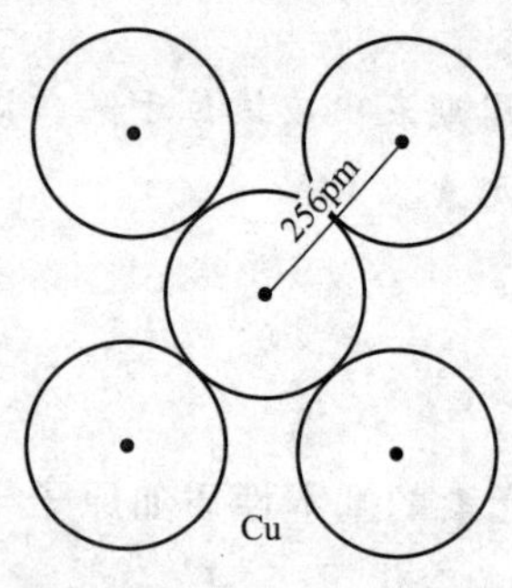

图 9-15　铜原子的金属半径

② van der Waals 半径

在分子晶体中，分子之间以 van der Waals 力（即分子间作用力）互相吸引。这时非键的两个同种原子核间距离的一半，称为 van der Waals 半径。稀有气体形成的单原子分子晶体中，两个同种原子核间距离的一半就是 van der Waals 半径。图 9-14 显示氯原子的 van der Waals 半径为 180pm，大于其共价半径。

③ 金属半径

金属单质的晶体中，相邻两个金属原子核间距离的一半，称为金属原子的金属半径（metallic radius）。铜原子的金属半径为 128pm（图 9-15）。

表 9-7 列出了各元素原子半径的数据。

表 9-7　元素的原子半径 r/pm

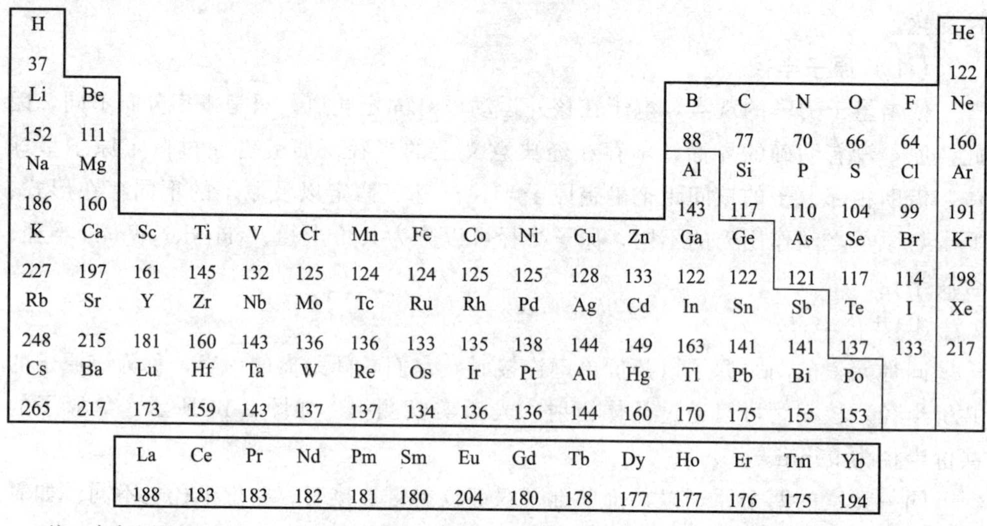

H 37																	He 122
Li 152	Be 111											B 88	C 77	N 70	O 66	F 64	Ne 160
Na 186	Mg 160											Al 143	Si 117	P 110	S 104	Cl 99	Ar 191
K 227	Ca 197	Sc 161	Ti 145	V 132	Cr 125	Mn 124	Fe 124	Co 125	Ni 125	Cu 128	Zn 133	Ga 122	Ge 122	As 121	Se 117	Br 114	Kr 198
Rb 248	Sr 215	Y 181	Zr 160	Nb 143	Mo 136	Tc 136	Ru 133	Rh 135	Pd 138	Ag 144	Cd 149	In 163	Sn 141	Sb 141	Te 137	I 133	Xe 217
Cs 265	Ba 217	Lu 173	Hf 159	Ta 143	W 137	Re 137	Os 134	Ir 136	Pt 136	Au 144	Hg 160	Tl 170	Pb 175	Bi 155	Po 153		

La	Ce	Pr	Nd	Pm	Sm	Eu	Gd	Tb	Dy	Ho	Er	Tm	Yb
188	183	183	182	181	180	204	180	178	177	177	176	175	194

注：表中金属为金属半径，稀有气体为 van der Waals 半径外，其余皆为共价半径。

表中数据显示着原子半径的变化规律，总结如下。

① 同一周期，从左到右随原子序数的增加原子半径逐渐减小。这是因为，同一周期元素原子的电子层相同，有效核电荷逐渐增加，核对外层电子的引力依次加强，原子半径从左到右逐渐减小。主族元素有效核电荷增加比过渡元素显著，同一周期主族元素的原子半径减小比较明显。

在长周期中，从左到右电子逐一填入 $(n-1)$d 亚层，对核的屏蔽作用较大，有效核电荷增加较少，核对外层电子的吸引力增加不多，因此原子半径减少缓慢。而到了长周期的后半部，即 ⅠB 和 ⅡB 元素，由于 d^{10} 电子构型，屏蔽效应显著，所以原子半径又略有增大。

② 同一主族，从上到下元素原子的电子层数渐增，电子间的斥力增大，因而半径逐渐增大。副族元素从上到下原子半径变化不明显，特别是第五、第六周期的原子半径非常接近，这是受了镧系收缩的影响。

镧系元素从左到右，原子半径大体上也是逐渐缩小的，只是幅度更小。镧系元素整个系列的原子半径缩小不明显的现象，称为镧系收缩。其结果使第五、第六周期同族的原子半径非常接近，它们的性质也因此而非常相似，在自然界中常共生在一起，并且难以分离，如 Zr（锆）和 Hf（铪），Nb（铌）和 Ta（钽），Mo（钼）和 W（钨）等。

（2）电离能

使基态气体中性原子失去一个电子形成带一个正电荷的气态正离子所需要的能量叫做元素的第一电离能，用 I_1 表示，单位为 $kJ \cdot mol^{-1}$。从 +1 价气态正离子再失去一个电子形成 +2 价气态正离子时，所需能量叫做元素的第二电离能，用 I_2 表示。依此类推。失去后面电子时要克服离子的过剩电荷的作用，所以 $I_1 < I_2 < I_3 < \cdots$。例如：

$$Li(g) - e^- \longrightarrow Li^+(g) \qquad I_1 = 520.2 kJ \cdot mol^{-1}$$

$$Li^+(g) - e^- \longrightarrow Li^{2+}(g) \qquad I_2 = 7298.1 kJ \cdot mol^{-1}$$

$$Li^{2+}(g) - e^- \longrightarrow Li^{3+}(g) \qquad I_3 = 11815 kJ \cdot mol^{-1}$$

通常说的电离能，若不加以注明，指的是第一电离能。表 9-8 列出了周期系各元素的第一电离能。

表 9-8 元素的第一电离能 $I_1/kJ \cdot mol^{-1}$

H 1312.0																	He 2372.3
Li 520.2	Be 899.5											B 800.6	C 1086.5	N 1402.3	O 1313.9	F 1681.0	Ne 2080.7
Na 495.8	Mg 737.7											Al 577.5	Si 786.5	P 1011.8	S 999.6	Cl 1251.2	Ar 1520.6
K 418.8	Ca 589.8	Sc 633.0	Ti 658.8	V 650.9	Cr 652.9	Mn 717.3	Fe 762.5	Co 760.4	Ni 737.1	Cu 745.5	Zn 906.4	Ga 578.8	Ge 762.2	As 944.4	Se 941.0	Br 1139.9	Kr 1350.8
Rb 403.0	Sr 549.5	Y 599.9	Zr 640.1	Nb 652.1	Mo 684.3	Tc 702.4	Ru 710.2	Rh 719.7	Pd 804.4	Ag 731.0	Cd 867.8	In 558.3	Sn 708.6	Sb 830.6	Te 869.3	I 1008.4	Xe 1170.4
Cs 375.7	Ba 502.9	Lu 523.5	Hf 659.0	Ta 728.4	W 758.8	Re 755.8	Os 814.2	Ir 865.2	Pt 864.4	Au 890.1	Hg 1007.1	Tl 589.4	Pb 715.6	Bi 703.0	Po 812.1	At	Rn 1037.1
Fr 392.0	Ra 509.3	Lr															

La 538.1	Ce 534.4	Pr 527.2	Nd 533.1	Pm 538.4	Sm 544.5	Eu 547.1	Gd 593.4	Tb 565.8	Dy 573.0	Ho 581.0	Er 589.3	Tm 596.7	Yb 603.4
Ac 498.8	Th 608.5	Pa 568.3	U 597.6	Np 604.5	Pu 581.4	Am 576.4	Cm 580.8	Bk 601.1	Cf 607.9	Es 619.4	Fm 627.1	Md 634.9	No 641.6

电离能大小反映了原子失去电子的难易。电离能越小，原子失去电子越容易，金属性越强；反之，电离能越大，原子失去电子越难，金属性越弱。电离能大小主要取决于原子的有效核电荷、原子半径和原子的电子层结构。

电离能随原子序数的增加呈现出周期性的变化，如图 9-16 所示。

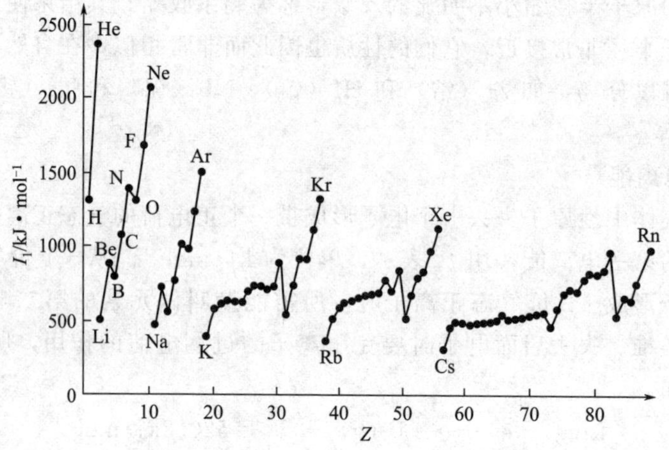

图 9-16　元素第一电离能的变化规律

电离能的变化规律总结如下。

① 同一周期中，从碱金属到卤素，元素的有效核电荷逐个增加，原子半径逐个减小，原子的最外层上的电子数逐个增多，电离能逐个增大。IA 的 I_1 最小，稀有气体的 I_1 最大，处于峰顶。长周期的中部元素（即过渡元素），由于电子加到次外层，有效核电荷增加不多，原子半径减小缓慢，电离能仅略有增加。

② 同一族从上到下，最外层电子数相同，有效核电荷增加不多，原子半径的增大成为主要因素，致使核对外层电子的引力依次减弱，电子逐渐易于失去，电离能依次减小。

③ 此外，图 9-16 显示电离能变化的起伏状况，N、P 和 As 等的电离能较大，Be 和 Mg 的电离能也较大，均比它们后面的元素的电离能大，这是由于它们的电子层结构分别是半满和全满状态，比较稳定，失电子相对较难，因此电离能也就相对较大。

（3）电子亲和能

元素的气态原子在基态时获得一个电子成为－1 价气态负离子所放出的能量称电子亲和能。例如：

$$F(g)+e^- \longrightarrow F^-(g) \qquad A_1=-328kJ\cdot mol^{-1}$$

电子亲和能也有第一、第二电子亲和能之分。当－1 价离子获得电子时，要克服负电荷之间的排斥力，因此要吸收能量。例如：

$$O(g)+e^- \longrightarrow O^-(g) \qquad A_1=-141.0kJ\cdot mol^{-1}$$

$$O^-(g)+e^- \longrightarrow O^{2-}(g) \quad A_2=+844.2kJ\cdot mol^{-1}$$

如果不加注明，都是指第一电子亲和能。

表 9-9 列出主族元素的电子亲和能。

表 9-9 主族元素的电子亲和能 $A/kJ\cdot mol^{-1}$

H -72.7							He +48.2
Li -59.6	Be +48.2	B -26.7	C -121.9	N +6.75	O -141.0 (844.2)	F -328.0	Ne +115.8
Na -52.9	Mg +38.6	Al -42.5	Si -133.6	P -72.1	S -200.4 (531.6)	Cl -349.0	Ar +96.5
K -48.4	Ca +28.9	Ga -28.9	Ge -115.8	As -78.2	Se -195.0	Br -324.7	Kr +96.5
Rb -46.9	Sr +28.9	In -28.9	Sn -115.8	Sb -103.2	Te -190.2	I -295.1	Xe +77.2

电子亲和能的大小反映了原子得到电子的难易。非金属原子的第一电子亲和能总是负值，而金属原子的电子亲和能一般为较小负值或正值。稀有气体的电子亲和能均为正值。

电子亲和能的大小也取决于原子的有效核电荷、原子半径和原子的电子层结构。它们的周期性规律如图 9-17 所示。

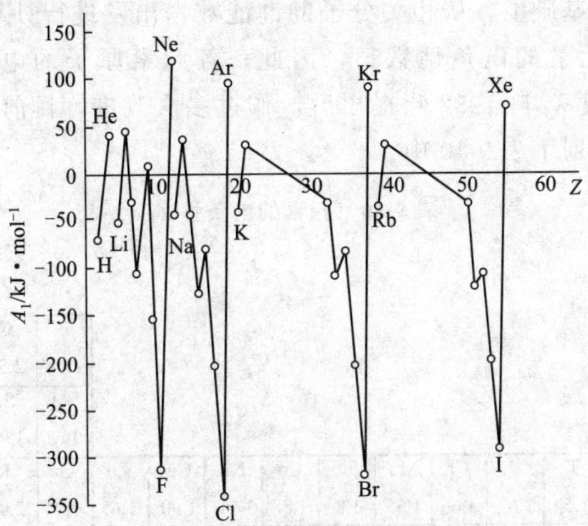

图 9-17 主族元素的第一电子亲和能的变化规律

电子亲和能的变化规律与电离能变化规律基本上相同。

① 同一周期从左到右原子的有效核电荷增大，原子半径逐渐减小，同时由于最外层电子数逐渐增多，趋向于结合电子形成 8 电子稳定结构。元素的电子亲和能的负值总趋势是逐渐增加的。卤素的电子亲和能呈现最大负值；碱土金属因为半径大，且具有 ns^2 电子层结构难以结合电子，电子亲和能为正值；稀有气体具有 8 电

子稳定电子层结构，更难以结合电子，因此电子亲和能为最大正值。

② 同一主族，从上到下规律不如同周期变化那么明显，大部分呈现电子亲和能负值变小（即代数值变大）的趋势，部分呈相反趋势。

③ 比较特殊的是 N 原子的电子亲和能是正值，是 p 区元素中除稀有气体外唯一的正值，这是由于它具有半满 p 亚层稳定电子层结构，加之原子半径小，电子间排斥力大，得电子困难。另外，值得注意的是，电子亲和能最大负值不是出现在 F 原子，而是 Cl 原子。这可能由于 F 原子的半径小，进入的电子会受到原有电子较强的排斥，用于克服电子排斥所消耗的能量相对多些的缘故。

（4）电负性

电离能和电子亲和能分别从一个侧面反映了原子失去电子和得到电子的难易程度。为了比较分子中原子间争夺电子的能力，对上述两者需要统一考虑，引入了元素电负性的概念。

元素的电负性系指元素原子在分子中吸引电子的能力。电负性不是一个孤立原子的性质，而是在周围原子影响下的分子中原子的性质。电负性大，表示原子吸引成键电子而形成负离子的倾向大；电负性小，表示原子吸引成键电子的能力弱，不易形成负离子；相反，成键电子易被其他原子夺去而形成正离子。总之，电负性综合反映原子得失电子的倾向。

为了比较不同原子的电负性，Pauling 最早建立了电负性标度。他在把氢的电负性指定为 2.2 的基础上，从相关分子的键能数据出发进行计算，与 H 的电负性对比，得到其他元素的电负性数值，因此，各元素原子的电负性是相对数值。Pauling 电负性标度 χ_P 自 1932 年提出后，作过多次改进，目前仍被广泛应用。将部分元素的电负性列于表 9-10 中。

表 9-10 元素的电负性 χ_P

H																
2.18																
Li	Be											B	C	N	O	F
0.98	1.57											2.04	2.55	3.04	3.44	3.98
Na	Mg											Al	Si	P	S	Cl
0.93	1.31											1.61	1.90	2.19	2.58	3.16
K	Ca	Sc	Ti	V	Cr	Mn	Fe	Co	Ni	Cu	Zn	Ga	Ge	As	Se	Br
0.82	1.00	1.36	1.54	1.63	1.66	1.55	1.8	1.88	1.91	1.90	1.65	1.81	2.01	2.18	2.55	2.96
Rb	Sr	Y	Zr	Nb	Mo	Tc	Ru	Rh	Pd	Ag	Cd	In	Sn	Sb	Te	I
0.82	0.95	1.22	1.33	1.60	2.16	1.9	2.28	2.2	2.20	1.93	1.69	1.78	1.96	2.05	2.10	2.66
Cs	Ba	Lu	Hf	Ta	W	Re	Os	Ir	Pt	Au	Hg	Tl	Pb	Bi	Po	At
0.79	0.89	1.2	1.3	1.5	2.36	1.9	2.2	2.2	2.28	2.54	2.00	2.04	2.33	2.02	2.0	2.2

注：数据引自 M. Millian，Chemical and Physical Data (1992)。

随着原子序数的递增，电负性明显地呈周期性变化。同一周期自左至右，电负性依次增加（副族元素有些例外），元素的非金属性增强，金属性减弱；同一主族自上至下，电负性依次减小，元素的非金属性减弱，金属性增强。但副族元素后半部，自上至下电负性略有增加。过渡元素的电负性递变不明显，虽然它们都是金属，但金属性都不及ⅠA、ⅡA两族。

氟的电负性最大，因而非金属性最强；铯的电负性最小，因而金属性最强。

尽管目前的电负性理论尚不成熟，也没有一个能从理论上计算电负性的公式，但它在解决许多化学问题上仍有广泛的应用。下面仅就其应用作简单的介绍。

① 判断元素的金属性和非金属性

所谓金属性和非金属性，是指元素原子在化学反应中得失电子的能力，而电负性是元素的原子得失电子能力的综合表现，所以电负性可作为比较元素金属性和非金属性的参考标准。一般来说，$\chi_P<2$ 的被认为是金属元素；$\chi_P<1.5$ 的则为活泼金属元素；$\chi_P>2$ 的被认为是非金属元素；$\chi_P>2.5$ 的则为活泼非金属元素。

② 判断氧化物的酸碱性

一般说来，金属元素的氧化物呈碱性，非金属元素的氧化物呈酸性。所以金属元素、非金属元素的电负性数值可以作为对氧化物酸碱性衡量的尺度。元素的电负性数值越小，其氧化物的碱性越强，电负性数值越大，其氧化物的酸性越强。元素电负性与化合物酸碱性的关系列于表9-11中。

表9-11　元素电负性与化合物酸碱性的关系

电负性	<1.1	1.1～1.6	1.6～1.9	1.9～2.5	2.5～3.0	3.0～4.0
酸碱性	强碱性	碱性	两性	酸性	强酸性	超强酸

例如，电负性数值在1.7左右的元素其金属性不强，其氧化物就不同程度地表现出两性性质，如ZnO、SnO、Al_2O_3、Cr_2O_3等。

③ 判断分子的极性和键型

根据组成分子的原子的电负性差值，可以判断分子的极性和化学键的键型。

如果电负性差为0，说明该分子为同核双原子分子，属于非极性共价键，如H_2，Cl_2。

如果两原子的电负性差值小于1.7，说明该分子为异核双原子分子，相应的化学键为极性共价键，如HCl、HBr等。

如果两原子的电负性差值大于1.7时，所形成的物质为离子型化合物（离子晶体），化学键为离子键，如NaCl、KCl等。

由此可知，没有纯粹的离子键或共价键。

总之，元素的金属性和非金属性与元素的电离能、电子亲和能、电负性有密切关系，元素的电负性、电离能、电子亲和能一般随元素的金属性的增加而减小，非金属性的增强而增大。

9.3 共价键与分子结构

为了解释相同原子组成的单质分子（H_2，X_2等），以及电负性相差较小的两种元素组成的化合物（HCl，H_2O 等）分子中的化学键形成，1916 年美国化学家路易斯（G. N. Lewis）提出了共价键理论。他认为分子中每个原子应具有稳定的稀有气体原子的电子层结构，而这种稳定结构是通过原子间共用一对或几对电子来实现的。这种分子中原子间通过共用电子对结合而形成的化学键称为共价键。

Lewis 的共价键理论虽然说明了共价键的形成，但不能说明共价键的本质，即为什么共用电子对能将两个原子牢固地结合在一起，并使系统能量降低；还不能解释有些分子的中心原子最外层电子数虽然少于 8（如 BF_3）或多于 8（如 SF_6）仍能稳定存在；也不能解释共价键的特性。

科学工作者经常挑选最简单的有代表性的分子作为研究对象，由此取得一些结论，推广到比较复杂的分子中去，这些结论往往是不完全的，经过实践的检验逐渐纠正了它们的不完全性。H_2分子就是开始研究共价键本质所选的最简单的一种分子。1927 年 Heitler（海特勒）和 London（伦敦）把量子力学的成就应用于最简单的 H_2分子结构上并推广到其他分子系统，初步说明了共价键的本质。下面分别介绍建立在量子力学基础上的价键理论、杂化轨道理论的一些基本观点。

9.3.1 价键理论

（1）共价键的形成和本质

Heitler 和 London 在用量子力学处理 H_2分子形成的过程中，得到 H_2分子的基态与排斥态核间电子的概率密度如图 9-18 所示，H_2分子的能量 E 和核间距 R 之间的关系曲线，如图 9-19 所示。

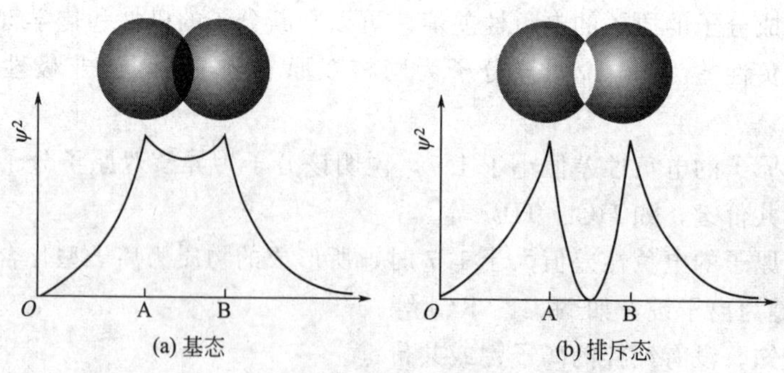

图 9-18 H_2分子的基态与排斥态核间电子的概率密度

Heitler 和 London 在研究过程中提出一个假设：当两个氢原子相距很远时，彼此间的作用力可忽略不计，系统能量定为相对零点。当电子自旋方式相反的两个氢原子相互靠近时，两个原子轨道发生重叠，使两核间电子云密度增大

[图 9-18 (a)]，此时两原子核外电子受到两个原子核的吸引，整个系统的能量低于两个单独存在的氢原子的能量总和，在两个氢原子核间距达到平衡距离 $R_0 = 74\text{pm}$ 时吸引力和排斥力达到平衡(图 9-19)，系统能量达到最低点。两个氢原子在平衡距离 R_0 处以共价键形成稳定的 H_2 分子，这种状态为氢分子的基态。当自旋方式相同的两个氢原子相互靠近时，量子力学原理可证明它们将相互排斥[图 9-18 (b)]，两核间电子云密度稀疏，不发生原子轨道重叠，系统能量高于两个单独存在的氢原子能量之和，而且它们靠得越近，系统能量越高，不能形成氢分子。

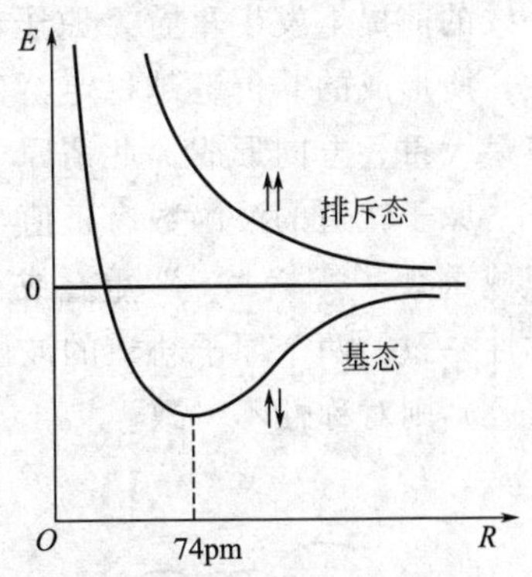

图 9-19 H_2 分子形成过程能量随核间距变化示意图

从共价键的形成，可见共价键的结合力是两核对共用电子对形成的负电区的吸引力，说明共价键的本质是电性作用力，但又不同于正、负离子间静电引力。

（2）价键理论的基本要点

将量子力学对 H_2 分子的研究结果推广到双原子分子和多原子分子，形成了现代价键理论。其基本要点如下。

① 电子配对成键原理

只有当两原子的未成对电子在自旋方式相反的情况下，才能相互配对形成稳定的共价键。

如果 A，B 两个原子各有一个自旋方式相反的未成对电子，它们之间则形成共价单键（A—B)，如 H—H、H—F。至于 He 原子有两个 1s 电子，不存在未成对电子，所以 He 原子之间不能形成化学键，He 为单原子分子。

如果 A，B 两原子各有两个甚至三个自旋相反的未成对电子，则自旋相反的单电子可两两配对成键，最终在两原子之间可形成共价双键（A═B）或叁键（A≡B)。如氮原子有三个未成对价电子，若与另一个氮原子的三个未成对价电子自旋方向相反，则可以配对形成叁键（N≡N)。

另外若 A 原子有两个未成对价电子，B 原子有一个，则 A 原子可以与两个 B 原子结合形成 AB_2 分子。例如 O 原子的两个未成对 2p 电子可分别与 H 原子未成对的 1s 电子配对成键形成 AB_2 型分子，分子内存在两个共价单键。

$$\text{H}\cdot + \cdot\ddot{\underset{\cdot\cdot}{\text{O}}}\cdot + \cdot\text{H} = \text{H}:\ddot{\underset{\cdot\cdot}{\text{O}}}:\text{H}$$

N 原子的三个未成对2p 电子则是分别和三个 H 原子未成对的 1s 电子结合形成 AB_3 型分子，分子内存在三个共价单键。

② 原子轨道最大重叠原理

两原子的未成对电子自旋相反配对成键时，成键电子的原子轨道必须在对称性一致的前提下发生重叠，原子轨道的重叠程度越大，两原子间的电子云密度就越大，所形成的共价键越稳定，分子能量越低。因此，共价键应尽可能的沿着原子轨道最大重叠方向形成，此谓原子轨道的最大重叠原理。

原子轨道的波函数有正值与负值之分，两个原子轨道的波函数重叠时，若同号区域重叠（“＋”“＋”重叠或“－”“－”重叠），如图 9-20（a）～(c）所示，即对称性一致；两个原子轨道的波函数异号区域重叠（“＋”“－”重叠或“－”“＋”重叠）则对称性不一致。

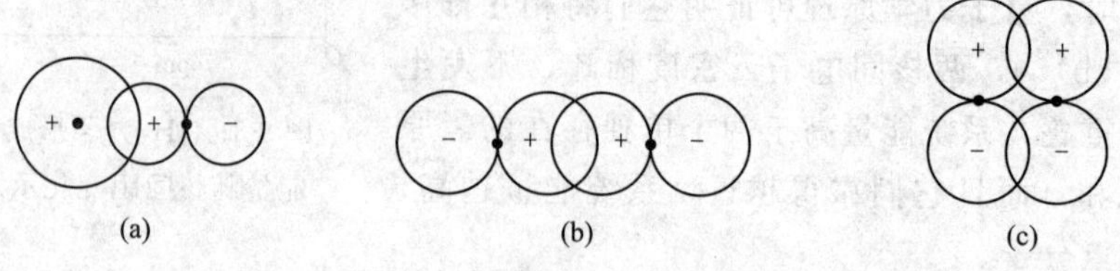

图 9-20　对称性一致示意图

价键理论主要特点是：把电子理论中一对自旋方式相反的电子形成共价键的观点，作为构造分子中电子波函数的基础，并充分考虑电子不可分辨性，所以价键理论也被称为电子配对理论。价键理论最重要的成就是它运用量子力学的观点和方法，为共价键的成因提供了理论基础，阐明共价键形成的主要原因是价电子占用的原子轨道因相互重叠而产生的加强性相干效应。

(3) 共价键的特点

原子在形成共价键时，没有发生电子的转移，而是靠共用电子对结合在一起。根据价键理论，我们可以总结出共价键的一些特征。

① 饱和性

在以共价键结合的分子中，每个原子成键的总数或与其以共价键相连的原子数目是一定的，这就是共价键的饱和性。例如，氢原子与另一个氢原子组成氢分子，只形成一个单键，不可能再与第三个氢原子结合成 H_3 分子。氧原子只能与两个氢原子结合为 H_2O 分子，形成两个共价单键。

② 方向性

除 s 轨道外，p、d 和 f 轨道在空间都有一定的伸展方向，成键时只有沿着一定的方向取向，才能满足最大重叠原则，这就是共价键的方向性。

例如，在形成氯化氢分子时，氢原子的 1s 轨道与氯原子的 $3p_x$ 只有沿着 x 轴方向发生最大限度重叠，才能形成稳定的共价键，如图 9-21（a）所示。若 1s 轨道与 $3p_x$ 二轨道沿 z 轴方向重叠，如图 9-21（b）所示，两轨道没有满足最大程度的有效重叠，不能形成共价键。

共价键的方向性决定了共价分子具有一定的空间构型。

(4) 共价键的键型

按共用电子对中电子的来源方式不同，可将共价键分为正常共价键和配位共价键。

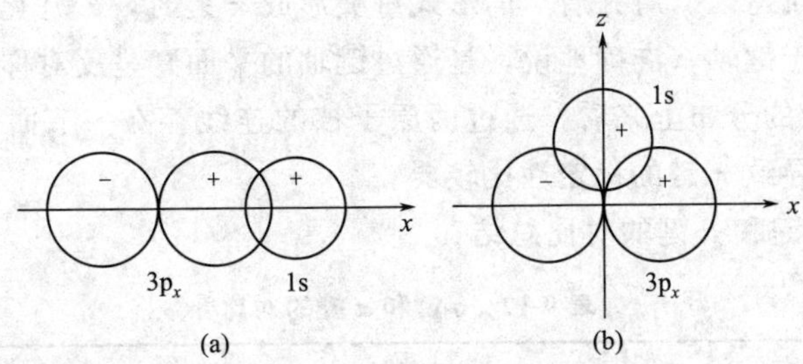

图 9-21 HCl 分子中的共价键

如果共价键的共用电子对由成键两原子各提供一个电子所组成，称为正常共价键，如 H_2、O_2、Cl_2、HCl 等。

不同的原子轨道具有不同的形状，原子成键时，虽然都是最大重叠，但原子轨道的最大重叠方式不同，形成的原子轨道重叠部分的对称性也不同，结果能形成不同的键型。根据重叠方式不同，正常共价键可区分为 σ 键和 π 键。

① σ 键

当原子轨道沿原子核间连线方向（键轴）以“头碰头”的方式进行同号重叠时，形成的共价键称为 σ 键。例如，H_2 分子是 s-s 轨道成键，HCl 分子是 s-p_x 轨道成键，Cl_2 分子是 p_x-p_x 轨道成键，如图 9-22（a）～（c）所示，这样形成的键都是 σ 键。σ 键的特点是轨道重叠程度大、键强、稳定。

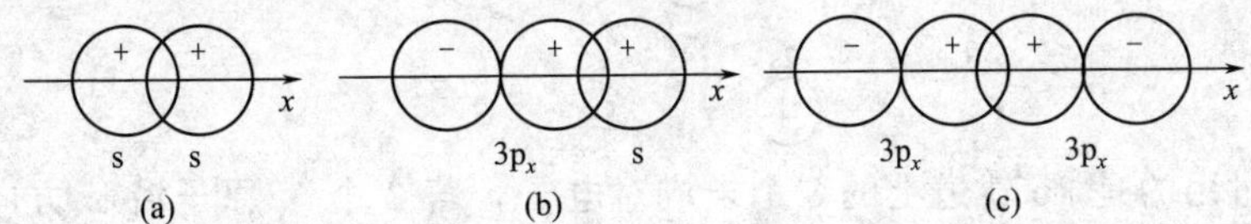

图 9-22 σ 键示意图

② π 键

两原子轨道垂直核间连线并相互平行而进行同号重叠所形成的共价键，即两个原子轨道以“肩并肩”的形式重叠时，所形成的共价键称为 π 键。如图 9-23（a）所示的 p_z-p_z 轨道重叠和图 9-23（b）所示的 d_{xz}-p_z 轨道重叠都可以形成最大重叠，它们可以形成 π 键。

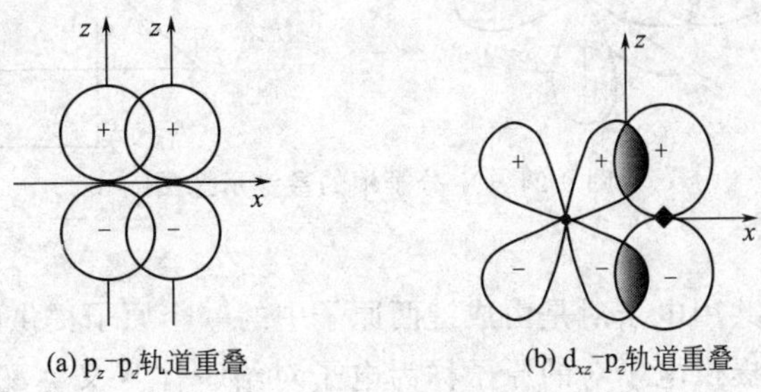

图 9-23 π 键示意图

当两个原子轨道以"肩并肩"的形式重叠形成 π 键时，π 键重叠部分位于键轴的上下方。相对于键轴（准确地说，是通过键轴的平面）呈反对称（波函数的符号相反）。从电子云的分布上来看，通过两原子核的连线存在一节面，该节面上电子云密度为零，这导致 π 键的稳定性比较弱。

表 9-12 是 σ 键和 π 键的对比总结。

表 9-12　σ 键和 π 键的对比

共价键类型	σ 键	π 键
原子轨道重叠方式	"头碰头"	"肩并肩"
波函数分布	对键轴呈圆柱形对称	上、下反对称
电子云分布形状	核间呈圆柱形	存在密度为零的节面
存在方式	唯一	原子间存在多键时可以多个
键的稳定性	强	弱

原子通过共价单键形成分子，则成键时通常轨道都是沿核间连线方向达到最大重叠的，所以都是 σ 键；共价双键中有一个共价键是 σ 键，另一个共价键是 π 键；共价叁键中有一个共价键是 σ 键，另两个共价键都是 π 键。

例如，N_2 分子以 3 对共用电子把 2 个 N 原子结合在一起。N 原子的外层电子构型为 $2s^2 2p^3$：

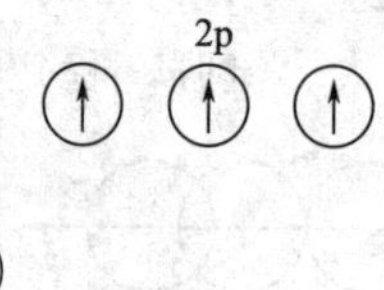

成键时用的是 2p 轨道上的 3 个未成对电子，若 2 个 N 原子沿 x 方向接近时，p_x 与 p_x 轨道形成 σ 键，而 2 个 N 原子垂直于 p_x 的 p_y-p_y，p_z-p_z 轨道，只能在核间连线两侧重叠形成两个互相垂直的 π 键，如图 9-24 所示。

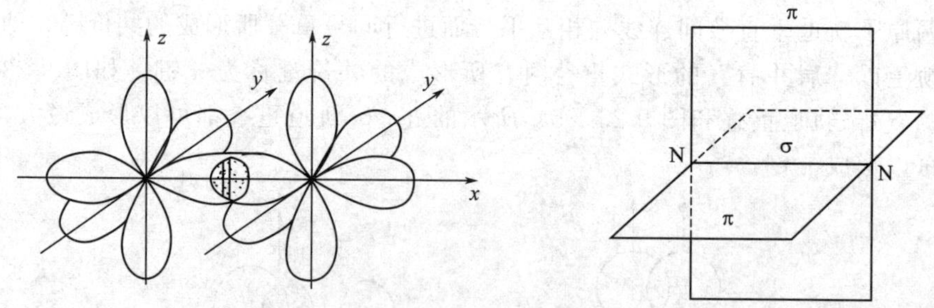

图 9-24　N_2 分子中的叁键示意图

③ 配位键

如果共价键的共用电子对是由成键两原子中的一个原子提供的，称为配位共价键，简称配位键。提供电子对的原子称为电子对给予体（又称配体），接受电子对的原子称为电子对接受体（又称形成体）。配位键通常用"→"表示，以区别于正常共价键。箭头方向是由提供电子对的原子指向接受电子对的原子。

如在 CO 分子中，C 原子的两个未成对的 2p 电子可与 O 原子的两个未成对 2p 电子形成两个正常共价键，除此之外，氧原子的一对已成对的 2p 电子还可以与碳原子的一个空轨道形成一个配位键，其结构式可以写为：

$$:C \leftleftarrows\!\!= O:$$

由此可见，形成配位键必须具备两个条件：

① 一个原子的价电子层有未共用的电子对，即孤对电子；

② 另一个原子的价电子层有空轨道。

但应注意，配位键在形成以后，和正常共价键并无任何差别，因此，NH_4^+ 的价键结构结构式中 4 个 N—H 键是完全等同的。

含有配位键的离子或化合物是相当普遍的，如 $[Cu(NH_3)_4]^{2+}$、$[Fe(CN)_6]^{3-}$、$Fe(CO)_5$ 等。

（5）键参数

表征共价键性质的某些物理量，如键长、键能、键角等称为键参数。它们在理论上可以由量子力学计算而得，也可以由实验测得。键参数可用来粗略而方便地定性、半定量确定分子的形状，解释分子的某些性质。

① 键长

当两个原子间形成稳定共价键时，两个原子间保持着一定的平衡距离，这距离叫做键长，符号 l，单位为 pm。例如，H_2 分子中的两个 H 原子的核间距为 74pm，所以 H—H 键长就是 74pm。理论上用量子力学的近似方法可以计算得键长，实际上复杂分子的键长数据往往是通过分子光谱、X 射线衍射、电子衍射等实验方法测得。一些共价键的键长数据列于表 9-13 中。由实验结果可知，在不同分子中，两原子间形成相同类型的共价键时，键长相近，即共价键键长有一定的守恒性。通过实验测定各种共价化合物中同类型共价键键长，求出它们的平均值，即为共价键键长数据。

表 9-13　一些共价键的键长和键能

共价键	键长 l/pm	键能 E/kJ·mol^{-1}	共价键	键长 l/pm	键能 E/kJ·mol^{-1}
H—H	74	436	C—C	154	346
H—F	92	570	C═C	134	602
H—Cl	127	432	C≡C	120	835
H—Br	141	366	N—N	145	159
H—I	161	298	N≡N	110	946
F—F	141	159	C—H	109	414
Cl—Cl	199	243	N—H	101	389
Br—Br	228	193	O—H	96	464
I—I	267	151	S—H	134	368

两个原子之间，形成的共价键键长数值越大，表明两原子间的平均距离就越远，原子间相互结合的能力就越弱。如 H—F、H—Cl、H—Br、H—I 键长依次增

大，键的强度依次减弱，热稳定性递减。

相同的成键原子所组成的单键和多重键的键长并不相等。如碳原子之间可形成单键、双键和叁键，键长依次缩短，键的强度渐增，但双键、叁键的键长与单键的相比并非两倍、三倍的关系。

② 键能

原子之间形成化学键的强弱可以用键断裂时所需能量的大小来衡量。

在一定温度和标准状态下，将 1mol 理想气态双原子分子 AB 拆开成为气态的 A 原子和 B 原子，所需的能量称为键的解离能，常用 $D(\mathrm{A—B})$ 来表示，单位为 $\mathrm{kJ\cdot mol^{-1}}$。

$$\mathrm{A—B(g)} \xrightarrow{100\mathrm{kPa}} \mathrm{A(g)+B(g)} \qquad D(\mathrm{A—B})$$

例如，在 298.15K 时，$D(\mathrm{H—Cl})=432\mathrm{kJ\cdot mol^{-1}}$，$D(\mathrm{Cl—Cl})=243\mathrm{kJ\cdot mol^{-1}}$。

在多原子分子中断裂气态分子中的某一个键，形成两个“碎片”时所需要的能量叫做分子中这个键的解离能。例如：

$$\mathrm{H_2O(g)} \longrightarrow \mathrm{H(g)+OH(g)} \qquad D(\mathrm{H—OH})=499\mathrm{kJ\cdot mol^{-1}}$$

$$\mathrm{HO(g)} \longrightarrow \mathrm{H(g)+O(g)} \qquad D(\mathrm{O—H})=429\mathrm{kJ\cdot mol^{-1}}$$

所谓键能，通常是指在标准状态下气态分子拆开成气态原子时，每种键所需能量的平均值，常用 E 来表示，单位为 $\mathrm{kJ\cdot mol^{-1}}$。对双原子分子来说，键的解离能就是键能，即 $E(\mathrm{H—H})=D(\mathrm{H—H})=436\mathrm{kJ\cdot mol^{-1}}$。同样，$E(\mathrm{N\equiv N})=D(\mathrm{N\equiv N})=946\mathrm{kJ\cdot mol^{-1}}$。对多原子分子来说，键能和键的解离能是不同的。键的解离能指的是解离分子中某一种特定键所需要的能量，而键能指的是某种键的平均能量。

例如，H_2O 含有 2 个 O—H 键，每个键的解离能不同，但 O—H 键的键能应是两个解离能的平均值。

$$E(\mathrm{O—H})=\frac{1}{2}(499+429)\ \mathrm{kJ\cdot mol^{-1}}=464\mathrm{kJ\cdot mol^{-1}}$$

同样的键在不同的多原子分子中键能数据会稍有不同，这是由于分子中的键能不仅取决于成键原子本身的性质，而且也与分子中存在的其他原子的种类有关，表 9-13 中列出的仅仅是平均键能数据。

一般键能越大，表明该键越牢固，由该键组成的分子越稳定。如 H—F、H—Cl、H—Br、H—I 键长渐增，键能渐小，故推论 H—I 分子不如 H—F 稳定。双键的键能比单键的键能大得多，但不是单键键能的两倍；同样叁键键能也不是单键键能的三倍。

③ 键角

键角是反映分子空间结构的重要参数。分子中相邻化学键之间的夹角称为键角，通常用符号 θ 表示。原则上，键角也可以用量子力学近似方法算出。但对复杂分子，目前仍然通过光谱，衍射等结构实验求得键角。

表 9-14 列出了部分分子的键长、键角和分子空间构型。

表 9-14 部分分子的键长、键角和分子空间构型

分子式	键长(实验值)l/pm	键角 θ(实验值)	分子空间构型
H_2S	134	92°	V 形
CO_2	116.2	180°	直线形
NH_3	101	107.3°	三角锥形
CH_4	109	109.5°	正四面体

一般地说，知道了一个分子中的键长和键角数据，就可以确定该分子的空间构型。例如，$HgCl_2$分子的键角为键角∠ClHgCl 等于 180°，可推知 $HgCl_2$分子是直线形分子。H_2O 分子的键角为∠HOH 等于 104.5°，故 H_2O 分子呈 V 形。

综上所述，键能可用来描述共价键的强度，键长和键角可用来描述共价键分子的空间构型，它们都是共价键的基本参数。

9.3.2 杂化轨道理论与分子空间构型

价键理论比较简明地阐述了共价键的形成和本质，并成功地解释了共价键的方向性和饱和性等特点。随着近代实验技术的发展，许多分子的空间构型已被确定，用价键理论解释它们则遇到了一些困难。如甲烷 CH_4分子，按价键理论碳原子 C ($2s^2 2p^2$) 有两个未成对电子，故只能形成两个共价单键，与氢的最简单化合物应是 CH_2，而且这两个共价键应当相互垂直，键角为 90°。但现代实验指出 CH_4分子的空间构型正四面体，碳原子位于正四面体的中心，每个 H 原子占据正四面体的四个顶角，分子中有四个相等的 C—H 共价键，其键角为 109.5°。

为了解释多原子分子的空间构型，即分子中各原子在空间的分布情况，L. Pauling 于 1931 年在价键理论的基础上，提出了杂化轨道理论，在推动价键理论的发展方面取得了突破性的成就。

9.3.2.1 杂化轨道理论要点

(1) 在形成化学键的过程中，原子间相互作用，由于电子具有波动性，中心原子中若干不同类型的能量相近的原子轨道混合起来，重新分配能量和调整空间方向而组成一组新的轨道，这种重新组合的过程叫杂化，所形成的新轨道叫杂化轨道。杂化轨道沿键轴方向与其他原子轨道重叠，形成 σ 共价键，并构成分子的骨架结构。

(2) 形成的杂化轨道数目等于参加杂化的原子轨道总数。杂化轨道相互排斥，在空间取得最大键角，杂化轨道的空间伸展方向决定分子的空间构型。

(3) 杂化轨道的电子云分布集中，成键时轨道重叠程度大，故杂化轨道的成键能力比杂化前的原子轨道成键能力强，因此形成的分子更稳定。

必须注意，杂化只是在形成分子时才发生，孤立的原子绝不可能发生杂化。只有当原子相互结合成分子需要满足原子轨道的最大重叠时，才会使原子内原来的轨道发生杂化以获得更强的成键能力。

9.3.2.2　杂化轨道的类型及分子的空间构型

根据参加杂化的原子轨道的种类和数量不同，轨道杂化可有 ns 和 np 轨道组合的 sp、sp^2、sp^3 杂化轨道，又可根据杂化轨道成分相同或不同称为等性杂化（形成的杂化轨道能量相等）或不等性杂化（形成的杂化轨道能量不相等）。此外还有 d 轨道参加的杂化。1956 年我国结构化学家唐敖庆等提出了 f 轨道参与的 spdf 杂化的新概念，使杂化轨道理论更加完善。本章只介绍 sp 杂化和 spd 杂化及有关分子结构。

（1）sp 型杂化及有关分子结构

s 轨道、p 轨道参与的杂化称为 sp 型杂化。主要包括以下三种。

① sp 杂化轨道

sp 杂化轨道是由一条 ns 和一条 np 轨道杂化而成，形成两个性质相同、能量相等的 sp 杂化轨道。每个 sp 杂化轨道含 1/2s 和 1/2p 成分，sp 杂化轨道间夹角为 180°，呈直线形，未参加杂化的两条 np 轨道与它们垂直。

例如 $BeCl_2$ 分子中，Be 原子基态最外层电子为 $2s^2$，没有成单电子，似乎不能形成共价键。根据杂化轨道理论，基态 Be 原子 2s 中的一个电子激发到 2p 轨道上，成为 $2s^1 2p^1$，Be 原子的一个 2s 轨道和一个 2p 轨道发生杂化，可形成两个能量相等的 sp 杂化轨道，杂化轨道间夹角为 180°。每条 sp 杂化轨道上有一个未成对电子，分别与氯原子的 3p 轨道中的未成对电子配对形成共价键。

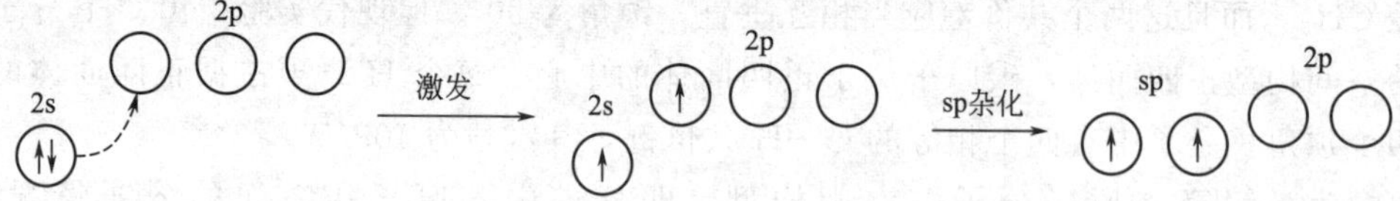

sp 杂化轨道的形状为一头大一头小（图 9-25），成键时各以大的一头与 Cl 原子的 3p 轨道重叠（图 9-26），这样要比未经杂化的原子轨道重叠程度大，形成两个 sp-p 的 σ 键也更牢固。

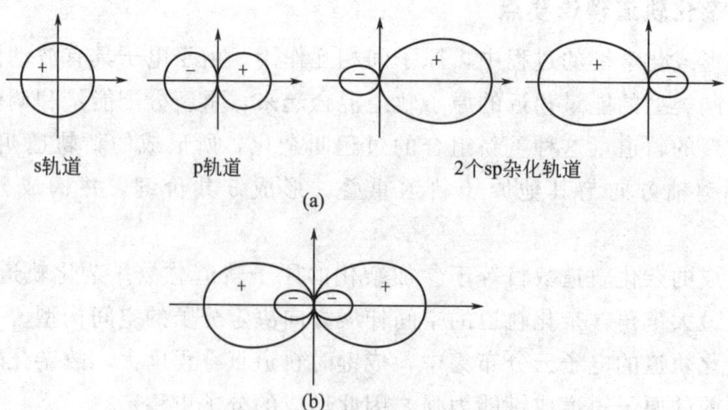

图 9-25　sp 杂化轨道的形成及其在空间的伸展方向

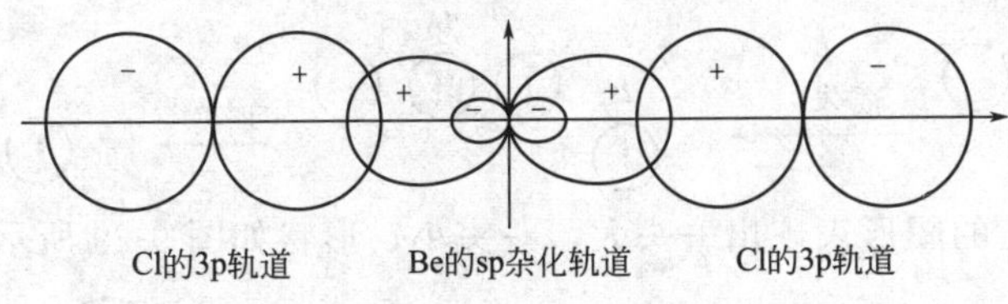

图 9-26 $BeCl_2$分子用杂化轨道成键示意图

所以 $BeCl_2$分子的空间结构是直线形，Be 原子位于 2 个 Cl 原子的中间，键角∠ClBeCl 等于 180°。

$$Cl—Be—Cl$$

应用 sp 杂化轨道的概念说明 CO_2分子的空间构型。根据实验测定，CO_2分子中的 3 个原子成一直线，C 原子居中。为了说明 CO_2分子的这一构型，一般认为 C 原子的外层电子 $2s^2 2p^2$在成键时经激发，并发生 sp 杂化，形成 2 个 sp 杂化轨道。

(↑↓) (↑)(↑)( ) —激发、杂化→ sp (↑)(↑) 2p (↑)(↑)

另两个未参与杂化的 2p 轨道仍保持原状，并与 sp 轨道相垂直。碳原子的 2 个 sp 杂化轨道上的电子分别与两个氧原子的 2p 电子形成 σ 键。碳原子的 2p 轨道上的电子则分别与 2 个氧原子剩下的未成对 2p 电子形成 π 键(图 9-27)。

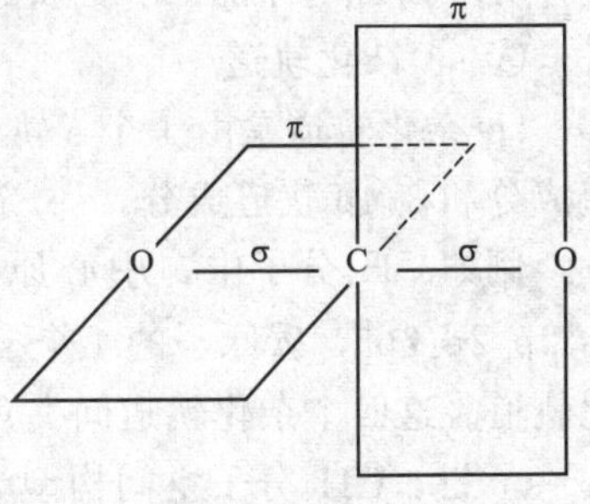

图 9-27 CO_2分子的 σ 键和 π 键示意图

应用 sp 杂化轨道的概念还可说明乙炔(C_2H_2)分子的空间构型。C_2H_2分子中，每个 C 原子用 2 个 sp 杂化轨道分别与 1 个 H 原子及相邻的 C 原子成键，而未杂化的 2 个 2p 轨道与另一个 C 原子相对应的 2 个 2p 轨道相互重叠形成 π 键，所以 C_2H_2分子中的 C≡C 叁键是由一个 σ 键，两个 π 键所组成：

H—C≡C—H（π，π，sp—sp σ）

② sp^2杂化轨道

sp^2杂化轨道是由 1 个 s 轨道和 2 个 p 轨道组合而成，每个杂化轨道含有 1/3s 轨道成分和 2/3p 轨道成分，sp^2杂化轨道间夹角为 120°。空间构型为平面三角形。

例如 BF_3分子中，中心原子 B 原子的外层电子构型为 $2s^2 2p^1$，成键时 1 个 2s 电子激发到 1 个空的 2p 轨道上，与此同时，1 个 s 轨道与 2 个 p 轨道组合成 3 个 sp^2杂化轨道。BF_3分子的 4 个原子在同一平面上，B 原子位于中心，键角∠FBF 等于 120°。BF_3分子的空间构型如图 9-28。

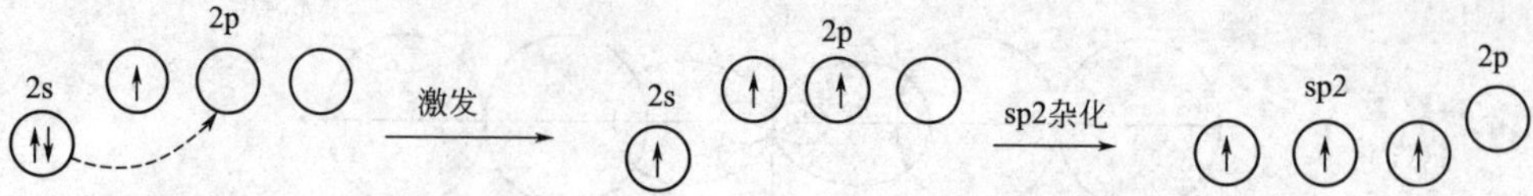

sp^2杂化轨道的图形表现出一头大，一头小，形状如图 9-29 所示。

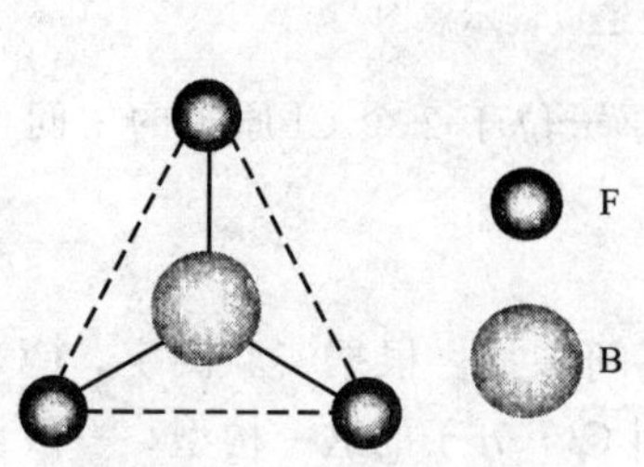

图 9-28 BF_3分子的空间构型

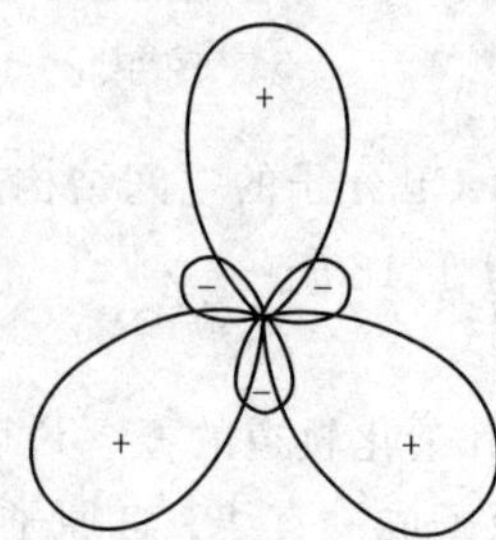

图 9-29 sp^2杂化轨道的形状与空间取向

应用sp^2杂化轨道的概念也可以说明C_2H_4等分子的空间构型。在乙烯分子中，2个C原子和4个H原子处于同一平面上，每个C原子用3个sp^2杂化轨道分别与2个H原子及另一个C原子成键，而2个C原子各有1个未杂化的2p轨道相互重叠形成1个π键，所以C_2H_4分子的C═C双键中一个是sp^2-sp^2 σ键，另一个是p_z-p_z π键。

③ sp^3杂化轨道

sp^3杂化轨道是由1个s轨道和3个p轨道组合而成。每个杂化轨道含1/4s轨道成分和3/4p轨道成分，sp^3杂化轨道间夹角为109.5°，空间构型为四面体。

例如CH_4分子中，中心原子C原子的外层电子是$2s^2 2p^2$，2s电子激发后成$2s^1 2p_x^1 2p_y^1 2p_z^1$，碳原子的1个s轨道和3个p轨道杂化形成四个能量相等的sp^3杂化轨道。这四个杂化轨道间夹角均109.5°，它们与四个H原子的1s电子形成四个sp^3-s σ键，CH_4分子空间构型为正四面体（图 9-30）。

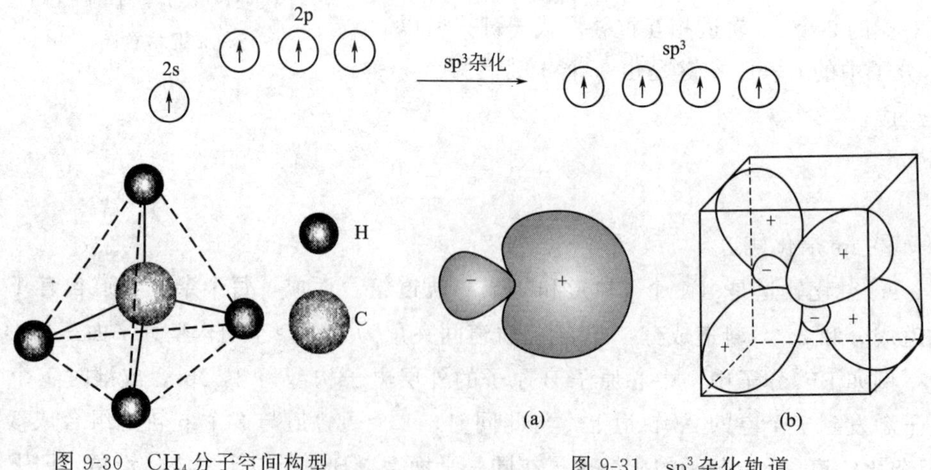

图 9-30 CH_4分子空间构型

图 9-31 sp^3杂化轨道

sp^3杂化轨道的图形也表现出一头大，一头小，形状如图 9-31（a）所示。成键时较大的一头重叠，比未杂化的 p 轨道可以重叠得更多，形成的共价键更稳定。如图 9-31（b）是 4 个 sp^3杂化轨道在空间分布的示意图。

通过 CH_4分子构型的讨论，可以说明共价键的方向性。C 原子的 4 个杂化轨道在空间有一定伸展方向，为了最大重叠，形成稳定的共价键，成键时电子云必须沿着这种特定的方向重叠，CH_4分子中的键角∠HCH 为 109.5°，也就体现了共价键的方向性。

此外，$SiCl_4$、CCl_4、SiH_4、C_2H_6等分子的中心原子均采用了 sp^3杂化方式与其他原子成键，它们都是正四面体构型。而 CH_3Cl、CH_2Cl_2、CH_3OH 分子中的碳原子等性 sp^3杂化后，因成键原子的电负性不同，其键矩不同，所以分子的空间构型为四面体。

综上，sp 型杂化轨道与其组成原子轨道的形状可参见图 9-32。

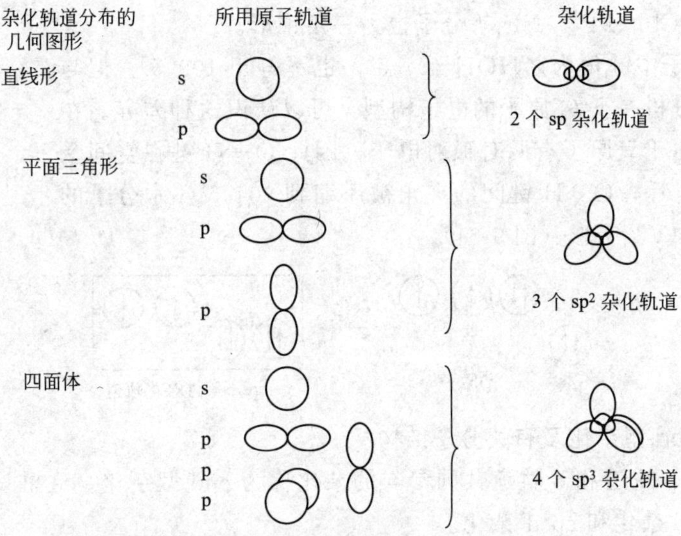

图 9-32　sp 型杂化轨道与其组成原子轨道的形状

各种类型杂化轨道又可分为等性和不等性杂化两类。上述各例杂化均由具有未成对电子的轨道参加，称为等性杂化，各杂化轨道所含 s、p 轨道成分相等。若具有孤对电子的原子轨道参与杂化，形成的杂化轨道所含 s 和 p 轨道成分不同，所形成的杂化轨道是一组能量彼此不相等的轨道，这种杂化称为不等性杂化。

NH_3 和 H_2O 分子都属于不等性 sp^3杂化，下面分别进行讨论。

NH_3 分子中键角∠HNH 为 107°，不等于 109.5°，但与它更加接近。在 NH_3 分子中，N 原子的外层电子构型为 $2s^22p^3$，成键时组合的 4 个 sp^3杂化轨道能量并不一致，一对孤对电子占据的杂化轨道能量较低，另外 3 个杂化轨道能量较高，为

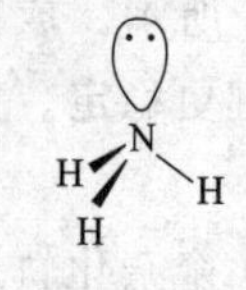

图 9-33 NH_3 分子构型

未成对电子占据。3个杂化轨道与3个H原子的1s轨道重叠形成3个σ共价键，另一个杂化轨道则为孤对电子所占，故不能成键。在这四个杂化轨道中，由孤对电子所占轨道只参加杂化不参加成键，该轨道含更多的s成分，更靠近N原子。由于氮原子的孤对电子（只受N原子核的吸引）轨道比成键电子（受N核和H核的吸引）轨道“肥大”，或者说电子云伸展得更开，所占体积更大，所以N—H键在空间受到排斥，使N—H键之间夹角由109.5°压缩到107°，在描述分子的空间构型时，由于实验观察不到电子对而只能观察到原子的位置，故氨分子构型为三角锥形（图9-33）。

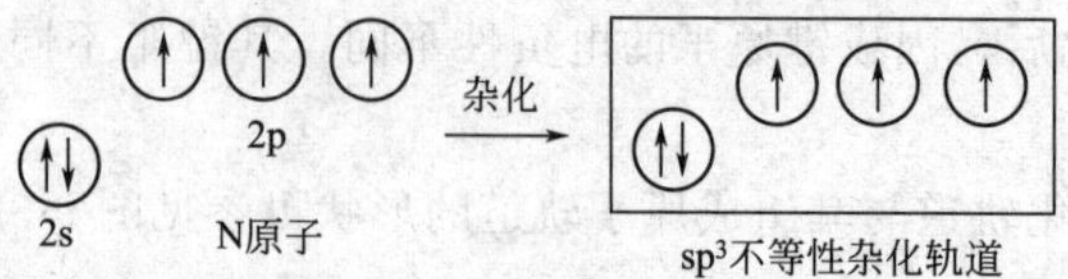

此外，PCl_3、PF_3、NF_3等分子也为三角锥形。

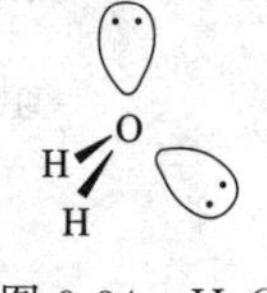

图 9-34 H_2O 分子构型

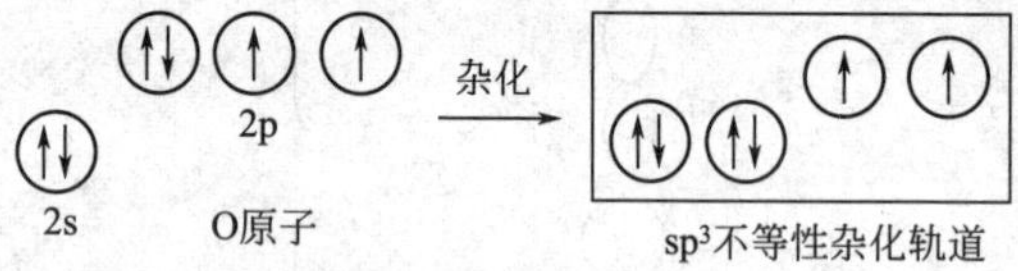

H_2O分子中键角为∠HOH 104.5°，也不等于109.5°，但与它较接近。分析一下O原子的电子构型，可以认识这种差异。在水分子中，由于氧原子有两对孤对电子，因此O—H键在空间受到更强烈地排斥，O—H键间的夹角被压缩到104.5°。水分子的空间构型为“V”字形（图9-34）。

（2）spd型杂化及有关分子结构

s轨道、p轨道和d轨道共同参与的杂化称为spd型杂化。这里只介绍两种常见类型：sp^3d杂化和sp^3d^2杂化。

① sp^3d杂化

1个s轨道、3个p轨道和1个d轨道组合成5个sp^3d杂化轨道，在空间排列成三角双锥构型，杂化轨道间夹角分别为90°和120°。

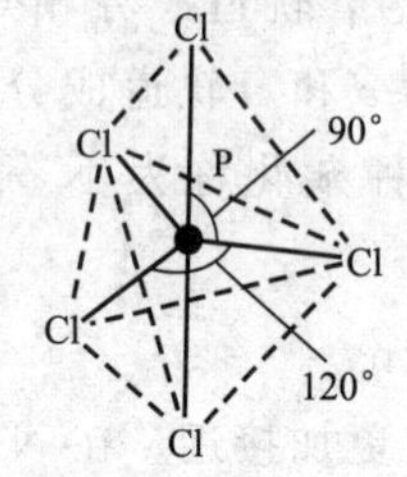

图 9-35 PCl_5分子的空间构型

PCl_5分子中P原子的外层电子构型为$3s^23p^3$，P原子与Cl原子成键时，3s轨道上的1个电子激发到空的3d轨道上，同时，1个3s轨道、3个3p轨道和1个3d轨道杂化，形成5个sp^3d杂化轨道，与5个Cl原子的p轨道形成5个σ键，平面的3个P—Cl键键角为120°，垂直于平面的两个P—Cl键与平面的夹角为90°，PCl_5分子的几何构型为三角双锥（图9-35）。

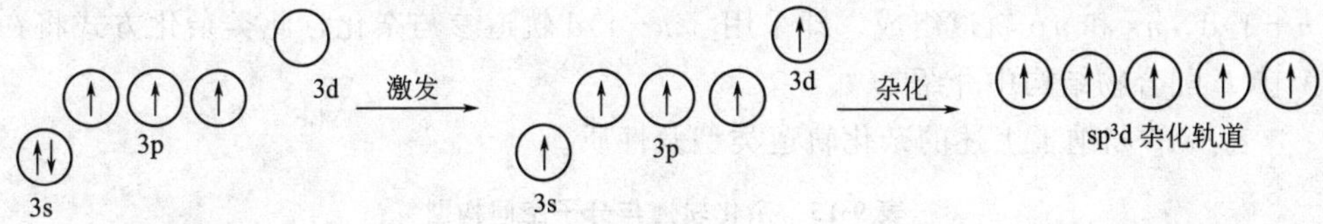

② sp^3d^2杂化

1个s轨道、3个p轨道和2个d轨道组合成6个sp^3d^2杂化轨道，在空间排列成正八面体构型，杂化轨道间夹角90°和180°。

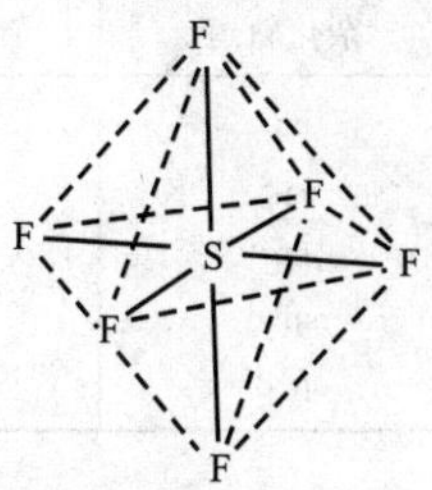

图 9-36 SF_6分子的空间构型

SF_6分子中，中心原子S的外层电子构型为$3s^2 3p^4$。成键时S原子将1个3s电子和1个已成对的3p电子激发到空的3d轨道上，同时将1个3s轨道、3个3p轨道和2个3d轨道杂化，形成6个sp^3d^2杂化轨道，与6个F原子的2p轨道重叠形成6个σ键，SF_6分子的几何构型为八面体（图 9-36）。

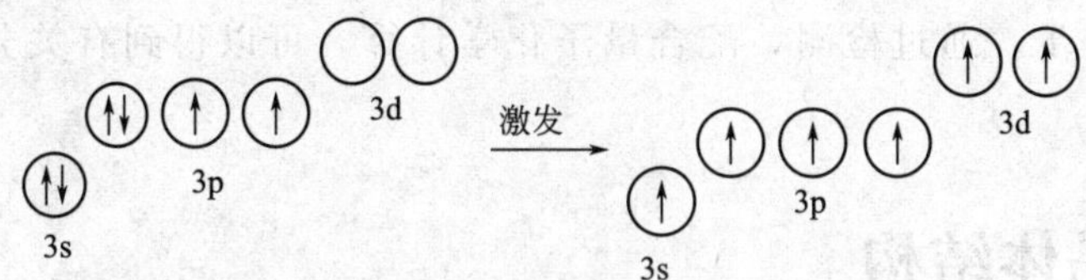

综上，spd型杂化轨道与其组成原子轨道的形状如图 9-37。

含d轨道参与的杂化类型还有dsp^2、sp^3和d^2sp^3杂化，这些杂化轨道是由

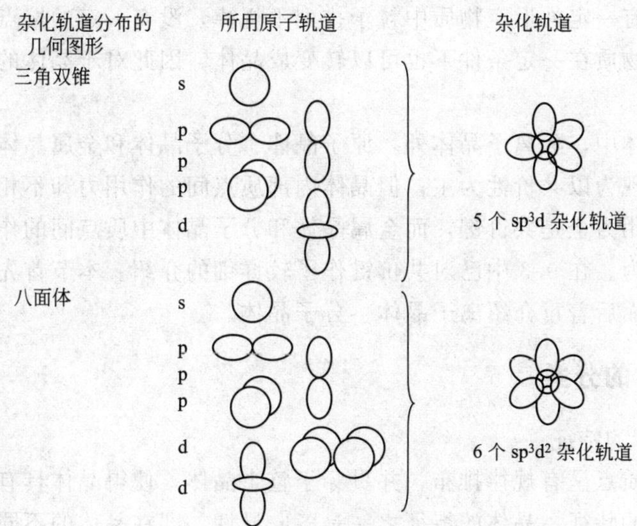

图 9-37 spd型杂化轨道与其组成原子轨道的形状

$(n-1)$d、ns 和 np 轨道组成，即采用（$n-1$）d 轨道参与杂化，此类杂化方式将在第 10 章配合物结构中介绍。

表 9-15 归纳了上述的杂化轨道类型及性质。

表 9-15 杂化轨道与分子空间构型

杂化轨道	杂化轨道数目	键角	分子空间构型	实例
sp	2	180°	直线形	$BeCl_2$，CO_2
sp^2	3	120°	平面三角形	BF_3，$AlCl_3$
sp^3	4	109.5°	四面体	CH_4，CCl_4
sp^3d	5	90°，120°	三角双锥	PCl_5，AsF_5
sp^3d^2	6	90°	八面体	SF_6，SiF_6^{2-}

在理论上，通过量子化学计算可获得有关杂化轨道波函数及其能量的数据。通常，用杂化轨道理论讨论问题是在已知分子空间构型的基础上进行的。但是，用杂化轨道理论预测分子的空间构型却比较困难。当然，随着实验技术手段的不断进步，通过检测，配合量子化学计算，可以得到有关分子构型的一些数据。

9.4 晶体结构

固态物质可分为晶体和非晶体。自然界绝大多数物质都是晶体，如食盐（NaCl）、石英（SiO_2）、方解石（$CaCO_3$）等均为晶体。晶体具有整齐规则的几何外形，各向异性，许多物理性质如导电、导热、折射率、溶解速率等不同，晶体有固定的特有的熔点。而玻璃、松香、橡胶、石蜡、沥青等都是非晶体或称无定形物质。非晶体没有一定外形，物质中粒子排列不规律，没有一定的熔点。气态、液态物质和无定形物质在一定条件下也可以转变成晶体。因此对于晶体的研究具有极大的重要性。

常见的晶体中，除离子晶体外，原子晶体、分子晶体和金属晶体中原子之间的相互作用都表现为以共价性为主，但晶体内部质点间的作用力却不相同。原子晶体中质点间的作用力全是共价键，而金属晶体和分子晶体中质点间的作用力分别是金属键和分子间力。在 9.3 中已对共价键作了较详细的介绍。本节首先介绍几种常见的晶体类型，而后着重介绍离子晶体、分子晶体。

9.4.1 晶体的分类

（1）晶体的特征

晶体内部质点呈有规律排布，并贯穿于整个晶体，使得晶体具有区别于无定形体的一些共同的特征。晶体的特征之一是各向异性，即在晶体的不同方向上具有不同的物理性质，如光学性质、电学性质、力学性质和导热性质等，而无定形体则是各向同性的。如石墨特别容易沿层状结构方向断裂成薄片，石墨在与层平行方向的电导率要比与层垂直方向上的电导率高一万倍以上。晶体的另一重要特征是它具有一定的熔点，而无定形体则没有固定的熔点，只有软化温度范围（如玻璃、石蜡、沥青等）。晶体还有一些其他的共性，如晶体具有规则的几何外形，具有均匀性，即一块晶体内各部分的宏观性质（如密度、化学性质等）相同。

此外，还有一些物质如炭黑，虽然无固定形状，但它是由极微小的晶粒组成的，这些晶粒比一般晶体小千百倍，所以这种物质也叫微晶体。

值得指出，晶体与无定形体之间并无绝对严格的界限。在一定的条件下它们可以相互转化。例如，自然界中的二氧化硅，可形成石英晶体，也可形成无定形体石英玻璃等，若适当改变固化条件，非晶态可转化为结晶态。

X射线研究结果表明，晶体是由在空间排列得很有规则的结构单元（可以是离子、原子或分子等）组成的。人们把晶体中具体的结构单元抽象为几何学上的点称结点，把它们连接起来，构成不同形状的空间网格，称为晶格，见图9-38。

晶格中的格子都是六面体，设想将晶体结构截成一个个彼此互相并置而且等同的平行六面体的最基本单元，这些基本单元就是晶胞。换言之，整个晶体就是由这些基本单元（晶胞）在三维空间无间隙地堆砌构成的，所以晶胞是晶格的最小基本单位。晶胞是一个平行六面体。同一晶体中其相互平行的面上结构单元的种类、数目、位置和方向相同。但晶胞的三条边的长度不一定相等，也不一定互相垂直，晶胞的形状和大小用晶胞参数表示，即用晶胞三个边的长度 a，b，c 和三个边之间的夹角 α，β，γ 表示，如图9-39所示。

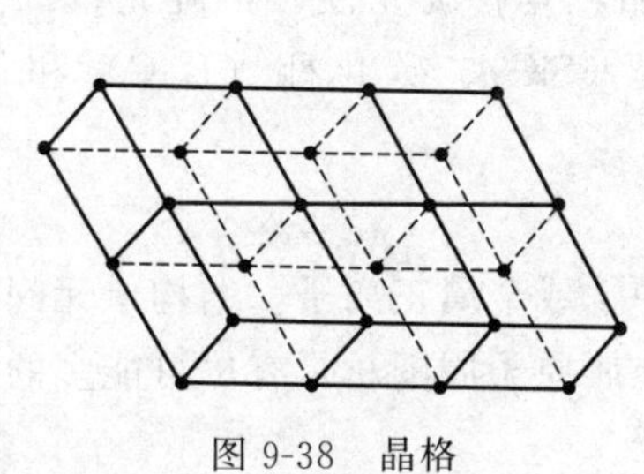

图9-38　晶格

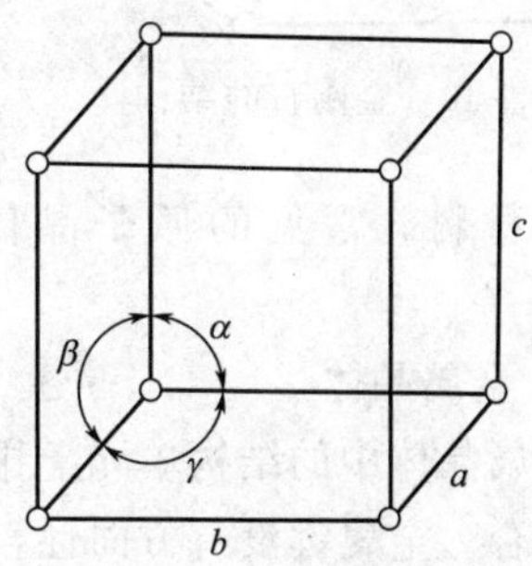

图9-39　晶胞

（2）晶体的分类

晶体的性质不仅和结构单元的排列规律有关，更主要的是，还和结构单元间结合力的性质有密切关系。根据晶体组成结构单元的不同，以及结构单元间作用力性质的不同，可把晶体分成四个基本类型：离子晶体、分子晶体、原子晶体和金属晶体。

① 离子晶体

离子晶体中的结构单元上交替排列着正负离子，例如 NaCl 晶体是由正离子

Na^+ 和负离子 Cl^- 组成的。破坏离子晶体时，要克服离子间的静电引力。由于离子间的静电引力比较大，所以离子晶体具有较高的熔点和较大的硬度，而多电荷离子组成的晶体则更为突出。离子晶体是电的不良导体，因为离子都处于固定位置上（仅有振动），离子不能自由运动。不过当离子晶体熔化时（或溶解在极性溶剂中）能变成良好导体，因为此时离子能自由运动。一般离子晶体比较脆，机械加工性能差。

② 分子晶体

分子晶体中的结构单元是分子，这些分子通过分子间的相互作用力相结合，此作用力要比分子内的化学键强度小得多，因此分子晶体的熔点和硬度都很低。分子晶体多数是电的不良导体，因为电子不能通过这类晶体而自由运动。非金属单质、非金属化合物分子和有机化合物大多数形成分子晶体，例如硫、磷、碘、萘、非金属硫化物、氢化物、卤化物、尿素、苯甲酸等。

③ 原子晶体

原子晶体中的结构单元是中性原子，结构单元间以强大的共价键相结合。由于共价键的方向性和饱和性，使得原子晶体不再采取紧密堆积结构。例如金刚石中，C 原子以 sp^3 杂化轨道成键，每个 C 原子周围形成 4 个 C—C 共价键，见图 9-40。破坏原子晶体时必须破坏原子间的共价键，需要消耗很大的能量，因此原子晶体具有很高的熔点和硬度。原子晶体是不良导体，即使在熔融时导电性也很差，在大多数溶剂中都不溶解。石英（SiO_2）也是原子晶体，它有多种晶型，其中 α-石英俗称水晶，具有旋光性，是旋光仪的主要光学部件材料。常见的原子晶体还有碳化硅（SiC）、碳化硼（B_4C）和氮化铝（AlN）等。

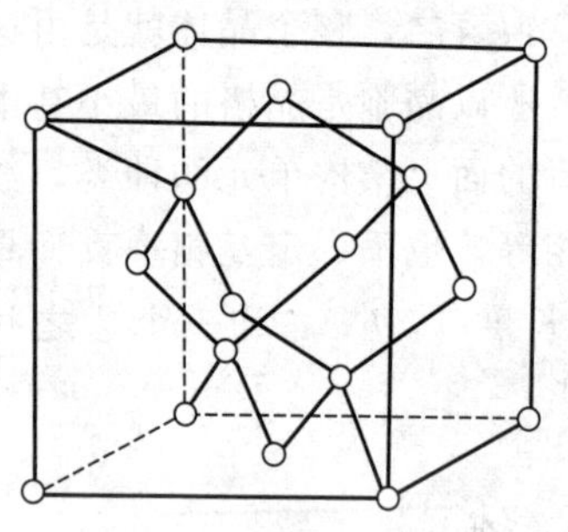

图 9-40　金刚石的结构

④ 金属晶体

金属晶体中的结构单元上排列的是金属原子或金属正离子，结构单元间靠金属键相结合。金属键没有方向性，因此在每个金属原子周围总是有尽可能多的邻近金属离子紧密地堆积在一起，以使系统能量最低。

金属具有许多共同的性质：有金属光泽，能导电、传热，富有延展性等。这些通性与金属键的性质和强度有关。金属键的强度可用金属的原子化焓来衡量。一般来说，原子化焓越大，金属的硬度越大，熔点越高。而原子化焓随着成键电子数增加而变大。如第六周期元素钨的熔点最高达 3390℃，而汞熔点最低，室温下是液体。金属的硬度差异也不小，例如，铬的硬度为 9.0，而铅的硬度仅为 1.5。这些性质都与金属键的复杂性有关。

下面重点介绍一下离子晶体和分子晶体。

9.4.2 离子晶体

正、负离子通过离子键结合堆积形成离子晶体。即在晶格结点上分别排列着正、负离子，由于离子键无方向性和饱和性，正、负离子用密堆积方式交替做有规则的排列，每个离子都被若干个异电荷离子所包围，在空间形成一个庞大的分子，整个晶体就是一个大分子。例如，NaCl、CsCl 晶体就是典型的离子晶体。

9.4.2.1 离子键的形成及特征

（1）离子键的形成

1916 年，慕尼黑大学物理学家 W. Kossel 首次提出了离子键的概念。离子键理论认为：当活泼的金属原子和活泼的非金属原子在一定的反应条件下相遇时，由于原子双方电负性相差较大而发生电子转移，活泼的金属原子可失去最外层电子，形成具有稳定电子结构的带正电荷的离子；而活泼的非金属原子可得到电子，形成具有稳定电子结构的带负电的离子。正、负离子之间由于静电引力而相互吸引。当它们充分接近时，离子的外层电子之间及核与核间又产生排斥力，当吸引力和排斥力平衡时，系统能量最低，正、负离子间便形成稳定的结合体。这种由正、负离子的静电引力而形成的化学键称为离子键。含有离子键的化合物称为离子化合物，相应的晶体称为离子晶体。

（2）离子键的特征

离子键的主要特征是没有方向性和饱和性。因为离子电荷的分布可近似地认为是球形对称的，因此可在空间各个方向等同地吸引带异电荷的离子，这就决定了离子键无方向性。离子键无饱和性是指在离子晶体中，只要空间位置许可，每个离子总是尽可能多的吸引异电荷离子，使系统处于尽量低的能量状态。当然一个离子周围所能吸引的异号电荷的数目也不是任意的，这是由正、负离子半径比所决定的，这一比值越大时，其数目越多。例如，NaCl 晶体中 1 个 Na^+ 不仅能同时吸引 6 个最近的 Cl^-，且较远的 Cl^-，只要作用力能达到也能被吸引。Cl^- 对 Na^+ 的吸引也是这样。所以，在离子晶体中无法分辨出一个个独立的“分子”。

离子键的离子性与成键元素的电负性有关。一般来说，电负性差值大于 1.7 时，可形成离子键。近代实验指出，即使是典型的离子型化合物，如 CsF，其中铯离子与氟离子之间也不是纯粹的静电作用，仍有部分原子轨道重叠。铯离子与氟离子间有 8%的共价性，只有 92%的离子性。因此可认为两元素电负性差值大于 1.7 可形成离子型化合物。

9.4.2.2 离子的晶体结构

离子晶体在空间的排布方式，即晶体类型和配位数主要决定于离子的数目、正、负离子的半径比和离子的电子构型。离子的配位数是指离子周围最邻近的相反电荷离子的数目。最常见的有四种类型离子晶体：NaCl 型、CsCl 型、ZnS 型（前三者称 AB 型晶体）、CaF_2 型（称 AB_2 型晶体）。在这里主要讨论 AB 型离子晶体结构。

对 AB 型晶体来讲，正、负离子的半径比和晶体构型的关系如表 9-16 所示。

表 9-16　离子半径比与晶体构型的关系（AB 型晶体）

半径比 r^+/r^-	配位数	晶体结构	实例
0.225～0.414	4	ZnS 型	BaS,ZnO,CuCl 等
0.414～0.732	6	NaCl 型	NaBr,LiF,MgO 等
0.732～1.00	8	CsCl 型	CsBr,CsI,NH_4Cl 等

三种 AB 型离子晶体，其晶体在空间的排布形式分别如图 9-41 所示。

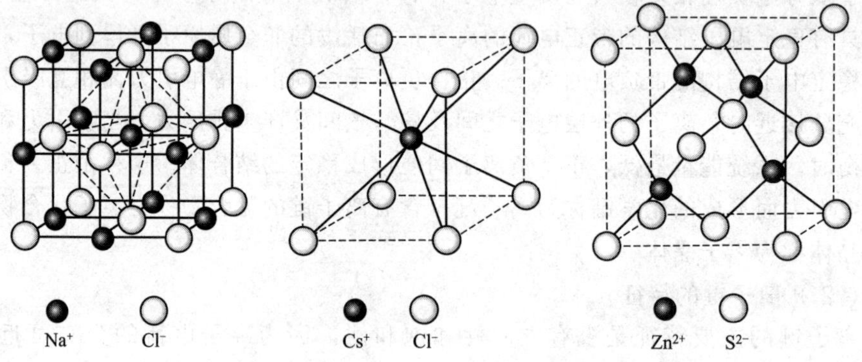

图 9-41　NaCl 型、CsCl 型和 ZnS 型晶体结构

在不同的温度和压力下，离子晶体可以形成不同晶型，如 CsCl 晶体在常温下是 CsCl 型，但在高温下可以转变为 NaCl 型。NH_4Cl 在 184.3℃以下为 CsCl 型，在 184.3℃以上为 NaCl 型。RbCl 和 RbBr 也存在同质异构现象，它们在通常情况下属于 NaCl 型，但在高压下可转变为 CsCl 型。因此，离子半径比规则只是帮助我们判断离子晶体的构型，而它们具体采取什么构型则应从实验来判断。

9.4.2.3　离子的特征

离子化合物由离子构成，因此离子的特征必定在很大程度上决定离子化合物的性质。

（1）离子半径

离子半径的大小，决定正、负离子之间的距离，因而决定离子键的强弱。与原子一样，单个离子也不存在明确的界限。所谓离子半径，是根据晶体中相邻正、负离子的核间距（d）测出的，即把离子晶体中正、负离子视为相互接触的圆球，两原子核间的平均距离 d 可以看作正、负离子的有效半径之和，即 $d=r^{+}+r^{-}$。d 值可以通过晶体 X 射线分析测出，但要将 d 值划分为两个离子半径，则需要进行推算。如 1927 年 Goldschmidt 利用前人以光折射法所得的 F^- 和 O^{2-} 半径为基础进行推算，得到了近 100 种离子的 Goldschmidt 半径；同年 Pauling 从有效核电荷出发推导出 Pauling 离子半径。其中一些离子半径见表 9-17。

表 9-17 部分离子半径

离子	半径/pm		离子	半径/pm		离子	半径/pm	
	Pauling	Shannon		Pauling	Shannon		Pauling	Shannon
Li^+	60	59(4)	Fe^{2+}	76		In^{3+}		79
Na^+	95	102	Fe^{3+}	64		Tl^{3+}		88
K^+	133	138	Co^{2+}	74		Sn^{2+}	102	
Rb^+	148	149	Ni^{2+}	72		Sn^{4+}	71	
Cs^+	169	170	Cu^+	96		Pb^{2+}	120	
Be^{2+}	31	27(4)	Cu^{2+}	72		O^{2-}	140	140
Mg^{2+}	65	72	Ag^+	126		S^{2-}	184	184
Ca^{2+}	99	100	Zn^{2+}	74		Se^{2-}	198	198
Sr^{2+}	113	116	Cd^{2+}	97		Te^{2-}	221	221
Ba^{2+}	135	136	Hg^{2+}	110		F^-	136	133
Ti^{4+}	68		B^{3+}	20	12(4)	Cl^-	181	181
Cr^{3+}	64		Al^{3+}	50	53	Br^-	196	196
Mn^{2+}	80		Ga^{3+}	62	62	I^-	216	220

注：Shannon 数据引自 R. D. Shannon and C. T. Prewitt，Acta crystallogr.，A32751（1976）；括号内数字是离子的配位数，未注明的为 6。

表中离子半径大致有以下变化规律。

① 同一元素负离子半径大于原子半径；正离子半径小于负离子半径及原子半径，正电荷越高，半径越小。

如：$r_{Cl}(99pm)<r_{Cl^-}(181pm)$

$r_{Fe^{3+}}(64pm)<r_{Fe^{2+}}(76pm)<r_{Fe}(124pm)$

② 同一周期的正离子半径随离子电荷增加而减小，负离子半径随离子电荷增大而增大。

如：$r_{Na^+}>r_{Mg^{2+}}>r_{Al^{3+}}$，$r_{F^-}<r_{O^{2-}}$

③同族元素离子半径从上至下递增。

如：$r_{Li^+}<r_{Na^+}<r_{K^+}<r_{Rb^+}$；$r_{F^-}<r_{Cl^-}<r_{Br^-}<r_{I^-}$

（2）离子的电荷

离子的电荷取决于相应原子得失电子数目，直接影响着离子化合物的熔沸点、硬度、溶解度等。一般说来，离子的电荷数越高，半径越小，离子间的静电作用越强，相应的化合物熔点、沸点就越高。

例如，CaO 的熔点（2590℃）比 KF（856℃）高。

(3)离子的电子构型

离子的电子构型是指离子的外层电子结构，即原子得到或失去电子形成离子时的外层电子结构。对于简单负离子（如 Cl^-、F^-、O^{2-} 等)，其外层都具有稳定的8电子结构。然而对于正离子来说，除了8电子构型外，还有其他很多种构型，如表9-18所示。

表 9-18 离子外层电子构型

类型		外层电子构型	例子	元素所在区
稀有气体电子构型——8（或2)电子构型		ns^2, ns^2np^6	Be^{2+}, F^-, K^+, Sr^{2+}, I^-, Fr^+	s区，p区
非稀有气体电子构型	9～17电子构型	$ns^2np^6nd^{1\sim9}$	Cr^{3+}, Mn^{2+}, Cu^{2+}, Fe^{2+}, Fe^{3+}, Ti^{3+}, V^{3+}, Hg^{2+}	d区，ds区
	18电子构型	$ns^2np^6nd^{10}$	Zn^{2+}, Ag^+, $Hg_2{}^{2+}$, Cu^+, Cd^{2+}	ds区
	18+2电子构型	$(n-1)s^2(n-1)p^6(n-1)d^{10}ns^2$	Ga^{2+}, Sn^{2+}, Sb^{3+}, Pb^{2+}, Bi^{3+}	p区

离子的电子构型对化合物性质有一定影响。如 Na^+ 和 Cu^+ 电荷相同，离子半径也接近（分别为95pm和96pm)，但NaCl易溶于水，CuCl不溶于水。显然，这是由于 Na^+ 和 Cu^+ 具有不同的电子构型所造成的。

9.4.2.4 晶格能

X射线衍射实验能够测出晶体中各质点的电子相对密度，可以表明氯化钠晶体是由具有10个电子的钠离子和18个电子的氯离子规则排列而成，从而证明离子晶体中含有由价电子转移而形成的正、负离子间的静电作用（离子键)，离子间的静电作用强度可用晶格能的大小来衡量。

在标准状态下，按下列化学反应计量式：

$$M_aX_b(s) \longrightarrow aM^{b+}(g) + bX^{a-}(g)$$

使离子晶体变为气态正离子和气态负离子时所吸收的能量称为晶格能，用 U 表示。

晶格能的大小常用来比较离子键的强度和晶体的牢固程度。一般说来，离子化合物的晶格能的绝对值越大，表明正、负离子间的结合力越强，晶体越牢固，因此晶体的熔点越高，硬度越大。

晶格能的数值可以通过实验方法获得，但由于实验技术上的困难，目前大多数离子晶体物质的晶格能利用Born-Haber（玻恩-哈伯）循环间接测定，也可以通过Born-Landé（玻恩-朗德）公式理论计算获得。

(1)晶格能的定量计算（Born-Haber循环）

M. Born和F. Haber设计了一个热化学循环，利用这一循环，就可以根据实验数据计算晶体的晶格能，通常称为晶格能的实验值。

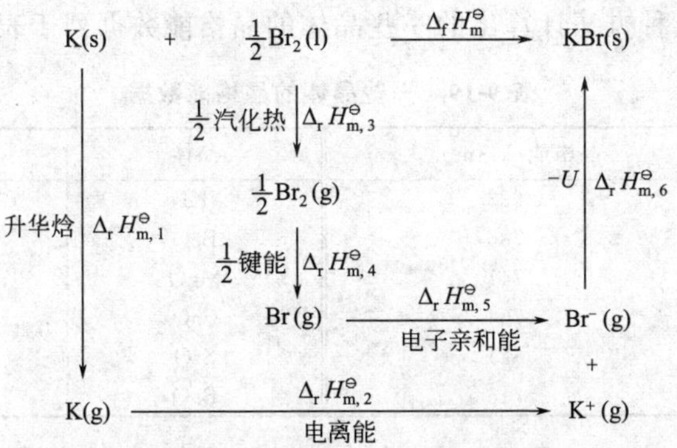

$K(s) + \frac{1}{2}Br_2(l) \xrightarrow{\Delta_f H_m^\ominus} KBr(s)$

升华焓 $\Delta_r H_{m,1}^\ominus$：$K(s) \rightarrow K(g)$

$\frac{1}{2}$汽化热 $\Delta_r H_{m,3}^\ominus$：$\frac{1}{2}Br_2(l) \rightarrow \frac{1}{2}Br_2(g)$

$\frac{1}{2}$键能 $\Delta_r H_{m,4}^\ominus$：$\frac{1}{2}Br_2(g) \rightarrow Br(g)$

$Br(g) \xrightarrow[\text{电子亲和能}]{\Delta_r H_{m,5}^\ominus} Br^-(g)$

$K(g) \xrightarrow[\text{电离能}]{\Delta_r H_{m,2}^\ominus} K^+(g)$

$Br^-(g) + K^+(g)$ $-U$ $\Delta_r H_{m,6}^\ominus$ $\rightarrow KBr(s)$

以 KBr(s) 为例，金属钾与液态溴作用生成 KBr 晶体是一个比较复杂的过程，反应过程中放出大量的热。从金属钾开始来分析这一过程。金属钾晶体变为气态钾原子，相当于升华或钾的原子化过程，要吸收热量以破坏金属键：

$$K(s) \xrightarrow{\text{升华}} K(g) \qquad \Delta_r H_{m,1}^\ominus = 89.2\text{kJ}\cdot\text{mol}^{-1}$$

接着是 K 原子电离成为 K^+，这一步也要吸收热量，相当于 K 的第一电离能：

$$K(g) - e^- \xrightarrow{\text{电离}} K^+(g) \qquad \Delta_r H_{m,2}^\ominus = 418.8\text{kJ}\cdot\text{mol}^{-1}$$

再考虑溴，首先是液体溴的汽化，接着是双原子分子 Br_2 中共价键的破裂。这两步都是吸收热量的：

$$\frac{1}{2}Br_2(l) \xrightarrow{\text{汽化}} \frac{1}{2}Br_2(g) \qquad \Delta_r H_{m,3}^\ominus = 7.8\text{kJ}\cdot\text{mol}^{-1}$$

$$\frac{1}{2}Br_2\ (g) \xrightarrow{\text{断键}} Br\ (g) \qquad \Delta_r H_{m,4}^\ominus = 96.5\text{kJ}\cdot\text{mol}^{-1}$$

Br 原子获得电子时放出热量，这份热量叫做电子亲和能：

$$Br(g) + e^- \xrightarrow{\text{电子亲和能}} Br^-(g) \qquad \Delta_r H_{m,5}^\ominus = -324.7\text{kJ}\cdot\text{mol}^{-1}$$

把这些热量结算一下。根据 Hess 定律：

$$K(g) + \frac{1}{2}Br_2(l) \longrightarrow Br^-(g) + K^+(g) \qquad \Delta_r H_m^\ominus = 295.3\text{kJ}\cdot\text{mol}^{-1}$$

到此为止，从金属钾与液态溴作用，生成气态的 K^+ 和 Br^- 时，需要吸收大量的热。实验中金属钾与液态溴反应生成 KBr 晶体时放出大量的热 [$\Delta_f H_m^\ominus(KBr,s) = -393.8\text{kJ}\cdot\text{mol}^{-1}$]，这些热量究竟从何而来？这是因为从气态的 K^+ 和 Br^- 靠静电作用形成离子晶体时将放出大量的热。即

$$K^+(g) + Br^-(g) \longrightarrow KBr(s) \qquad \Delta_r H_{m,6}^\ominus = -681.4\text{kJ}\cdot\text{mol}^{-1}$$

此值是基于上面的循环，根据能量守恒定律，即一步焓变值等于各步焓变值之和计算得来的。所以

$$\begin{aligned} U &= -\Delta_r H_{m,6}^\ominus = -[\Delta_f H_m^\ominus - (\Delta_r H_{m,1}^\ominus + \Delta_r H_{m,2}^\ominus + \Delta_r H_{m,3}^\ominus + \Delta_r H_{m,4}^\ominus + \Delta_r H_{m,5}^\ominus)] \\ &= -[-393.8 - (89.2 + 418.8 + 7.8 + 96.5 - 324.7)]\text{kJ}\cdot\text{mol}^{-1} \\ &= 681.4\text{kJ}\cdot\text{mol}^{-1} \end{aligned}$$

下面将利用这种方法计算出的一些晶体的晶格能数据列于表9-19中。

表9-19 一些晶体的晶格能数据

晶体	晶格能/kJ·mol^{-1}	晶体	晶格能/kJ·mol^{-1}
NaF	923	KI	649
NaCl	786	BeO	4443
NaBr	747	MgO	3791
NaI	704	CaO	3401
KF	821	SrO	3223
KCl	715	BaO	3054

从上述计算过程可以看出，Born-Haber循环不仅可以计算晶格能，还可以计算键能、电离能、电子亲和能等。

（2）晶格能的定量计算（Born-Landé 公式）

既然晶格能来源于正、负离子间的静电作用，根据这种观点，可以建立一些半经验公式，从理论上计算晶格能。

导出这些半经验的理论公式的出发点有以下两点。

① 离子晶体中的异号离子间有静电引力，同号离子间有静电斥力，这种静电作用符合Coulomb定律。

② 异号离子间虽有静电引力，但当它们靠得很近时，离子的电子云之间将产生排斥作用。电子云之间的排斥作用不能用Coulomb定律计算。排斥能被假定与离子间距离的5～12次方成反比。由此推导出来的计算晶格能的理论公式Born-Landé公式。

$$U=\frac{138490Az_+z_-}{R_0}\left(1-\frac{1}{n}\right)$$

式中，R_0是正、负离子的核间距离，可由实验测知，如无实验数据则可近似地用正、负离子半径之和代替；z_+与z_-分别为正、负离子电荷的绝对值；A为Madelung（马德隆）常量（表9-20），与晶体构型有关。

表9-20 晶体构型与Madelung常量

晶体构型	CsCl	NaCl	ZnS	CaF_2
A	1.763	1.748	1.638	5.039

公式中还有一个n为Born指数，用以计算正、负离子相当接近时在它们的电子云之间产生的排斥作用。Born认为这种排斥能与距离的n次方成反比。n的数值与离子的电子层结构类型有关：

结构类型：	He	Ne	Ar(Cu^+)	Kr(Ag^+)	Xe(Au^+)
n值：	5	7	9	10	12

现以NaCl为例，利用Born-Landé公式计算晶格能。

NaCl 型 $A=1.748$

Na^+ 和 Cl^- 均为一价离子 $z_+=z_-=1$，

Na^+ 和 Cl^- 的半径和 $R_0=(95+181)\text{pm}=276\text{pm}$

Na^+ 和 Cl^- 的电子构型分别为 Ne 型和 Ar 型 $n=\frac{1}{2}(7+9)=8$

用 Born-Landé 公式计算 NaCl 晶格能为：

$$U=\frac{138490\times1.748}{276}\times\left(1-\frac{1}{8}\right)\text{kJ}\cdot\text{mol}^{-1}=770\text{kJ}\cdot\text{mol}^{-1}$$

理论公式算出的晶格能与实验值基本符合，说明导出理论公式时的推理基本正确，抓住了问题的实质。

综上所述，晶格能的计算可以采用多种方法，各有其特点。例如，利用 Born-Haber 循环计算晶格能可以理解晶格能与其他有关过程（电离、升华、解离等）的能量之间的关系。利用理论公式计算晶格能则可以看出核间距离、离子电荷和配位数等微观因素对晶格能的影响。

应该指出，计算晶格能的半经验公式是从有限的实验数据出发归纳总结出来的，具有一定的适用范围，超出这个适用范围，其计算结果将有很大的误差，这一点在使用经验公式时要充分注意。

(3) 晶格能的定性比较

在晶体类型相同时，由晶格能经验公式可知，晶体晶格能与正、负离子电荷数成正比，而与它们的核间距成反比。离子化合物的晶格能越大，正负离子的结合力越强，相应晶体的熔点越高，硬度越大，压缩系数和热膨胀系数越小，表 9-21 列出了常见 NaCl 型离子化合物的熔点、硬度随离子电荷及 R_0 的变化情况，其中离子电荷影响最为突出。

表 9-21 离子电荷、R_0 对晶格能、熔点、硬度的影响

离子化合物	$z_+=z_-$	R_0/pm	晶格能/kJ·mol^{-1}	熔点/℃	硬度
NaF	1	231	923	993	3.2
NaCl	1	279	786	801	2.5
NaBr	1	298	747	747	<2.5
NaI	1	323	704	661	<2.5
MgO	2	210	3791	2852	6.5
CaO	2	240	3401	2614	4.5
SrO	2	257	3223	2430	3.5
BaO	2	256	3054	1918	3.3

从上面的数据中，我们可以看出 $U\propto\frac{z_+z_-}{R_0}$，离子半径越大，晶格能越小，晶体的稳定性降低。

然而还有一种情况，见表 9-22 的数据结果。表 9-22 列出了碱土金属碳酸盐的热分解温度，从 Be^{2+} 到 Ba^{2+}，随着半径的增大，热分解温度反而增大，晶体的热稳定性不但不减小，反而增强。

表 9-22 碱土金属碳酸盐的热分解温度

离子晶体	$BeCO_3$	$MgCO_3$	$CaCO_3$	$SrCO_3$	$BaCO_3$
分解温度/℃	100	540	960	1289	1360

这种与 Born-Landé 公式预测相反的性质变化规律，可用离子极化理论解释。

9.4.2.5 离子极化作用

所有离子在外加电场的作用下，除了向带有相反电荷的电极板移动外，在非常靠近电极板的时候本身都会变形。当负离子靠近正极板时，正极板把离子中的电子拉近一些，把原子核推开一些（图 9-42）；正离子靠近负极板时则反之，负极板把离子中的电子推开一些，把原子核拉近一些，这一现象称为离子的极化。

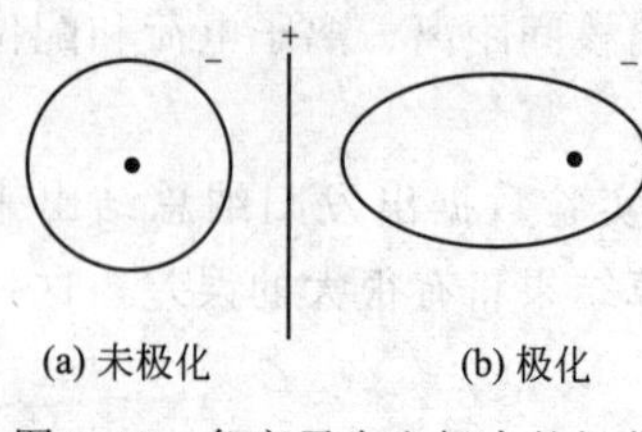

图 9-42 负离子在电场中的极化

正、负离子是带电体，它本身可以产生电场，该电场的存在，可以使周围带异号电荷的离子的电子云产生变形而极化。正离子的电场使负离子发生极化（即引起负离子变形），负离子的电场则使正离子发生极化（即引起正离子变形）。离子极化的强弱取决于离子的极化力和变形性。

（1）极化力

极化力是指离子产生电场强度的大小（或使其他离子发生变形的能力）。离子极化力的强弱主要取决于以下几点。

① 离子的半径　离子半径越小，离子极化力越强。

② 离子的电荷　离子电荷数越高，离子极化力越强。离子正电荷越多，半径越小，离子极化力越强，如 $Ba^{2+} < Mg^{2+}$，$La^{3+} < Al^{3+}$，$Na^{+} < Mg^{2+} < Al^{3+}$。

③ 离子的电子构型　当离子的半径和电荷数相近时，极化力的大小取决于离子的外层电子构型。极化力大小顺序为：

$$18+2\ 电子构型 > 18\ 电子构型 > 9\sim17\ 电子构型 > 8\ 电子构型$$

（2）离子的变形性

离子的变形性是指离子在电场的作用下，电子云发生变形的难易。离子变形性的大小主要取决于以下几个方面。

① 离子的半径　离子半径越大，变形性越大。

② 离子的电荷　负离子电荷数越高，变形性越大，正离子的电荷数越高，变形性越小。

③ 离子的电子构型　当离子的半径和电荷数相近时，变形性的大小取决于离子的电子构型。变形性大小顺序为：

18＋2 电子构型＞18 电子构型＞9～17 电子构型＞8 电子构型

一般而言，正离子半径小，负离子半径大，所以正离子极化力大，变形性小；负离子则正好相反，即负离子极化力小，变形性大。因此，在讨论离子的极化作用时，一般情况下只需考虑正离子的极化能力和负离子的变形性，即正离子的电场引起的负离子的极化是矛盾的主要方面。只有在遇到变形性很大的正离子以及极化能力较大的负离子时，才考虑离子的附加极化作用。如 Ag^+、Hg^{2+} 等半径较大且为 18 电子构型的离子，也可以被负离子极化，极化后的正离子反过来又增强了对负离子的极化作用。这种加强了的极化作用称为附加极化。

正、负离子间相互极化，使负离子的电子云明显地向正离子方向移动，使原子轨道重叠部分增加，导致化学键的性质由离子键向共价键过渡。键型的改变，使物质的性质也发生变化，同样也使其晶体类型发生变化。

（3）离子极化对晶体键型的影响

从上面的分析可知，离子的极化作用主要指正离子使负离子变形极化。由于电子构型为 18，（18＋2）的正离子极化力和变形性都比较大，当它们与变形性较大的负离子结合时，在使负离子变形极化的同时，它们本身又会受到负离子极化而变形，从而产生附加极化作用，加强了正负离子间的极化作用。例如 Ag^+、Cd^{2+}、Hg^{2+} 与 I^-、S^{2-} 间的极化作用就很强，以致正负离子的电子云产生较大变形，发生了电子云的相互重叠，如图 9-43 所示。此时离子键已转变成了共价键，离子晶体转变为共价型晶体。

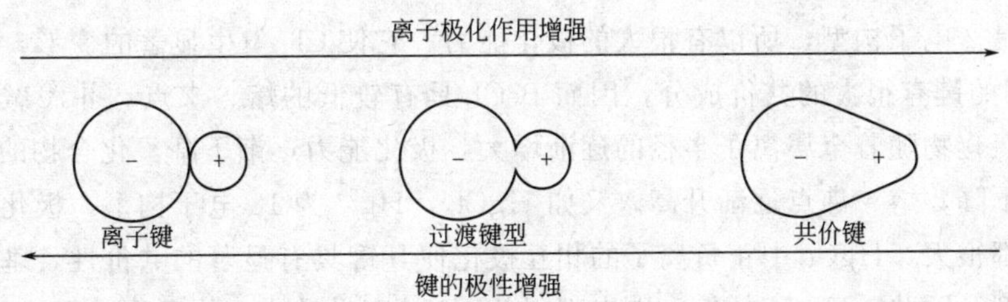

图 9-43　离子极化对晶体键型的影响

离子发生极化后，正负离子相互靠近，缩短了两核间的距离，或者说键长缩短了。把实测的键长和正负离子半径之和作比较，可以大致判断键型的变化。键长与正负离子半径之和基本一致的是离子型，键长与正负离子半径之和差别显著的，基本上是共价型，差别不很大的则是过渡型，见表 9-23。

表 9-23 离子型晶体与共价型晶体的判别

晶体	实测键长/pm	离子半径之和/pm	键型	晶体	实测键长/pm	离子半径之和/pm	键型
NaF	231	231	离子型	AgF	246	257	离子型
MgO	210	205	离子型	AgCl	277	302	过渡型
AlN	187	221	共价型	AgBr	288	320	过渡型
SiC	189	301	共价型	AgI	299	337	共价型

由于离子间距离缩短，往往也会引起晶体中离子配位数的减少，导致晶体构型的改变。例如 AgI，按正负离子半径比为 0.56，应属 NaCl 型晶体，而实际晶体属 ZnS 型。又例如 NaCl、$MgCl_2$、$AlCl_3$、$SiCl_4$ 均为第三周期的氯化物，由于 Na^+、Mg^{2+}、Al^{3+}、Si^{4+} 的正电荷依次递增而半径减小，离子的极化力依次增强，引起 Cl^- 的变形程度也依次增大，致使 M—Cl 键的共价成分依次增大，Si—Cl 键已是共价键，相应的晶体类型也由 NaCl 的离子晶体转变为 $MgCl_2$，$AlCl_3$ 的过渡型晶体，最后转变为 $SiCl_4$ 的分子晶体。

（4）离子极化对物质性质的影响

① 溶解度

离子极化作用的结果使化合物的键型从离子键向共价键过渡。根据相似相溶的原理，离子极化的结果必然导致化合物在水中的溶解度下降。例如在卤化银 AgX 中，Ag^+ 为 18 电子构型，极化能力和变形性均很大，而 X^- 随 F^-、Cl^-、Br^-、I^- 顺序离子半径依次增大，变形性也随之增大。所以除 AgF 为离子化合物溶于水外，AgCl、AgBr、AgI 均为共价化合物，并且共价程度依次增大，水中溶解度依次降低。

② 熔、沸点

在 $BeCl_2$、$MgCl_2$、$CaCl_2$、$SrCl_2$、$BaCl_2$ 等化合物中，由于 Be^{2+} 离子半径最小，又是 2 电子构型，所以有很大的极化能力。它使 Cl^- 发生显著的变形，Be^{2+} 与 Cl^- 之间的键有很大的共价成分，因而 $BeCl_2$ 具有较低的熔、沸点。ⅡA 碱土金属离子的氯化物随着金属离子半径的逐渐增大，极化能力逐渐下降，化合物的共价成分依次下降，熔、沸点逐渐升高。又如 $HgCl_2$，Hg^{2+} 为 18 电于构型，极化能力与变形性都很大，$HgCl_2$ 中正负离子的相互极化使其键具有显著的共价性，基本上为共价键型。因此，$HgCl_2$ 的熔、沸点都很低，Hg 容易升华，故又称升汞。

③ 颜色

在通常情况下，如果组成化合物的两种离子都是无色的，则该化合物也无色，如 NaCl、K_2SO_4 等；如果其中一种离子无色，则另一种离子的颜色就是该化合物的颜色，如 K_2CrO_4 呈黄色。但有时无色离子也能形成有色化合物，例如，Ag^+ 和卤素离子都是无色的，但 AgBr，AgI 却是黄色的；又如 Ag_2CrO_4 是砖红色而不是黄色。这都与离子极化作用有关。一般来说，化合物的极化程度越大，化合物的颜色就越深，所以 AgBr 是浅黄，而 AgI 是黄色的。无机化合物的颜色虽然不能完全归因于离子极化作用，但离子极化作用是一个重要的因素。

必须指出，离子极化理论在阐明无机化合物的性质方面有一定的作用，是对离子键理论的一种补充。但离子极化作用目前还很不完善，有待进一步的研究与发展。同时在无机化合物中，离子型化合物也只占一部分，所以在应用这一理论时应注意到它的局限性。同时，即使是离子型化合物也得考虑是典型离子化合物还是具有离子极化作用的过渡键化合物。对典型离子型化合物，应用晶格能来判断其物性。如 CaF_2，Ca^{2+} 为 8 电子构型，极化能力很小，而 F^- 半径很小，变形性很小，所以不存在离子极化作用，是典型离子晶体。但 CaF_2 在水中又是难溶的，这是因为 CaF_2 的晶格能太大所致。

9.4.3 分子晶体

分子晶体是由极性分子或非极性分子通过分子间作用力或氢键聚集在一起的。

分子从总体上看是不显电性的，然而在温度足够低时许多气体可凝聚为液体，甚至凝固为固体，这是怎样的吸引力使这些分子凝聚在一起的呢?

这里有一个局部与整体的关系问题。虽然分子从总体上看不显电性，但是在分子中有带正电荷的原子核和带负电荷的电子，它们一直在运动着，只是保持着大致不变的相对位置。有了这样的认识，才能理解分子之间吸引力的来源。

化学键的键能一般在 100～600kJ·mol^{-1}，而分子聚集成物质靠的是分子间作用力和氢键，该作用力的大小每摩只有几千焦到十个千焦，比化学键小 1～2 个数量级。

稀有气体，H_2，O_2，N_2，Cl_2，Br_2，CO_2 及 NH_3，H_2O 等分子能液化或凝固，说明分子间作用力的存在。分子间作用力也称范德华引力，作用力的范围为 300～500pm，因为分子间作用力比化学键弱得多，所以通常不影响物质的化学性质，但它是决定物质的熔沸点、汽化热、熔化热、溶解度等物理性质的重要因素。这种作用力的大小与分子的结构有关，也与分子的极性有关。

9.4.3.1 分子的极性

共价型分子是否有极性，取决于分子中正、负电荷的分布。分子中有正电荷部分（各原子核）和负电荷部分（电子）。像对物体的质量取中心（重心）那样，可以在分子中取一个正电中心和一个负电中心。正、负电中心重合在一起的分子叫做非极性分子，正、负电中心不重合在一起的分子叫做极性分子。

H_2 的正电荷部分就在两个核上，负电荷部分则在两个电子（共用电子对）上。对于 H_2 来说，这两个中心都正好在两核之间，重合在一起。H_2 的正、负电中心之间的距离为零（二中心重合），像 H_2 这样的分子就是非极性分子。

而 H_2O 分子，其键角等于 104.5°。正电荷分布在 2 个 H 核和 1 个 O 核上，其中心应在三角形平面中的某一点（图 9-44 中的“+”号）；由于 O—H 共用电子对

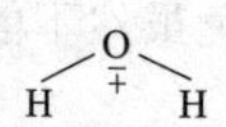

图 9-44 H_2O分子的极性示意图

偏向O原子，负电荷中心也在三角形平面中，但更靠近O原子核（图 9-44 中的“－”号）。因此正、负电中心不重合，但都在∠HOH 的等分线上。像 H_2O 这样的分子就是极性分子。

当两个电负性不同的原子之间形成化学键时，由于它们吸引电子的能力不同，使共用电子对部分地或完全偏向于其中一个原子，两个原子核正电荷中心和原子的负电荷中心不重合，键具有了极性，称为极性键。两个成键原子间的电负性差越大，键的极性就越大。由此可见，两个同元素原子间形成的共价键不具有极性，称为非极性键。键的极性与分子的极性的关系总结如下。

① 分子中的化学键无极性，则分子无极性。如 H_2，Cl_2。

② 分子中的化学键有极性，但分子的空间构型对称，键的极性互相抵消，则分子无极性。如 CO_2，BF_3等。

③ 分子中的化学键有极性，分子的空间构型不对称，键的极性不能抵消，则分子有极性。如 H_2O，SO_2等。

9.4.3.2 分子的偶极矩和极化率

（1）偶极矩

为了衡量分子极性，定义了偶极矩。偶极矩 μ 等于正电中心（或负电中心）上的电荷量 q 乘以两个中心之间的距离 d 所得的积。

$$\mu=q\cdot d \tag{9-16}$$

偶极矩是矢量，方向由正电中心指向负电中心，单位为 C·m(库仑·米)。若分子的 $\mu=0$，则为非极性分子，μ 越大表示分子的极性越强。利用电学和光学等物理实验方法可以测出分子的偶极矩。表 9-24 列出了部分分子的偶极矩的实验数据。

表 9-24 一些分子的偶极矩

分子式	$\mu/(10^{-30}C\cdot m)$	分子式	$\mu/(10^{-30}C\cdot m)$
H_2	0	SO_2	5.33
N_2	0	H_2O	6.17
CO_2	0	NH_3	4.90
CS_2	0	HCN	9.85
CH_4	0	HF	6.37
CO	0.40	HCl	3.57
$CHCl_2$	3.50	HBr	2.67
H_2S	3.67	HI	1.40

表 9-24 中偶极矩为零的都是非极性分子，它们的正、负电中心都重合在一起。与此相反，偶极矩不等于零的分子叫做极性分子，它们的正、负电中心不重合。

通常用下列符号表示非极性分子和极性分子：

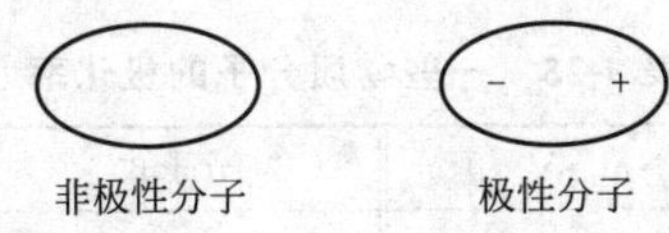

双原子极性分子的正负端，如果是以单键形成的双原子分子，可由电负性来判断，即电负性大的一方为负端，电负性小的一方为正端。如果是以多重键形成的双原子分子，则要加以分析。例如，在 CO 分子中，碳原子的两个未成对的 2p 电子可与 O 原子的两个未成对的 2p 电子形成两个共价键，除此之外，O 原子的一对已成对的 2p 电子还可与 C 原子的一个 2p 空轨道形成一个配位键，其结构式可写为：∶C$\leftleftarrows$O∶。

通常是根据实验测出的偶极矩推断分子构型的。例如，实验测得 CO_2 的偶极矩为零，为非极性分子，可以断言 CO_2 分子中的正、负电中心是重合的，由此推测 CO_2 分子应呈直线形，因为只有这样才能得到正、负电中心重合的结果（正、负电中心都在 C 原子核上）。又如，实验测知 NH_3 的偶极矩不等于零，是极性分子。显然可以推断 N 原子和 3 个 H 原子不会在同一平面上成为三角形构型，否则正、负电中心将重合在 N 原子核上，成为非极性分子。前面讨论 NH_3 时得出它的构型像一个扁的三角锥，底上是 3 个 H 原子，锥顶是 N 原子。这种构型就是考虑了 NH_3 的极性而推测出来的。所以利用实验测得的偶极矩是推测和验证分子构型的一种有效方法。

（2）极化率

分子还有另一种基本性质——极化率，用它表征分子的变形性。分子以原子核为骨架，电子受着骨架的吸引。但是，不论是原子核还是电子，无时无刻不在运动，每个电子都可能离开它的平衡位置，尤其是那些离核稍远的电子因被吸引得并不太牢，更是这样。不过离开平衡位置的电子很快又被拉了回来，轻易不能摆脱核骨架的束缚。但平衡是相对的，所谓分子构型其实只表现了在一段时间内的大体情况，每一瞬间都是不平衡的。分子的变形性与分子的大小有关。分子越大，包含的电子越多，就会有较多电子被吸引得较松，分子的变形性也越大。

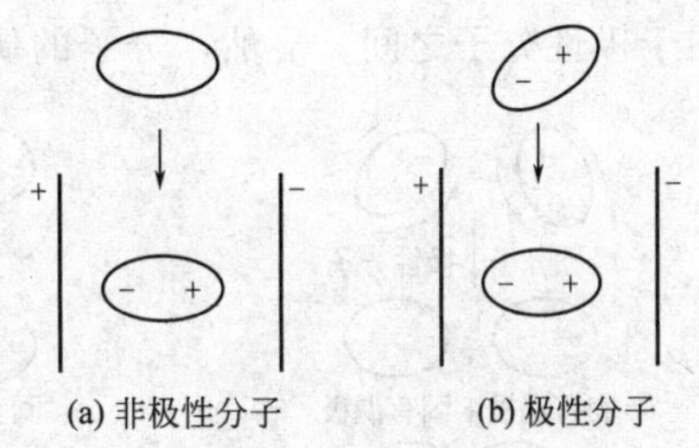

图 9-45 分子在电场中的极化

通过实验，在外加电场的作用下，由于同性相斥，异性相吸，非极性分子原来重合的正、负电中心被分开，极性分子原来不重合的正、负电中心也被进一步分开。这种正、负两“极”（即电中心）分开的过程叫做极化，如图 9-45 所示。

极化率由实验测出（表 9-25），它反映物质在外电场作用下变形的性质。

表 9-25　一些物质分子的极化率

分子式	$\alpha/(10^{-40}C\cdot m^2\cdot V^{-1})$	分子式	$\alpha/(10^{-40}C\cdot m^2\cdot V^{-1})$
He	0.227	HCl	2.85
Ne	0.437	HBr	3.86
Ar	1.81	HI	5.78
Kr	2.73	H_2O	1.61
Xe	4.45	H_2S	4.05
H_2	0.892	CO	2.14
O_2	1.74	CO_2	2.87
N_2	1.93	NH_3	2.39
Cl_2	5.01	CH_4	3.00
Br_2	7.15	C_2H_6	4.81

注：数据引自 E. A. Moelwyn-Hughes，*Physical Chemistry*，373，1957。

9.4.3.3　分子间作用力

任何分子都有正、负电中心，非极性分子也有正、负电中心，不过是重合在一起罢了。任何分子又都有变形的性能。分子的极性和变形性是当分子互相靠近时分子间产生吸引作用的根本原因。分子间力一般包括以下三个方面。

（1）取向力

极性分子本身存在的偶极，称为固有偶极或永久偶极。当两个极性分子互相靠近时，因同极相斥异极相吸，使分子发生相对转动，结果分子按一定方向排列，处于异极相邻的状态。由于固有偶极之间的作用使极性分子有序排列的定向过程叫做取向，这种固有偶极之间的作用力称为取向力，如图 9-46（a）所示。这种力只存在于极性分子之间，显然，分子的偶极矩越大，取向力越大。

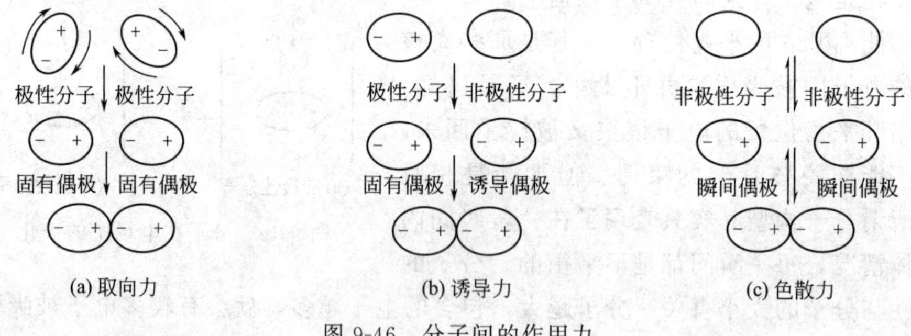

(a) 取向力　(b) 诱导力　(c) 色散力

图 9-46　分子间的作用力

（2）诱导力

当极性分子和非极性分子相互靠近时，由于极性分子的偶极所产生的电场使非极性分子的电子云和原子核发生相对位移，正负电荷中心由重合变为不重合，由此产生的偶极称为诱导偶极。诱导偶极与固有偶极之间的作用力叫做诱导力，如

图 9-46 (b)所示。同样，极性分子与极性分子相互靠近时，彼此偶极相互影响，每个分子也会发生变形，产生诱导偶极，其结果是使极性分子的偶极性增大。所以极性分子间不仅有取向力，也有诱导力。极性分子的偶极矩越大，非极性分子的变形性越大，分子间的诱导力就越大。诱导力也会出现在离子和离子，离子和分子之间。

(3) 色散力

当非极性分子相互靠近时，由于非极性分子里的电子和原子核在不断运动的过程中，经常发生瞬间的相对位移，使分子里的正负电荷中心瞬时不重合，产生瞬间偶极。两个非极性分子的瞬间偶极必然是异极相吸，这种瞬间偶极的作用力称为色散力，如图 9-46 (c) 所示。瞬间偶极虽然存在时间短，但它们是不断地产生，异极相邻的状态实际上是不断重复着，使分子间始终存在有色散力。色散力不仅存在于非极性分子间，也存在于一切原子、离子和分子之间。一般来说，分子的体积越大，其变形性越大，则色散力越大。

综上所述，极性分子之间存在取向力、诱导力和色散力，极性分子与非极性分子间只有诱导力和色散力，非极性分子之间仅有色散力。色散力在分子间存在是普遍的而且是主要的。

表 9-26 列举了一些物质分子间吸引作用的数值，所有数值都用能量单位表示。

表 9-26 分子间的吸引作用（两分子间距离＝500pm，T＝298.15K）

分子	取向力/(10^{-22}J)	诱导力/(10^{-22}J)	色散力/(10^{-22}J)	总和/(10^{-22}J)
He	0	0	0.05	0.05
Ar	0	0	2.9	2.9
Xe	0	0	18	18
CO	0.00021	0.0037	4.6	4.6
CCl_4	0	0	116	116
HCl	1.2	0.36	7.8	9.4
HBr	0.39	0.28	15	16
HI	0.021	0.10	33	33
H_2O	11.9	0.65	2.6	15
NH_3	5.2	0.63	5.6	11

从表 9-26 可以看出，在三种力中，色散力是主要的，诱导力所占成分最小，而取向力只有在极性很大的分子中才占有较大比例。分子间的取向、诱导和色散作用是相互联系的。考虑到它们的内在联系，依据内在联系的本质，统一处理分子间的三种作用力，得到了更深刻的认识，发展了分子间力的理论。分子间力就是这三种作用力的总称。

分子间力有如下特征。

① 它是永远存在于分子之间的一种作用力，其本质是一种静电力。

② 它是一种吸引力，作用能量一般在几至几十千焦每摩尔，比化学键小 1～2

个数量级。

③ 它是一种短程力，作用范围约 500pm 以内，没有方向性和饱和性。只要空间许可，气体凝聚时总是吸引尽可能多的其他分子于其正负两极周围。

④ 大多数分子间的作用力以色散力为主。只有极性很大的分子，取向力才占较大的比重。

分子间力对物质的物理性质，包括熔点、沸点、熔化热、汽化热、溶解度和黏度等都有较大的影响。例如，F_2、Cl_2、Br_2、I_2 的熔、沸点随相对分子质量的增加而升高，这是因为色散力随分子相对质量增大（即分子体积增大）而增强的缘故。

图 9-47 给出了 ⅣA～ⅦA 同族元素氢化物熔点、沸点的递变情况。图中除 F、O、N 外，其余氢化物熔点、沸点的变化趋势可以用分子间作用力的大小很好加以解释。

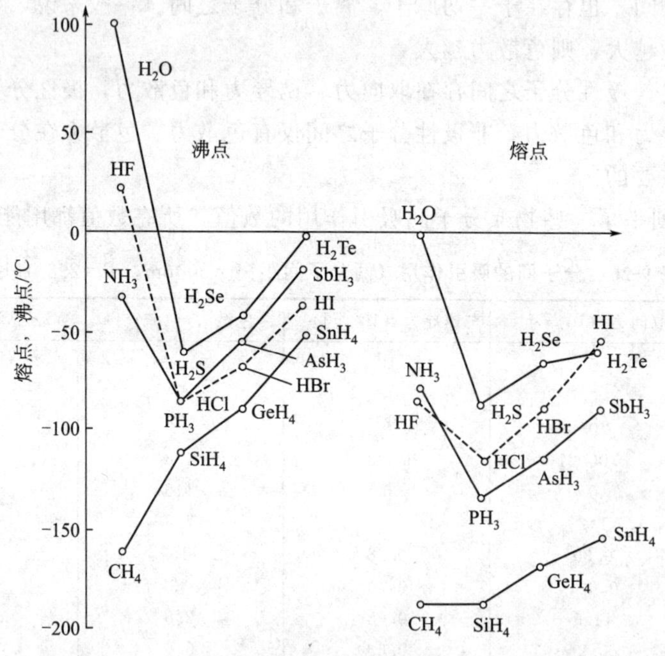

图 9-47　ⅣA～ⅦA 同族元素氢化物熔点、沸点的递变情况

在生产上利用分子间力的地方很多。例如，有的工厂用空气氧化甲苯制取苯甲酸，未起反应的甲苯随尾气逸出，可以用活性炭吸附回收甲苯蒸气，空气则不被吸附而放空。这可以联系甲苯、氧和氮分子的变形性来理解。甲苯分子比 O_2 或 N_2 分子大得多，变形性显著。在同样的条件下，变形性越大的分子越容易被吸附，利用活性炭分离出甲苯就是根据这一原理。近年来生产和科学实验中广泛使用的气相色谱，就是利用了各种气体分子的极性和变形性不同而被吸附的情况不同，从而分离、鉴定气体混合物中的各种成分。

9.4.3.4 氢键

氢键是指分子中氢原子与电负性大、半径小的原子“X”，以共价键相结合的同时还能够与另一个电负性大、半径小的原子“Y”，生成一种弱的键：X—H…Y。其中，“—”为共价键；“…”为氢键。X，Y 一般为 F、O、N 等电负性大、半径小的原子。

为什么在 F、O 和 N 的含氢化合物中能形成氢键呢？现以 H_2O 分子为例加以说明。因为 O 的电负性很大（3.5），氢的电负性为 2.1，因此，水分子中的共用电子对强烈地偏向氧原子，氢原子几乎只剩下“裸露”的原子核，且这个原子核又很小，因而正电场很强。所以，能吸引另一个水分子中氧原子的孤对电子形成氢键。

氢键有分子间氢键和分子内氢键。由两个或两个以上分子形成的氢键称为分子间氢键；同一个分子内形成的氢键称为分子内氢键。HF，NH_3，H_2O 分子均形成分子间氢键。

HF 分子可形成分子间氢键。HF 分子在固态、液态，甚至是气态时都是以锯齿形链相聚合，这种链是由氢键形成的。氢键的键能通常指破坏每单位物质的量的 H…Y 氢键所需能量，实验测知此值约为 $28kJ \cdot mol^{-1}$，仅为 F—H 键能（$565kJ \cdot mol^{-1}$）的 1/20，氢键的键长为 270pm，指的是 X—H…Y 中 2 个 F 原子之间的距离（图 9-48）。

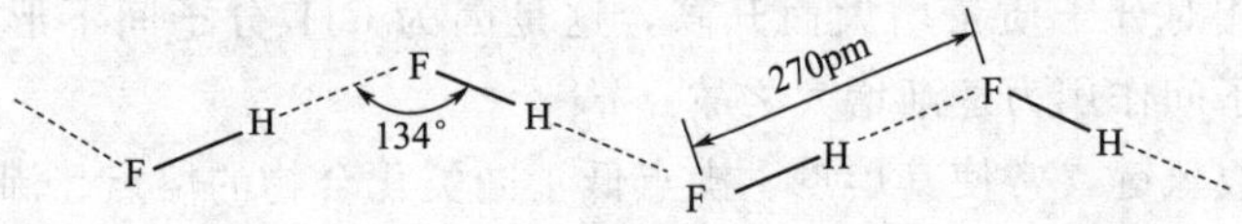

图 9-48 HF 分子间氢键

在有机羧酸、醇、酚、胺、氨基酸和蛋白质中也都有氢键存在，如甲酸靠氢键形成双聚体结构（图 9-49）。

除了分子间氢键外，还有分子内氢键。硝酸分子中存在分子内氢键，使之形成多原子环状结构（图 9-50）。硝酸的熔点和沸点较低，酸性比其他强酸稍弱，都与分子内氢键有关。除硝酸外，分子内氢键常见于邻位有合适取代基的芳香族化合物，如邻羟基苯甲酸、邻硝基苯酚、邻苯二酚等。

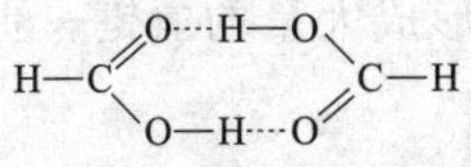

图 9-49 甲酸分子间的氢键

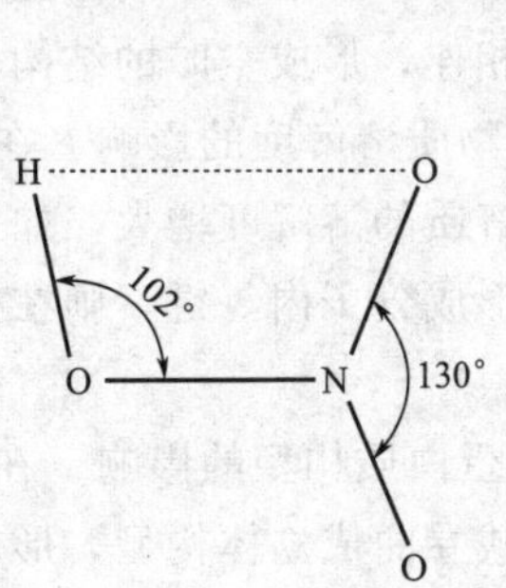

图 9-50 HNO_3 分子中的氢键

（1）氢键的特点

氢键是一种特殊的分子间力，其特点主要有以下几点。

① 具有饱和性 当X—H与Y原子形成氢键后，由于H原子半径比X和Y小得多，如果有另一个电负性大的原子靠近，则这个原子的电子云受到X和Y电子云的排斥力远比受到带正电荷的H吸引力而很难与H靠近，因此X—H…Y上的氢原子不可能再与另一个电负性大的原子形成氢键。

② 具有方向性 Y原子与X—H形成氢键时，应与X—H轴的方向一致，并且三个原子尽可能处于同一直线上，以使Y与X距离最远，两原子电子云之间的斥力最小，从而能形成较强的氢键。

（2）氢键对物质性质的影响

氢键的存在很广泛，许多化合物，如水、醇、酚、酸、羧酸、氨、胺、氨基酸、蛋白质、碳水化合物中都存在氢键。

氢键对物质性质的影响是多方面的，主要如下。

① 对物质熔、沸点的影响 分子间形成氢键使物质的熔、沸点升高。如ⅤA、ⅥA、ⅦA族氢化物中的NH_3、H_2O、HF，由于形成氢键，它们的熔点、沸点都高于同族氢化物的熔点、沸点。除NH_3、H_2O、HF外，其他氢化物的熔点、沸点随相对分子质量增大、分子间作用力增大而逐渐升高。ⅣA族所有氢化物的熔点、沸点都随相对分子质量增大而升高，这是因为CH_4分子间不形成氢键，按周期变化顺序分子间作用力逐渐增大之故。

分子内形成氢键，常使其熔点、沸点低于同类化合物的熔点、沸点。如邻硝基苯酚的熔点是45℃；间位和对位的分别为96℃和114℃。这是因为邻位的已形成分了内氢键，不能再形成分子间氢键，而物质的熔化或沸腾时并不破坏分子内氢键。间位和对位由于形成分子间氢键，故熔沸点较高。

② 对水及冰密度的影响 水除了熔点、沸点显著高于同族外，还有另一个反常现象，就是它在4℃时密度最大。这是因为在4℃以上时，分子的热运动为主要倾向，使水的体积膨胀，密度减小；在4℃以下，分子间的热运动降低，而形成氢键的倾向增加，形成分子间氢键越多，分子间的空隙也越大。当水结成冰时，全部都以氢键相连，形成空旷的结构。

③ 对物质溶解度的影响 在极性溶剂中，如果溶质分子与溶剂分子之间形成氢键，则溶质的溶解度增大，如HF、NH_3极易溶于水，而CH_4却难溶于水。如果溶质分子形成分子内氢键，则在极性溶剂中的溶解度减小，而在非极性溶剂中的溶解度增大。

④ 对蛋白质构型的影响 在多肽链中，由于可形成大量的氢键，蛋白质分子按螺旋方式卷曲成立体构型，形成蛋白质的二级结构。

⑤ 对物质酸性的影响 分子内形成氢键，往往使酸性增强。

思考题

1. 为什么氢原子光谱是线状光谱？Bohr 理论如何解释氢原子光谱？该理论存在何种局限性？如何理解 Bohr 理论不能解释多电子原子光谱和氢原子光谱的精细结构？

2. 何谓基态原子的电子排布原则？它产生的基础是什么？它包含的主要内容有哪些？

3. 在用量子数表示核外电子运动状态时，写出下列各题中所缺少的量子数。

（1）$n=?$　$l=2$　$m=0$　$m_s=-\frac{1}{2}$

（2）$n=2$　$l=?$　$m=-1$　$m_s=-\frac{1}{2}$

（3）$n=3$　$l=?$　$m=0$　$m_s=?$

（4）$n=4$　$l=1$　$m=?$　$m_s=-\frac{1}{2}$

4. 元素的周期与能级组之间存在何种对应关系？元素的族序数与核外电子层结构有何对应关系？元素周期表有几个结构分区？各区分别包括哪些元素？

5. 列出图 9-16 中的原子序数从 11～20 第一电离能数据出现尖端的元素名称，并指出这些元素的原子结构的特点。

6. 简单说明 σ 键和 π 键的主要特征是什么？

7. 下列说法是否正确？如不正确，请说明原因。

（1）所谓杂化轨道是指在形成分子时，同一原子中能量相近的原子轨道重新组合形成的新的原子轨道。

（2）原子在形成分子时，原子轨道重叠越多形成的化学键越牢固，原子轨道相互重叠时，总是沿着重叠最多的方向进行，因此共价键有方向性。

（3）只有同号原子轨道的重叠才叫对称性一致，而异号原子轨道的重叠是不一致的。

（4）键无极性则分子一定无极性，键有极性而分子不一定有极性，这主要看分子有无对称性。

（5）极性分子间同时存在色散力、诱导力和取向力，而且都是以取向力为主。

（6）凡是中心原子采取 sp^3 杂化轨道成键的分子，其空间构型都是正四面体。

（7）非极性分子间只存在色散力，极性分子与非极性分子之间只存在诱导力，极性分子间只存在取向力。

（8）氢键就是氢和其他元素间形成的化学键。

8. 什么叫原子轨道的杂化？为什么要杂化？用杂化轨道理论说明 H_2O 分子为什么是极性分子。

9. 在 BCl_3 和 NCl_3 分子中，中心原子的配位体数相同，但为什么二者的中心原子采取的杂化类型和分子的构型却不同？

10. PCl_3的空间构型是三角锥形，键角略小于 109.5°，$SiCl_4$是四面体形，键角为 109.5°，试用杂化轨道理论加以说明。

11. 晶格能数据的获取途径有哪些？举例说明晶格能实验值计算过程。

12. 离子晶体晶格能理论公式推导的基础是什么？联系该理论公式，可推知晶格能与离子半径、离子电荷、配位数有什么关系？由此是否可寻求典型离子晶体熔点、沸点随离子半径、电荷变化的规律？举例说明。

13. 利用 Born-Haber 循环计算 NaCl 的晶格能。

14. 离子的极化力、变形性与离子电荷、半径、电子层结构有何关系？离子极化对晶体结构和性质有何影响？举例说明。

15. 用分子间力说明以下事实。

(1) 常温下 F_2、Cl_2是气体，Br_2是液体，I_2是固体。

(2) HCl，HBr，HI 的熔、沸点依次升高。

16. 什么叫氢键？氢键形成必须具备哪些基本条件？举例说明氢键存在对物性的影响。

习　题

1. 下列物质中，分子间不能形成氢键的是（　　）。

(A) NH_3　(B) N_2H_4　(C) CH_3COOH　(D) CH_3OCH_3

2. 下列分子中，中心原子成键时采用等性 sp^3 杂化是（　　）。

(A) H_2O　(B) NH_3　(C) SO_3　(D) CH_4

3. 下列化学键中极性最强的是（　　）。

(A) H—O　(B) N—H　(C) H—F　(D) C—H

4. 下列分子中，含有极性键的非极性分子是（　　）。

(A) P_4　(B) BF_3　(C) ICl　(D) PCl_3

5. 下列物质中，何者熔点最低？（　　）

(A) NaCl　(B) KBr　(C) KCl　(D) MgO

6. 指出下列离子中，何者极化率最大？（　　）

(A) Na^+　(B) I^-　(C) Rb^+　(D) Cl^-

7. 写出下列物质的离子极化作用由大到小的顺序。（　　）

(A) $MgCl_2$　(B) NaCl　(C) $AlCl_3$　(D) $SiCl_4$

8. 指出下列物质何者不含有氢键。（　　）

(A) $B(OH)_3$　(B) HI　(C) CH_3OH　(D) $H_2NCH_2CH_2NH_2$

9. 列出下列两组物质熔点由高到低的次序。

(1) NaF，NaCl，NaBr，NaI

(2) BaO，SrO，CaO，MgO

10. 假设有下列各套量子数，指出哪几种不能存在。

(1) 3，3，2，1/2　　(2) 3，1，−1，1/2　　(3) 2，2，2，2

(4) 1，0，0，0　　(5) 2，−1，0，−1/2　　(6) 2，0，−2，1/2

11. 写出基态原子的外层具有下列电子结构的所有元素名称与符号。

(1) ns^2np^3　　(2) $(n-1)d^{10}ns^2$　　(3) $(n-1)d^5ns^2$

12. 从下列原子的价电子构型，推断元素的原子序数，它在周期表中哪一区、族和周期以及最高氧化态。

(1) $4s^2$　　(2) $3d^24s^2$　　(3) $4s^24p^3$

13. 具有下列电子构型的元素位于周期表哪一区？是金属还是非金属？

(1) ns^2　　(2) ns^2np^6　　(3) $(n-1)d^5ns^2$　　(4) $(n-1)d^{10}ns^1$

14. 用 s，p，d，f 等符号表示下列元素的原子电子层结构（原子电子构型），判断它们属于第几周期、第几主族或副族。

(1) $_{20}Ca$　(2) $_{27}Co$　(3) $_{32}Ge$　(4) $_{48}Cd$　(5) $_{83}Bi$

15. 一个原子中，量子数 $n=3$，$l=2$，$m=2$ 时可允许的电子数最多是多少？

16. 不翻看元素周期表试填写下表的空格。

原子序数	电子排布式	价层电子构型	周期	族	结构分区
24					
	$[Ne]3s^23p^6$				
		$4s^24p^5$			
			5	ⅡB	

17. 下列中性原子何者有最多的未成对电子？

(1) Na　(2) Al　(3) Si　(4) P　(5) S

18. 已知某元素基态原子的电子分布是 $1s^22s^22p^63s^23p^63d^{10}4s^24p^1$，请回答：

(1) 该元素的原子序数是多少？

(2) 该元素属第几周期？第几族？是主族元素还是过渡元素？

19. 在某一周期（某稀有气体原子的外层电子构型为 $4s^24p^6$）中有 A，B，C，D 四种元素，已知它们的最外层电子数分别为 2，2，1，7；A 和 C 的次外层电子数为 8，B 和 D 的次外层电子数为 18。问：A，B，C，D 分别是哪种元素？

20. 某元素原子 X 的最外层只有一个电子，其 X^{3+} 中的最高能级的 3 个电子的主量子数 n 为 3，角量子数 l 为 2，写出该元素符号，并确定其属于第几周期、第几族的元素。

21. 下列元素中何者第一电离能最大？何者第一电离能最小？

(1) B　(2) Ca　(3) N　(4) Mg　(5) Si　(6) S　(7) Se

22. 根据下列分子或离子的空间构型，试用杂化轨道理论加以说明。

(1) $HgCl_2$（直线形）　　(2) SiF_4（正四面体）

(3) BCl_3（平面三角形）　　(4) NF_3（三角锥形，102°）

(5) NO_2^-（V 形，115.4°）　　(6) SiF_6^{2-}（八面体）

23. 由下列元素在周期表中的位置，给出相应的元素名称、元素符号及其价层电子构型。

(1) 第五周期第ⅥB族；

(2) 第六周期第ⅠB族；

(3) 第七周期第ⅠA族。

24. 若某元素原子的最外层只有 1 个电子，其量子数为：

$$n=4, l=0, m=0, m_s=+\frac{1}{2}\left(\text{或}-\frac{1}{2}\right)$$

(1) 符合上述条件的元素有哪几种？

(2) 写出相应元素的电子排布式。它们位于第几周期？属于哪一族？哪一元素分区？

(3) 并从原子半径、有效核电荷、电负性的差异说明它们的化学活泼性的差异。

25. 满足下列条件之一的是哪一族或哪一个元素？

(1) 最外层具有 6 个 p 电子；

(2) 价电子数是 $n=4$，$l=0$ 的轨道上有 2 个电子和 $n=3$，$l=2$ 的轨道上有 5 个电子；

(3) 次外层 d 轨道全满，最外层有一个 s 电子；

(4) 某元素 +3 价离子和氩原子的电子构型相同；

(5) 某元素 +3 价离子的 3d 轨道半满。

26. 实验测得某些离子型二元化合物的熔点如下表所示，试从晶格能（以负值表示）的变化来讨论化合物熔点随离子半径、电荷变化的规律。

化合物	NaF	NaCl	NaBr	NaI	KCl	RbCl	CaO	BaO
熔点/K	1265	1074	1020	935	1041	990	2843	2173

27. 已知 $r(Li^+)=60pm$，$r(F^-)=136pm$，$\Delta_f H_m^\ominus$ (LiF, s) $=-615.97kJ\cdot mol^{-1}$，Li(s) 的升华焓为 $159.37kJ\cdot mol^{-1}$，Li 的第一电离能为 $520.2kJ\cdot mol^{-1}$，F_2 的键解离能为 $159kJ\cdot mol^{-1}$，F 的电子亲和能为 $-328.0kJ\cdot mol^{-1}$。

(1) 试根据 Born-Haber 循环计算 LiF(s) 的晶格能；

(2) 根据 Born-Landé 公式计算 LiF(s) 的晶格能。两者的相对偏差是少？

28. 已知 KI 的晶格能 $U=649kJ\cdot mol^{-1}$，K 的升华热 $\Delta_s H_m^\ominus=90kJ\cdot mol^{-1}$，K 的电离能 $I_1=418.9kJ\cdot mol^{-1}$，$I_2$ 的离解能 $D(I—I)=152.549kJ\cdot mol^{-1}$，$I_2$ 的升华热 $\Delta_s H_m^\ominus=62.4kJ\cdot mol^{-1}$，求 KI 的生成焓 $\Delta_f H_m^\ominus$。

29. 下列分子间存在什么形式的分子间作用力（取向力、诱导力、色散力、氢键）？

(1) CH_4　　(2) He 和 H_2O　　(3) HCl 气体

(4) H_2S　　(5) 甲醇和水

第 10 章 配位化学基础

配位化合物简称配合物，是一类组成比较复杂的、数量很多的重要化合物，它的存在和应用都很广泛。生物体内的金属元素多以配合物的形式存在。例如，叶绿素是铁的配合物，植物的光合作用靠它来完成。又如，动物血液中的血红蛋白是铁的配合物，在血液中起着输送氧气的作用。动物体内的各种酶几乎都是以金属配合物形式存在的。在 1798 年法国化学家 Tassaert 合成了第一个配合物 $[Co(NH_3)_6]Cl_3$。自此以后，人们相继合成了成千上万种配合物。1893 年，瑞典青年化学家 Werner 在总结前人研究成果的基础上提出了配位理论，从而奠定了配位化学的基础。

20 世纪以后，随着对原子结构和化学键理论研究的进展，配合物已远远超出无机化学的范畴，成为一门极具活力的新兴学科——配位化学。配位化学是目前化学学科中最为活跃的研究领域之一。近些年来，人们在配位化合物的合成、性质、结构和应用的研究方面做了大量工作，配位化学得到了迅速发展，已广泛地渗透到分析化学、有机化学、催化化学、结构化学和生物化学等各领域中，成为化学科学中的一个独立分支。

本章主要讨论配合物的基本概念、配合物的配位平衡和配合物的稳定性。用价键理论说明配位键的本质、配离子形成和空间构型。

10.1 配位化合物的组成和命名

10.1.1 配合物的组成

（1）配合物

配合物是典型的 Lewis 酸碱加合物。例如在醛或葡萄糖鉴定中所用的银氨溶液中，银氨配离子 $[Ag(NH_3)_2]^+$ 是 Lewis 酸 Ag^+ 和 Lewis 碱 NH_3 的加合物，Ag^+ 有空的价轨道，NH_3 中的氮原子上有孤对电子，可以作为电子对的给予体。Ag^+ 与 NH_3 以配位键相结合：$[H_3N\rightarrow Ag\leftarrow NH_3]^+$。

在配合物中，Lewis 酸是电子对的接受体，被称为形成体（或中心离子）。Lewis 碱是电子对的给予体，被称为配体。因此，通常这样定义配合物：形成体与一定数目的配体以配位键按一定的空间构型结合形成的离子或分子。这些离子和分子被称为配位个体。形成体通常是金属离子和原子，也有少数是非金属元素。配体通常是非金属的阴离子或分子。如 F^-，Cl^-，Br^-，I^-，OH^-，CN^-，NH_3，H_2O，CO，RNH_2（胺）等。

（2）形成体

常见的中心离子（或原子）如下。

① 过渡金属离子（或原子）

V	Cr	Mn	Fe	Co	Ni	Cu	Zn
	Mo	Tc	Ru	Rh	Pd	Ag	Cd
	W	Re	Os	Ir	Pt	Au	Hg

② 具有高氧化数的非金属元素的离子

例如 $Na[BF_4]$ 中的 B(Ⅲ)，$K_2[SiF_6]$ 中的 Si(Ⅳ) 和 $NH_4[PF_6]$ 中的 P(Ⅴ)。

③ 不带电荷的中性原子

例如 $[Ni(CO)_4]$ 和 $[Fe(CO)_5]$ 中的 Ni、Fe 都是中性原子。

(3) 配体与配位原子

与形成体结合的、含有孤电子对的中性分子或阴离子叫做配体。配体可以是阴离子，如 X^-、OH^-、SCN^-、CN^-、$RCOO^-$、$C_2O_4^{2-}$ 等；也可以是中性分子，如 H_2O、NH_3、CO、醇、胺、醚等。

配体中直接同形成体配位成键的含有孤对电子的原子，叫做配位原子。常见的配体及配位原子有以下几种。

含氮配体：　NH_3，—NCS

含氧配体：　H_2O，OH^-

含卤素配体：　F^-，Cl^-，Br^-，I^-

含碳配体：　CN^-，CO

含硫配体：　SCN^-

根据配体中所含配位原子数目的多少可将配体分为单齿配体和多齿配体。

① 单齿配体

一个配体只含有一个配位原子，可提供一对孤对电子与中心离子或原子形成一个配位键的配体称为单齿配体，如 H_2O、CO、CN^-、Cl^-。

② 多齿配体

一个配体中含有两个或两个以上配位原子，并能和中心离子形成多个配位键的配体称为多齿配体。例如：

草酸根：

$$\begin{matrix} O & & O \\ \| & & \| \\ C & — & C \\ / & & \backslash \\ ^-\ddot{O} & & \ddot{O}^- \end{matrix}$$（两个 O 原子为配位原子）

乙二胺，简写成 en：

$$H_2\ddot{N}—CH_2—CH_2—\ddot{N}H_2$$（两个 N 原子为配位原子）

乙二胺四乙酸，简称 EDTA：

$$\begin{matrix} HOOCH_2C & & & & CH_2COOH \\ & \backslash & & / & \\ & N—CH_2—CH_2—N & & & \\ & / & & \backslash & \\ HOOCH_2C & & & & CH_2COOH \end{matrix}$$（2 个 N，4 个 O，共 6 个配位原子）

上述草酸根、乙二胺为二齿配体，EDTA 为六齿配体。

(4) 配位数

配合物中与形成体直接以配位键相结合的配位原子的数目称为形成体（中心离子）的配位数，一般中心离子都具有特征的配位数。常见的配位数为 2，4，6，详见表 10-1。

表 10-1 常见金属离子（M^{n+}）的配位数（n）

M^+	n	M^{2+}	n	M^{3+}	n	M^{4+}	n
Cu^+	2,4	Cu^{2+}	4,6	Fe^{3+}	6	Pt^{4+}	6
Ag^+	2	Zn^{2+}	4,6	Cr^{3+}	6		
Au^+	2,4	Cd^{2+}	4,6	Co^{3+}	6		
		Pt^{2+}	4	Sc^{3+}	6		
		Hg^{2+}	4	Au^{3+}	4		
		Ni^{2+}	4,6	Al^{3+}	4,6		
		Co^{2+}	4,6				

① 单齿配体形成的配合物

中心离子的配位数＝单齿配体个数＝配位原子的个数

例如，$[Cu(NH_3)_4]SO_4$ 中 Cu^{2+} 的配位数即 NH_3 分子的个数，故配位数为 4。

② 多齿配体形成的配合物

中心离子的配位数＝配体个数×每个配体中配位原子的个数

例如，$[Co(en)_3]Cl_3$ 中配体的个数是 3，每个 en 中有两个配位原子，因此 Co^{3+} 的配位数为 6。

影响配位数的因素很多，主要有中心离子的电荷和半径、配体的半径及配合物形成时的条件，如浓度和温度。一般来说，中心离子的电荷越高，越易吸引配体中的孤对电子，越易形成高配位数，比较常见的配位数与中心离子的电荷有如下的关系：

中心离子的电荷	＋1	＋2	＋3	＋4
常见的配位数	2	4（6）	6（4）	6（8）

配体的负电荷增加，配位数减小，如 $[Zn(NH_3)_6]^{2+}$、$[Zn(CN)_4]^{2-}$。中心离子的半径越大，其周围可容纳的配体就越多，配位数越大，如 Al^{3+} 与 F^- 可以形成 $[AlF_6]^{3-}$，而半径较小的 B(Ⅲ) 离子就只能形成 $[BF_4]^-$。配体的半径越大，在中心离子周围可容纳的配体数目就越少，如 $[AlF_6]^{3-}$、$[AlCl_4]^-$、$[AlBr_4]^-$。

此外，增大配体浓度，有利于提高配位数；升高温度，常使配位数减小。

(5) 内界和外界

一般配合物由内界和外界两个部分组成。

① 配合物内界

中心离子与配体构成配合物的内界，这是配合物的特征部分，表示化学式的时候用方括号括起来。例如，在配合物 $[Cu(NH_3)_4]SO_4$ 中，具有复杂结构的 $[Cu(NH_3)_4]^{2+}$ 称为配合物的内界，用方括号表示。再如，$K_3[Fe(CN)_6]$ 中的 $[Fe(CN)_6]^{3-}$ 是配合物的内界。

② 配合物外界

内界以外距中心离子较远的其他离子称为外界，通常写在方括号外面。$[Cu(NH_3)_4]SO_4$中SO_4^{2-}称为配合物的外界。再如，$K_3[Fe(CN)_6]$中K^+是配合物的外界。它们的组成如图10-1所示，配合物的内界和外界以离子键相结合。配合物溶于水时，解离为内界和外界两个部分，内界基本保持其复杂的结构单元。

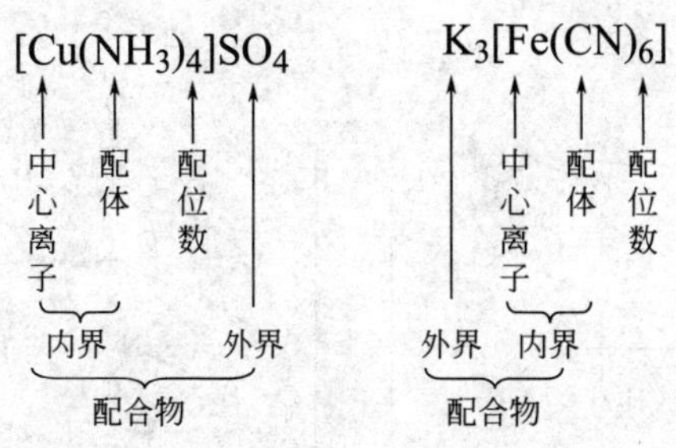

图10-1　配合物的组成

应该指出，有些配合物只有内界，如$[Ni(CO)_4]$、$[Fe(CO)_5]$。

10.1.2 配合物的分类

根据配合物的组成，除了近几十年来发展起来的簇状配合物和冠醚配合物外，可将配合物分为简单配合物、螯合物、多核配合物、羰合物、烯烃配合物、多酸型配合物六类。

（1）简单配合物

只有一个中心离子（或原子）与单齿配体形成的配合物称为简单配合物如$[Cu(NH_3)_4]SO_4$、$K_2[PtCl_6]$、$[K_3Fe(CN)_6]$、$[K_4Fe(CN)_6]$等。

大多数金属离子在水溶液中实际上就是以简单配合物，即水合配离子的形式存在的，它们的配位数多为6，如$[Fe(H_2O)_6]^{2+}$、$[Mn(H_2O)_6]^{2+}$、$[Cr(H_2O)_6]^{2+}$等。

（2）螯合物

中心离子和多齿配体结合而成的具有环状结构的配合物称为螯合物。与简单配合物相比，螯合物具有特殊的稳定性。例如，Cu^{2+}与两个乙二胺$H_2N—CH_2—CH_2—NH_2$形成两个五元环的螯合离子$[Cu(en)_2]^{2+}$（以en表示乙二胺分子）如图10-2（a）。又如，将氨基乙酸$H_2N—CH_2—COOH$与Cu^{2+}配合，生成二氨基乙酸合铜离子如图10-2（b）。

乙二胺含有两个相同的配位原子N，氨基乙酸含有两个不同的配位原子O、N均能和Cu^{2+}形成两个五元环配合物。在结构式中常以“→”表示金属离子与不带

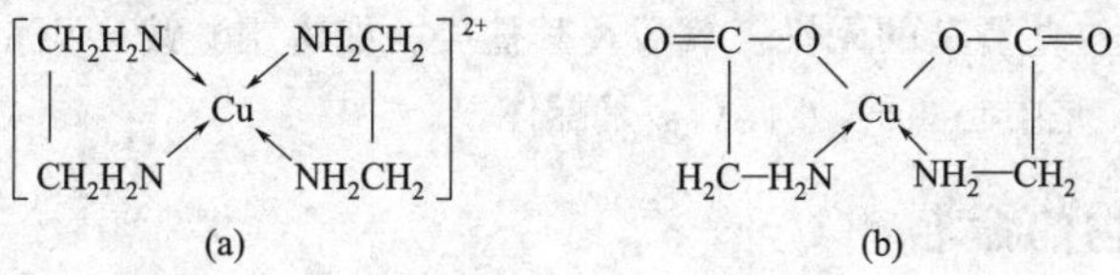

图10-2　螯合物的结构

电荷原子间的配位键，以“—”表示金属离子与带电荷原子间的配位键。

乙二胺四乙酸 EDTA 与 Ca^{2+}、Fe^{3+} 的螯合物的结构图（图 10-3）可以看出，EDTA 与金属离子配位时形成五个五元环。具有五元环或六元环的螯合物很稳定，而且所形成的环越多，螯合物越稳定。因而 EDTA 与大多数金属离子形成的螯合物具有较大的稳定性。

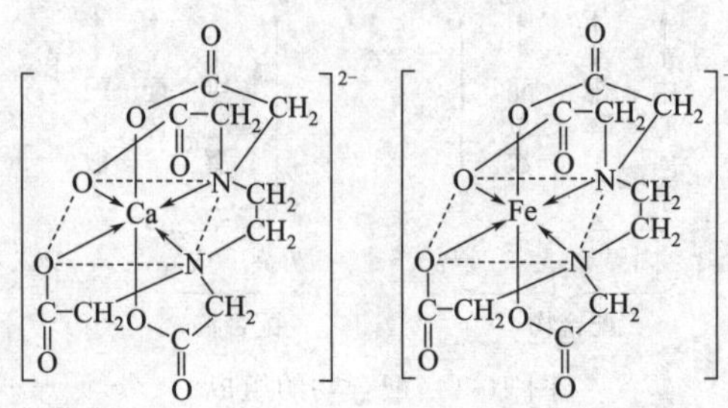

图 10-3　EDTA 与 Ca^{2+}、Fe^{3+} 的螯合物的结构示意图

（3）多核配合物

多核配合物分子或离子含有两个或两个以上的中心离子。在两个中心离子之间，常以配体连接起来。例如，μ-二羟基·八水合二铁(Ⅲ) 离子，$[(H_2O)_4Fe(OH)_2Fe(H_2O)_4]^{4+}$ 的结构为：

$$\left[(H_2O)_4Fe \begin{matrix} \overset{H}{O} \\ \\ \underset{H}{O} \end{matrix} Fe(H_2O)_4 \right]^{4+}$$

（4）羰合物

某些 d 区元素以 CO 为配体形成的配合物称为羰合物。例如 $[Ni(CO)_4]$、$[Fe(CO)_5]$。羰合物无论在结构或性质上都是比较特殊的一类配合物。羰合物中，金属原子常处于低的正氧化态、零氧化态甚至负氧化态。羰合物的熔、沸点一般不高，较易挥发，有毒，不溶于水，一般易溶于有机溶剂，广泛用于提纯制备金属。羰合物与其他过渡金属有机化合物在配位催化领域应用广泛。

（5）烯烃配合物

这类配合物的配体是不饱和烃，如乙烯、丙烯等。它们常与一些 d 区元素的金属离子形成配合物。例如，乙烯合银配离子 $[AgC_2H_4]^+$、三氯·乙烯合钯(Ⅱ) 配离子 $[PdCl_3(C_2H_4)]^-$。

（6）多酸型配合物

这类配合物是一些复杂的无机含氧酸及其盐类。如磷钼酸铵 $(NH_4)_3[P(Mo_3O_{10})_4]\cdot 6H_2O$，其中 P(Ⅴ) 是中心离子，$Mo_3O_{10}^{2-}$ 是配体。

10.1.3　配合物的命名

配位化合物的命名原则服从无机化合物的命名原则。配合物具体的命名规则如下。

（1）内界是配阳离子

① 若与配阳离子结合的负离子是简单酸根，如 Cl^-、S^{2-} 或 OH^- 等离子，则该配合物叫做“某化某”，即“外界化内界”。

② 若与配阳离子结合的负离子是复杂酸根，如 SO_4^{2-}、Ac^- 等，则该配合物叫做“某酸某”，即“外界酸内界”。

（2）内界是配阴离子

命名时将配阴离子看成一个复杂酸根离子，则在配阴离子后面加“酸”字，该配合物叫做“某酸某”，即“内界酸外界”。

（3）内界配离子的命名原则

先配体，后中心离子，即配体名称列在中心离子（或中心原子）之前，二者用“合”字联系在一起。可用下面的简单形式表示。

配体数目（以二、三、四等数字表示）→配体名称→“合”→中心离子名称→中心离子氧化数［以（Ⅰ）、（Ⅱ）等形式表示］。

（4）配合物中含有不同配体

不同配体名称之间以圆点“·”分开，配体的顺序如下。

① 不同配体：在配合物中若既有无机配体又有有机配体时，则无机配体在前，有机配体在后。若同是无机配体或同是有机配体，则先负离子后中性分子。

② 同类配体：按配位原子元素符号的英文字母顺序排列。若配位原子仍相同，则含原子数少的配体排在前面。

下面举一些实例来说明。

配阴离子配合物：称“某酸某”或“某某酸”

$K_4[Fe(CN)_6]$　　六氰合铁（Ⅱ）酸钾

$K_3[Fe(CN)_6]$　　六氰合铁（Ⅲ）酸钾

$Na_2[Zn(OH)_4]$　　四羟基合锌（Ⅱ）酸钠

$NH_4[Cr(SCN)_4(NH_3)_2]$　　四硫氰·二氨合铬（Ⅲ）酸铵

$H[AuCl_4]$　　四氯合金（Ⅲ）酸

配阳离子配合物：称“某化某”或“某酸某”

$[Cu(NH_3)_4]SO_4$　　硫酸四氨合铜（Ⅱ）

$[Co(NH_3)_6]Br_3$　　溴化六氨合钴（Ⅲ）

$[CoCl_2(NH_3)_3H_2O]Cl$　　氯化二氯·三氨·一水合钴（Ⅲ）

$[Co(NH_3)_2(en)_2](NO_3)_3$　　硝酸二氨·二乙二胺合钴（Ⅲ）

中性分子配合物：

$[PtCl_2(NH_3)_2]$　　二氯·二氨合铂（Ⅱ）

$[Ni(CO)_4]$　　四羰基合镍

某些在命名上容易混淆的配体，需按配位原子不同而分别命名。例如：

—ONO	（以 O 配位）	亚硝酸根
$—NO_2$	（以 N 配位）	硝基
—SCN	（以 S 配位）	硫氰酸根
—NCS	（以 N 配位）	异硫氰酸根

（5）其他

除了系统的命名法外，某些配合物至今还沿用习惯命名。

$[K_4Fe(CN)_6]$	黄血盐或亚铁氰化钾
$[K_3Fe(CN)_6]$	赤血盐或铁氰化钾
$[Ag(NH_3)_2]^+$	银氨配离子
$H[AuCl_4]$	氯金酸
$H[PtCl_4]$	氯铂酸
$H_2[SiF_6]$	氟硅酸

10.2 配位反应与配位平衡

10.2.1 配位反应与解离反应

一般配合物在水溶液中解离为配离子（内界离子）和普通离子（外界离子）两部分。例如：

$$[Cu(NH_3)_4]SO_4 \cdot H_2O \rightleftharpoons [Cu(NH_3)_4]^{2+} + SO_4^{2-} + H_2O$$

将氨水加到 $CuSO_4$ 溶液中生成深蓝色的 $[Cu(NH_3)_4]^{2+}$，这类反应称为配位反应。若在 $[Cu(NH_3)_4]^{2+}$ 溶液中再加入 NaS 溶液，便有黑色的 CuS 沉淀生成，证明溶液中还有少量的 Cu^{2+} 存在，这说明 Cu^{2+} 和 NH_3 配位反应的同时还存在着解离反应。配离子的配位反应和解离反应速率相等时，达到了平衡状态。

$$Cu^{2+} + 4NH_3 \underset{解离}{\overset{配位}{\rightleftharpoons}} [Cu(NH_3)_4]^{2+}$$

这种平衡称为配离子的配位平衡。配离子越难解离，这种配离子越稳定。在本节中，将讨论配合物的稳定性。

10.2.2 配位平衡与平衡常数

（1）稳定常数

根据化学平衡原理，Cu^{2+} 和 NH_3 分子生成配离子 $[Cu(NH_3)_4]^{2+}$ 反应：

$$Cu^{2+} + 4NH_3 \rightleftharpoons [Cu(NH_3)_4]^{2+}$$

其平衡常数即稳定常数的表达式为：

$$K_f^{\ominus}([Cu(NH_3)_4]^{2+}) = \frac{c_{[Cu(NH_3)_4]^{2+}}}{c_{Cu^{2+}} \cdot (c_{NH_3})^4} \tag{10-1}$$

对于任意配位平衡，金属离子 M 能与配位剂 L 形成 ML_n 型配合物：

$$M+nL \rightleftharpoons ML_n$$

$$K_f^{\ominus}(ML_n)=\frac{c_{ML_n}}{c_M \cdot (c_L)^n} \tag{10-2}$$

式中，$K_f^{\ominus}$为配合物的稳定常数，$K_f^{\ominus}$越大，配离子越稳定，因此配离子的稳定常数是配离子的一种特征常数。一些常见配离子的标准稳定常数见附录9。

(2) 不稳定常数

除了可用$K_f^{\ominus}$表示配离子的稳定性外，也可以从配离子的解离程度来表示其稳定性。如配离子 $[Cu(NH_3)_4]^{2+}$ 在水中的解离平衡为：

$$[Cu(NH_3)_4]^{2+} \rightleftharpoons Cu^{2+}+4NH_3$$

其平衡常数表达式为：

$$K_d^{\ominus}([Cu(NH_3)_4]^{2+})=\frac{c_{Cu^{2+}} \cdot (c_{NH_3})^4}{c_{[Cu(NH_3)_4]^{2+}}} \tag{10-3}$$

对于任意配位解离平衡：

$$ML_n \rightleftharpoons M+nL$$

$$K_d^{\ominus}(ML_n)=\frac{c_M \cdot (c_L)^n}{c_{ML_n}} \tag{10-4}$$

式中，$K_d^{\ominus}$为配合物的不稳定常数，又称为解离常数。$K_d^{\ominus}$越大，配离子越易解离，即越不稳定。很明显$K_f^{\ominus}$与$K_d^{\ominus}$两者存在如下关系：

$$K_f^{\ominus}=\frac{1}{K_d^{\ominus}} \tag{10-5}$$

(3) 逐级稳定常数

金属离子M能与配位剂L形成ML_n型配合物，这种配合物是逐步形成的。因此，每一步都有配位平衡和相应的稳定常数，这类稳定常数称为逐级稳定常数。

$$M+L \rightleftharpoons ML \qquad K_{f1}^{\ominus}=\frac{c_{ML}}{c_M \cdot c_L}$$

$$ML+L \rightleftharpoons ML_2 \qquad K_{f2}^{\ominus}=\frac{c_{ML_2}}{c_{ML} \cdot c_L}$$

$$\vdots \qquad\qquad \vdots$$

$$ML_{n-1}+L \rightleftharpoons ML_n \qquad K_{fn}^{\ominus}=\frac{c_{ML_n}}{c_{ML_{n-1}} \cdot c_L}$$

配离子的总的稳定常数$K_f^{\ominus}$是逐级稳定常数的乘积，即：

$$K_f^{\ominus}=K_{f1}^{\ominus}K_{f2}^{\ominus}K_{f3}^{\ominus}\cdots K_{fn}^{\ominus} \tag{10-6}$$

一些配离子的逐级稳定常数（对数值）见表10-2。

由表10-2可知，配离子的逐级稳定常数之间一般差别不大。除少数例外，常是均匀地逐级减少，这就使得计算配离子溶液中各种成分的浓度比较复杂。在实际工作中，一般总含有过量的配位剂，这时平衡向生成配合物的方向移动。可以认为

表 10-2　某些配离子的逐级稳定常数

配离子	$\lg K_{f1}^{\ominus}$	$\lg K_{f2}^{\ominus}$	$\lg K_{f3}^{\ominus}$	$\lg K_{f4}^{\ominus}$	$\lg K_{f5}^{\ominus}$	$\lg K_{f6}^{\ominus}$	$\lg K_{f}^{\ominus}$
$[Ag(NH_3)_2]^+$	3.32	3.91					7.23
$[Cu(NH_3)_4]^{2+}$	4.31	3.67	3.04	2.30			13.32
$[Ni(NH_3)_6]^{2+}$	2.80	2.24	1.73	1.19	0.75	0.03	8.74
$[HgI_4]^-$	12.87	10.95	3.78	2.23			29.83
$[Cd(CN)_4]^{2-}$	5.48.	5.12	4.63	3.55			18.78
$[AlF_6]^{2-}$	6.10	5.05	3.85	2.75	1.62	0.47	19.84

这种溶液中绝大部分成分是最高配位数的离子，而将其他低配位数的离子忽略不计。所以在有关计算中，除特殊情况外，一般都用总反应及总稳定常数来进行计算。

(4) 累积稳定常数

将逐级稳定常数依次相乘，可得到各级累积稳定常数 $\beta_n^{\ominus}$。

$$\beta_1^{\ominus}=K_{f1}^{\ominus}=\frac{c_{ML}}{c_M \cdot c_L}$$

$$\beta_2^{\ominus}=K_{f1}^{\ominus} \cdot K_{f2}^{\ominus}=\frac{c_{ML_2}}{c_{ML} \cdot (c_L)^2}$$

$$\vdots$$

$$\beta_n^{\ominus}=K_{f1}^{\ominus}K_{f2}^{\ominus}\cdots K_{fn}^{\ominus}=\frac{c_{ML_n}}{c_M \cdot (c_L)^n} \tag{10-7}$$

最后一级累积稳定常数就是配合物的总的稳定常数。

10.2.3 配位平衡的相关计算

利用配合物的稳定常数，可计算配合物中有关物质的浓度，以及讨论配位平衡与其他平衡之间的关系等。

【例 10-1】 在 1.0mL 0.04mol·L^{-1} $AgNO_3$ 溶液中，加入 1.0mL 2.00mol·L^{-1} 氨水。计算平衡时溶液中 Ag^+ 浓度。

解：查表可知，$K_{f1}^{\ominus}([Ag(NH_3)]^+)=2.07\times10^3$

$K_{f2}^{\ominus}([Ag(NH_3)_2]^+)=8.07\times10^3$

$K_{f}^{\ominus}([Ag(NH_3)_2]^+)=1.67\times10^7$

由于等体积混合，浓度减半

$$c_{AgNO_3}=0.02\text{mol}\cdot\text{L}^{-1}, c_{NH_3}=1.00\text{mol}\cdot\text{L}^{-1}$$

设平衡时 $c_{Ag^+}=x\,\text{mol}\cdot\text{L}^{-1}$，则

$$Ag^+ + 2NH_3 \rightleftharpoons [Ag(NH_3)_2]^+$$

初始浓度/mol·L^{-1}　0.02　1.00　0

平衡浓度/mol·L^{-1}　x　$1-2\times(0.02-x)$　$0.02-x$

　　　　　　　　　　　≈0.96　　≈0.02

因为 $K_f^{\ominus}$ 很大，x 很小由

$$K_f^{\ominus}([Ag(NH_3)_2]^+)=\frac{c_{[Ag(NH_3)_2]^+}}{c_{Ag^+}\cdot(c_{NH_3})^2}$$

则
$$c_{Ag^+}=\frac{c_{[Ag(NH_3)_2]^+}}{K_f^{\ominus}([Ag(NH_3)_2]^+)\cdot(c_{NH_3})^2}$$
$$=\frac{0.02}{1.67\times10^7\times(0.96)^2}\ mol\cdot L^{-1}$$
$$=1.3\times10^{-9}mol\cdot L^{-1}$$

【例 10-2】 室温下，将 0.010mol 固体 $AgNO_3$ 溶于 0.030$mol\cdot L^{-1}$ 的 1.0L 氨水中（设体积保持不变）。计算该溶液中游离的 Ag^+，NH_3 和配离子的 $[Ag(NH_3)_2]^+$ 浓度。

解：查表可知，$K_f^{\ominus}([Ag(NH_3)_2]^+)=1.67\times10^7$

由于溶液中 $n_{NH_3}:n_{Ag^+}>2:1$，显然氨水的浓度有较大的过剩，而且 $K_f^{\ominus}([Ag(NH_3)_2]^+)=1.67\times10^7$ 又很大，预计生成 $[Ag(NH_3)_2]^+$ 的反应很完全。平衡时溶液中 c_{Ag^+} 会很小。设平衡时 $c_{Ag^+}=x\,mol\cdot L^{-1}$，则

	Ag^+	+ $2NH_3$	$\rightleftharpoons[Ag(NH_3)_2]^+$
初始浓度/$mol\cdot L^{-1}$	0.01	0.030	0
转化浓度/$mol\cdot L^{-1}$	$0.01-x$	$2\times(0.01-x)$	$0.010-x$
平衡浓度/$mol\cdot L^{-1}$	x	$0.010+2x$ ≈0.010	$0.010-x$ ≈0.010

因为 $K_f^{\ominus}$ 很大，x 很小

$$K_f^{\ominus}([Ag(NH_3)_2]^+)=\frac{c_{[Ag(NH_3)_2]^+}}{c_{Ag^+}\cdot(c_{NH_3})^2}$$

$$1.67\times10^7=\frac{0.010}{x\cdot(0.010)^2}$$

$$x=6.0\times10^{-6}$$

平衡时，$c_{Ag^+}=6.0\times10^{-6}\ mol\cdot L^{-1}$，$c_{[Ag(NH_3)_2]^+}=0.010mol\cdot L^{-1}$，$c_{NH_3}=0.010mol\cdot L^{-1}$。

10.2.4 影响配位平衡的因素

与所有平衡一样，改变配离子解离平衡的条件，平衡将发生移动。

（1）加沉淀剂与配离子的中心离子生成难溶物质

在 $[Cu(NH_3)_4]^{2+}$ 中，加 Na_2S，NH_3 和 S^{2-} 均要争夺 Cu^{2+}，S^{2-} 争夺 Cu^{2+} 的能力更强，故有 CuS 沉淀生成，$[Cu(NH_3)_4]^{2+}$ 离解。发生如下反应：

$$[Cu(NH_3)_4]^{2+}\rightleftharpoons Cu^{2+}+4NH_3$$
$$Cu^{2+}+S^{2-}\rightleftharpoons CuS\downarrow$$

总反应为：　　　$[Cu(NH_3)_4]^{2+}+S^{2-} \rightleftharpoons CuS\downarrow +4NH_3$

（2）溶液酸度的改变有可能使配位平衡移动

由于很多配体本身是弱酸阴离子或弱碱，如 $[FeF_6]^{3-}$，$[Ag(NH_3)_2]^+$。当溶液中 H^+ 浓度增加时，H^+ 便和配体结合成弱电解质分子或离子，使配位平衡向离解方向移动。发生如下反应：

$$[FeF_6]^{3-} \rightleftharpoons Fe^{3+}+6F^-$$

$$H^+ + F^- \rightleftharpoons HF$$

总反应为：　　　$[FeF_6]^{3-}+6H^+ \rightleftharpoons Fe^{3+}+6HF$

相反，当溶液中 H^+ 浓度降低到一定程度时，金属离子便发生水解，OH^- 浓度达到一定数值时，会生成氢氧化物沉淀，也使配位平衡向离解方向移动。所以要使配离子在溶液中稳定存在，溶液的酸度必须控制在一定范围内。

10.2.5　配体取代反应

许多金属离子在水溶液中都是以水合离子 $[M(H_2O)_n]^{m+}$ 的形成存在的。加入某种配位剂 X 后，它可以取代 $[M(H_2O)_n]^{m+}$ 中的 H_2O，生成新的配合物 $[MX_n]^{m+}$。一种配体取代配离子内层另一种配体，生成新的配合物的反应称为配体取代反应或配体交换反应。根据稳定常数可以判断或确定反应的方向。例如，在血红色的 $[Fe(NCS)]^{2+}$ 溶液中，加入 NaF 发生的取代反应为：

$$[Fe(NCS)]^{2+}(aq)+F^-(aq) \rightleftharpoons [FeF]^{2+}(aq)+NCS^-(aq)$$

$$K^\ominus=\frac{c_{[FeF]^{2+}}\cdot c_{NCS^-}}{c_{[Fe(NCS)]^{2+}}\cdot c_{F^-}}=\frac{c_{[FeF]^{2+}}\cdot c_{NCS^-}}{c_{[Fe(NCS)]^{2+}}\cdot c_{F^-}}\cdot\frac{c_{Fe^{3+}}}{c_{Fe^{3+}}}$$

$$=\frac{K_f^\ominus([FeF]^{2+})}{K_f^\ominus([Fe(NCS)]^{2+})}$$

$$=\frac{7.1\times10^6}{9.1\times10^2}=7.8\times10^3 \qquad (10\text{-}8)$$

该取代反应的平衡常数比较大，说明反应向右进行的趋势也较大。若 F^- 浓度足够大，$[Fe(NCS)]^{2+}$（血红色）可全部转化为 $[FeF]^{2+}$（无色），原溶液血红色消失。

【例 10-3】 计算下列配位取代反应的平衡常数，并判断配位反应进行的方向。

$$[Ag(NH_3)_2]^+ +2CN^- \rightleftharpoons [Ag(CN)_2]^- +2NH_3$$

解： 查表得

$$K_f^\ominus([Ag(NH_3)_2]^+)=1.67\times10^7,K_f^\ominus([Ag(CN)_2]^-)=1.00\times10^{21}$$

该反应的平衡常数

$$K^\ominus=\frac{c_{[Ag(CN)_2]^-}\cdot(c_{NH_3})^2}{c_{[Ag(NH_3)_2]^+}\cdot(c_{CN^-})^2}=\frac{c_{[Ag(CN)_2]^-}\cdot(c_{NH_3})^2}{c_{[Ag(NH_3)_2]^+}\cdot(c_{CN^-})^2}\cdot\frac{c_{Ag^+}}{c_{Ag^+}}$$

$$=\frac{K_f^\ominus([Ag(CN)_2]^-)}{K_f^\ominus([Ag(NH_3)_2]^+)}$$

$$=\frac{1.00\times10^{21}}{1.67\times10^{7}}=5.99\times10^{13}$$

反应向生成 $[Ag(CN)_2]^-$ 的方向进行。

在配位平衡系统中，加入另一种能与中心离子形成配离子的配位剂，或加入另一种能与配体形成配离子的中心离子时，实际上是两种配体争夺中心离子，或两个中心离子争夺配体的反应。这种争夺反应的方向取决于形成的配合物的稳定性的大小。一般来说，一种配离子可以转化为另一种更稳定的配离子，即平衡向生成更难解离的配离子的方向移动。例如，临床上用 $[Ca\text{-}EDTA]^{2+}$ 对铅中毒的病人进行解毒治疗就是利用此原理：

$$[Ca\text{-}EDTA]^{2+}+Pb^{2+}\rightleftharpoons[Pb\text{-}EDTA]^{2+}+Ca^{2+}$$

$[Ca\text{-}EDTA]^{2+}$ 与体内的 Pb^{2+} 反应，生成了一种更稳定的、无毒可溶于水的配离子，经由肾脏排出体外，达到解毒的目的。

10.3 配合物的空间构型和异构现象

在配位化合物中，中心离子和配体间靠什么作用结合在一起？它们的空间结构怎样？为什么有的配合物稳定，而有的不稳定？这类问题促进了人们对配合物结构的研究，进一步加深了人们对化学键实质的理解，建立了配合物的化学键理论，并且不断地完善。

配合物化学键理论的建立也是以实验事实为依据的，进而再对实验事实作出解释。对大量配合物的研究得知：有些配合物有较高的稳定性，而有些配合物的稳定性却较低；相当数量的配合物具有颜色；配合物中心离子（或原子）的配位数有的大、有的小；配位数不同的配合物其空间构型不同；各种配合物的磁性也不尽相同。配合物的这些性质都与结构有关系。在介绍配合物化学键理论之前，先介绍配合物的空间构型、异构现象和磁性。

研究配合物的空间构型、异构现象和磁性对于深入了解配合物中化学键的性质，揭示配合物的反应机理和催化作用等具有十分重要的意义。

10.3.1 配合物的空间构型

配合物的空间构型指的是配体围绕着中心离子（或原子）排布的几何构型。目前已有多种方法测定配合物的空间构型，普遍采用的是 X 射线对配合物晶体的衍射。这种方法能够比较精确地测出配合物中各原子的位置、键角和键长等，从而得出配合物分子或离子的空间构型。空间构型与配位数的多少密切相关。配合物的配位数 n 在 2～14 之间，常见的配位数为 2、4 、5 和 6。

$n=2$ 的配合物的中心金属离子大多具有 d^{10} 电子构型，如 Ag^+ 、Cu^+ 和 Hg^{2+} 等，它们形成的配位数为 2 的配合物的空间构型为直线形。

$n=4$ 的配合物是常见且又十分重要的。非过渡元素的配位数为 4 的配合物大多是四面体构型，如 $[BeCl_4]^{2-}$，这是因为采取四面体构型，配体间能尽量远离，静电斥力最小，能量最低。配位数为 4 的配合物也能呈现平面正方形构型，如 $[Cu(NH_3)_4]^{2+}$ 等。

$n=5$ 的配合物虽然为数不多，但却是很重要的配合物。配合物具有两种基本结构形式，即三角双锥和四方锥，两者中以前者为主。

$n=6$ 的配合物最常见，一般为八面体构型。

配合物常见的空间构型如表 10-3 所示。

表 10-3 配合物常见的空间构型

配位数	空间构型	配合物
2	直线	$[Ag(NH_3)_2]^+$，$[Cu(NH_3)_2]^+$，$[AgBr_2]^-$，$[Ag(CN)_2]^-$
3	平面三角形	$[HgI_3]^-$
4	四面体	$[BeF_4]^{2-}$，$[BF_4]^-$，$[HgCl_4]^{2-}$，$[Zn(NH_3)_4]^{2+}$，$Ni(CO)_4$
	平面正方形	$[Ni(CN)_4]^{2-}$，$[PtCl_2(NH_3)_2]$，$[Cu(NH_3)_4]^{2+}$，$[PdCl_4]^{2-}$，$[AuCl_4]^-$
5	四方锥	$[SbCl_5]^{2-}$，$[MnCl_5]^{2-}$，$[Co(CN)_5]^{3-}$，$[InCl_5]^{2-}$
	三角双锥	$[CuCl_3]^{3-}$，$[CdI_5]^{2-}$，$Fe(CO)_5$，$[Mn(CO)_5]^-$
6	八面体	$[Co(NH_3)_6]^{3+}$，$[Fe(CN)_6]^{3-}$，$[SiF_6]^{2-}$，$[AlF_6]^{3-}$，$[PtCl_6]^{2-}$

特别值得注意的是，配合物空间构型不仅仅取决于配位数，当配位数相同时，还常与中心离子和配体的种类有关，如 $[NiCl_4]^{2-}$ 是四面体构型，而 $[Ni(CN)_4]^{2-}$ 则为平面正方形。

10.3.2 配合物的异构现象

两种或两种以上化合物，具有相同的原子种类和数目，但结构性质不同，这种现象叫异构现象。这是因为配合物具有不同配位数和复杂多变的几何构型，因而造成了各种异构现象。

配合物中，异构现象较为普遍，配合物的异构体可分为空间异构、结构异构以及旋光异构三大类。

(1) 空间异构

空间异构指配体相同，内、外界相同，但配体在中心离子周围空间的排列方式不同而引起的异构现象。这种现象主要发生在配位数为 4 的平面正方形和配位数为 6 的八面体构型的配合物中。

空间异构不仅与配位数有关，也与配合物的构型有关，常见的空间异构有顺式（*cis-*）异构、反式（*trans-*）异构，面式异构、经式异构两大类。

① 顺式异构、反式异构

通式为 MA_2B_2 的平面正方形的配合物，有顺式和反式两种异构体，例如 $[PtCl_2(NH_3)_2]$，同种配体的配位原子处于相邻的位置的配合物称为顺式异构体，如图 10-4（a）；同种配体的配位原子处于对角线位置的配合物称为反式异构体，如图 10-4（b）。

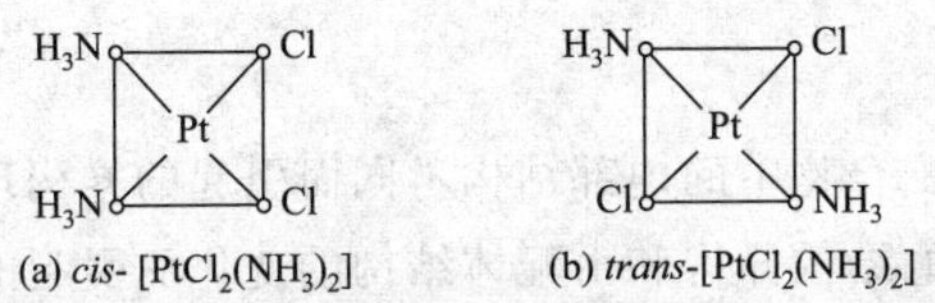

图 10-4 $[PtCl_2(NH_3)_2]$ 的顺式、反式异构体

顺、反异构体的结构不同，其性质也有差异。例如，顺式 $[PtCl_2(NH_3)_2]$ 配合物的偶极矩 $\mu \neq 0$，极性分子，呈棕黄色，易溶于极性溶剂中（在水中溶解度为 0.258 g/100 gH_2O）；反式 $[PtCl_2(NH_3)_2]$ 配合物偶极矩 $\mu = 0$，非极性分子，呈淡黄色，难溶于极性溶剂（在水中难溶，溶解度仅为 0.037g/100gH_2O）。

通式为 MA_2B_4 的正八面体的配离子 $[CrCl_2(NH_3)_4]^+$ 也有顺、反异构体，顺式 $[CrCl_2(NH_3)_4]^+$ 为紫色，如图 10-5（a），反式 $[CrCl_2(NH_3)_4]^+$ 为绿色，如图 10-5（b）。

顺式异构、反式异构主要发生在配位数为 4 的平面正方形和配位数为 6 的八面体配合物中。配位数为 4 的四面体配合物以及配位数为 2 和 3 的配合物不存在此类

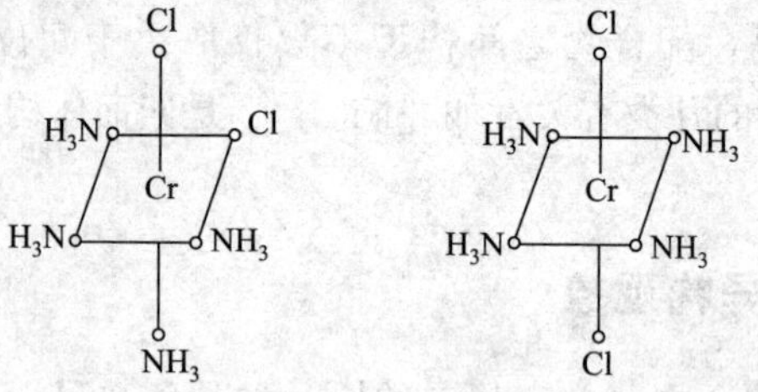

(a) *cis*-$[CrCl_2(NH_3)_4]^+$ (b) *trans*-$[CrCl_2(NH_3)_4]^+$

图 10-5 $[CrCl_2(NH_3)_4]^+$ 的顺式、反式异构体

异构体，因为在这些构型中所有的配位位置彼此相邻或相反。

② 面式异构、经式异构

通式为 MA_3B_3 八面体的 $[PtCl_3(NH_3)_3]^+$，存在面式和经式两种异构体，可以很方便地通过三个相同的配体的配位原子所构成的三角形平面进行判断：如果所构成的两个三角形平面互不相交，称为面式异构体，如图 10-6(a)；如果所构成的两个三角形平面相交，则称为经式异构体，如图 10-6(b)。

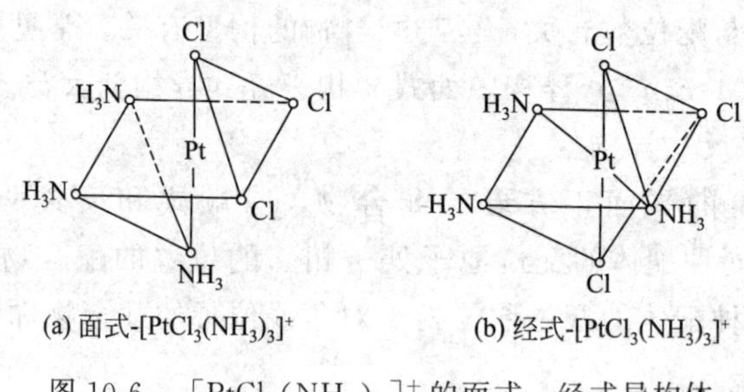

(a) 面式-$[PtCl_3(NH_3)_3]^+$ (b) 经式-$[PtCl_3(NH_3)_3]^+$

图 10-6 $[PtCl_3(NH_3)_3]^+$ 的面式、经式异构体

（2）结构异构

结构异构是指由配合物中的内部结构不同而引起的异构现象，包括由于配体所处的位置变化而引起的结构异构和由配体结构的变化而引起的结构异构现象。

① 由于配体位置变化而引起的结构异构现象

例如，在 $[Co(NH_3)_5Br]SO_4$（红紫色）和 $[Co(NH_3)_5SO_4]Br$（红色）中，由于以 SO_4^{2-} 和 Br^- 分别处于配合物的内界和外界，使两者互为电离异构体，并表现出不同的性质。两者在水中的电离产物不同，而且前者呈红紫色，后者呈红色。

又如，在 $[Cr(H_2O)_6]Cl_3$（灰紫色）、$[Cr(H_2O)_5Cl]Cl_2 \cdot H_2O$（绿色）和 $[Cr(H_2O)_4Cl_2]Cl \cdot 2H_2O$（深绿色）中，$H_2O$ 分子和 Cl^- 的位置发生了变化，从而引起了配合物颜色的变化，这种情况可以看成电离异构体的特例。当发生位置变化的配体为 H_2O 时，特称为水合异构。

② 由于配体本身结构发生变化而引起的结构异构现象

对于两个配体，由于配位原子不同引起的异构现象。例如，NO_2^-配体，如果以N原子配位，生成［$Co(NH_3)_5NO_2$］$^{2+}$［硝基·五氨合钴(Ⅲ)，黄褐色］。如果以O原子配位，生成［$Co(NH_3)_5ONO$］$^{2+}$［亚硝酸根·五氨合钴(Ⅲ)，红褐色］，它们互为键合异构体。

（3）旋光异构

旋光异构又称光学异构。旋光异构现象是由于分子的特殊对称性形成的两种异构体而引起旋光性相反的现象。两种旋光异构体的对称关系犹如一个人的左手和右手的关系，互成镜像关系（图10-7）。右手的镜像看来与左手一样，但与实际的右手不能重叠。旋光异构体能使偏振光发生方向相反的偏转。

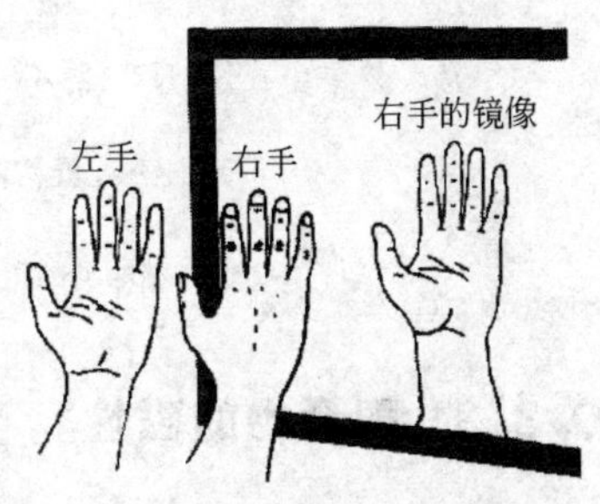

图10-7 人手与其镜像不重叠

例如，八面体型的配合物［$Co(en)_2(NO_2)_2$］$^+$具有顺反几何异构体，其中的*cis*-［$Co(en)_2(NO_2)_2$］$^+$具有两种不同的配位个体，它们之间找不到几何对称关系，各自只有与它的镜像才能互相重叠，即两者好像是左、右手的关系。我们将这种异构现象称为旋光异构现象，旋光异构体分为左旋异构体、右旋异构体，左旋用符号（＋）或L表示，如图10-8（a)，右旋用（－）或D表示，如图10-8（b）。

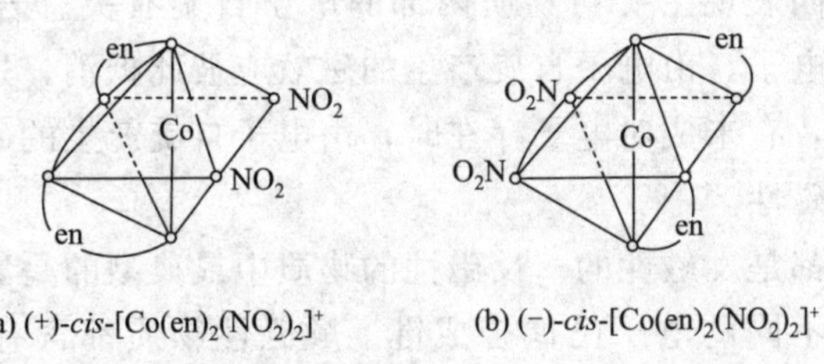

图10-8 *cis*-［$Co(en)_2(NO_2)_2$］$^+$的旋光异构体

旋光异构现象通常与空间异构现象密切相关。如［$Co(en)_2(NO_2)_2$］$^+$顺式异构体可形成一对旋光活性异构体，而反式异构体则往往没有旋光活性。在配合物中，最重要的旋光性配合物是含双齿配体的六配位螯合物。例如，［$CoCl_2(en)_2$］$^+$，［$Co(en)_2(NO_2)_2$］$^+$等。

cis-［$CoCl_2(en)_2$］$^+$的旋光异构体如图10-9所示。

平面正方形的四配位化合物通常没有旋光性，而四面体构型的配合物则常有旋光活性。

许多药物也存在着旋光异构现象，但往往只有其一种异构体是有效的，而另一种异构体是无效甚至是有害的。如果能发现和分离药物中的旋光异构体，有望减少用药量，降低毒副作用，提高药效，因此引起科学家很大的关注。

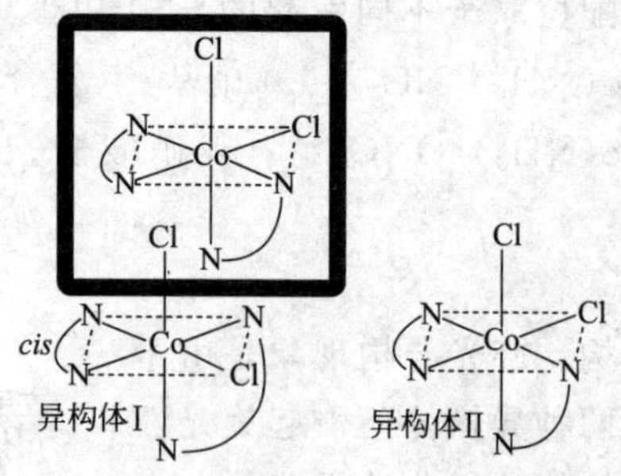

图 10-9　*cis*-$[CoCl_2(en)_2]^+$的旋光异构体

10.3.3　配合物的磁性

配合物的磁性是配合物的重要性质之一，它对配合物结构的研究提供了重要的实验依据，物质的磁性是指它在磁场中表现出来的性质。若把所有的物质分别放在磁场中，按照它们受磁场的影响可分为两大类：一类是反磁性物质；另一类是顺磁性物质。磁力线通过反磁性物质时，比在真空中受到的阻力大，外磁场力图把这类物质从磁场中排斥出去。磁力线通过顺磁性物质时，比在真空中来得容易，外磁场倾向于把这类物质吸向自己。除此以外，还有一类被磁场强烈吸引的物质叫做铁磁性物质。例如，铁、钴、镍及其合金都是铁磁性物质。

物质磁性的不同表现主要与物质内部的电子自旋有关。若这些电子都是偶合的，即没有未成对电子，由电子自旋产生的磁效应彼此抵消，这种物质在磁场中表现出反磁性。反之，有未成对电子存在时，由电子自旋产生的磁效应不能抵消，这种物质就表现出顺磁性。

大多数的物质都是反磁性的。反磁性的物质中最典型的是氢分子。因为它的分子中两个自旋方式不同的电子已偶合成键。顺磁性物质都含有未成对的电子，如O_2、NO、NO_2和 d 区元素中许多金属离子，以及由它们组成的简单化合物和配合物。

顺磁性物质的分子中如含有不同数目的未成对电子，则它们在磁场中产生的效应也不同，这种效应可以由实验测出。通常把顺磁性物质在磁场中产生的磁效应，用物质的磁矩（μ）来表示。若计算得 $\mu=0$，则为反磁性物质；若 $\mu>0$，则为顺磁性物质。物质的磁矩与分子中的未成对电子数（n）有如下的近似关系：

$$\mu=\sqrt{n(n+2)} \tag{10-9}$$

根据上式，可用未成对电子数 n 估算磁矩 μ。

未成对电子数（n）	0	1	2	3	4	5
磁矩（μ/B. M.）	0	1.73	2.83	3.87	4.90	5.92

过渡金属离子的 d 轨道大多存在未成对电子，故过渡金属离子本身多数显顺磁性。但当它们和配体形成配合物（或配离子）后，如果 d 电子排布不改变，则配离

子中的单电子数和游离过渡金属离子中的单电子数相同，仍然表现出顺磁性；如果d电子排布发生变化，则配离子中的单电子数小于游离金属离子中的单电子数或没有未成对电子，则配离子磁性变小甚至表现出反磁性。

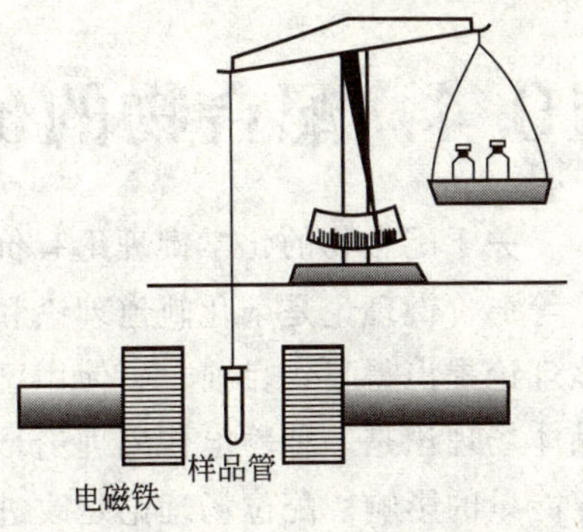

图 10-10　磁天平示意图

物质的磁性通常借助磁天平测定（图 10-10）。反磁性的物质在磁场中由于受到磁场力的排斥作用而使重量减轻，顺磁性的物质在磁场中受到磁场力的吸引而使重量增加。由物质的增重计算磁矩大小，从而确定未成对电子数。

由实验测得的磁矩与估算值略有出入。比如 $[FeF_6]^{3-}$ 计算值是 5.92B. M.，实验值是 5.90B. M.；$[Fe(CN)_6]^{3-}$ 计算值是 1.73 B. M.，实验值是 2.4B. M.。其他配合物磁矩的相关数据见表 10-4。

表 10-4　一些配合物磁矩

中心离子 d电子总数	配合物	μ/B. M.（实验值）	未成对 d电子数	μ/B. M.（估算值）
1	$[Ti(H_2O)_6]^{3+}$	1.73	1	1.73
2	$[V(H_2O)_6]^{3+}$	2.75～2.85	2	2.83
3	$[Cr(H_2O)_6]^{3+}$	3.70～3.90	3	3.87
	$[Cr(NH_3)_6]Cl_3$	3.88	3	3.87
	$K_2[MnF_6]$	3.90	3	3.87
4	$K_3[Mn(CN)_6]$	3.18	2	2.83
5	$[Mn(H_2O)_6]^{2+}$	5.65～6.10	5	5.92
	$K_4[Mn(CN)_6]\cdot 3H_2O$	1.80	1	1.73
	$K_3[FeF_6]$	5.90	5	5.92
	$K_3[Fe(CN)_6]$	2.40	1	1.73
	$NH_4[Fe(EDTA)]$	5.91	5	5.92
6	$[Fe(H_2O)_6]^{2+}$	5.10～5.70	4	4.90
	$K_3[CoF_6]$	5.26	4	4.90
	$[Co(NH_3)_6]^{3+}$	0	0	0
	$[Co(CN)_6]^{3-}$	0	0	0
	$[CoCl_2(en)_2]^{+}$	0	0	0
	$[Co(NO_2)_6]^{3-}$	0	0	0
	$[Fe(CN)_6]^{4-}$	0	0	0
7	$[Co(H_2O)_6]^{2+}$	4.30～5.20	3	3.87
	$[Co(NH_3)_6](ClO_4)_2$	4.26	3	3.87
	$[Co(en)_3]^{2+}$	3.82	3	3.87
8	$[Ni(H_2O)_6]^{2+}$	2.80～3.50	2	2.83
	$[Ni(NH_3)_6]Cl_2$	3.11	2	2.83
	$[Ni(CN)_4]^{2-}$	0	0	0
9	$[Cu(H_2O)_4]^{2+}$	1.70～2.20	1	1.73

10.4　配合物的价键理论

关于配合物的化学键理论有价键理论、晶体场理论、配位场理论和分子轨道理论等。价键理论是杂化轨道理论和电子对成键概念在配合物中的应用和发展。虽然该理论提出得早，目前单一使用已很少，但讨论化学键时仍然要使用杂化的概念。晶体场理论是一种静电作用理论，考虑的是配体形成的晶体场对中心离子d电子轨道能量的影响。配位场理论是改进了的晶体场理论，考虑了共价作用。分子轨道理论则将配合物看作是中心离子和配体构成的分子整体，从而能做进一步的定量处理。这里只介绍价键理论。

10.4.1　价键理论的基本要点

20世纪30年代，L. Pauling把杂化轨道理论应用于配合物的研究，较好地说明了配合物的空间构型和某些性质，20世纪30年代到50年代主要用这个理论来讨论配合物中的化学键，这就是配合物的价键理论。

配合物价键理论的基本要点总结如下。

① 配合物的中心离子或原子，与配体的结合是通过配位键来实现的。形成配位键的条件是中心离子或原子M必须具有空的价电子轨道，配体L中至少有一原子含有孤电子对。配合物形成时，配体L提供的孤对电子进入中心离子M的空价电子轨道而形成配位键L→M。

显然，配位键具有方向性。由于一个空的杂化轨道只能接受配体提供的一对孤对电子，故配位键又具有饱和性。配位键仍属共价键的范畴，且是σ键，只不过成键两原子共用的电子对仅由配体单方面提供而已。

② 为了形成稳定的配合物，中心离子所提供的空轨道必须首先进行杂化，形成数目相同的新的杂化轨道。常见的杂化轨道为sp，sp^3，dsp^2，sp^3d^2，d^2sp^3等。

③ 不同类型的杂化轨道具有不同的空间构型。

10.4.2　配离子的空间构型与杂化方式

配离子的空间构型是指配体在中心离子（或原子）周围的排列方式，它与中心离子所提供的杂化轨道类型有关，表10-5列举了中心离子常见的杂化轨道的类型与配离子的空间构型。

表10-5可见，同是八面体构型却有两种杂化方式：sp^3d^2和d^2sp^3。同是配位数为4的配合物不仅有两种杂化方式，对应的空间构型也不同。对此，价键理论都给予了简单明了的解释。

表 10-5 中心离子杂化轨道的类型及配离子的空间构型

配位数	杂化类型	空间构型	实例	
2	sp	直线形	$[Ag(NH_3)_2]^+$	$[Cu(NH_3)_2]^+$
3	sp^2	平面三角形	$[CuCl_3]^{2-}$	$[HgI_3]^-$
4	sp^3	四面体	$[Zn(NH_3)_4]^{2+}$	$[NiCl_4]^{2-}$
4	dsp^2	平面正方形	$[Cu(NH_3)_4]^{2+}$	$[Ni(CN)_4]^{2-}$
5	dsp^3	三角双锥	$Fe(CO)_5$	$[Ni(CN)_5]^{3-}$
6	sp^3d^2	八面体	$[FeF_6]^{3-}$	$[Fe(H_2O)_6]^{2+}$
6	d^2sp^3	八面体	$[Fe(CN)_6]^{3-}$	$[Co(NH_3)_6]^{3+}$

10.4.3 不同配位数配合物的形成与杂化方式

(1) 配位数为 2 的配合物

氧化值为 +1 的离子常形成配位数 2 的配合物，如 Ag^+ 的配合物 $[Ag(NH_3)_2]^+$，$[AgCl_2]^-$ 和 $[AgI_2]^-$ 等。价键理论对它们的结构给予了说明。为了说明这些配合物的形成，应该知道未成键时 Ag^+ 的电子分布情况。Ag^+ 的价层电子分布为：

从 Ag^+ 的价电子轨道的电子分布情况来看，Ag^+ 与配体形成配位数为 2 的配合物时，它应提供 1 个 5s 轨道和 1 个 5p 轨道来接受配体提供的电子对。按杂化轨道理论，为了增强成键的能力，并形成结构匀称的配合物，Ag^+ 的 5s 和一个 5p 轨道将混合起来组成两个新的轨道，即 sp 杂化轨道。以 sp 杂化轨道成键的配合物的空间构型为直线形，如 $[Ag(NH_3)_2]^+$，它的电子分布为：

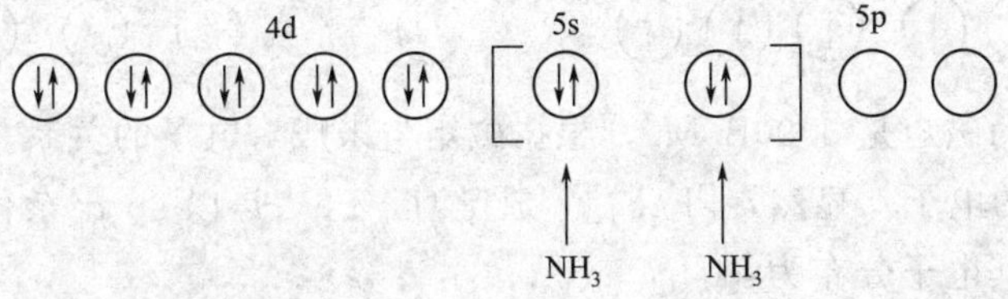

(2) 配位数为 4 的配合物

配位数为 4 的配合物，中心离子所采用的杂化轨道类型有两种形式：sp^3 和 dsp^2，相应空间构型也有两种情况：四面体和平面正方形。如 Ni^{2+} 的价电子轨道中的电子分布为：

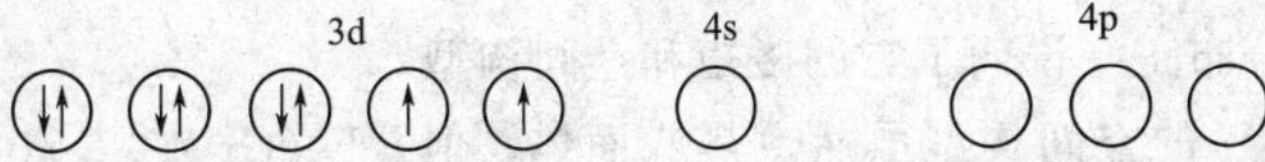

Ni^{2+} 形成配位数为 4 的配合物时，一种可能是以 sp^3 杂化轨道成键，这种配合物的构型为四面体，它的磁矩为 2.83B.M. 左右（配离子中有两个未成对电子）。

另一种可能是 Ni^{2+} 的两个未成对的 d 电子偶合成对，这样就可以腾出一个 3d 轨道形成 dsp^2 杂化轨道，配合物的空间构型为平面正方形，这时 Ni^{2+} 的配合物的磁矩为 0。

在已合成的 Ni^{2+} 的配位数为 4 的配合物中，确实有上述两种构型。例如，$[NiCl_4]^{2-}$ 是四面体构型的配合物，其磁矩基本符合理论的预见。$[NiCl_4]^{2-}$ 的电子分布为：

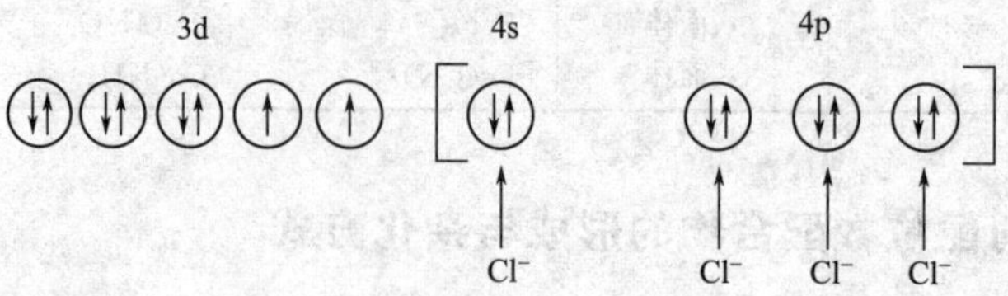

而 $[Ni(CN)_4]^{2-}$ 为平面正方形，且为反磁性（即磁矩为 0）的配合物。$[NiCN_4]^{2-}$ 形成时以 dsp^2 杂化轨道成键，它的电子分布为：

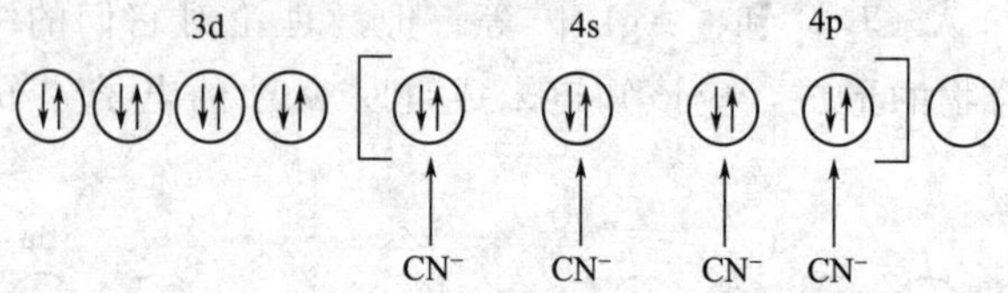

（3）配位数为 6 的配合物

配位数为 6 的配合物绝大多数是八面体构型，这种构型的配合物可能采取 d^2sp^3 和 sp^3d^2 杂化轨道成键。例如，已知 Fe^{3+} 配合物 $[FeF_6]^{3-}$ 和 $[Fe(CN)_6]^{3-}$ 的空间构型都是八面体，但中心离子的杂化方式不同。Fe^{3+} 的价电子轨道中的电子分布为：

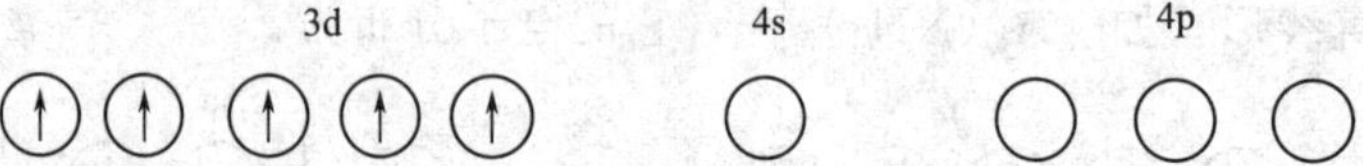

$[FeF_6]^{3-}$ 的磁矩是 5.90B. M.，根据磁矩与未成对电子的关系，可知配离子中有 5 个未成对的电子。显然，$[FeF_6]^{3-}$ 成键时，Fe^{3+} 是以 sp^3d^2 杂化轨道进行成键的，$[FeF_6]^{3-}$ 其电子分布为：

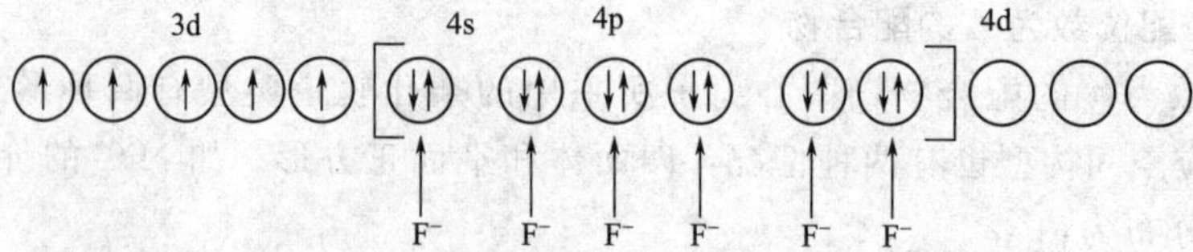

这种电子分布正好说明了它的磁矩和空间构型。

$[Fe(CN)_6]^{3-}$ 的空间构型虽然也是八面体，但 $[Fe(CN)_6]^{3-}$ 磁矩为 2.4B. M.。当 $[Fe(CN)_6]^{3-}$ 形成时，若 Fe^{3+} 仍保留 5 个未成对的电子，其磁矩应等于 5.92B. M.，这一数值与它的磁矩（2.4B. M.）相差太远。若 Fe^{3+} 保留 3 个或 1 个未

成对电子，其磁矩应分别为 3.87B.M. 和 1.73B.M.。实验测得的磁矩 2.4B.M.，与 1.73B.M. 比较接近。由此确定 $[Fe(CN)_6]^{3-}$ 仅有 1 个未成对 d 电子，其他 4 个 d 电子两两偶合，空出了两个内层 d 轨道。所以 $[Fe(CN)_6]^{3-}$ 形成时，Fe^{3+} 以 d^2sp^3 杂化轨道进行成键，配离子的电子分布为：

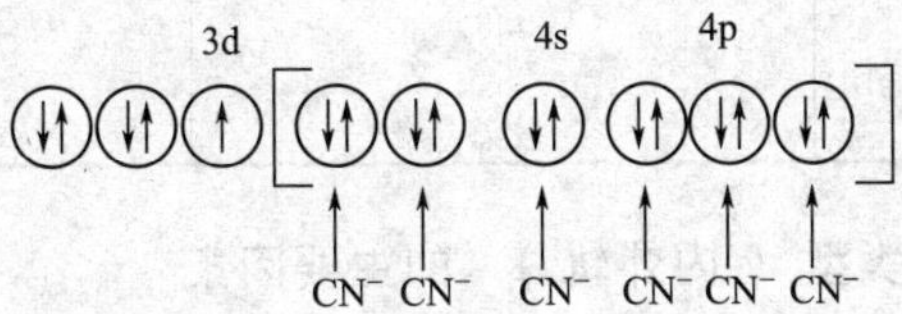

显然，$[Fe(CN)_6]^{3-}$ 与 $[FeF_6]^{3-}$ 形成时的电子分布和成键情况是不相同的。

10.4.4 内轨型和外轨型配合物

中心离子和配体形成的配合物有两类：内轨型和外轨型配合物。

(1) 内轨型配合物

中心离子以部分次外层，如 $(n-1)$d 轨道参与组成杂化轨道，则形成内轨配键，其对应的配合物称为内轨型配合物。

内轨型配合物的特点是：中心离子一般采用不同主量子数的轨道相互杂化，采用 $(n-1)$d、ns、np 轨道杂化，形成 dsp^2、dsp^3、d^2sp^3 等杂化轨道与配体成键。由于内轨型配合物采用内层轨道成键，键的共价性较强，稳定性较好，在水溶液中，一般较难离解为简单离子。对于 d 电子数目大于等于 4 的中心离子，在形成内轨型配合物时，中心离子的 d 电子排布会发生改变，即进行电子归并，单电子数目将减少（有时甚至为零），导致物质的磁性减小。

(2) 外轨型配合物

中心离子仅以最外层轨道杂化后与配位原子成键，称外轨配键，其对应的配合物称为外轨型配合物。

外轨型配合物的特点是：配合前后中心离子的 d 电子分布未发生改变，单电子数不变，物质的磁性不变。形成外轨型配合物时，中心离子一般提供相同主量子数的不同轨道相互杂化，如 ns、np、nd 中若干轨道杂化形成 sp、sp^2、sp^3、sp^3d^2 等杂化轨道，与配体形成配位键，这种配位键离子性较强，共价性较弱，稳定性比内轨型配合物差。

从上面讨论的 Fe^{3+} 的两种配合物 $[Fe(CN)_6]^{3-}$ 和 $[FeF_6]^{3-}$ 可以看出，虽然它们形成时都采用了 Fe^{3+} 的 2 个 d 轨道，但是前者采用的是能量较低的 3d 轨道，而后者采用的是能量较高的 4d 轨道。因此，$[Fe(CN)_6]^{3-}$ 为内轨型，$[FeF_6]^{3-}$ 为外轨型，前者相对稳定。

现以 $[Fe(CN)_6]^{3-}$ 和 $[FeF_6]^{3-}$ 为例，将两种类型配合物的特性总结于表 10-6。

表 10-6　两种类型配合物的比较

配离子	$[FeF_6]^{3-}$	$[Fe(CN)_6]^{3-}$
类型	外轨型	内轨型
杂化轨道	sp^3d^2	d^2sp^3
空间构型	正八面体	正八面体
磁矩/B. M.	5.9	2.4
单电子数目	5	1
稳定性	较差	稳定

（3）影响配合物类型（内外轨）的主要因素

① 中心离子的电子构型

具有 d^{10} 构型的离子（如 Zn^{2+}、Cd^{2+} 等离子），它们的 $(n-1)$d 轨道都已填满 10 个电子，因而只能形成外轨型配合物；

具有 d^1、d^2、d^3 构型的离子（如 Cr^{3+}）本身就有空的 d 轨道，所以形成内轨型配合物。

具有 $d^4\sim d^9$ 构型的离子（如 Fe^{2+}、Fe^{3+}、Co^{3+}、Ni^{2+}、Cu^{2+} 等），它们有 4～9 个 d 电子，两种类型的配合物均有可能形成。

具有 d^8 构型的离子（如 Pt^{2+}、Pd^{2+} 等），在大多数情况下形成内轨型配合物。

② 配体的种类

若配体的电负性较强（如 F^-），则较难给出孤对电子，对中心离子 d 电子分布影响较小，易形成外轨型配合物，如 $[FeF_6]^{3-}$。

若配位原子的电负性较弱（如 CN^-），则较易给出孤对电子，孤对电子将影响中心离子的 d 电子排布，使中心离子空出内层轨道，形成内轨型配合物，如 $[Fe(CN)_6]^{3-}$。

对 NH_3、H_2O 等配体，则内、外轨型配合物均可形成。

③ 中心离子的电荷数

中心离子的电荷数增多，有利于形成内轨型配合物。例如，$[Co(NH_3)_6]^{2+}$ 是外轨型配合物，而 $[Co(NH_3)_6]^{3+}$ 是内轨型配合物。

表 10-7 列出了某些内轨型和外轨型配合物的电子构型、磁矩和空间构型。

表 10-7　某些内轨型和外轨型配合物的电子构型、磁矩和空间构型

配离子	杂化类型	成单电子数	磁矩/B. M.		空间构型(内外轨)
			计算值	实验值	
$[FeF_6]^{3-}$	sp^3d^2	5	5.92	5.88	正八面体(外轨)
$[Fe(H_2O)_6]^{2+}$	sp^3d^2	4	4.90	5.30	正八面体(外轨)
$[CoF_6]^{3-}$	sp^3d^2	4	4.90	—	正八面体(外轨)
$[Co(H_2O)_6]^{2+}$	sp^3d^2	3	3.87	—	正八面体(外轨)
$[MnCl_4]^{2-}$	sp^3	5	5.92	5.88	正四面体(外轨)
$[Fe(CN)_6]^{3-}$	d^2sp^3	1	1.73	2.3	正八面体(内轨)
$[Co(NH_3)_6]^{3+}$	d^2sp^3	0	0	0	正八面体(内轨)
$[Mn(CN)_6]^{4-}$	d^2sp^3	1	1.73	0.70	正八面体(内轨)
$[Ni(CN)_4]^{2-}$	dsp^2	0	0	0	平面正方形(内轨)

对于某一配合物究竟是内轨型还是外轨型，可通过磁性测定和X射线对晶体结构的研究来确定。

【例 10-4】 实验测得 $[CoF_6]^{3-}$ 和 $[Co(CN)_6]^{3-}$ 的磁矩分别是 5.26 B.M. 和 0 B.M.，试根据价键理论推测两个配离子的空间构型，中心离子所采用的杂化轨道和内、外轨类型。

解： 中心离子 Co^{3+} 的价电子分布是 $3d^6$，有 4 个未成对电子。

当形成 $[CoF_6]^{3-}$ 后，由 $\mu=\sqrt{n(n+2)}=5.26$ 求得 $n=4$。

单电子数为 4，未改变 Co^{3+} 的 d 电子分布，仅用外层空轨道杂化后和 6 个 F^- 形成配键，故应该是 sp^3d^2 杂化方式，形成正八面体的配离子，属外轨型。

当形成 $[Co(CN)_6]^{3-}$ 后，由 $\mu=\sqrt{n(n+2)}=0$ 求得 $n=0$。

单电子数为 0，说明 Co^{3+} 中的 d 电子分布发生了改变，6 个 d 电子归并而进入 3 个 d 轨道，空出两个次外层 d 轨道，故 Co^{3+} 采用 d^2sp^3 杂化，形成正八面体的配离子，属内轨型。

配合物的价键理论直观地说明了配合物的形成、配位数、空间结构及稳定性等，但仍有不足，如不能解释过渡金属元素的配合物大多数都有一定的颜色，也不能说明同一过渡系的金属从 $d^0\sim d^{10}$ 所形成的配合物的稳定性的变化规律。这些不足被后期发展出现的晶体场理论、配位场理论和分子轨道理论等完善。

思考题

1. 配合物有哪些组成部分？它们之间有何关系？

2. 如何划分单齿配体和多齿配体？

3. 简述配合物命名的原则。

4. 哪些元素的原子或离子可以作为配合物的中心原子？哪些分子和离子常作为配位体？它们形成配合物时需具备什么条件？

5. 说明下列概念。

(1) Lewis 酸和 Lewis 碱；

(2) 形成体、配体、配位原子、配位数；

(3) 配合物的稳定常数和解离（不稳定）常数。

6. 简单配合物、螯合物和多核配合物有何不同？

7. 指出计算配合物在溶液中的平衡组成时应注意哪些问题。

8. 某金属离子与弱场配体形成的八面体配合物的磁矩为 4.98B.M，而与强场配体形成反磁性的八面体配合物，则该金属离子为下面的哪个？

Cr^{3+}；Ti^{3+}；Mn^{3+}；Au^{3+}

9. 配离子 $[NiCl_4]^{2-}$ 含有 2 个未成对电子，但 $[Ni(CN)_4]^{2-}$ 是反磁性的，指出两种配离子的空间构型，并估算它们的磁矩。

10. 已知 $[Fe(CN)_6]^{4-}$ 和 $[Fe(NH_3)_6]^{2+}$ 的磁矩分别为 0 和 5.2B. M.。用价键理论画出他们形成时中心离子的价层电子分布。这两种配合物各属哪种类型（指内轨和外轨型配合物）。

习　题

1. 列表指出下列配合物的形成体、配体、配位原子和形成体的配位数；确定配离子和形成体的电荷数，并给出他们的命名。

(1) $[CrCl_2(H_2O)_4]Cl$；　(2) $[Ni(en)_3]Cl_2$；　(3) $Na_3[AlF_6]$；

(4) $[FeBrCl(en)_2]Cl$；　(5) $[PtCl_2(NH_3)_2]$；　(6) $[HgI_4]^{2-}$；

(7) $[Fe(EDTA)]^-$；　(8) $[Co(C_2O_4)_3]^{3-}$；　(9) $Cr(CO)_6$；

(10) $[Co(NH_3)_4(H_2O)_2]_2(SO_4)_3$；　(11) $K_2[Mn(CN)_5]$；

(12) $K_2[Co(NCS)_4]$

2. 写出下列各配合物和配离子的化学式。

(1) 四异硫氰二氨合钴（Ⅲ）酸铵

(2) 硫酸亚硝酸根·五氨合钴（Ⅲ）

(3) 二硫代硫酸根合银（Ⅰ）离子

(4) 六氰合铁（Ⅱ）酸铁

3. 填充下表：

化学式	名称	中心离子和配位数
	四硝基·二氨合钴(Ⅲ)酸钾	
$K[PtCl_3(NH_3)]$		

4. 将 $0.10mol \cdot L^{-1}$ $ZnCl_2$ 溶液与 $1.0mol \cdot L^{-1}$ NH_3 溶液等体积混合，求此溶液中 $[Zn(NH_3)_4]^{2+}$ 和 Zn^{2+} 的浓度。

5. 在 100mL $0.05mol \cdot L^{-1}$ $[Ag(NH_3)_2]^+$ 溶液中加入 1mL $1mol \cdot L^{-1}$ NaCl 溶液，溶液中 NH_3 的浓度至少需多大才能阻止 AgCl 沉淀生成？

6. 计算下列取代反应的标准平衡常数。

(1)

$$[Ag(NH_3)_2]^+(aq) + 2S_2O_3^{2-}(aq) \rightleftharpoons [Ag(S_2O_3)_2]^{3-}(aq) + 2NH_3(aq)$$

(2)

$$[Fe(C_2O_4)_3]^{3-}(aq) + 6CN^-(aq) \rightleftharpoons [Fe(CN)_6]^{3-}(aq) + 3C_2O_4^{2-}(aq)$$

(3)

$$[Co(NCS)_4]^{2-}(aq) + 4NH_3(aq) \rightleftharpoons Co[(NH_3)_4]^{2+}(aq) + 4NCS^-(aq)$$

7. 在标准状态时，Fe^{3+} 能氧化 I^-，但 $[Fe(CN)_6]^{3-}$ 不能氧化 I^-，由此推断 $[Fe(CN)_6]^{3-}$ 和 $[Fe(CN)_6]^{4-}$ 的 $K_f^\ominus$ 值哪个更大？两者至少要相差几个数量级？

8. 在 500.0mL $0.010mol \cdot L^{-1}$ $Hg(NO_3)_2$ 溶液中，加入 65.0g KI (s) 后（溶液总

体积不变)，生成了 $[HgI_4]^{2-}$。计算溶液中的 Hg^{2+}，$[HgI_4]^{2-}$，I^- 的浓度。

9. 在 25℃时，在 $[Ni(NH_3)_6]^{2+}$ 溶液中，已知 $c_{[Ni(NH_3)_6]^{2+}}=0.10mol\cdot L^{-1}$，$c_{NH_3}=1.0mol\cdot L^{-1}$，加入乙二胺(en)后，使开始时 $c_{en}=2.30mol\cdot L^{-1}$，计算平衡时溶液中 $[Ni(NH_3)_6]^{2+}$，NH_3，$[Ni(en)_3]^{2+}$ 的浓度。

10. 在含有 $2.5mol\cdot L^{-1}$ $AgNO_3$ 和 $0.41mol\cdot L^{-1}$ NaCl 溶液中，如果不使 AgCl 沉淀生成，溶液中最低的自由 CN^- 浓度应是多少?

11. 在 1.0L $6.0mol\cdot L^{-1}$ 氨水溶液中加入 0.10mol $CuSO_4\cdot 5H_2O$（假定加入硫酸铜后溶液的体积不变，并且溶液中仅有 $[Cu(NH_3)_4]^{2+}$ 配离子存在)。计算平衡时溶液中 Cu^{2+}，与 NH_3 的浓度各为多少?

12. 为了把 Cu^{2+} 的量减少到 $10^{-13}mol\cdot L^{-1}$，应向 $0.00100mol\cdot L^{-1}$ $Cu(NO_3)_2$ 溶液中添加多少 NH_3?

13. AgSCN 在 $0.0030mol\cdot L^{-1}$ NH_3 溶液中的溶解度为多少?

14. 比较 AgCl 在 $6mol\cdot L^{-1}$ 氨水和水中的溶解度。

15. 判断一个配合物（如 $[Co(NH_3)_6]^{3+}$）是内轨型还是外轨型，如何着手? 需要借助什么仪器测得什么数据。

16. 根据配合物的价键理论，填充下表的空白处。

配合物化学式	磁性或磁矩	空间结构	形成体杂化轨道	内、外轨道
$[Ag(NH_3)_2]^+$	$\mu=0$			—
$[Zn(NH_3)_4]^{2+}$	$\mu=0$			—
$[Ni(NH_3)_4]^{2+}$	顺磁性			—
$[Ni(CN)_4]^{2-}$	反磁性			—
$Fe(CO)_5$	$\mu=0$			—
$[Fe(H_2O)_6]^{3+}$	$\mu=5.9B.M$			
$[Co(CN)_6]^{3-}$	$\mu=0$			

17. 根据下列配离子的空间构型，画出他们形成时中心离子的价层电子分布，并指出它们以何种杂化轨道成键，估计其磁矩各为多少（B. M.)。

(1) $[CuCl_2]^-$　　直线形

(2) $[Zn(NH_3)_4]^{2+}$　　四面体

(3) $[Co(NCS)_4]^{2-}$　　四面体

18. 根据下列配离子的磁矩画出它们中心离子的价层电子分布，指出杂化轨道和配离子的空间构型。

配合物	$[Co(H_2O)_6]^{2+}$	$[Mn(CN)_6]^{4-}$	$[Ni(NH_3)_6]^{2+}$
μ/B. M.	4.3	1.8	3.11

19. 已知下列配合物的磁矩，画出它们中心离子的价层电子分布，并指出其空间构型。这些配合物中哪种是内轨型? 哪种是外轨型?

配合物	$[Co(en)_3]^{2+}$	$[Fe(C_2O_4)_3]^{3-}$	$[Co(EDTA)]^-$
μ/B. M.	3.82	5.75	0

20. 已知下列配合物的磁矩，根据价键理论指出各中心离子的价层电子排布、轨道杂化类型和配离子空间构型，并指出配合物属于内轨型还是外轨型。

(1) $[Mn(CN)_6]^{3-}$ (μ=2.8B. M.)　　(2) $[Co(H_2O)_6]^{2+}$ (μ=3.88B. M.)

(3) $[Pt(CO)_4]^{2+}$ (μ=0)　　(4) $[Cd(CN)_4]^{2-}$ (μ=0)

第 11 章 元素化学基础

11.1 元素概述

11.2 s 区元素

11.3 p 区元素

11.4 d 区和 ds 区元素

元素化学主要是研究元素所组成的单质和化合物的制备、性质及其变化规律和用途，元素及其化合物性质研究对工农业生产及人类生活产生着巨大的影响，因此，学习元素化学具有现实意义。本章仅对各区元素的性质进行概述，并对一些重要元素及其化合物作简要介绍。

11.1 元素概述

11.1.1 元素分布

迄今为止，人类已经发现的元素和人工合成的元素共 112 种，其中地球上天然存在的元素有 92 种。各种元素在地球上的含量相差极为悬殊。一般说来，较轻的元素含量较多，较重的元素含量较少；原子序数为偶数的元素含量较多，原子序数为奇数的元素含量较少。

地球表面下 16km 厚的岩石层称为地壳。地壳包括岩石圈、水圈、大气圈，约占地球总质量的 0.7%。化学元素在地壳中的含量称为丰度，常用质量分数来表示。氧是地壳中含量最多的元素，其次是硅，这两种元素的总质量约占地壳的 75%。氧、硅、铝、铁、钙、钠、钾、镁这 8 种元素的总质量占地壳的 99% 以上。地壳中含量居前十位的元素见表 11-1。

表 11-1　地壳中主要元素的质量分数

元 素	O	Si	Al	Fe	Ca	Na	K	Mg	H	Ti
质量分数/%	48.6	26.3	7.73	4.75	3.45	2.74	2.47	2.00	0.76	0.42

由表 11-1 可知，这 10 种元素占了地壳总质量的 99.2%。而且轻元素含量较高，重元素含量较低。

海洋是元素资源的巨大宝库，人类一直在探索、开发海洋资源。表 11-2 列出了海洋中含量较大的前 17 种元素（不包括 H、O）。

表 11-2　海洋中主要元素的质量分数

元素	质量分数/%	元素	质量分数/%
Cl	1.8980	Si	~0.0004
Na	1.0561	C(有机)	~0.0003
Mg	0.1272	Al	~0.00019
S	0.0844	F	0.00014
Cs	0.0400	N(硝酸盐中)	~0.00007
K	0.0380	N(有机物中)	~0.00002
Br	0.0065	Rb	0.00002
C(无机)	0.0028	Li	0.00001
Sr	0.0013	I	0.000005
B	0.00046		

除表11-2中所列元素外，海水中尚含有微量的U、Zn、Cu、Mn、Ag、Au、Ra等，共约50种元素。这些元素大多与其他元素结合成无机盐的形式存在于海水中。由于海水的总体积十分巨大，虽然这些元素的含量极低，但在海水中的总含量却十分惊人，如I_2总量达7.0×10^{13} kg。因此海洋是一个巨大的物资库。

大气也是元素的重要自然资源，世界向大气索取的O_2、N_2、稀有气体等物资，每年数以万吨计。

人体中大约含有30多种元素，其中有11种为常量元素（表11-3）。约占人体质量的99.95%，其余的为微量元素或超微量元素。人体中的多数常量元素在地壳中的含量也较多。

表11-3 人体中一些元素的质量分数

元素	质量分数/%	元素	质量分数/%	元素	质量分数/%
O	65	Ca	2	Na	0.15
C	18	P	1	Cl	0.15
H	10	K	0.35	Mg	0.05
N	3	S	0.25		

11.1.2 元素分类

元素的分类常见有三种。

（1）金属与非金属

根据元素的性质进行分类，分为金属与非金属元素。

在元素周期表中，以B-Si-As-Te-At和Al-Ge-Sb-Po两条对角线为界，处于对角线左下方元素的单质均为金属，包括s区、ds区、d区、f区及部分p区元素；处于对角线右上方元素的单质为非金属，仅为p区的部分元素；处于对角线上的元素称为准金属，其性质介于金属和非金属之间。大多数的准金属可作半导体。

（2）普通元素和稀有元素

根据元素在自然界中的分布及应用情况，将元素分为普通元素和稀有元素，这种划分只是相对的，它们之间没有严格的界限。所谓稀有元素，一般是指在自然界中含量少，或被人们发现较晚，或对其研究较少，或比较难以提炼，以致在工业上应用得也较晚的元素。通常稀有元素分为以下几类。

轻稀有金属：Li，Rb，Cs，Be。

高熔点稀有金属：Ti，Zr，Hf，V，Nb，Ta，Mo，W，Re。

分散稀有元素：Ga，In，TI，Ge，Se，Te。

稀有气体：He，Ne，Ar，Kr，Xe，Rn。

稀土金属：Sc，Y，Lu和镧系元素。

铂系元素：Ru，Rh，Pd，Os，Ir，Pt。

放射性稀有元素：Fr，Ra，Tc，Po，At，Lr 和锕系元素。

在自然界中只有少数元素（如稀有气体，O_2，N_2，S，C，Au，Pt 等）以单质的形态存在，大多数元素则以化合态存在，而且主要以氧化物、硫化物、卤化物和含氧酸盐的形式存在。

（3）生命元素与非生命元素

根据元素的生物效应不同，又分为有生物活性的生命元素和非生命元素。生命元素可根据在人体中的含量及作用再进行细分，可分为人体必需元素（包括宏量元素和微量元素）和有毒元素。

我国矿产资源很丰富，其中钨、锌、锑、锂、稀土元素等含量占世界首位，铜、锡、铅、汞、镍、钛、钼等储量也居世界前列。非金属硼、硫、磷等储量也不少。开发我国的丰产元素，并在高科技领域中加以利用，是化学工作者的义务。

11.1.3　重要生命元素

在已发现的 112 种化学元素中，生命元素有 60 多种，20 多种为生命所必需元素。这些元素在生命体内含量千差万别，其作用各不一样。有的可达百分之几十，有的则不到百万分之几。有的对生命是必需的、有益的，有的则是非必需的或有害的。微量元素对生命体的作用，主要是看它们的生物效应，而不是根据其含量的多少。高含量的生命元素固然可对生命起着重要作用，但这并不意味着含量低微的生命元素对生命的影响就很微小。许多含量极微的生命元素恰恰控制着生命的关键步骤。

现代生物和医学研究认为，与生命有关的 60 多种元素按照其生物效应的不同，又可分为以下几类。

（1）必需元素

确定某元素是否为必需元素，一般遵循 Arnon 提出的三条原则：

① 若无该元素存在，则生物不能生长或不能完成其生活周期；

② 该元素在生物体内的作用不能由其他元素完全替代；

③ 该元素具有一定的生物功能或对生物功能有直接的影响，并参与其代谢过程。

已经发现符合上述条件的生命必需元素有 H，Na，K，Mg，Ca，V，Cr，Mn，Mo，Fe，Co，Ni，Cu，Zn，C，N，O，P，F，Si，S，Cl，Se，Br，I 共 25 种。其中 O，C，H，N，Na，Mg，K，Ca，P，S，Cl 这 11 种元素的含量一般在 0.01%以上，通常称之为生命必需的宏量元素。而将其余含量小于 0.01%的 14 种元素叫做生命必需的微量元素。O，C，H，N 在动、植物和人体中的含量见表 11-4。

（2）有毒元素

生物体内除了上述必需元素外，常常发现还有一些对机体有害的元素，如 Cd、Pb、Hg、Al、Be、Ga、In、Tl、As、Sb、Bi、Te 等。这些元素在人体中的存在

表 11-4 O，C，H，N 在动、植物和人体中的质量分数/%

元素	植物	动物	人体
O	79.0	65.0	61.0
C	3.0	18.0	23.0
H	10.0	10.0	10.0
N	0.3	3.0	2.6
总计	92.3	96.0	96.6

注：引自郭德成编著《生物无机化学概要》，天津科技出版社，1990 年版。

和激增，与现代工业污染有很大的关系。因此，为了人类和其他生物的健康生存，我们必须积极地防治工业污染。

（3）有益元素

这些元素的存在对生命是有益的，但没有这些元素生命尚可存在，如 Ge 等。

（4）不确定元素

除了以上三类元素外，目前生命体内还发现有 20～30 种元素，这些元素一般含量较微、种类不定，其生物效应尚不清楚，因此人们暂将其定为不确定元素。

应该指出，许多生命必需的微量元素，只有在浓度适当时，才具有有益的一面。如果浓度低于此范围就会出现缺乏症，如果浓度高于此范围，则会导致中毒，同样会对生物体产生危害。有益和有害之间的界限并不明显，并且不同元素的适宜浓度范围并不相同。图 11-1 是微量元素生物效应与浓度的关系示意图。

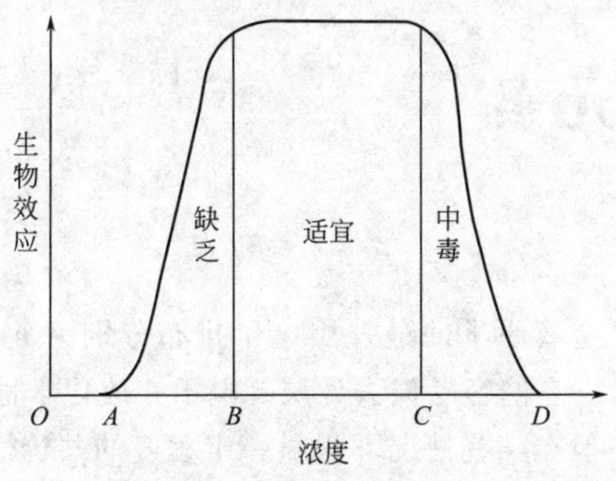

图 11-1 微量元素生物效应与浓度关系示意图

由图可见，微量元素的浓度在 B～C 范围内是有益的，小于 B，则不足，生命就不能正常进行，甚至产生营养缺乏症；大于 C，则过量，此时会引起生物中毒，有益元素变成了有害元素。这方面 Se 是最典型的微量元素之一。一般认为 0.05～0.1$\mu g \cdot g^{-1}$时，Se 对人和动物是有益的，小于 0.05$\mu g \cdot g^{-1}$，牲畜就会引起“白肌病”；大于 0.1$\mu g \cdot g^{-1}$，则会引起“碱疾病”。微量元素的有益与有害不仅与其在生物体内的浓度有关，而且与其价态有关。价态不同，其作用不同。如微量的 Cr^{3+} 对人体是有益的，而 Cr^{6+} 则是致癌物。又如微量的 Ni^{2+} 对心血管有益，但羰基镍则会引起癌症。可见，微量元素的生物效应还与其存在的形态有着重要的关系。

综上所述生命元素既有金属，又有非金属，它们所包含的元素种类，不同文献略有差异。现就目前比较公认的人体必需元素和有毒元素列于表 11-5 中，方便比较其电子排布、物理化学性质的周期性变化规律。

表 11-5　人体生命元素在周期表中的分布

周期	ⅠA	ⅡA	ⅢB	ⅣB	ⅤB	ⅥB	ⅦB	Ⅷ	Ⅷ	Ⅷ	ⅠB	ⅡB	ⅢA	ⅣA	ⅤA	ⅥA	ⅦA
1	H $1s^1$																
2	Li $2s^1$	Be $2s^2$											B $2s^22p^1$	C $2s^22p^2$	N $2s^22p^3$	O $2s^22p^4$	F $2s^22p^5$
3	Na $3s^1$	Mg $3s^2$											Al $3s^23p^1$	Si $3s^23p^2$	P $3s^23p^3$	S $3s^23p^4$	Cl $3s^23p^5$
4	K $4s^1$	Ca $4s^2$	Sc $3d^14s^2$	Ti $3d^24s^2$	V $3d^34s^2$	Cr $3d^54s^1$	Mn $3d^54s^2$	Fe $3d^64s^2$	Co $3d^74s^2$	Ni $3d^84s^2$	Cu $3d^{10}4s^1$	Zn $3d^{10}4s^2$	Ga $4s^24p^1$	Ge $4s^24p^2$	As $4s^24p^3$	Se $4s^24p^4$	Br $4s^24p^5$
5	Rb $5s^1$	Sr $5s^2$	Y $4d^15s^2$	Zr $4d^25s^2$	Nb $4d^45s^1$	Mo $4d^55s^1$	Tc $4d^55s^2$	Ru $4d^75s^1$	Rh $4d^85s^1$	Pd $4d^{10}$	Ag $4d^{10}5s^1$	Cd $4d^{10}5s^2$	In $5s^25p^1$	Sn $5s^25p^2$	Sb $5s^25p^3$	Te $5s^25p^4$	I $5s^25p^5$
6	Cs $6s^1$	Ba $6s^2$	La~Lu 镧系	Hf $5d^26s^2$	Ta $5d^36s^2$	W $5d^46s^2$	Re $5d^56s^2$	Os $5d^66s^2$	Ir $5d^76s^2$	Pt $5d^96s^1$	Au $5d^{10}6s^1$	Hg $5d^{10}6s^2$	Tl $6s^26p^1$	Pb $6s^26p^2$	Bi $6s^26p^3$	Po $6s^26p^4$	At $6s^26p^5$

（ⅢB～ⅡB：过渡金属）

○必需宏量元素　▱必需微量元素　□有毒元素　——有益元素

11.2　s 区元素

11.2.1　概述

碱金属原子和碱土金属原子的最外层电子排布分别为 ns^1 和 ns^2，这两族元素构成了周期系 s 区元素。它们容易失去外层 s 电子，故化学性质活泼。大多数金属可形成离子型化合物，但在某些情况下仍显一定程度的共价性。其中锂和铍因为原子半径相当小，电离能相对地高于其他同族元素，形成共价键的倾向比较显著。

碱金属元素包括锂、钠、钾、铷、铯和钫 6 种元素，构成周期系的ⅠA 族，由于它们的氢氧化物都是易溶于水的强碱，所以称它们为碱金属元素。

碱土金属元素包括铍、镁、钙、锶、钡和镭 6 种元素，构成周期系的ⅡA 族，由于它们的氧化物属于“土性的”难溶物，故称碱土金属。钫和镭是放射性元素。

碱金属元素和碱土金属元素的基本性质列于表 11-6 中。

同一周期中碱金属的原子半径都是最大的，它们的次外层具有稳定的稀有气体原子电子层结构，对核电荷的屏蔽作用较大，所以碱金属元素的第一电离能在同一周期中最低。碱金属元素的原子很易失去一个电子而形成＋1 氧化态，因此碱金属

表 11-6 碱金属元素和碱土金属元素的基本性质

元素	锂	钠	钾	铷	铯	铍	镁	钙	锶	钡
元素符号	Li	Na	K	Rb	Cs	Be	Mg	Ca	Sr	Ba
原子序数	3	11	19	37	55	4	12	20	38	56
相对原子质量	6.941	22.99	39.098	85.47	132.9	9.012	24.305	40.08	87.62	137.3
价电子层结构	$2s^1$	$3s^1$	$4s^1$	$5s^1$	$6s^1$	$2s^2$	$3s^2$	$4s^2$	$5s^2$	$6s^2$
原子半径/pm	152	186	227	248	265	111	160	197	215	217
离子半径/pm	60	95	133	148	169	31	65	99	113	135
$I_1/kJ\cdot mol^{-1}$	520.2	495.8	418.8	403.0	375.7	899.5	737.7	589.8	549.5	502.9
$I_2/kJ\cdot mol^{-1}$	7298	4562	3051	2633	2230	1757	1451	1145	1064	965
$I_3/kJ\cdot mol^{-1}$	11815	6912	4411	3900	—	14829	7733	4912	4210	—
电负性	0.98	0.93	0.82	0.82	0.79	1.57	1.31	1.00	0.95	0.89
$\varphi^{\ominus}/V$	−3.045	−2.714	−2.925	−2.925	−2.923	−1.85	−2.36	−2.87	−2.89	−2.91
密度/$g\cdot cm^{-3}$	0.534	0.971	0.86	1.532	1.873	1.85	1.74	1.55	2.54	3.5
熔点/K	453.69	370.69	336.8	312.04	301.55	1551	922	1112	1042	993
沸点/K	1620	1156	1047	961	951.5	324.3	1363	1757	1657	1913
硬度	0.6	0.4	0.5	0.3	0.2	—	2.0	1,5	1.8	—

是活泼性很强的金属元素。碱金属元素具有很大的第二电离能，故它们难以出现其他氧化态。

碱土金属也是活泼性相当强的金属元素，但碱土金属原子比相邻的碱金属多了一个核电荷而使原子核对最外层的s电子的吸引作用增强了，其原子半径较同周期的碱金属也减少，所以碱土金属原子要失去一个电子比相应的碱金属难，其活泼性比碱金属也要差。碱土金属元素第三电离能很大，是第二电离能的4～8倍，故在通常的化学反应中难以给出第三个电子参加反应。

碱金属的原子半径和碱土金属的原子半径，从上至下随主量子数的增加而依次增大，电离能和电负性同样依次减小。因此，它们的金属活泼性也从上至下依次增强。

11.2.2 单质的性质

s区元素（除氢外）的单质均为金属，具有金属光泽，它们的金属键比较弱。

(1) 物理性质

① 低熔点

碱金属与碱土金属均为金属晶体，但金属键并不牢固，除Be外，其他金属的熔点均低于1000℃，其中Cs的熔点最低为28.4℃。

② 低硬度

碱金属和 Ca、Sr、Ba 均可用刀切割，其中 Cs 的硬度为 0.2，是最软的金属。

③ 低密度

碱金属、碱土金属的密度均小于 5，Li 的密度为 $0.53g \cdot cm^{-3}$ 是最轻的金属。

④ 均呈银白色，有一定的导电性和导热性。

(2) 化学性质

① 与水反应生成相应的碱和 H_2

室温下，Li、Be、Mg 反应较慢，其余的金属反应均剧烈。Na 熔化，K 与水可爆炸起火。

② 与空气反应

缓慢反应生成普通氧化物。燃烧时生成的产物分别为：Na-Na_2O_2；Li-Li_2O，Li_3N；Mg-MgO，Mg_3N_2；K-KO_2。除 Mg，Be 外均不能存放于空气中。

③ 与非金属反应

生成相应的离子化合物，如 MX、Li_3N、M_3P、MH 等。

④ 与乙醇反应。

与乙醇 C_2H_5OH 发生如下反应：

$$2Na + 2C_2H_5OH \xlongequal{} 2C_2H_5ONa + H_2 \uparrow$$

⑤ 汞齐的生成

Na 容易与 Hg 反应生成汞齐，在有机合成及工业中常被用作较缓和的还原剂。

11.2.3 氧化物和氢氧化物

(1) 氧化物

碱金属、碱土金属与氧能形成多种类型的化合物，如普通氧化物（M_2O/MO)、过氧化物（M_2O_2/MO_2)、超氧化物［MO_2/$M(O_2)_2$］和臭氧化物（MO_3)，其中分别含有 O^{2-}、O_2^{2-}、O_2^-、O_3^-。前两种是反磁性物质，后两种是顺磁性物质。碱土金属同氧化合，一般更易生成氧化物。s 区元素与氧所形成的各种含氧化合物列于表 11-7中。

表 11-7　s 区元素形成的含氧化合物

含氧化合物	阴离子	直接形成	间接形成
正常氧化物	O^{2-}	Li,Be,Mg,Ca,Sr,Ba	所有元素
过氧化物	O_2^{2-}	Na,Ba	除 Be 外的所有元素
超氧化物	O_2^-	(Na),K,Rb,Cs	除 Be,Mg,Li 外所有元素
臭氧化物	O_3^-		Na,K,Rb,Cs

① 普通氧化物

Li 与碱土金属和 O_2 直接反应生成正常氧化物。

$$Li + O_2 \longrightarrow Li_2O \qquad M(\text{II}) + O_2 \longrightarrow MO$$

其他碱金属氧化物需要通过相应过氧化物或硝酸盐还原或碳酸盐分解制备：

$$MCO_3 \xlongequal{} MO + CO_2 \ (M = Mg, Sr, Ca, Ba)$$

$$Na_2O_2 + 2Na \xlongequal{} 2Na_2O$$

$$2KNO_3 + 10K \xlongequal{} 6K_2O + N_2 \uparrow$$

水溶性：BeO 与 MgO 难溶，其他氧化物易溶。BeO 与 MgO 常用作耐火材料和金属陶瓷。

酸碱性：BeO 两性，余者为碱性。

热稳定性：在元素周期表中自上而下热稳定性逐渐降低。M_2O 的标准摩尔生成焓 $\Delta_f H_m^{\ominus}(B)/kJ \cdot mol^{-1}$ 分别为：Li—599；Na—466；K—862；Rb—331；Cs—318。

② 过氧化物

除 Be、Mg 外，其他碱金属和碱土金属均可形成过氧化物，但只有 Na 和 Ba 的过氧化物可由金属在空气中燃烧直接得到。

$$2Na + O_2(\text{无 } CO_2) \xlongequal{573\sim623K} Na_2O_2(\text{淡黄})$$

$$2BaO + O_2 \xlongequal{773\sim793K} 2BaO_2$$

过氧化物中含有过氧离子 O_2^{2-}，只形成一个 σ 键，无单电子。

碱金属和碱土金属中过氧化物最常见且有实用价值的是 Na_2O_2 与 BaO_2。Na_2O_2 用作氧气发生剂、氧化剂、熔矿剂、漂白剂及消毒剂，例如，BaO_2 常用于防毒面具。实验室常用 BaO_2 与硫酸反应制备 H_2O_2：

$$BaO_2 + H_2SO_4 \xlongequal{} BaSO_4 + H_2O_2$$

③ 超氧化物

K、Rb、Cs 在过量氧气中燃烧，可直接制得超氧化物。超氧化物中有超氧离子 O_2^-，有 1 个 σ 键和 1 个三电子 π 键，是顺磁性物质。

超氧化物是一种很强的氧化剂，与水剧烈反应，释放出氧气和过氧化氢：

$$2KO_2 + 2H_2O \xlongequal{} H_2O_2 + O_2 \uparrow + 2KOH$$

超氧化物与二氧化碳反应放出氧气：

$$4KO_2 + 2CO_2 \xlongequal{} 2K_2CO_3 + 3O_2 \uparrow$$

这一特性被用来除去 CO_2 和再生 O_2。

④ 臭氧化物

低温下无水的碱金属氢氧化物粉末（除 Li 外）与 O_3 反应可得到臭氧化物，如：

$$6KOH(s) + 4O_3(g) \xlongequal{} 4KO_3(s) + 2KOH \cdot H_2O(s) + O_2(g) \uparrow$$

臭氧化物不稳定，将缓慢地分解：

$$2KO_3 \xlongequal{} 2KO_2 + O_2 \uparrow$$

臭氧化物和水反应剧烈，但不生成过氧化物，而是生成氢氧化物和氧气：

$$4KO_3+2H_2O \xlongequal{} 4KOH+5O_2\uparrow$$

（2）氢氧化物

碱金属和碱土金属的氢氧化物都是白色固体。它们在空气中易吸水而潮解，故固体 NaOH 和 $Ca(OH)_2$ 常用作干燥剂。

碱金属的氢氧化物在水中都是易溶的（其中 LiOH 的溶解度稍小些），溶解时还放出大量的热。碱土金属的氢氧化物的溶解度则较小，其中 $Be(OH)_2$ 和 $Mg(OH)_2$ 是难溶的氢氧化物。对碱土金属来说，由 $Be(OH)_2$ 到 $Ba(OH)_2$ 溶解度依次增大。这是由于随着金属离子半径的增大，阳、阴离子之间的作用力逐渐减小，容易为水分子所解离的缘故。

碱金属、碱土金属的氢氧化物中，除 $Be(OH)_2$ 为两性氢氧化物外，其他氢氧化物都是强碱或中强碱。

这两族元素氢氧化物碱性的递变次序如下：

LiOH	< NaOH	< KOH	< RbOH	< CsOH
中强碱	强碱	强碱	强碱	强碱

$Be(OH)_2$	$<Mg(OH)_2$	$<Ca(OH)_2$	$<Sr(OH)_2$	$<Ba(OH)_2$
两性	中强碱	强碱	强碱	强碱

上面所列各物质的酸碱性质有很大差别，但从组成上可以把它们看成同一类型的化合物，即氢氧化物，用通式 $M(OH)_n$ 表示，n 代表元素 M 的氧化数。从离子键的观点，把 M、O、H 视为 M^{n+}、O^{2-}、H^+、以 MOH 表示金属氢氧化物。$M(OH)_n$ 型物质在水溶液中有两种解离方式：

$$M—O—H \longrightarrow MO^- + H^+ \quad 酸式解离$$

$$M—O—H \longrightarrow M^+ + OH^- \quad 碱式解离$$

上述两种解离方式，反映了 M^{n+} 和 H^+ 争夺 O^{2-} 能力的强弱。由于 H^+ 半径小，与 O^{2-} 结合力很强，故 M^{n+} 能否争夺到 O^{2-} 取决于 M 的电荷、半径以及对 H^+ 斥力的强弱。如果 M 的电荷少、半径大，对 O^{2-} 的吸引力弱于 H^+，则在水分子的作用下发生碱式解离，此元素的氢氧化物就是碱。反之，若 M 电荷多、半径小，对 O^{2-} 的吸引力和对 H^+ 的排斥力都很大，致使 O—H 键削弱而发生酸式解离，此元素的氢氧化物就是酸。如果 M 对 O^{2-} 的吸引力与 H^+ 对 O^{2-} 吸引力二者相差不大，则有可能按两种方式解离，这就是两性氢氧化物。

金属氢氧化物的解离方式与 M 的电荷数 z 和 M 的半径 r 有关。

$\varphi=z/r$（z 为电荷数，r 为离子半径，单位为 pm）是判断 $M(OH)_n$ 酸碱性的经验规则：

$$\sqrt{\varphi}<0.22 \qquad M(OH)_n 呈碱性$$

$$0.22<\sqrt{\varphi}<0.32 \qquad M(OH)_n 呈两性$$

$$\sqrt{\varphi}>0.32 \qquad M(OH)_n 呈酸性$$

经验规则成功地解释电子构型为 2 或 8 电子的氢氧化物的酸碱性，如 Be^{2+} 的 $\sqrt{\varphi}=\sqrt{2/27}=0.25$，$Be(OH)_2$呈两性；$Ba^{2+}$ 的$\sqrt{\varphi}=\sqrt{2/143}=0.12$，$Ba(OH)_2$呈强碱性。但对于其他构型的 M^{n+}，有时会出现偏差，如 $Zn(OH)_2$，$\sqrt{\varphi}=0.16$ 应显碱性，但实际上是典型的两性氢氧化物。即除了碱金属和碱土金属的氢氧化物之外，上述经验规则对其他金属氢氧化物有时不太适用。

碱金属的氢氧化物具有强烈腐蚀性，能腐蚀衣服、玻璃、陶瓷以至极为稳定的金属铂，并能严重烧伤皮肤，尤其是眼睛的角膜。因此，制备或使用这类强碱时，要特别注意材料的选择和防护。例如，在熔融或加热浓的 NaOH 溶液时，要用银、镍或铁的容器，而不能用铂做的容器。

碱金属氢氧化物中最重要的是氢氧化钠。NaOH 俗称烧碱，是重要的化工原料，应用很广泛。工业上制备 NaOH 采用电解食盐水溶液的方法，常用隔膜电解法和离子交换膜电解。用碳酸钠和熟石灰反应（苛化法）也可以制备 NaOH。KOH 的性质与 NaOH 很相似，但价格比 NaOH 昂贵，除非有特殊需要，一般都使用 NaOH。LiOH 在宇宙飞船和潜水艇等密封环境中用于吸收 CO_2。

碱土金属氢氧化物中较重要的是氢氧化钙。$Ca(OH)_2$有较强的碱性，其价格低廉，故在生产中常被用来调节溶液的 pH 或沉淀分离某些难溶的金属氢氧化物。由于来源充足，大量用于化工和建筑工业。

11.2.4 常见的金属盐

(1) 碱金属盐

常见的碱金属盐类有卤化物、硝酸盐、硫酸盐、碳酸盐和磷酸盐。它们的共同特征包括以下几个方面。

① 绝大多数是离子型晶体，只有 Li^+（由于半径小）的某些盐（LiX）具有不同程度的共价键特征。

② 所有的碱金属盐，除了与有色阴离子形成有色盐外，其余都为无色盐。

③ 除少数难溶盐外，一般的碱金属盐在水中都可溶。难溶盐一般都是半径大的阴离子组成的盐，一般 r^+/r^- 较大时，盐类都难溶，因为晶格能较大。水分子难以插入晶体中使其溶解。大多数碱金属在水中都有很大的溶解度，只有少部分盐难溶于水。表 11-8 为碱金属氟化物和碘化物的溶解度。

表 11-8 碱金属氟化物和碘化物的溶解度/$mol \cdot L^{-1}$

离子	Li^+	Na^+	K^+	Rb^+	Cs^+
F^-	0.1	1.1	15.9	12.5	24.2
I^-	12.2	118	8.6	7.2	2.8

④ 碱金属盐类有形成水合盐的倾向，尤其是卤化物与硫酸盐，具有形成复盐

的能力。例如：

光卤石类： $MCl\cdot MgSO_4\cdot 6H_2O$(M=K,Rb,Cs)

矾类： $M_2SO_4\cdot MgSO_4\cdot 6H_2O$($M=K^+,Rb^+,Cs^+$)

M(Ⅰ)M(Ⅲ)$SO_4\cdot MgSO_4\cdot 12H_2O$[M(Ⅰ)$=NH_4^+,Na^+,K^+,Rb^+,Cs^+$；M(Ⅲ)$=Al^{3+},Fe^{3+},Co^{3+},Ga^{3+},V^{3+}$]

锂盐不易形成复盐。这是由于其离子半径太小，不易与其他金属盐形成同晶化合物。必须指出，复盐的溶解度比相应的简单碱金属盐溶解度要小得多。

(2) 碱土金属盐

常见的碱土金属盐有卤化物、硫酸盐、硝酸盐、碳酸盐、磷酸盐等。由于碱土金属离子电荷大、半径小，故其极化力大，因此盐的性质也有其特殊性。

① 晶型 碱土金属的卤化物，尤其是BeX_2，带有明显的共价性。如BeF_2，虽然溶于水，但在水中不完全解离，而$BeCl_2$具有无限长链的结构。

② 溶解度 碱土金属盐有不少是难溶的，只有硝酸盐、氯酸盐、高氯酸盐和醋酸盐是易溶的；卤化物中，除氟化物外，其余都是易溶的。显然，盐的溶解度与离子水合能及盐的晶格能密切相关。

碱土金属碳酸盐、磷酸盐、草酸盐等都是难溶的。但它们都可以溶于盐酸中。硫酸盐中，$BaSO_4$溶解度最小，$MgSO_4$溶解度最大；铬酸盐中，$BaCrO_4$溶解度最小，$MgCrO_4$溶解度最大。常见的碱土金属盐的溶度积常数列于表 11-9 中。

表 11-9 某些碱土金属难溶化合物的溶度积（$K_{sp}^{\ominus}$）

离子	OH^-	F^-	SO_4^{2-}	CrO_4^{2-}
Be^{2+}	1.6×10^{-26}	—	—	—
Mg^{2+}	8.9×10^{-12}	8×10^{-8}	—	—
Ca^{2+}	1.3×10^{-6}	1.7×10^{-10}	2.4×10^{-5}	7.1×10^{-4}
Sr^{2+}	3.2×10^{-4}	8.0×10^{-10}	8.0×10^{-7}	3.6×10^{-5}
Ba^{2+}	5.0×10^{-3}	2.4×10^{-5}	1.0×10^{-10}	8.5×10^{-11}

人们研究了碱金属和碱土金属盐类的溶解度后，总结出了一些经验规律：阳离子电荷少、半径大的盐，其溶解度较大。例如，碱金属的氟化物比碱土金属的氟化物溶解度大。阴离子的半径较小时，盐的溶解度常随金属的原子序数的增大而增大，例如 CsF 的溶解度比 LiF 大得多。相反，阴离子的半径较大时，盐的溶解度常随金属的原子序数的增大而减少，例如 CsI 的溶解度比 LiI 的小得多。

③ 水解性

除 Be^{2+} 外，Mg^{2+} 也能水解，虽然水解能力不强，但加热可以促进水解。

$$MgCl_2\cdot 6H_2O \xrightarrow{\triangle} Mg(OH)Cl + 5H_2O + HCl\uparrow$$

因此，不能用加热脱水的方法使这一类含水盐脱水转化为无水盐，而应在 HCl

气氛下加热或与 $NH_4Cl(s)$ 混合加热，或用干法由相应单质制备无水盐。

由于离子构型的特点，碱金属和碱土金属离子与单齿配体形成配合物的能力较差。但能与含有体积小、电负性大的配位原子（O，N 等）的多齿配体形成稳定配合物，如可与冠醚、EDTA 等形成螯合物。

（3）碱金属、碱土金属盐热稳定性

碱金属盐是离子型晶体，有较高的熔点。熔融态下有极强的导电能力，有较高的热稳定性。在含氧酸盐中，硫酸盐在高温下不挥发，也难以分解；碳酸盐除 Li_2CO_3（由于 Li^+ 的极化作用大，在 1000℃以上时分解）外，其余的碳酸盐都难分解。硝酸盐热稳定性较低，在一定温度下就会分解。

$$4LiNO_3 \xlongequal{973K} 2Li_2O + 4NO_2\uparrow + O_2\uparrow$$

$$2NaNO_3 \xlongequal{1003K} 2NaNO_2 + O_2\uparrow$$

碱土金属盐的热稳定性比碱金属差，但常温下也都是稳定的。例如，在热力学标准态下，碳酸盐热分解温度分别如下：

	$BeCO_3$	$MgCO_3$	$CaCO_3$	$SrCO_3$	$BaCO_3$
热分解温度/℃	<100	540	900	1290	1360

$BeCO_3$ 加热不到 100℃就分解，而 $BaCO_3$ 需在 1360℃时才分解。铍的这一性质再次说明了第二周期元素的特殊性。

可以推断，硫酸盐热分解温度也应符合同一顺序：$MgSO_4$（895℃）> $CaSO_4$（1149℃）> $SrSO_4$ > $BaSO_4$。显然，要分解重晶石 $BaSO_4$ 形成可溶性盐需要用反应偶联，以降低反应温度。

$$BaSO_4 + 4C \xlongequal{1073\sim1273K} BaS + 4CO\uparrow$$

碱土金属的碳酸盐、硫酸盐等的稳定性都是随着金属离子半径的增大而增强，表现为它们的分解温度依次升高。铍盐的稳定性特别差。碱土金属碳酸盐的热稳定性规律可以用离子极化来说明。在碳酸盐中，阳离子半径越小，即 z/r 值越大，极化力越强，越容易从 CO_3^{2-} 中夺取 O^{2-} 成为氧化物，同时放出 CO_2，表现为碳酸盐的热稳定性越差，受热容易分解。碱土金属离子极化能力比相应的碱金属离子强，因而碱土金属的碳酸盐的热稳定性比相应的碱金属差。Li^+ 和 Be^{2+} 的极化力在碱金属和碱土金属中是最强的，因此，Li_2CO_3 和 $BeCO_3$ 在其各自同族元素的碳酸盐中都是最不稳定的。

此外，酸式盐的热稳定性比正盐低。

11.2.5 锂、铍的特性对角线规则

（1）锂的特殊性

一般说来，碱金属元素性质的递变是很规律的，但锂常表现出反常性。锂及其化合物与其他碱金属元素及其化合物在性质上有明显的差别。

锂的熔点、硬度高于其他碱金属，而导电性则较弱。锂的化学性质与其他碱金属化学性质变化规律不一致。锂的标准电极电势在同族元素中反常地低，这与 Li^+(g)的水合放热较多有关。锂在空气中燃烧时能与氧形成普通氧化物 Li_2O，与氮气直接作用生成氮化物，这是由于它的离子半径小，因而对晶格能有较大贡献的缘故。

锂的化合物也与其他碱金属化合物有性质上的差别。例如，锂的化合物的共价性比同族其他元素化合物共价性显著，LiOH 红热时分解，而其他 MOH 则不分解；LiH 的热稳定性比其他 MH 高；LiF，Li_2CO_3，Li_3PO_4 难溶于水。

(2) 铍的特殊性

铍及其化合物的性质和ⅡA 族其他金属元素及其化合物也有明显的差异。铍的熔点、沸点比其他碱土金属高，硬度也是碱土金属中最大的，但却有脆性。铍的电负性也较大，有较强的形成共价键的倾向。例如，$BeCl_2$ 属于共价化合物，而其他碱土金属的氯化物基本上都是离子型的。另外，铍的化合物热稳定性相对较差，易水解。铍的氢氧化物 $Be(OH)_2$ 呈两性，它既能溶于酸，又能溶于碱，反应方程式如下：

$$Be(OH)_2 + 2H^+ + 2H_2O = [Be(H_2O)_4]^{2+}$$

$$Be(OH)_2 + 2OH^- = [Be(OH)_4]^{2-}$$

(3) 对角线规则

在 s 区和 p 区元素中，除了同族元素的性质相似外，还有一些元素及其化合物的性质呈现出“对角线”相似性。所谓对角线相似即ⅠA 族的 Li 与ⅡA 族的 Mg，ⅡA 族的 Be 与ⅢA 族的 Al，ⅢA 族的 B 与ⅣA 族的 Si 这三对元素周期表中处于对角线位置：

Li　Be　B　C

Na　Mg　Al　Si

相应的两元素及其化合物的性质有许多相似之处，这种相似性称为对角线规则。下面来讨论这三对元素的相似性。

① 锂与镁的相似性

锂、镁在过量的氧气中燃烧时并不生成过氧化物，而生成正常氧化物。锂和镁都能与氮直接化合而生成氮化物，与水反应均较缓慢。锂和镁的氢氧化物都是中强碱，溶解度都不大，在加热时可分别分解为 Li_2O 和 MgO。锂和镁的某些盐类如氟化物、碳酸盐、磷酸盐均难溶于水。它们的碳酸盐在加热下均能分解为相应的氧化物和二氧化碳。锂、镁的氯化物均能溶于有机溶剂中，表现出共价特征。

② 铍与铝的相似性

ⅡA 族的 Be 也很特殊。其性质和ⅢA 族中的 Al 有些相近。例如，它们的氧化物和氢氧化物均显两性，而ⅡA 族其他氧化物和氢氧化物显碱性。两者的电极电势相近：

$$\varphi^{\ominus}_{Be^{2+}/Be}=-1.7V;\varphi^{\ominus}_{Al^{3+}/Al}=-1.67V$$

BeO和Al_2O_3都具有高熔点和高硬度。$BeCl_2$和$AlCl_3$都是缺电子的共价型化合物，在蒸气中以缔合分子状态存在。金属铍与铝都能被冷的浓硝酸钝化。它们的盐都易水解，高价阴离子的盐难溶。它们的碳化物属于同一类型。水解都生成甲烷。

$$Be_2C+4H_2O=\!=\!=Be(OH)_2+CH_4$$

$$Al_4C_3+12H_2O=\!=\!=4Al(OH)_3+3CH_4$$

③ 硼和硅的相似性

两者在单质状态下都显示一定的金属性。在自然界中都不以单质存在，而是以氧化物形式存在。B—O键和Si—O键都有很高的稳定性。氢化物均有多种形式，且都具有挥发性，可自燃，易水解。卤化物都是路易斯酸，能彻底水解。能生成多酸和多酸盐，其结构类似。正硼酸和正硅酸都是弱酸。氧化物和某些金属氧化共熔，生成含氧酸盐。

对角线规则是从有关元素及其化合物的许多性质中总结出来的经验规律。对此可以用离子极化的观点加以粗略地说明。同一周期最外层电子构型相同的金属离子，从左至右随离子电荷数的增加而引起极化作用的增强。同一族电荷数相同的金属离子，自上而下随离子半径的增大而使得极化作用减弱。因此，处于周期表中左上右下对角线位置上的邻近两种元素，由于电荷数和半径的影响恰好相反，它们的离子极化作用比较相近，从而使它们的化学性质有许多相似之处，由此反映出物质的性质与结构的内在联系。

11.3 p区元素

11.3.1 概述

p区元素包括ⅢA至ⅦA及零族共6个主族，目前共有31个元素，是元素周期表中唯一包含金属和非金属的一个区。因此，该区元素具有十分复杂的性质。

与s区元素相似，p区元素的原子半径在同一族中自上而下逐渐增大，它们获得电子的能力逐渐减弱，元素的非金属性也逐渐减弱，金属性逐渐增强。这些变化规律在p区元素中表现较明显，在第ⅢA～第ⅤA族元素中表现得更为突出。除第ⅦA族和稀有气体外，p区各族元素都由明显的非金属元素起，过渡到明显的金属元素止。同一族元素中，第一个元素的原子半径最小，电负性最大，获得电子的能力最强，因而与同族其他元素相比，化学性质有较大的差别。

p区元素的价层电子构型为$ns^2np^{1\sim6}$，它们大多数都有多种氧化态。第ⅢA～第ⅤA族元素的低的正氧化值化合物的稳定性在同一主族中大致随原子序数的增加而增强，但高的正氧化值化合物的稳定性则自上而下依次减弱。例如，ⅣA族中的Si(Ⅳ)的化合物很稳定，Si(Ⅱ)的化合物则不稳定。Ge(Ⅳ)的化合物较

Ge(Ⅱ)的化合物稍稳定些；到第六周期的 Pb 时，情况则恰好相反，Pb(Ⅱ) 的化合物较稳定，Pb(Ⅳ) 的化合物则不稳定。Pb(Ⅳ) 容易得到电子成为 Pb(Ⅱ)，表现出强的氧化性。同一族元素这种自上而下低氧化值化合物比高氧化值化合物变得更稳定的现象叫做惰性电子对效应。一般认为，随着原子序数的增加，外层 ns 轨道中的一对电子越不容易参与成键，越显得不够活泼。因此，高氧化值化合物容易获得 2 个电子而形成 ns^2 电子结构。惰性电子对效应也存在于ⅢA 和ⅤA 族元素中。

（1）电子构型

p 区元素价电子构型为 $ns^2np^{1\sim6}$，在同周期元素中，由于 p 轨道上电子数的不同而呈现出明显不同的性质，如元素铝是金属，元素硫却是典型的非金属。在同一族元素中，原子半径从上到下逐渐增大，而有效核电荷只是略有增加。因此，金属性逐渐增强，非金属性逐渐减弱。

第四周期开始，周期系中 s 区元素和 p 区元素之间插进了 d 区元素，使第四周期 p 区元素的有效核电荷显著增大，对核外电子的吸引力增强，因而原子半径比同周期的 s 区元素的原子半径显著地减小。因此 p 区第四周期元素的性质在同族中也显得比较特殊，表现出异样性，Ga、Ge、As、Se、Br 等元素都如此。例如，在ⅤA族元素中，砷的氯化物 $AsCl_5$ 并不存在，这与同族中的磷和锑能形成高氧化值的氯化物不同。在ⅦA 族元素的含氧酸中，溴酸、高溴酸的氧化性均比其他卤酸、高卤酸的氧化性强。

第五周期和第六周期的 p 区元素前面，排列着 d 区元素（第六周期前还排列着 f 区元素），它们对这两周期元素也有类似的影响，因而使各族第四、第五、第六周期三种元素性质又出现了同族元素性质的递变情况，但这种递变远不如 s 区元素那样明显。

第六周期 p 区元素由于镧系收缩的影响与第五周期相应元素的性质比较接近。从下面列出的有关离子半径可以看出，第五、第六周期元素的离子半径相差不太大，而第四、五周期元素的离子半径却相差较大。

	Ga^{3+}	Ge^{4+}	As^{5+}
r/pm	62	53	47
	In^{3+}	Sn^{4+}	Sb^{5+}
r/pm	79	71	62
	Tl^{3+}	Pb^{4+}	Bi^{5+}
r/pm	88	84	74

（2）物理性质

p 区元素由于其电子构型的特殊性，因而既包含有金属固体、非金属固体也有非金属液体及非金属气体。因此，它们的物理性质差异很大。一般地，同周期元素中，熔、沸点从左到右逐渐减小，同族元素中熔、沸点从上到下逐渐增大。

由于 d 区和 f 区元素的插入，使 p 区元素自上而下性质的递变远不如 s 区元素那样有规则。p 区元素的性质有如下四个特征：

① 第二周期元素具有反常性质；

② 第四周期元素表现出异样性；

③ 各族第四、第五、第六周期三种元素性质缓慢地递变；

④ 各族第五、第六周期两种元素性质有些相似。

(3) 化学性质

p区元素的电负性较s区元素大，所以，p区元素在许多化合物中常以共价键结合。

p区元素大多具有多种氧化值，其最高正氧化值等于其最外层电子数（即族数）。除此之外，还具有可变氧化值，且正氧化值彼此之间的差值为2，例如，硫原子的正氧化值分别为+2、+4、+6等。由于ns^2电子的稳定性，由上到下依次增大，使p区元素同一族中元素的低氧化值的稳定性逐渐增加，如ⅢA族中B、Al、Ga的主要氧化值为+3，而Tl则是+1。

p区非金属元素（除稀有气体外），在单质状态以非极性共价键结合。当非金属元素的原子半径较小，成单价电子数较小时，可形成独立的少原子分子Cl_2、O_2、N_2等；而当非金属元素的原子半径较大，成键电子较多时，则形成多原子的巨型分子，如C、Si、B等。

p区金属元素由于其电负性相对s区元素要大一些，所以其金属性要比碱金属和碱土金属弱。某些元素甚至表现出两性，如Si、Al等。

11.3.2 硼族元素

(1) 概述

周期系第ⅢA族元素包括硼、铝、镓、铟、铊五种元素，又称为硼族元素。铝在地壳中的含量仅次于氧和硅，其丰度（以质量计）居第三位，而在金属元素中铝的丰度居于首位。硼和铝有富集矿藏，而镓、铟、铊是分散的稀有元素，常与其他矿共生。这里重点讨论硼、铝及其化合物。硼族元素的一些性质列于表11-10中。

表11-10 硼族元素的一些性质

元素	硼(B)	铝(Al)	镓(Ga)	铟(In)	铊(Tl)
原子序数	5	13	31	49	81
价层电子构型	$2s^2 2p^1$	$3s3p^1$	$4s^2 4p^1$	$5s^2 5p^1$	$6s^2 6p^1$
主要氧化数	+3	+3	+1，+3	+1，+3	+1，+3
共价半径/pm	88	143	122	163	170
硬度(金刚石=10)	9.5	2.9	1.5	1.2	
熔点/℃	2180	660	30	157	303
沸点/℃	3650	2467	2403	2080	1457
第一电离能/$kJ \cdot mol^{-1}$	800.6	577.5	578.8	558.3	589.4
第一电子亲和能/$kJ \cdot mol^{-1}$	−26.7	−42.5	−28.9	−28.9	50
电负性	2.04	1.61	1.81	1.78	2.04
晶体类型	原子晶体	金属晶体	金属晶体	金属晶体	金属晶体

从表 11-10 可以看出，硼和铝在原子半径、电离能、电负性、熔点等性质上存在着较大的差异。从硼到铝这种性质上的突变正说明了 p 区元素性质的一个特征，即 p 区第二周期元素的反常性。

ⅢA 族元素中，B 是非金属，其他元素为金属。金属单质的沸点从上往下降低，但熔点无规律性，原因是金属晶体的堆积方式不同。金属铝为面心立方。金属镓中含有原子对，铟和铊的结构也不相同。金属熔化后晶体结构不复存在，从上往下金属键减弱，所以沸点降低。

硼族元素的基本特点是元素的缺电子性。硼族元素原子的价层结构为 ns^2np^1，即拥有 4 个价层轨道，却只有 3 个价电子。当形成化合物时，这 3 个价电子形成正常共价键只能用去 3 个轨道，还有 1 个空轨道未被利用，故价层不能形成稳定的 8 电子结构。这种价电子数小于价键轨道数的原子称为缺电子原子。因此化合物属于缺电子体，具有强烈的接受电子的倾向，它们所形成的化合物有些为缺电子化合物。为使价层轨道充分参与成键，使系统更加稳定。硼族元素以多种成键方式接受电子。如 B_2H_6 中的氢桥键，$AlCl_3$ 自聚成双聚体，BF_3、H_3BO_3 作为路易斯酸进行的加合反应，这些都是硼族元素缺电子性的表现。

硼族元素的电势图如下：

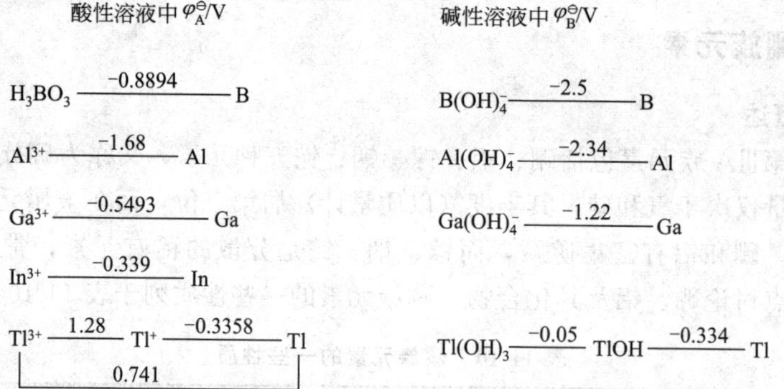

(2) 硼族元素的化学性质

硼在地壳中的含量很小。硼在自然界不以单质存在，主要以含氧化合物的形式存在。硼的重要矿石有硼砂 $Na_2B_4O_7 \cdot 10H_2O$、方硼石、硼镁矿等，还有少量硼酸 H_3BO_3。我国西部地区的内陆盐湖和辽宁、吉林等省都有硼矿。

铝在自然界分布很广，主要以铝矾土（$Al_2O_3 \cdot xH_2O$）矿形式存在。铝矾土是一种含有杂质的水合氧化铝矿，是提取金属铝的主要原料。

镓、铟、铊在自然界没有单独的矿物，而是以杂质的形式分散在其他矿物中。

硼族元素中，硼具有一般常见的非金属元素的反应性能。晶形硼相当稳定，不与氧、硝酸、热浓硫酸、烧碱等作用。无定形硼则比较活泼，能与熔融的 NaOH 反应。金属铝的化学性质比较活泼，但由于其表面有一层致密的钝态氧化膜，而使铝的反应活性大为降低，不能与空气和水进一步作用。硼族单质的化学性质列于

表11-11中。由于硼有较大的电负性，它能与金属形成硼化物，其中硼的氧化值一般认为是-3。硼和铝都是亲氧元素，它们与氧的结合力极强。硼能把铜、锡、铅、锑、铁和钴的氧化物还原为金属单质。

表 11-11 硼族元素的化学性质（M 为金属元素）

元素	B	Al	Ga	In	Tl
空气(25℃)	不反应	不反应	M_2O_3 → 反应活泼性增强		
在空气中加热	B_2O_3,BN	Al_2O_3	Ga_2O_3	In_2O_3	Tl_2O
N_2(加热)	BN	AlN			
C(加热)	B_4C	Al_4C_3			
S(加热)	B_2S_3	Al_2S_3	Ga_2S_3	In_2S_3	Tl_2S
X_2(加热)	BX_3	AlX_3	GaX_3	InX_3	TlX
金属(加热)	Mg_3B_2,Fe_2B,VB	合金	合金	合金	合金
水蒸气	$H_3BO_3+H_2$	不反应	H_2+M^{3+}（Tl 为 Tl^+）→ 反应活泼性增强		
稀酸	不反应	反应较慢	H_2+M^{3+}（Tl 为 Tl^+）→ 反应活泼性增强		
浓 HCl	不反应	H_2	H_2	H_2	H_2
浓 H_2SO_4,加热	$H_3BO_3+SO_2$	$Al^{3+}+SO_2$	$Ga^{3+}+SO_2$	$In^{3+}+SO_2$	
浓 HNO_3	$H_3BO_3+NO_2$	钝化	$Ga^{3+}+NO_2$	$In^{3+}+NO_2$	
热的浓碱	$BO_2^-+H_2$	$Al(OH)_4^-$	$Ga(OH)_4^-$		

(3) 重要化合物

① 硼酸

硼酸 H_3BO_3 或写为 $B(OH)_3$，是白色片状晶体。加热灼烧发生下列变化：

$$H_3BO_3 \xrightarrow[-H_2O]{169℃} HBO_2 \xrightarrow[-H_2O]{300℃} B_2O_3$$

在 H_3BO_3 晶体中，每个硼原子用 3 个 sp^2 杂化轨道与 3 个氢氧根中的氧原子以共价键结合［如图 11-2 (a)］，每个氧原子除以共价键与一个硼原子和一个氢原子结合［如图 11-2 (b)］外，还通过氢键同另一个 H_3BO_3 单元中的氢原子结合而连成片层结构［如图 11-2 (c)］。层与层之间距离为 318pm，以分子间力相吸引，故硼酸有水解性，可用作润滑剂。这种缔合结构使它在冷水中溶解度很小，加热时因部分氢键断裂，溶解度增大。

在工业上常用 H_2SO_4 分解硼矿物制备 H_3BO_3。

$$Na_2B_4O_7 \cdot 10H_2O + H_2SO_4 = 4H_3BO_3 + Na_2SO_4 + 5H_2O$$

在任何一种硼酸盐溶液中加入酸总是得到硼酸，因为硼酸溶解度小，易从溶液中析出。

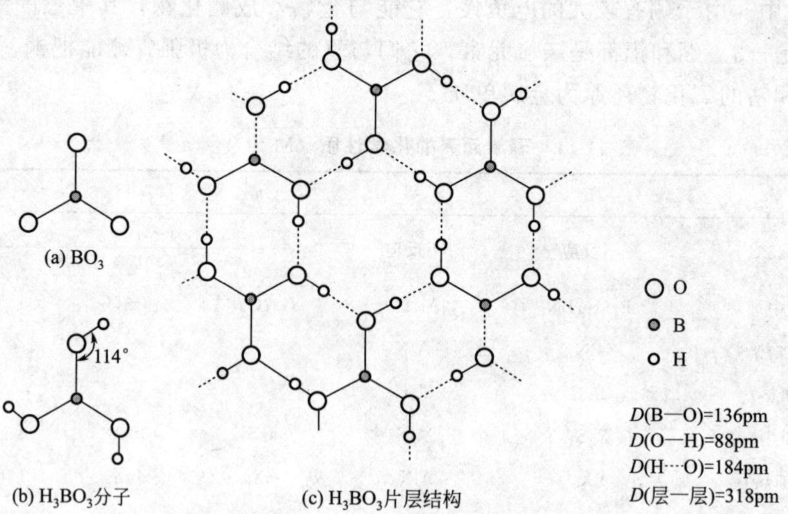

(a) BO_3
114°
(b) H_3BO_3分子
(c) H_3BO_3片层结构
O
B
H
D(B—O)=136pm
D(O—H)=88pm
D(H…O)=184pm
D(层—层)=318pm

图 11-2 硼酸结构示意图

H_3BO_3是一元弱酸，$K_a^{\ominus}=5.8\times10^{-10}$。它的酸性是因为它是缺电子原子，它加合了来自水分子的 OH^-（其中氧原子中有孤对电子）释放出 H^+。

硼酸本身并不给出质子，所以硼酸是路易斯酸。

$$B(OH)_3+H_2O = [B(OH)_4]^-+H^+$$

H_3BO_3被大量用于玻璃、搪瓷工业。由于硼酸是一种没有氧化还原性的弱酸，所以也是医药上常用的消毒剂之一，有时也作为食物的防腐剂。

硼酸可以缩合为链状或环状的多硼酸 $xB_2O_3\cdot yH_2O$。在多硼酸中，最重要的是四硼酸根，四硼酸根离子 $[B_4O_5(OH)_4]^{2-}$ 的结构式如图 11-3。

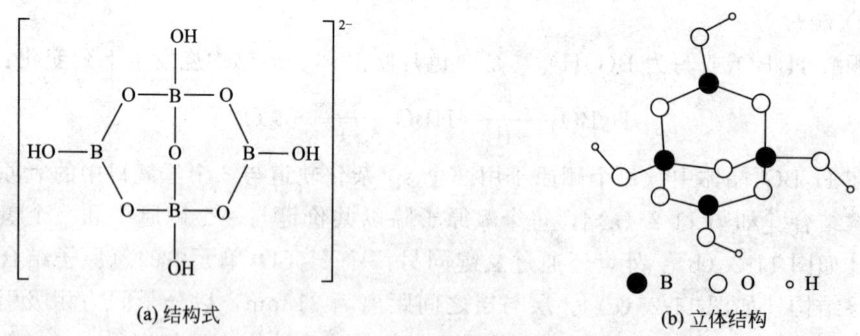

OH
O—B—O
HO—B
O
B—OH
O—B—O
OH
2−
(a) 结构式
B
O
H
(b) 立体结构

图 11-3 四硼酸根离子的结构

② 硼砂（$Na_2B_4O_7\cdot10H_2O$）

硼砂为无色半透明晶体或白色结晶粉末，硼砂易溶于水，水解而呈碱性，20℃时，硼砂溶液的 pH 为 9.24。

自然界中有天然的硼砂矿存在。工业上用浓碱溶液分解硼镁矿得偏硼酸钠。然后在较浓的偏硼酸钠溶液中通入CO_2以降低溶液的pH，再结晶分离得硼砂。

$$Mg_2B_2O_5 \cdot H_2O + 2NaOH = 2NaBO_2 + 2Mg(OH)_2$$

$$4NaBO_2 + CO_2 + 10H_2O = Na_2B_4O_5(OH)_4 \cdot 8H_2O + Na_2CO_3$$

硼砂在干燥空气中容易风化，在风化时首先失去链间的结晶水。温度升高时，链与链之间的氢键因为失水而遭到破坏，形成牢固的偏硼酸骨架。把它加热到350℃时成为无水盐，继续升温至378℃则熔为玻璃状物。

硼砂在900℃左右熔化后，容易和各种金属氧化物起反应而生成复合的玻璃态硼酸盐。硼砂能够在熔融状态溶解一些金属氧化物，并且依金属的不同显出不同的特征颜色。例如：

$$Na_2B_4O_7 + CoO = 2NaBO_2 \cdot Co(BO_2)_2 \text{（蓝宝石色）}$$

硼砂的这一性质用在定性分析上鉴定某些金属离子，称为硼砂珠试验。

用镍丝蘸一些硼砂在煤气灯上灼烧，熔融成圆珠，将烧红的硼砂珠蘸一些氧化物再灼烧，则可以得到不同颜色的硼砂珠：用CoO得到蓝色硼砂珠；用Cu_2O得到红色硼砂珠；用MnO_2得到紫色硼砂珠；用Fe_2O_3得到棕色硼砂珠；用Cr_2O_3得到绿色硼砂珠。

因此，在分析化学中用硼砂珠实验鉴定金属离子，野外地质队曾经采用这种特殊颜色硼砂珠实验对矿石进行初步鉴定。利用硼砂和金属氧化物的熔融化合性能，还可清洗净化金属表面，提高焊接质量。

硼砂是一种用途很广的重要化工原料，大量用在陶瓷、玻璃工业中，还作为硼肥，在农业生产上起着重要作用。硼砂是硼在自然界主要的矿石，它是制造单质硼和其他硼化物的主要原料。

③ 硼的卤化物

卤素都能和硼形成硼的卤化物，即三卤化硼BX_3。BX_3可用卤素单质与硼在加热的条件下直接反应而生成。例如：

$$2B\text{（无定形）} + 3Cl_2 \xlongequal{300℃} 2BCl_3$$

通常三氟化硼是用B_2O_3，100% H_2SO_4和CaF_2混合物加热来制取：

$$B_2O_3 + 3H_2SO_4 + 3CaF_2 = 2BF_3 + 3CaSO_4 + 3H_2O$$

三氯化硼也可以用B_2O_3，碳和氯气反应来制备：

$$B_2O_3 + 3C + 3Cl_2 \xlongequal{>500℃} 2BCl_3 + 3CO$$

三卤化硼的分子构型为平面三角形，在BX_3分子中，硼原子以sp^2杂化轨道与卤素原子形成σ键。随着卤素原子半径的增大，B—X键的键能依次减小，实验测得BF_3分子中B—F键键长为130pm，比理论B—F单键键长152pm短。有人认为这与BF_3分子中存在着π_4^6键有关。硼原子除与3个氟原子形成3个σ键外，具有孤对2p电子的3个氟原子与具有1个2p空轨道的硼原子之间形成离域大π键。

三卤化硼的一些性质列于表11-12中。三卤化硼分子是共价型的，在室温下，

表 11-12 三卤化硼的某些性质

三卤化硼	BF_3	BCl_3	BBr_3	BI_3
熔点/℃	−127.1	−107	−46.0	49.9
沸点/℃	−100.4	12.7	91.3	210
键能/kJ·mol^{-1}	613.1	456	377	267
键长/pm	130	175	195	210

随相对分子质量的增加，BX_3的存在状态由气态的BF_3和BCl_3经液态的BBr_3过渡到固态的BI_3。纯BX_3都是无色的，但BBr_3和BI_3在光照下部分分解而显黄色。因三卤化硼是共价化合物，所以熔、沸点都很低，并且随着分子量的升高而升高。

BX_3在潮湿的空气中因水解而发烟。

$$BX_3+3H_2O = B(OH)_3+3HX$$

BX_3是缺电子化合物，有接受孤对电子的能力，因而表现出路易斯酸的性质，它们与路易斯碱（如氨、醚等）生成加合物。例如：

$$BF_3+NH_3 = F_3B \leftarrow NH_3$$

三氟化硼水解生成硼酸和氢氟酸。BF_3又与生成的 HF 加合而产生氟硼酸 $H[BF_4]$，反应如下：

$$BF_3+3H_2O = H_3BO_3+3HF$$

$$BF_3+HF = H[BF_4]$$

总反应方程式为：

$$4BF_3+3H_2O = H_3BO_3+3H[BF_4]$$

氟硼酸是强酸，其酸性比氢氟酸酸性强。除了BF_3，其他的三卤化硼一般不与相应的氢卤酸加合形成BX_4^-。这是因为中心硼原子半径很小，随着卤素原子半径的增大，在硼原子周围容纳 4 个较大的原子更加困难。BX_3虽然是缺电子化合物，但它们不能形成二聚分子，这一点与卤化铝不同。

在BX_3中最重要的是BF_3和BCl_3，它们是许多有机反应的催化剂。也常用于有机硼化合物的合成和硼氢化合物的制备。

④ 氧化铝

铝位于周期系中典型金属元素和非金属元素的交界区，它既有明显的金属性，也有较明显的非金属性，是典型的两性元素。铝的单质及其氧化物既能溶于酸而生成相应的铝盐，又能溶于碱而生成相应的铝酸盐。

在铝的化合物中，铝的氧化值一般为＋3。铝的化合物有共价型的，也有离子型的。由于Al^{3+}电荷数较多，半径较小（$r=53$ pm），对阴离子产生较大的极化作用，所以，Al^{3+}与那些难变形的阴离子（如F^-，O^{2-}）形成离子型化合物，而与那些较易变形的阴离子（如Cl^-，Br^-，I^-）则形成共价型化合物。铝的共价化合物熔点低，易挥发，能溶于有机溶剂中；铝的离子型化合物熔点高、不溶于有机溶剂。

Al_2O_3是铝的重要化合物，由铝矾土矿可制取较纯的 Al_2O_3。它有多种晶型，其中两种主要的变体是α-Al_2O_3和γ-Al_2O_3。

在自然界中以结晶状态存在的α-Al_2O_3称为刚玉。刚玉的熔点高，硬度仅次于金刚石。一般的氧化铝晶体不透明。有些氧化铝晶体基本上是透明的，因含有杂质而呈现鲜明的颜色。红宝石由于含有极微量铬的氧化物而呈红色，含少量 Cr_2O_3的Al_2O_3单晶用于制造红宝石激光器。蓝宝石由于含有铁和钛的氧化物而呈蓝色，含有少量 Fe_2O_3的氧化铝称为刚玉粉。刚玉和刚玉粉用作磨料和抛光剂。将铝矾土在电炉中熔化，可以得到人造宝石，用作机器的轴承、手表的钻石和耐火材料等。金属铝在氧气中燃烧、灼烧 $Al(OH)_3$、$Al(NO_3)_3$和 $Al_2(SO_4)_3$也能够得到α-Al_2O_3。

11.3.3 碳族元素

(1) 概述

周期系第ⅣA族元素包括碳、硅、锗、锡、铅5种元素，又称为碳族元素。碳和硅在自然界分布很广，硅在地壳中的含量仅次于氧，其丰度位居第二。除碳、硅外，其他元素比较稀少。但锡和铅矿藏富集，易提炼，并有广泛的应用，因而仍是比较熟悉的元素。

在碳族元素中，碳和硅是非金属元素。硅虽然也呈现较弱的金属性，但仍以非金属性为主。锗、锡、铅是金属元素，其中锗在某些情况下也表现出非金属性，碳族元素的一些性质见表11-13中。

表11-13 碳族元素的一般性质

元素	碳	硅	锗	锡	铅
元素符号	C	Si	Ge	Sn	Pb
原子序数	6	14	32	50	82
价层电子构型	$2s^22p^2$	$3s^23p^2$	$4s^24p^2$	$5s^25p^2$	$6s^26p^2$
共价半径/pm	77	117	122	141	175
沸点/℃	4329	3265	2830	2602	1749
熔点/℃	3550	1412	937.3	232	327
电负性	2.55	1.90	2.01	1.96	2.33
电离能/$kJ\cdot mol^{-1}$	1086.5	786.5	762.2	708.6	715.6
电子亲和能/$kJ\cdot mol^{-1}$	−121.9	−133.6	−115.8	−115.8	−100
$\varphi^{\ominus}(M^{IV}/M^{2+})/V$				0.1539	1.458
$\varphi^{\ominus}(M^{2+}/M)/V$				−0.1410	−0.1266
氧化值	−4,+4	4	(2),4	2,4	2,4
配位数	3,4	4	4	4,6	4,6
晶体结构	原子晶体（金刚石）层状晶体（石墨）	原子晶体	原子晶体	原子晶体（灰锡）（金属晶体）（白锡）	金属晶体

碳族元素的价层电子构型为 ns^2np^2，因此它们能生成氧化值为＋4 和＋2 化合物，碳有时生成氧化值为－4 的化合物。氧化值为＋4 的化合物主要是共价型的。位于第二周期的碳形成化合物时，碳原子的价层电子数不能超过 8 个，因而碳原子的配位数不能超过 4，而其他元素的原子最外层还有 nd 轨道可以参与成键，所以，除形成配位数为 4 的化合物外，还能形成配位数为 6 的阴离子，如 $GeCl_6^{2-}$、SiF_6^{2-} 和 $SnCl_6^{2-}$ 等。

在碳族元素中，随着原子序数的增大，氧化值为＋4 的化合物的稳定性降低，惰性电子对效应表现得比较明显。例如，Pb(Ⅱ) 的化合物比较稳定，而 Pb(Ⅳ) 的化合物氧化性较强，稳定性差。

硅与第ⅢA 族的硼在周期表中处于对角线位置，它们的单质及其化合物的性质有相似之处。

(2) 碳族元素的化学性质

碳族单质的化学活泼性自上而下逐渐增强。碳族元素的化学性质见表 11-14。

表 11-14　碳族元素的化学性质

试剂	反应	说明
热的浓 HCl	$E+2H^+ \longrightarrow E^{2+}+H_2$	C,Si,Ge 不反应,Pb 反应缓慢
热的浓 H_2SO_4	$C+2H_2SO_4 \longrightarrow CO_2+2SO_2+2H_2O$	Si 不反应
	$E+4H_2SO_4 \longrightarrow E(SO_4)_2+2SO_2+4H_2O$	E=Sn,Ge Pb 生成 $PbSO_4$
浓 HNO_3	$3E+4H^++4NO_3^- \longrightarrow 3EO_2+4NO+2H_2O$	不包括 Si
	$3Pb+8H^++2NO_3^- \longrightarrow 3Pb^{2+}+2NO+4H_2O$	但发烟硝酸使铅钝化
HF	$Si+6HF \longrightarrow 2H_2+H_2SiF_6$	Si 只与 HF 反应
碱溶液	$Si+2OH^-+H_2O \longrightarrow SiO_3^{2-}+2H_2$	C,Ge,Pb,不反应,$Sn(OH)_4^{2-}$ 很缓慢生成,不易被察觉
熔融液	$E+4OH^- \longrightarrow EO_4^{4-}+2H_2$	C 不反应,Sn 生成 $Sn(OH)_6^{2-}$,Pb 生成$Pb(OH)_4^{2-}$
空气中加热	$E+O_2 \longrightarrow EO_2$	
	$Pb \xrightarrow{空气} PbO \xrightarrow{H_2O} Pb(OH)_2 \xrightarrow{CO_2}$ 碱式碳酸盐	
热水蒸气	$E+2H_2O \longrightarrow EO_2+2H_2$	E=Sn,Si(不包括 Ge,Pb)
	$C+H_2O \longrightarrow CO+H_2$	
S 加热	$E+2S \longrightarrow ES_2$	Pb 生成 PbS
Cl_2 加热	$E+2Cl_2 \longrightarrow ECl_4$	Pb 生成 $PbCl_2$
金属加热	碳化物,硅化物,Pb,Sn 形成合金	

(3) 重要化合物

① 二氧化碳

碳或含碳化合物在充足的空气或氧气中完全燃烧以及生物体内许多有机物的氧化都产生二氧化碳。CO_2 在大气中的含量约为 0.03％（体积分数），近年来，随着世界上各国工业生产的发展，大气中 CO_2 的含量逐渐增加。这被认为是引起世界性气温普遍升高，造成地球温室效应的主要原因之一，正受到科学界的高度重视。

CO_2 是无色、无臭的气体，其临界温度为31℃，很容易液化。常温下，加压至7.6MPa即可使 CO_2 液化。液态 CO_2 气化时从未气化的 CO_2 吸收大量的热而使这部分 CO_2 变成雪花状固体，俗称“干冰”。固体 CO_2 是分子晶体，在常压下−78.5℃直接升华。

工业上大量的 CO_2 用于生产 Na_2CO_3、$NaHCO_3$、NH_4HCO_3 和尿素等化工产品，也用作低温冷冻剂。还广泛用于啤酒、饮料等生产中。由于 CO_2 不助燃，可用作灭火剂。但燃着的金属镁与 CO_2 反应：

$$2Mg + CO_2 \longrightarrow 2MgO + C \qquad \Delta_r H_m^{\ominus} = -809.89 kJ \cdot mol^{-1}$$

所以镁燃烧时不能用 CO_2 扑灭。

② 碳酸及其盐

二氧化碳溶于水，其溶液呈弱酸性，因此习惯上将 CO_2 的水溶液称为碳酸。但实际上 CO_2 溶于水后，大部分 CO_2 是以水合分子的形式存在，仅有一小部分 CO_2 与 H_2O 形成碳酸。碳酸仅存在于水溶液中，而且浓度很小，浓度增大时即分解出 CO_2，纯的碳酸至今尚未制得。

碳酸是二元弱酸，通常将水溶液中 H_2CO_3 的解离平衡写成：

$$H_2CO_3 \rightleftharpoons H^+ + HCO_3^- \qquad K_{a1}^{\ominus} = 4.2 \times 10^{-7}$$

$$HCO_3^- \rightleftharpoons H^+ + CO_3^{2-} \qquad K_{a2}^{\ominus} = 4.7 \times 10^{-11}$$

碳酸盐有两种类型，即正盐（碳酸盐）和酸式盐（碳酸氢盐）。碱金属（锂除外）和铵的碳酸盐易溶于水，其他金属的碳酸盐难溶于水。对于难溶的碳酸盐来说，通常其相应的酸式盐溶解度较大。例如，$Ca(HCO_3)_2$ 的溶解度比 $CaCO_3$ 大。因此，地表层中的碳酸盐矿石在 CO_2 和水的长期侵蚀下能部分地转变为 $Ca(HCO_3)_2$ 而溶解。

$$CaCO_3 + CO_2 + H_2O \rightleftharpoons Ca(HCO_3)_2$$

但对易溶的碳酸盐来说却恰好相反，其相应的酸式盐的溶解度则较小。例如，$NaHCO_3$ 和 $KHCO_3$ 的溶解度分别小于 Na_2CO_3 和 K_2CO_3 的溶解度。这是由于在酸式盐之间以氢键相连形成二聚离子或多聚链状离子的结果。

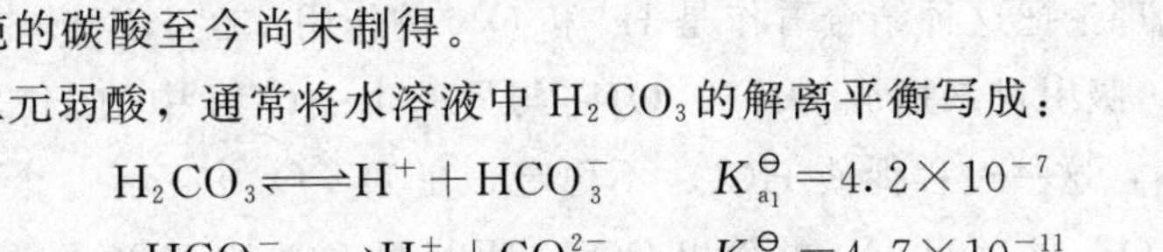

碱金属的碳酸盐和碳酸氢盐的水溶液分别呈强碱性和弱碱性。当可溶性碳酸盐作为沉淀试剂与溶液中的金属离子作用时，产物可能是相应的正盐、碳酸羟盐（碱式碳酸盐）或氢氧化物。对于一个具体的反应来说，其产物类型可根据金属碳酸盐和氢氧化物的溶解度来判断。如果氢氧化物的溶解度很小，金属离子的水解性强，则生成氢氧化物沉淀。例如：

$$2Cr^{3+}+3CO_3^{2-}+3H_2O = 2Cr(OH)_3+3CO_2$$

如果碳酸盐的溶解度小于相应氢氧化物的溶解度，则产物为正盐沉淀。例如：

$$Ca^{2+}+CO_3^{2-} = CaCO_3$$

如果碳酸盐和相应的氢氧化物的溶解度相近，则反应产物为碳酸羟盐。例如：

$$2Cu^{2+}+2CO_3^{2-}+H_2O = Cu_2(OH)_2CO_3+CO_2$$

碳酸盐的另一个重要性质是其热稳定性较差。碳酸氢盐受热分解为相应的碳酸盐、水和二氧化碳。

$$2M^{I}HCO_3 \overset{\triangle}{=} M_2^{I}CO_3+CO_2+H_2O$$

大多数碳酸盐在加热时分解为金属氧化物和二氧化碳。

$$M^{II}CO_3 \overset{\triangle}{=} M^{II}O+CO_2$$

一般说来，碳酸、碳酸氢盐、碳酸盐的热稳定性顺序是：

碳酸 < 酸式盐 < 正盐

例如，Na_2CO_3很难分解，$NaHCO_3$在 270℃分解，H_2CO_3在室温以下即分解。

这些事实可根据极化理论得到解释。在 H_2CO_3和 HCO_3^- 中，H 与 O 以共价键结合，但极化理论把这种结合看作是 H^+ 和 O^{2-} 的作用。在 HCO_3^- 中，H^+ 容易把 CO_3^{2-} 中的 O^{2-} 吸引过来形成 OH^-。OH^- 与另一个 HCO_3^- 中的 H^+ 结合为 H_2O，同时放出 CO_2，这一过程促使 HCO_3^- 不稳定。在 H_2CO_3 中，有 2 个 H^+ 更容易夺取 CO_3^{2-} 中的 O^{2-} 成为 H_2O，并放出 CO_2。所以 H_2CO_3 比 HCO_3^- 更不稳定。

不同金属碳酸盐的分解温度可以相差很大，这与金属离子的极化作用有关。金属离子的极化作用越强，其碳酸盐的分解温度就越低，即碳酸盐越不稳定。表 11-15列出了一些碳酸盐的分解温度。

表 11-15　一些碳酸盐的分解温度

碳酸盐	Li_2CO_3	Na_2CO_3	$MgCO_3$	$BaCO_3$	$FeCO_3$	$ZnCO_3$	$PbCO_3$
$r(M^{n+})$/pm	60	95	65	135	76	74	120
分解温度/℃	1310	1800	540	1360	282	300	300

③ 碳的卤化物

碳的卤化物 CX_4中，常温下 CF_4是气体，CCl_4是液体，CBr_4和 CI_4是固体。

四氯化碳 CCl_4是无色液体，带有微弱的特殊臭味，沸点为 77℃，几乎不溶于水。CCl_4是化学惰性的物质，在通常情况下既不与酸也不与碱作用。CCl_4是脂肪、油、树脂以及不少油漆等的优良溶剂，因此它能洗除油渍。CCl_4不能燃烧，可用作灭火剂。

碳的卤化物还有混合四卤化物 CCl_2F_2和 $CBrClF_2$等。二氟二氯甲烷 CCl_2F_2的商业名称是氟利昂-12，它的化学性质极不活泼，无毒，不可燃，在－30℃冷凝，用作冰箱、空调器等制冷装置的冷冻剂。近年来，由于大气中氟利昂（CCl_2F_2，

CCl_3F 等）不断增加，对臭氧层有破坏作用，所以氟利昂正逐步被新的无氟致冷剂代替。在 1211 灭火器中，装入的灭火剂是 $CBrClF_2$。与 CCl_4 相比，它具有密度大、无毒等优点。由于 $CBrClF_2$ 对环境也有破坏作用，1211 灭火器也将被逐渐淘汰。

④ 硅的氧化物

硅的化合物中重要的有硅的氧化物、含氧酸盐、卤化物等，表 11-16 列出了硅的重要氧化物——二氧化硅的基本性质。

表 11-16　二氧化硅的基本性质

基本性质	颜色状态	密度 /$g \cdot cm^{-3}$	熔点 /℃	沸点 /℃	受热时变化	溶解度 g/100g H_2O
二氧化硅 SiO_2	无色透明的晶体	2.648	1713	2950	与强碱在加热时熔化，生成硅酸盐	不溶于水，能与 HF 作用生成气态 SiF_4

二氧化硅 SiO_2 又称硅石，是由 Si 和 O 组成的巨型分子，有晶体和无定形两种形态。石英是天然的二氧化硅晶体。纯净的石英又叫水晶，它是一种坚硬、脆性、难溶的无色透明的固体，常用于制作光学仪器等。

石英是原子晶体，其中每个硅原子与 4 个氧原子以单键相连，构成 SiO_4 四面体结构单元。Si 原子位于四面体的中心，4 个氧原子位于四面体的顶角，如图 11-4 所示。SiO_4 四面体间通过共用顶角的氧原子而彼此连接起来，并在三维空间里多次重复这种结构，形成了硅氧网格形式的二氧化硅晶体。二氧化硅的最简式是 SiO_2，但 SiO_2 不代表一个简单分子。石英在 1600℃熔化成黏稠液体（不易结晶），其结构单元处于无规则状态。当急速冷却时形成石英玻璃。石英玻璃是无定形二氧化硅，其中硅和氧的排布是杂乱的。此外，自然界中的硅藻土和燧石也是无定形二氧化硅。

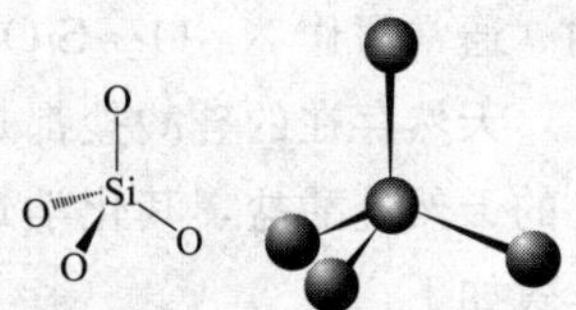

图 11-4　SiO_4 四面体

石英玻璃有许多特殊性质，如能高度透过可见光和紫外光，膨胀系数小，能经受温度的巨变，因此石英玻璃可用来制造紫外灯和光学仪器。石英玻璃虽然有强的耐酸性，但却能被 HF 所腐蚀，反应方程式如下：

$$SiO_2 + 4HF \Longrightarrow SiF_4(g) + 2H_2O$$

二氧化硅是酸性氧化物，能与热的浓碱溶液反应生成硅酸盐，反应较快。SiO_2 和熔融的碱反应更快。例如：

$$SiO_2 + 2NaOH \Longrightarrow Na_2SiO_3 + H_2O$$

SiO_2 也可以与某些碱性氧化物或某些含氧酸盐发生反应生成相应的硅酸盐。例如：

$$SiO_2 + Na_2CO_3 \Longrightarrow Na_2SiO_3 + CO_2$$

⑤ 硅酸及其盐

硅酸 H_2SiO_3 的酸性比碳酸还弱。常温下 H_2SiO_3 的 $K_{a_1}^{\ominus}=1.7\times10^{-10}$，$K_{a_2}^{\ominus}=1.6\times10^{-12}$。

用硅酸钠与盐酸作用可制得硅酸。

$$Na_2SiO_3+2HCl = H_2SiO_3+2NaCl$$

由于开始生成的单分子硅酸可溶于水，所以生成的硅酸并不立即沉淀。当这些单分子硅酸逐渐聚合成多硅酸 $x SiO_2\cdot yH_2O$ 时，则形成硅酸溶胶。若硅酸浓度较大或向溶液中加入电解质时，则呈胶状或形成凝胶。

硅酸的组成比较复杂，随形成的条件而异，常以通式 $x SiO_2\cdot yH_2O$ 表示。原硅酸 H_4SiO_4 经脱水得到偏硅酸 H_2SiO_3 和多硅酸。由于各种硅酸中偏硅酸的组成最简单，所以习惯上常用化学式 H_2SiO_3 表示硅酸。

从凝胶状硅酸中除去大部分的水，可得到白色、稍透明的固体，工业上称之为硅胶。硅胶具有许多极细小的孔隙，比表面积很大，因而其吸附能力很强，可以吸附各种气体和水蒸气，常用作干燥剂或催化剂的载体。

硅酸盐按其溶解性分为可溶性和不溶性两大类。常见的硅酸盐 Na_2SiO_3 和 K_2SiO_3 是易溶于水的，其水溶液因 SiO_3^{2-} 水解而显碱性。俗称为水玻璃的是硅酸钠（通常写作 $Na_2O\cdot nSiO_2$）的水溶液。其他硅酸盐难溶于水并具有特征的颜色。

天然存在的硅酸盐都是不溶性的。长石、云母、黏土、石棉、滑石等都是最常见的天然硅酸盐，其化学式很复杂，通常写成氧化物的形式。几种天然硅酸盐的化学式如下：

正长石	$K_2O\cdot Al_2O_3\cdot 6SiO_2$
白云母	$K_2O\cdot 3Al_2O_3\cdot 6SiO_2\cdot 2H_2O$
高岭土	$Al_2O_3\cdot 2SiO_2\cdot 2H_2O$
石棉	$CaO\cdot 3MgO\cdot 4SiO_2$
滑石	$3MgO\cdot 4SiO_2\cdot H_2O$
泡沸石	$Na_2O\cdot Al_2O_3\cdot 2SiO_2\cdot nH_2O$

由此可见，铝硅酸盐在自然界中分布最广。

天然硅酸盐晶体骨架的基本结构单元是四面体构型的 SiO_4 原子团。不论与之结合的是哪种离子，这个基本结构单元保持不变。SiO_4 四面体间通过共用顶角氧原子而彼此连接起来。四面体的排列方式下同，则形成不同结构的硅酸盐：(a) 为双硅酸根的硅酸盐；(b) 为链式阴离子硅酸盐；(c) 为网状结构硅酸盐，如图 11-5 所示。由于铝也能与氧形成 AlO_4 四面体结构单元，所以铝可以部分地取代硅酸盐结构中的硅而形成硅铝酸盐，例如长石、云母、泡沸石等。

⑥ 硅的卤化物

硅的卤化物 SiX_4 都是无色的。常温下 SiF_4 是气体，$SiCl_4$ 和 $SiBr_4$ 是液体，SiI_4

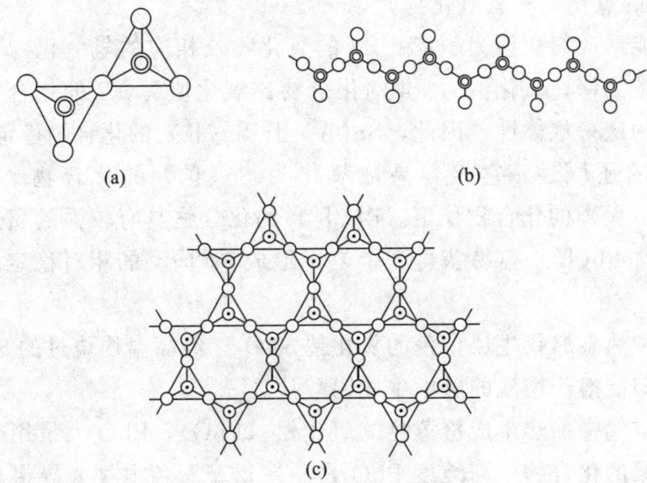

图 11-5　各种结构的硅酸盐

是固体。其中最重要的是 SiF_4 和 $SiCl_4$。

四氟化硅是无色而有刺激气味的气体，由于它在水中强烈水解，因而在潮湿的空气中发烟，在气相中的主要产物为 $F_3SiOSiF_3$。无水的 SiF_4 很稳定，干燥时不腐蚀玻璃。

通常制备 SiF_4 是用萤石粉 CaF_2 和石英砂 SiO_2 的混合物与浓硫酸加热，反应方程式如下：

$$CaF_2 + H_2SO_4 = CaSO_4 + 2HF$$

$$SiO_2 + 4HF = SiF_4 + 2H_2O$$

SiF_4 与 HF 相互作用生成酸性较强的氟硅酸。

$$SiF_4 + 2HF = H_2[SiF_6]$$

其他卤素则不能形成这类化合物，这是因为 F 的半径比其他卤素原子的半径小得多的缘故。

游离的氟硅酸不稳定，易分解为 HF 和 SiF_4。H_2SiF_6 的水溶液很稳定，它是一种强酸，酸性与硫酸相仿。各种碱金属（锂除外）的氟硅酸盐较难溶于水；碱土金属中钡的氟硅酸盐溶解度很小。其他金属的氟硅酸盐都溶于水。

在氯气气流内加热硅（或二氧化硅和焦炭的混合物）可生成四氯化硅。

$$Si + 2Cl_2 = SiCl_4$$

$$SiO_2 + 2C + 2Cl_2 = SiCl_4 + 2CO$$

常温下，$SiCl_4$ 是无色而有刺鼻气味的液体。$SiCl_4$ 易水解，因而在潮湿的空气中与水蒸气发生水解作用会产生烟雾，其反应方程式如下：

$$SiCl_4 + 3H_2O = H_2SiO_3 + 4HCl$$

若使氨与 $SiCl_4$ 同时蒸发，所形成的烟雾更为浓厚，这是因为 NH_3 与 HCl 结合成氯化铵雾，利用这一类反应可制作烟雾。

⑦ 锡、铅的氧化物和氢氧化物

锡、铅都能形成氧化值为+4 和+2 的氧化物及相应的氢氧化物。对于ⅣA 族元素来说，从碳到锗，氧化值为+4 的化合物比氧化值为+2 的化合物稳定。锡仍保留着碳元素的这一规律性，因此，Sn(Ⅳ) 比 Sn(Ⅱ) 的化合物稳定。Sn(Ⅱ) 的化合物有较强的还原性，它很容易被氧化为 Sn(Ⅳ) 的化合物。而对铅来说，Pb(Ⅱ)则比 Pb(Ⅳ) 的化合物稳定。Pb(Ⅳ) 的化合物具有较强的氧化性，较容易还原为 Pb(Ⅱ)。Pb(Ⅳ) 容易获得 2 个电子形成 $6s^2$ 构型的相对稳定的 Pb(Ⅱ) 的化合物。

在空气中加热金属锡生成白色的氧化锡 SnO_2，经高温灼烧过的 SnO_2 不能和酸碱溶液反应，但能溶于熔融的碱中生成锡酸盐。

金属铅在空气中加热生成橙黄色的氧化铅（PbO），PbO 大量用于制造铅蓄电池、铅玻璃和铅的化合物。高纯度 PbO 是制造铅靶彩色电视光导摄像管靶面的关键材料。

在碱性溶液中用强氧化剂（如氯气或次氯酸钠）氧化 PbO，可生成褐色的氧化高铅 PbO_2。PbO_2 是一种很强的氧化剂。

$$PbO_2 + 4H^+ + 2e^- \rightleftharpoons Pb^{2+} + 2H_2O \qquad \varphi^\ominus = 1.458V$$

它在硫酸中能释放出氧气。

$$2PbO_2 + 4H_2SO_4 = 2Pb(HSO_4)_2 + O_2 + 2H_2O$$

在酸性溶液中，PbO_2 可以把 Cl^- 氧化成 Cl_2，还可以把 Mn^{2+} 氧化成紫红色的 MnO_4^-。

$$PbO_2 + 4HCl(浓) = PbCl_2 + Cl_2 + 2H_2O$$

$$2Mn^{2+} + 5PbO_2 + 4H^+ = 2MnO_4^- + 5Pb^{2+} + 2H_2O$$

PbO_2 加热后可以分解为为鲜红色的四氧化三铅 Pb_3O_4 和氧气。

$$3PbO_2 \xlongequal{\triangle} Pb_3O_4 + O_2$$

PbO 在过量的氧气中加热也能得到 Pb_3O_4。Pb_3O_4 俗称铅丹，可看作是原铅酸 H_4PbO_4 的 Pb(Ⅱ) 的盐 Pb_2PbO_4。它和稀硝酸共热时，可析出褐色的 PbO_2。

$$Pb_2PbO_4 + 4HNO_3 = 2Pb(NO_3)_2 + PbO_2 + 2H_2O$$

铅丹的化学性质较稳定，在工业上与亚麻仁油混合后作为油灰涂在管子的连接处防止漏水。

铅的另一种氧化物是橙色的 Pb_2O_3，其中含有 Pb(Ⅳ) 和 Pb(Ⅱ)，可以看作是 PbO 和 PbO_2 的复合氧化物。

在含有 Sn^{2+} 或 Pb^{2+} 的溶液中加入适量的 NaOH 溶液，分别析出白色的 $Sn(OH)_2$ 和 $Pb(OH)_2$ 沉淀。

$$Sn^{2+} + 2OH^- = Sn(OH)_2(s)$$

$$Pb^{2+} + 2OH^- = Pb(OH)_2(s)$$

加热 $Sn(OH)_2$ 和 $Pb(OH)_2$ 分别得到 SnO 和 PbO。

$Sn(OH)_2$ 既能溶于酸中生成 Sn^{2+}，又能溶于过量的 NaOH 溶液中生成 $[Sn(OH)_4]^{2-}$ 或 SnO_2^{2-}。

$$Sn(OH)_2+2OH^- = [Sn(OH)_4]^{2-}$$

$Pb(OH)_2$ 溶于硝酸或醋酸生成可溶性的铅盐溶液，$Pb(OH)_2$ 也能溶于过量的 NaOH 溶液生成 $[Pb(OH)_3]^-$。

$$Pb(OH)_2+OH^- = [Pb(OH)_3]^-$$

在含有 Sn^{4+} 溶液中加入 NaOH 溶液或在 $Na_2[Sn(OH)_6]$ 溶液中加入适量的酸，可得到难溶于水的 α-锡酸 H_2SnO_3 凝胶。α-锡酸既能和酸作用也能和碱作用。纯的 $H_2[Sn(OH)_6]$ 至今尚未制得。

α-锡酸长时间放置会转变成 β-锡酸，金属锡和浓硝酸作用也生成 β-锡酸。β-锡酸是锡酸的另一种变体，它既不溶于酸，也不溶于碱，但与碱共熔可以使其转入溶液中。

关于 α-锡酸和 β-锡酸的区别，有人认为 α-锡酸是无定形的，β-锡酸是晶态的。α-锡酸和 β-锡酸都是水合氧化锡 $SnO_2 \cdot xH_2O$，但它们的含水量及表面性质不同。

锡、铅的氢氧化物都是两性的，它们的酸碱性递变规律如下：

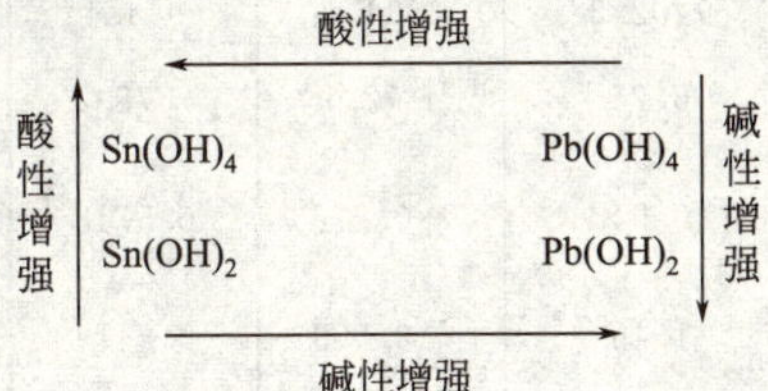

酸性以 $Sn(OH)_4$ 为最显著，但它仍是一个很弱的酸；而碱性以 $Pb(OH)_2$ 为最显著，它在水中的悬浮液呈显著的碱性。

11.3.4 氮族元素

（1）概述

周期系ⅤA族元素包括氮、磷、砷、锑、铋5种元素，又称为氮族元素。氮和磷是非金属元素，砷和锑为准金属，铋是金属元素。与硼族、碳族元素相似，ⅤA族元素也是由典型的非金属元素过渡到典型的金属元素。氮族元素的一般性质列在表11-17中。

氮族元素性质的变化也是不规则的。氮的原子半径最小，熔点最低，电负性最大。第四周期元素砷表现出异样性，砷的熔点比预期的高。

氮族元素的价层电子构型为 ns^2np^3，电负性不是很大，所以该族元素形成氧化值为正的化合物的趋势比较明显。它们与电负性较大的元素结合时，主要形成氧化值为+3和+5的化合物。由于惰性电子对效应，氮族元素自上而下氧化值为+3的化合物稳定性增强，而氧化值为+5（除氮外）的化合物稳定性减弱，这一规律可由表 11-17 中有关的 $\varphi^{\ominus}$ 值看出。随着元素金属性的增强，E^{3+}（E 为 N、P、As、Sb、Bi）的稳定性增强，氮、磷不形成 N^{3+} 和 P^{3+}，而锑、铋都能以 Sb^{3+} 和 Bi^{3+} 的盐存在，如 BiF_3、$Bi(NO_3)_3$、$Sb_2(SO_4)_3$ 等。氧化值为 +5 的含氧阴离子稳定性从磷到铋依次减弱，氮、磷以含氧酸根 NO_3^-、PO_4^{3-} 的形式存在。砷和锑能形成配离子，如 $[Sb(OH)_6]^-$、$[Sb(OH)_4]^-$、$[As(OH)_4]^-$。铋不存在 Bi^{5+}，Bi(V) 的化合物是强氧化剂。

表 11-17 氮族元素的一般性质

元素	氮	磷	砷	锑	铋
元素符号	N	P	As	Sb	Bi
原子序数	7	15	33	51	83
价层电子构型	$2s^2 2p^3$	$3s^2 3p^3$	$4s^2 4p^3$	$5s^2 5p^3$	$6s^2 6p^3$
共价半径/pm	70	110	121	141	155
沸点/℃	−195.79	280.3	615(升华)	1587	1564
熔点/℃	−210.01	44.15	817	630.7	217.5
电负性	3.04	2.19	2.18	2.05	2.02
电离能/kJ·mol⁻¹	1402.3	1011.8	944.4	830.6	703.0
电子亲和能/kJ·mol⁻¹	6.75	−72.1	−78.2	−103.2	−110
$\varphi^{\ominus}(M^{V}/M^{III})/V$	0.94	−0.276	0.5748	0.58 (Sb_2O_3/SbO^+)	1.6 (Bi_2O_5/BiO^+)
$\varphi^{\ominus}(M^{III}/M^{0})/V$	1.46 HNO$_2$	−0.503 H_3PO_3	0.2473 $HAsO_2$	0.21 (SbO^+)	0.32 (BiO^+)
氧化值	0,1,2,3,4,5,−3,−2,−1	3,5,−3 (1)	−3,3,5	(−3),3,5	3,(5)
配位数	3,4	3,4,5,6	3,4,(5),6	3,4,(5),6	3,6
晶体结构	分子晶体	分子晶体（白磷）层状晶体（黑磷）	分子晶体（黄砷）层状晶体（灰砷）	分子晶体（黑锑）层状晶体（灰锑）	层状晶体

氮族元素所形成的化合物主要是共价型的，而且原子越小，形成共价键的趋势也越大。较重元素除与氟化合形成离子键外，与其他元素多以共价键结合。在氧化值为 −3 的化合物中，只有活泼金属的氮化物是离子型的，含有 N^{3-}。

氮族元素氢化物的稳定性从 NH_3 到 BiH_3 依次减弱，碱性依次减弱，酸性依次增强。

氮族元素氧化物的酸性也随原子序数的递增而递减。氧化值为 +3 的氧化物中，只有 N_2O_3 和 P_2O_3 是酸性的，As_2O_3 是两性偏酸的，Sb_2O_3 是两性氧化物，

Bi_2O_3则是碱性氧化物。

氮族元素在形成化合物时，除了 N 原子最大配位数一般为 4 外，其他元素的原子的最大配位数为 6。

（2）氮族的化学性质

氮族元素中，除氮气外，其他元素的单质都比较活泼。氮族元素（除氮外）的化学性质列在表 11-18 中。

表 11-18 氮族元素的化学性质

试剂	P	As	Sb	Bi
O_2	P_2O_3,P_2O_5 （白磷极易氧化，故保存在水中）	As_2O_3 ——强热下反应——	Sb_2O_3	Bi_2O_3
H_2	PH_3（磷与氢气在气相反应）	——不直接反应——		
Cl_2	PCl_3,PCl_5	$AsCl_3$	$SbCl_3$,$SbCl_5$	$BiCl_3$
S	P_2S_3	As_2S_3	Sb_2S_3	Bi_2S_3
热 H_2SO_4	—	H_3AsO_3	$Sb_2(SO_4)_3$	$Bi_2(SO_4)_3$
浓 HNO_3	H_3PO_4	H_3AsO_4	Sb_2O_3	Bi_2O_3
碱溶液	$H_2PO_2^-$ + PH_3（白磷歧化）			

氮气是无色、无臭、无味的气体，微溶于水，0℃ 时 1mL 水仅能溶解 0.023mL 氮气。

氮气在常温下化学性质极不活泼，不与任何元素化合。升高温度能增进氮气的化学活性。当与锂、钙、镁等活泼金属一起加热时，能生成离子型氮化物。在高温高压并有催化剂存在时，氮与氢化合生成氨。在很高的温度下氮才与氧化合生成一氧化氮。

氮分子是双原子分子，两个氮原子以叁键结合。由于 N≡N 键键能（946kJ·mol^{-1}）非常大，所以 N_2 是最稳定的双原子分子。在化学反应中破坏 N≡N 键是十分困难的，反应活化能很高，在通常情况下反应很难进行，致使氮气表现出高的化学惰性，常被用作保护气体。

（3）重要化合物

① 氨

氨分子的构型为三角锥形，氮原子除以 sp^3 不等性杂化轨道与氢原子成键外，还有一对孤对电子。氨分子是极性分子。氨在水中溶解度极大。

氨是具有特殊刺激气味的无色气体。由于氨分子间形成氢键，所以氨的熔点、沸点高于同族元素磷的氢化物 PH_3。氨容易被液化。液态氨的气化焓较大，故液氨可用作致冷剂。

实验室一般用铵盐与强碱共热来制取氨。工业上目前主要是采用合成的方法制氨。

氨的化学性质较活泼，能和许多物质发生反应。这些反应基本上可分为三种类型，即加合反应、取代反应和氧化还原反应。

氨作为 Lewis 碱能与一些物质发生加合反应。例如，NH_3与 Ag^+ 和 Cu^{2+} 分别形成 $[Ag(NH_3)_2]^+$ 和 $[Cu(NH_3)_4]^{2+}$。氨与某些盐的晶体也有类似的反应，例如，氨与无水 $CaCl_2$可生成 $CaCl_2\cdot 8NH_3$，得到的氨合物与结晶水合物相似。NH_4^+ 可以看作 H^+ 与 NH_3加合的产物。

氨分子中的氢原子可以被活泼金属取代形成氨基化物。例如，当氨通入熔融的金属钠可以得到氨基化钠 $NaNH_2$。

$$2Na+2NH_3 \xlongequal{350℃} 2NaNH_2+H_2$$

$NaNH_2$是有机合成中重要的缩合剂。此外，金属氮化物（如氮化镁 Mg_3N_2）可以看成氨分子中 3 个氢原子全部被金属原子取代而形成的化合物。

氨分子中氮的氧化值为－3，是氮的最低氧化值，所以氨具有还原性。例如，氨在纯氧中可以燃烧生成水和氮气。

$$4NH_3+3O_2 \xlongequal{} 6H_2O+2N_2$$

氨在一定条件下进行催化氧化可以制得 NO，这是目前工业制备硝酸的重要步骤之一。

② 铵盐

氨与酸作用可以得到各种相应的铵盐。铵盐与碱金属的盐非常相似，特别是与钾盐相似，这是由于 NH_4^+ 的半径（143pm）和 K^+ 的半径（133pm）相近。

铵盐一般为无色晶体，皆溶于水，但酒石酸氢铵与高氯酸铵等少数铵盐的溶解度较小（相应的钾盐和铷盐溶解度也很小）。硝酸铵的溶解度为 192g/100gH_2O（20℃），高氯酸铵的溶解度为 20g/100gH_2O，高氯酸钾的溶解度为 1.80g/100g H_2O。铵盐在水中都有一定程度的水解。

用 Nessler 试剂（$K_2[HgI_4]$ 的 KOH 溶液）可以鉴定试液中的 NH_4^+。

$$NH_4^+ + 2[HgI_4]^{2-} + 4OH^- \xlongequal{} \left[O \begin{matrix} Hg \\ \\ Hg \end{matrix} NH_2 \right] I\downarrow + 3H_2O + 7I^-$$

（红棕色）

因 NH_4^+ 的含量和 Nessler 试剂的量不同，生成沉淀的颜色从红棕到深褐色有所不同。但如果试液中含有 Fe^{3+}、Co^{2+}、Ni^{2+}、Cr^{3+}、Ag^+ 和 S^{2-} 等，将会干扰 NH_4^+ 的鉴定。可在试液中加碱，使逸出的氨与滴在滤纸条上的 Nessler 试剂反应，以防止其他离子的干扰。

固体铵盐受热易分解，分解的情况因组成铵盐的酸的性质不同而异。如果酸是易挥发的且无氧化性的，则酸和氨一起挥发。例如：

$$(NH_4)_2CO_3 \xlongequal{\triangle} 2NH_3\uparrow + CO_2\uparrow + H_2O$$

如果酸是不挥发的且无氧化性，则只有氨挥发掉，而酸或酸式盐则留在容器中。例如：

$$(NH_4)_3PO_4 \xlongequal{\triangle} 3NH_3\uparrow + H_3PO_4$$

$$(NH_4)_2SO_4 \xlongequal{\triangle} NH_3\uparrow + NH_4HSO_4$$

如果酸是有氧化性的，则分解出的氨被酸氧化生成 N_2 或 N_2O。例如：

$$(NH_4)_2Cr_2O_7 \xlongequal{\triangle} N_2\uparrow + Cr_2O_3 + 4H_2O$$

$$NH_4NO_3 \xlongequal{\triangle} N_2O + 2H_2O$$

或

$$5NH_4NO_3 \xlongequal[\text{有机杂质催化}]{240℃\text{以上}} 4N_2\uparrow + 2HNO_3 + 9H_2O$$

有人认为最后一个反应中生成的 HNO_3 对 NH_4NO_3 的分解有催化作用，因此加热大量无水 NH_4NO_3 会引起爆炸。在制备、贮存、运输及使用 NH_4NO_3、NH_4NO_2、NH_4ClO_3、NH_4ClO_4、NH_4MnO_4 等时，应格外小心，防止受热或撞击，以避免发生安全事故。

铵盐中最重要的是硝酸铵 NH_4NO_3 和硫酸铵 $(NH_4)_2SO_4$。这两种铵盐被大量地用作肥料。硝酸铵还用来制造炸药。在焊接金属时，常用氯化铵来除去待焊金属物件表面的氧化物，使焊料更好地与焊件结合。当氯化铵接触到红热的金属表面时，就分解成氨和氯化氢，氯化氢立即与金属氧化物起反应生成易溶的或挥发性的氯化物，这样金属表面就被清洗干净。

③ 硝酸及其盐

硝酸是工业上重要的无机酸之一。目前普遍采用氨催化氧化法制取硝酸。将氨和空气的混合物通过灼热（800℃）的铂铑丝网（催化剂），氨可以很充分地被氧化为 NO。

$$4NH_3(g) + 5O_2(g) \xrightarrow{Pt,Rh} 4NO(g) + 6H_2O(g)$$

$$\Delta_r G_m^{\ominus}(298K) = -958kJ \cdot mol^{-1},\quad K^{\ominus} = 10^{168}$$

生成的 NO 被 O_2 氧化为 NO_2，后者再与水发生歧化反应生成硝酸和 NO。

$$3NO_2 + H_2O \xlongequal{} 2HNO_3 + NO$$

生成的 NO 再经氧化、吸收。这样得到的是质量分数为 47%～50%的稀硝酸，加入硝酸镁作脱水剂进行蒸馏可制得浓硝酸。

用硫酸与硝石（$NaNO_3$）共热也可制得硝酸。

$$NaNO_3 + H_2SO_4 \xlongequal{} NaHSO_4 + HNO_3$$

在硝酸分子中，氮原子采用 sp^2 杂化轨道与 3 个氧原子形成 3 个 σ 键，呈平面三角形分布。此外，氮原子上余下的一个未参与杂化的 p 轨道则与 2 个非羟基氧原子的 p 轨道相重叠，在 O—N—O 间形成三中心四电子键，表示为 π_3^4。HNO_3 分子内还可以形成氢键，HNO_3 分子的构型如图 11-6 所示。

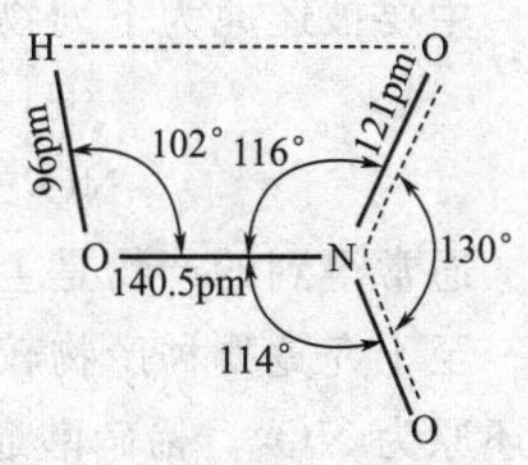

图 11-6 HNO_3 分子的构型

纯硝酸是无色液体。实验室中用的浓硝酸含 HNO_3

约为 69%，密度为 1.4g·cm^{-3}，相当于 15mol·L^{-1}。浓度为 86%以上的浓硝酸，由于硝酸的挥发而产生白烟，故通常称为发烟硝酸。溶有过量 NO_2 的浓硝酸产生红烟。发烟硝酸可用作火箭燃料的氧化剂。

浓硝酸很不稳定，受热或光照时，部分分解。

$$4HNO_3 = 4NO_2 + O_2 + 2H_2O$$

因此，硝酸中由于溶有分解出来的 NO_2 而常带有黄色或红棕色。浓硝酸应置于阴凉不见光处存放。

硝酸是一种强酸，在水溶液中完全解离。但由于硝酸具有强氧化性，不能利用它来制取氢气。酯化反应是利用硝酸的酸性，例如，无烟火药——硝化棉 $[C_6H_7(ONO_2)_3]_n$，实际上是纤维素的硝酸酯。

在硝酸中，氮的氧化值为+5。硝酸是氮的最高氧化值的化合物之一，具有强氧化性。硝酸可以把许多非金属单质氧化为相应的氧化物或含氧酸。例如碳、磷、硫、碘等和硝酸共煮时，分别被氧化成二氧化碳、磷酸、硫酸、碘酸，硝酸则被还原为 NO。

$$3C + 4HNO_3 = 3CO_2 + 4NO + 2H_2O$$

$$3P + 5HNO_3 + 2H_2O = 3H_3PO_4 + 5NO$$

$$S + 2HNO_3 = H_2SO_4 + 2NO$$

$$3I_2 + 10HNO_3 = 6HIO_3 + 10NO + 2H_2O$$

某些还原性较强的物质（如 H_2S、HI 等）更易被硝酸所氧化。某些金属硫化物可以被浓硝酸氧化为单质硫而溶解。有些有机物质（如松节油等）与浓硝酸接触时可以燃烧起来。因此贮存浓硝酸时，应与还原性物质隔开。

除了不活泼的金属如金、铂等和某些稀有金属外，硝酸几乎能与所有的金属反应生成相应的硝酸盐。但是硝酸与金属反应的情况比较复杂，这与硝酸的浓度和金属的活泼性有关。

有些金属（如铁、铝、铬等）可溶于稀硝酸而不溶于冷的浓硝酸。这是由于硝酸将其金属表面氧化成一层薄而致密的氧化物保护膜（有时叫做钝化膜）使金属不能再与硝酸继续作用。

有些金属（如锡、钼、钨等）与硝酸作用生成不溶于酸的氧化物。

有些金属和硝酸作用后生成可溶性的硝酸盐。硝酸作为氧化剂与这些金属反应时，主要被还原为下列物质：

$$\overset{+4}{NO_2} — \overset{+3}{HNO_2} — \overset{+2}{NO} — \overset{+1}{N_2O} — \overset{0}{N_2} — \overset{-3}{NH_3}$$

通常得到的产物是上述某些物质的混合物，只是以其中某种还原产物为主而已。至于究竟哪种产物较多些，则取决于硝酸的浓度和金属的活泼性。浓硝酸主要被还原为 NO_2，稀硝酸通常被还原为 NO。当较稀的硝酸与较活泼的金属作用时，可得到 N_2O。若硝酸很稀时，则可被还原为 NH_4^+。例如：

$$Cu+4HNO_3(浓)=Cu(NO_3)_2+2NO_2+2H_2O$$

$$3Cu+8HNO_3(稀)=3Cu(NO_3)_2+2NO+4H_2O$$

$$4Zn+10HNO_3(稀)=4Zn(NO_3)_2+N_2O+5H_2O$$

$$4Zn+10HNO_3(很稀)=4Zn(NO_3)_2+NH_4NO_3+3H_2O$$

在上述反应中，氮的氧化值由+5分别改变到+4、+2、+1和-3，但不能认为稀硝酸的氧化性比浓硝酸强。相反，硝酸越稀氧化性越弱。

浓硝酸和浓盐酸的混合物（体积比为1∶3叫做王水），在王水中发生下列反应：

$$HNO_3+3HCl=Cl_2+NOCl+2H_2O$$

因此实际上王水中存在着 HNO_3、Cl_2 和氯化亚硝酸酰 NOCl 等几种氧化剂。王水的氧化性比硝酸更强，可以将金、铂等不活泼金属溶解。例如：

$$Au+HNO_3+4HCl=H[AuCl_4]+NO+2H_2O$$

另外，王水中有大量的 Cl^-，能与 Au^{3+} 形成 $[AuCl_4]^-$，从而降低了金属电对的电极电势，增强了金属的还原性。浓硝酸和氢氟酸的混合液也具有强氧化性和配位作用，能溶解铌和钽。

硝酸还有硝化性，能与有机化合物发生硝化反应，以硝基（$—NO_2$）取代有机化合物分子中的氢原子，生成硝基化合物。实际应用上，硝化反应常常是以浓硝酸和浓硫酸的混酸作硝化剂。例如：

$$C_6H_6+HNO_3\xrightarrow{H_2SO_4}C_6H_5NO_2+H_2O$$

产生的废酸经萃取、蒸发、浓缩，用于配制混酸，或与氨反应制成化肥。硝基化合物大多数为黄色。皮肤与浓硝酸接触后变黄色，也是硝化作用的结果。

综上所述，由于硝酸具有强酸性、氧化性和硝化性，因而广泛用于制造染料、炸药、硝酸盐以及其他化学药品，是化学工业和国防工业的重要原料。

硝酸盐通常是用硝酸作用于相应的金属或金属氧化物而制得。几乎所有的硝酸盐都易溶于水。绝大多数硝酸盐是离子型化合物。

硝酸盐固体或水溶液在常温下比较稳定。固体的硝酸盐受热时能分解，分解的产物因金属离子的性质不同而分为三类。

a. 最活泼的金属（在金属活动顺序中比 Mg 活泼的金属）的硝酸盐受热分解时产生亚硝酸盐和氧气。例如：

$$2NaNO_3\xlongequal{\triangle}2NaNO_2+O_2$$

b. 活泼性较差的金属（活泼性位于 Mg 和 Cu 之间的金属）的硝酸盐受热分解氧气、二氧化氮和相应的金属氧化物。例如：

$$2Pb(NO_3)_2\xlongequal{\triangle}2PbO+4NO_2+O_2$$

c. 不活泼金属（比 Cu 更不活泼的金属）的硝酸盐受热时则分解为氧气、二氧化氮和金属单质。例如：

$$2AgNO_3 \xlongequal{\triangle} 2Ag + 2NO_2 + O_2$$

通常硝酸盐的热分解反应的产物与相应的亚硝酸盐和氧化物的稳定性有关。活泼金属的亚硝酸盐较稳定；活泼性较差金属的亚硝酸盐不稳定，而其氧化物较稳定；不活泼金属的亚硝酸盐和氧化物都不稳定。所以活泼性不同的金属硝酸盐受热分解的最后产物是不同的。

硝酸盐的水溶液几乎没有氧化性。只有在酸性介质中才有氧化性。固体硝酸盐在高温时是强氧化剂。

硝酸盐中最重要的是硝酸钾、硝酸钠、硝酸铵和硝酸钙等。硝酸铵大量用作肥料，由于固体硝酸盐高温时分解出 O_2，具有氧化性，故硝酸铵与可燃物混合在一起可作炸药。硝酸钾用来制造黑色火药，有些硝酸盐还用来制造焰火。

④ 磷酸及其盐

磷酸（H_3PO_4）又称为正磷酸，是磷酸中最重要的一种，将磷燃烧成 P_4O_{10}，再与水化合可制得正磷酸。工业上也用硫酸分解磷灰石来制取磷酸。

$$Ca_3(PO_4)_2 + 3H_2SO_4 = 2H_3PO_4 + 3CaSO_4$$

但该法得到的磷酸不纯，含有 Ca^{2+}、Mg^{2+} 等杂质。

纯净的磷酸为无色晶体，熔点为 42.3℃，是一种高沸点酸。磷酸不形成水合物，但可与水以任何比例混溶。市售磷酸试剂是黏稠的、不挥发的浓溶液，磷酸含量为 83%～98%。

磷酸是三元中强酸，其三级解离常数为：

$$K_{a_1}^{\ominus} = 6.7\times10^{-3}, K_{a_2}^{\ominus} = 6.2\times10^{-8}, K_{a_3}^{\ominus} = 4.5\times10^{-13}$$

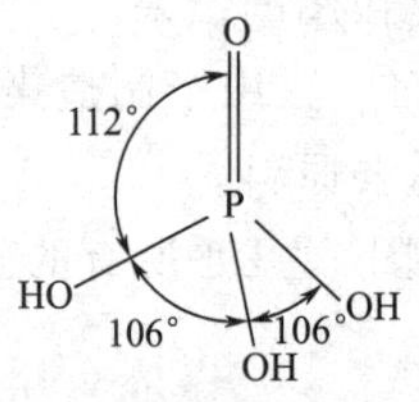

图 11-7 磷酸分子构型

磷酸分子的构型如图 11-7 所示。其中，PO_4 原子团呈四面体构型，磷原子以 sp^3 杂化轨道与 4 个氧原子形成 4 个 σ 键。

磷酸是磷的最高氧化值化合物，但却没有氧化性。浓磷酸和浓硝酸的混合液常用作化学抛光剂来处理金属表面，以提高其光洁度。

磷酸可以形成三种类型的盐：磷酸二氢盐、磷酸一氢盐和正盐。例如，酸式盐 NaH_2PO_4（磷酸二氢钠）和 Na_2HPO_4（磷酸一氢钠）；正盐 Na_3PO_4（磷酸钠）。

磷酸正盐比较稳定，一般不易分解，但酸式磷酸盐受热易脱水成为焦磷酸盐或偏磷酸盐。

大多数磷酸二氢盐都易溶于水，而磷酸一氢盐和正盐（除钠、钾及铵等少数盐外）都难溶于水。碱金属的磷酸盐（除锂外）都易溶于水。由于 PO_4^{3-} 的水解作用而使 Na_3PO_4 溶液呈碱性。HPO_4^{2-} 的水解程度比其解离程度大，故 Na_2HPO_4 溶液呈碱性。而 $H_2PO_4^-$ 的水解程度不如其解离程度大，故 NaH_2PO_4 溶液呈弱酸性。

在碱金属的氢氧化物或碳酸盐溶液中加入适量的磷酸，可以得到碱金属磷酸盐。不溶性的磷酸盐也可以用复分解法由可溶性磷酸盐来制取。例如，在近中性磷酸盐溶液中加入硝酸银可得到黄色磷酸银沉淀。

磷酸盐中最重要的是钙盐。磷酸的钙盐在水中的溶解度按 $Ca(H_2PO_4)_2$、$CaHPO_4$、$Ca_3(PO_4)_2$的次序减小。磷酸钙除以磷灰石和纤核磷灰石矿存在于自然界外，也少量地存在于所有的土壤内。工业上利用天然磷酸钙生产磷肥，其反应方程式如下：

$$Ca_3(PO_4)_2+2H_2SO_4+4H_2O = Ca(H_2PO_4)_2+2CaSO_4\cdot 2H_2O$$

得到的 $Ca(H_2PO_4)_2$ 和 $CaSO_4\cdot 2H_2O$ 的混合物称为“过磷酸钙”，可作为化肥施用。

PO_4^{3-} 具有较强的配位能力，能与许多金属离子形成可溶性的配合物。例如，Fe^{3+} 与 PO_4^{3-} 或 HPO_4^{2-} 可以分别形成无色的 $H_3[Fe(PO_4)_2]$，$H[Fe(HPO_4)_2]$，在分析化学上常用 PO_4^{3-} 作为 Fe^{3+} 的掩蔽剂。

磷酸盐与过量的钼酸铵 $(NH_4)_2MoO_4$ 及适量的浓硝酸混合后加热，可慢慢生成黄色的磷钼酸铵沉淀。

$$PO_4^{3-}+12MoO_4^{2-}+3NH_4^{+}+24H^{+} = (NH_4)_3PO_4\cdot 12MoO_3\cdot 6H_2O\downarrow +6H_2O$$

这一反应可用来鉴定 PO_4^{3-}。

工业上大量使用磷酸的盐类处理钢铁构件，使其表面生成难溶磷酸盐保护膜，这一过程称为磷化。另外，磷酸盐还用来处理锅炉用水。

⑤ 磷的卤化物

磷可以形成氧化值为＋3 和＋5 的卤化物，即三卤化磷 PX_3 和五卤化磷 PX_5。磷与适量的卤素单质作用生成 PX_3（X＝Cl，Br，I），产物中常含有少量 PX_5。三卤化磷的性质列于表 11-19 中。

表 11-19 三卤化磷的性质

PX_3	熔点/℃	沸点/℃	P—X 键长/pm	$\Delta_f H_m^{\ominus}$/kJ·mol^{-1}
PF_3	−151.3	−101.38	152	−918.8
PCl_3	−93.6	76.1	204	−319.7
PBr_3	−41.5	173.2	223	−184.5
PI_3	60	—	247	−45.6

三卤化磷分子的构型为三角锥形，如图 11-8（a）所示。磷原子位于三角锥的顶点，磷原子除了采取不等性 sp^3 杂化轨道与三个卤原子的 p 轨道形成三个 σ 键外，还有一对孤对电子，因此 PX_3 具有加合性。

PX_3 容易与氧或硫反应，分别生成三卤氧化磷 POX_3 和三卤硫化磷 PSX_3，例如：

$$2PF_3+O_2 = 2POF_3$$

$$PBr_3+S = PSBr_3$$

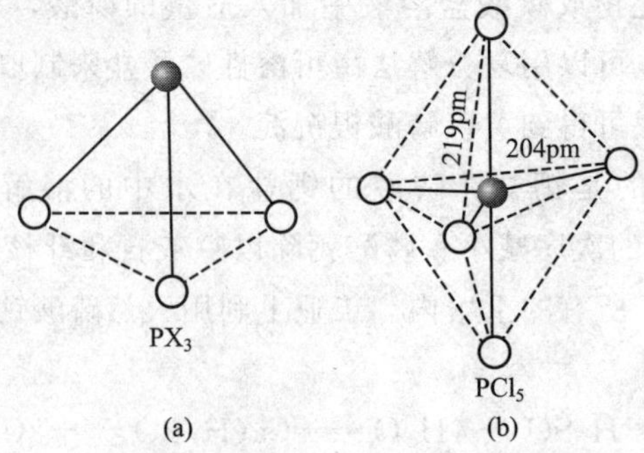

图 11-8　PX_3 和 PCl_5 的分子构型

三卤化磷中以三氯化磷为最重要。过量的磷在氯气中燃烧生成 PCl_3。PCl_3 在室温下是无色液体，在潮湿空气中强烈地发烟，在水中强烈的水解，生成亚磷酸和氯化氢。

$$PCl_3 + 3H_2O \longequal H_3PO_3 + 3HCl$$

磷与过量的卤素单质直接反应生成五卤化磷，三卤化磷和卤素反应也可以得到五卤化磷。例如，三氯化磷和氯气直接反应生成五氯化磷。

五卤化磷的气态分子为三角双锥形，PCl_5 的构型如图 11-8（b）所示。磷原子以 sp^3d 杂化轨道与 5 个卤原子形成 5 个 σ 键，其中 2 个 P—X 键比其他 3 个 P—X 键长一些。

PX_5 受热分解为 PX_3 和 X_2，且热稳定性随 X_2 的氧化性增强而增强。例如 PCl_5 在 300℃以上分解为 PCl_3 和 Cl_2，此时 PF_5 尚不分解。

PX_5 中最重要的是 PCl_5。PCl_5 是白色晶体，含有 $[PCl_4]^+$ 和 $[PCl_6]^-$，$[PCl_4]^+$ 和 $[PCl_6]^-$ 的排列类似 CsCl 晶体构型中的 Cs^+ 和 Cl^-。

PCl_5 水解得到磷酸和氯化氢，反应分两步进行：

$$PCl_5 + H_2O \longequal POCl_3 + 2HCl$$
$$POCl_3 + 3H_2O \longequal H_3PO_4 + 3HCl$$

$POCl_3$ 在室温下是无色液体，它与 PCl_5 在有机反应中都用作氯化剂。$POCl_3$ 的分子构型为四面体，磷原子采取 sp^3 杂化与 3 个氯原子和 1 个氧原子结合。

⑥ 砷、锑、铋的化合物

ⅤA 族的元素中，砷、锑是准金属，铋是金属，其电子构型是 ns^2np^3，可形成+3 和+5 氧化态的化合物。砷、锑、铋简称砷分组。

砷、锑、铋可形成+3 和+5 氧化态的化合物和含氧酸，性质比较如下：

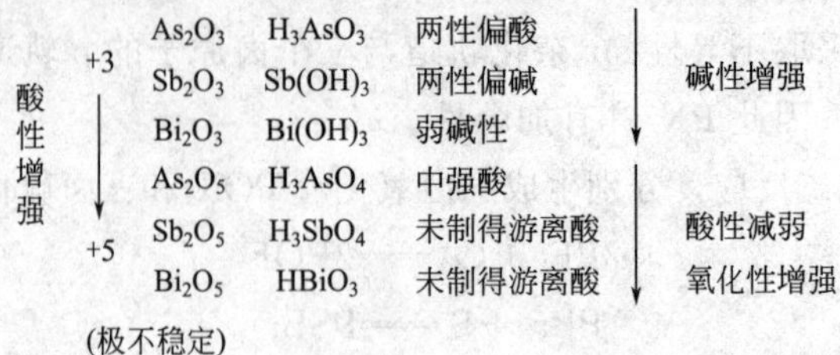

As_2O_3俗称砒霜，是砷的最重要的化合物，白色粉末状，剧毒，人的致死量约为0.1g。主要用于制取杀虫剂、除草剂及含砷药物。它溶于热水后生成亚砷酸 H_3AsO_3，H_3AsO_3仅存在于溶液中，而 $Sb(OH)_3$和 $Bi(OH)_3$都是难溶于水的白色沉淀物。

砷酸在酸性溶液能氧化 I^- 为 I_2。

$$H_3AsO_4 + 2I^- + 2H^+ \longrightarrow H_3AsO_3 + I_2 + H_2O$$

该反应的方向取决于溶液的酸度。酸性较弱时，反应将逆向进行，这可以根据下列电极电势进行计算。

$$AsO_4^{2-} + 2H^+ + 2e^- \rightleftharpoons AsO_3^{2-} + H_2O \qquad \varphi^{\ominus}_{AsO_4^{2-}/AsO_3^{2-}} = 0.557V$$

$$\varphi_{AsO_4^{2-}/AsO_3^{2-}} = \varphi^{\ominus}_{AsO_4^{2-}/AsO_3^{2-}} + \frac{0.0592V}{2}\lg\frac{c_{AsO_4^{2-}} \cdot c^2_{H^+}}{c_{AsO_3^{2-}}} = (0.557 - 0.0592pH)V$$ 与

$\varphi^{\ominus}_{I_2/I^-} = 0.535V$ 相比较，可计算得到：

当 $pH < 0.36$ 时，反应正向进行，即 AsO_4^{2-} 可将 I^- 氧化为 I_2。

当 $pH > 0.36$ 时，反应逆向进行，即 I_2可将 AsO_3^{2-} 氧化为 AsO_4^{2-}。实际测定值与计算值有些偏离。

对于铋原子，由于 4f 电子的屏蔽作用较小，而 6s 电子的钻穿作用较大，因此 $6s^2$电子不易成键，+5 价氧化态不稳定，具有极强的氧化性。这种效应称为“惰性电子对效应”。Pb(Ⅳ)，如 PbO_2的氧化性很强，也是这个道理。

由于“惰性电子对效应”，As(Ⅲ)-Sb(Ⅲ)-Bi(Ⅲ) 化合物的还原性顺序减弱。As(Ⅴ)-Sb(Ⅴ)-Bi(Ⅴ) 化合物的氧化性顺序增强。

铋酸钠（$NaBiO_3$）在酸性溶液中是很强的氧化剂，可将 Mn^{2+} 氧化为 MnO_4^-：

$$2Mn^{2+} + 5NaBiO_3(s) + 14H^+ \longrightarrow 2MnO_4^- + 5Bi^{3+} + 5Na^+ + 7H_2O$$

此反应可以用于鉴定 Mn^{2+}，因为 $NaBiO_3$难溶于水，故标以“(s)”。

11.3.5 氧族元素

(1) 概述

周期系ⅥA 族元素包括氧、硫、硒、碲和钋 5 种元素，总称为氧族元素。氧和硫是典型的非金属元素，硒和碲也是非金属元素，而钋则是放射性金属元素。

氧族元素原子的价层电子构型为 ns^2np^4，有获得 2 个电子达到稀有气体的稳定电子层结构的趋势，表现出较强的非金属性。随着原子序数的增加，氧族元素的非金属性依次减弱，而逐渐显示出金属性。从电负性的数值可以看出，氧族元素的非金属性不如相应的卤族元素那样强。

氧族元素的一些性质列于表 11-20 中。

由表 11-20 可见，氧是本族元素中电负性最大、原子半径最小、电离能最大的元素。氧化值为−2 的化合物的稳定性从氧到碲依次降低，其还原性依次增强。例如，H_2O 通常情况下是很稳定的，而且没有还原性；碲化氢 H_2Te 则在常温下很

表 11-20　氧族元素的一般性质

元素	氧	硫	硒	碲	钋
元素符号	O	S	Se	Te	Po
原子序数	8	16	34	52	84
价电子构型	$2s^2 2p^4$	$3s^2 3p^4$	$4s^2 4p^4$	$5s^2 5p^4$	$6s^2 6p^4$
共价半径/pm	66	104	117	137	153
沸点/℃	−183	445	685	990	962
熔点/℃	−218	115	217	450	264
电负性	3.44	2.58	2.55	2.10	2.0
电离能/$kJ \cdot mol^{-1}$	1313.9	999.6	941.0	869.3	812.1
电子亲和能/$kJ \cdot mol^{-1}$	−141.0	−200.4	−195.0	−190.2	
$\varphi^{\ominus}(X / X^{2-})/V$		−0.445	−0.78	−0.92	
氧化值	−2,(−1)	−2,2,4,5	−2,2,4,6	2,4,6	
配位数	1,2	2,4,6	2,4,6	6,8	2,6
晶体结构	分子晶体	分子晶体	分子晶体（红硒）链状晶体（灰硒）	链状晶体	金属晶体

不稳定，它在酸性介质中是强还原剂。氧族元素氢化物的酸性从 H_2O 到 H_2Te 依次增强。从硫到碲其氧化物的酸性依次递减。较重元素的氧化物表现出一定的碱性，例如，TeO_2与盐酸反应生成 $TeCl_4$。

由于氧的电负性很大，仅次于氟，所以只有当它与氟化合时，其氧化值为正值，在一般化合物中氧的氧化值为负值。其他氧族元素在与电负性大的元素结合时，可以形成氧化值为+2、+4、+6 的化合物。

（2）氧族元素单质的性质

氧族元素单质的非金属化学活泼性按 O＞S＞Se＞Te 的顺序降低。氧和硫是比较活泼的。氧几乎与所有元素（除大多数稀有气体外）化合而生成相应的氧化物。单质硫与许多金属接触时都能发生反应。室温时汞也能与硫化合；高温下硫能与氢、氧、碳等非金属作用。只有稀有气体以及单质碘、氮、碲、金、铂和钯不能直接同硫化合。硒和碲也能与大多数元素反应而生成相应的硒化物和碲化物。除钋外，氧族元素单质不与水和稀酸反应，浓硝酸可以将硫、硒和碲分别氧化成 H_2SO_4、H_2SeO_3和 H_2TeO_3。

在氧族元素中，氧和硫能以单质和化合态存在于自然界，硒和碲属于分散稀有元素，它们以极微量存在于各种硫化物矿中。从这些硫化物矿的焙烧的烟道气中除尘时可以回收硒和碲，也可以从电解精炼铜的阳极泥中回收得到硒和碲。

硒有几种同素异形体。其中灰硒为链状晶体，它的导电性在暗处很低，当受到光照时可升高近千倍，可用来做光电池和整流器的结构材料。红硒是分子晶体，常用于制造红玻璃。硒还用于生产不锈钢和合金。硒是人体必需的微量元素之一。

碲是银白色链状晶体，很脆，易成粉末。碲主要用来制造合金，以增加其坚硬性和耐磨性。

（3）重要化合物

① 过氧化氢（H_2O_2）

过氧化氢俗称双氧水。纯 H_2O_2 是一种淡蓝色的黏稠液体，极性比水还强，因而有更强的形成氢键的趋势与缔合程度。沸点比水高（150℃），熔点与水接近（−1℃）。可与水以任意比例混合。市售试剂为30%～35%的 H_2O_2 水溶液。医药上，用3%的 H_2O_2 水溶液作杀菌消毒剂。

H_2O_2 分子中含有一个过氧键—O—O—，O的氧化值为−1，两个O原子都采取不等性 sp^3 杂化轨道成键。每个O原子与一个H原子形成 σ 键，形成折线形分子。过氧键就像在一本展开的书的夹缝上，两个H原子在打开的两页纸面上，纸面夹角为93°51′，两个H—O—O键的夹角均为96°52′，如图11-9所示。

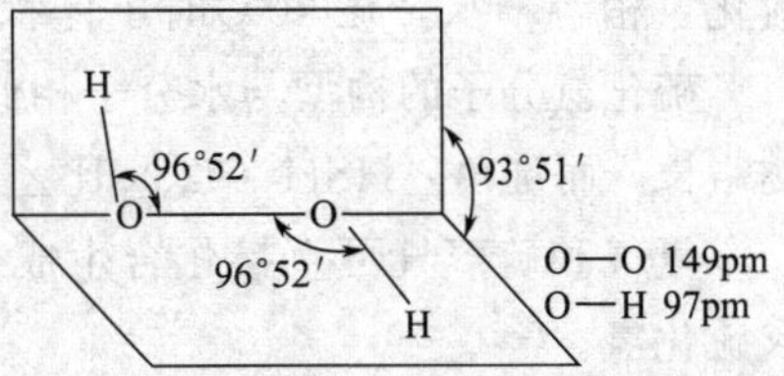

图11-9　H_2O_2 分子结构示意图

H_2O_2 的特征化学性质是不稳定性与氧化还原性。

H_2O_2 见光、受热或者有重金属离子（如 Fe^{2+}，Mn^{2+}，Cu^{2+}，Cr^{3+} 等）存在时，容易分解成水和氧气，因此应存放在塑料瓶或加有 Na_2SnO_3，$Na_4P_2O_7$ 等稳定剂的棕色试剂瓶中，并放在避光阴凉处。H_2O_2 的分解反应是一个歧化反应。

$$2H_2O_2(l) \longrightarrow 2H_2O(l) + O_2(g)\uparrow \quad \Delta_r H_m^{\ominus} = -196\text{kJ}\cdot\text{mol}^{-1}$$

在过氧化氢中，氧的氧化值为−1，H_2O_2 既有氧化性，又有还原性。无论在酸性还是在碱性溶液中都是强氧化剂。例如：

$$H_2O_2 + 2I^- + 2H^+ = I_2 + 2H_2O$$

$$2[Cr(OH)_4]^- + 3H_2O_2 + 2OH^- = 2CrO_4^{2-} + 8H_2O$$

H_2O_2 的还原性较弱，只有当 H_2O_2 与强氧化剂作用时，才能被氧化而放出 O_2。例如：

$$2KMnO_4 + 5H_2O_2 + 3H_2SO_4 = 2MnSO_4 + K_2SO_4 + 8H_2O + 5O_2\uparrow$$

$$H_2O_2 + Cl_2 = 2HCl + O_2\uparrow$$

过氧化氢可将黑色的PbS氧化为白色的 $PbSO_4$。

$$4H_2O_2 + PbS = PbSO_4 + 4H_2O$$

在酸性溶液中，H_2O_2 能与重铬酸盐反应生成蓝色的过氧化铬 CrO_5。CrO_5 在乙醚或戊醇中比较稳定。

$$4H_2O_2+Cr_2O_7^{2-}+2H^+ \longrightarrow 2CrO_5+5H_2O$$

这个反应可用于检查 H_2O_2，也可以用于检验 CrO_4^{2-} 或 $Cr_2O_7^{2-}$ 的存在。

过氧化氢的主要用途是作为氧化剂使用，其优点是产物为 H_2O，不会给反应系统引入其他杂质。工业上使用 H_2O_2 作漂白剂，医药上用稀 H_2O_2 作为消毒杀菌剂。纯 H_2O_2 可作为火箭燃料的氧化剂。实验室常用 30% 和稀的（3%）H_2O_2 作氧化剂。应该注意，浓度稍大的 H_2O_2 水溶液会灼伤皮肤，使用时应格外小心。

② 硫化氢

硫化氢（H_2S）是无色、剧毒的气体。空气中 H_2S 的含量达到 0.05% 时，即可闻到其腐蛋臭味。工业上允许空气中 H_2S 的含量不超过 $0.01mg \cdot L^{-1}$。H_2S 中毒是由于它能与血红素中的 Fe^{2+} 作用生成 FeS 沉淀，因而使 Fe^{2+} 失去原来正常的生理作用。

硫化氢的沸点为 −60℃，熔点为 −86℃，比同族的 H_2O、H_2Se、H_2Te 都低。硫化氢稍溶于水，在 20℃ 时 1 体积的水能溶解 2.5 体积的硫化氢。

硫化氢分子的构型与水分子相似，也呈 V 形，但 H—S 键长（136pm）比 H—O 键略长，而键角∠HSH（92°）比∠HOH 小。H_2S 分子的极性比 H_2O 弱。

氢气和硫蒸气可直接化合生成硫化氢。通常用金属硫化物和非氧化性酸作用制取硫化氢。

$$FeS+2HCl \longrightarrow FeCl_2+H_2S$$

产物气体中常含有少量 HCl 气体，可以用水吸收以除去 HCl。在实验室中可利用硫代乙酰胺水溶液加热水解的方法制取硫化氢。

$$CH_3CSNH_2+2H_2O \longrightarrow CH_3COONH_4+H_2S$$

逸出的 H_2S 气体可用 P_4O_{10} 干燥。

硫化氢中硫的氧化值为 −2，是硫的最低氧化值。硫化氢具有较强的还原性。硫化氢在充足的空气中燃烧生成二氧化硫和水，当空气不足或温度较低时，生成游离的硫和水。硫化氢能被卤素氧化成游离的硫。例如：

$$H_2S+Br_2 \longrightarrow S+2HBr$$

氯气还能把硫化氢化成硫酸。

$$H_2S+4Cl_2+4H_2O \longrightarrow H_2SO_4+8HCl$$

硫化物在水溶液中更容易被氧化。有关的标准电极电势如下：

酸性溶液中　$S+2H^++2e^- \rightleftharpoons H_2S \quad \varphi^\ominus=0.144V$

碱性溶液中　$S+2e^- \rightleftharpoons S^{2-} \quad \varphi^\ominus=-0.445V$

由此可见，碱性溶液中 S^{2-} 的还原性比酸性溶液中的 H_2S 稍强些，硫化氢水溶液在空气中放置后，由于空气中的氧把硫化氢氧化成游离的硫而渐渐变混浊。

硫化氢的水溶液称为氢硫酸，它是一种很弱的二元酸，其解离平衡常数 $K_{a1}^\ominus=1.1\times10^{-7}$，$K_{a2}^\ominus=1.3\times10^{-13}$。氢硫酸能与金属离子形成正盐，即硫化物，也能形成酸式盐即硫氢化物（如 NaHS）。

③ 金属硫化物

金属硫化物大多数是有颜色的。碱金属硫化物和BaS易溶于水，其他碱土金属硫化物微溶于水（BeS难溶）。除此以外，大多数金属硫化物难溶于水，有些还难溶于酸。个别硫化物由于完全水解，在水溶液中不能生成，如Al_2S_3和Cr_2S_3必须采用干法制备。可以利用硫化物的上述性质来分离和鉴别各种金属离子。根据金属硫化物在水中和稀酸中的溶解性差别，可以把它们分成三类，列于表11-21中。

硫化钠（Na_2S）是白色晶状固体，在空气中易潮解。Na_2S水溶液由于S^{2-}水解而呈碱性，故Na_2S俗称硫化碱。常用的硫化钠是其水合晶体$Na_2S\cdot 9H_2O$。将天然芒硝（$Na_2SO_4\cdot 10H_2O$）在高温下用煤粉还原是工业上大量生产硫化钠的方法之一。

$$Na_2SO_4 + 4C \xrightarrow[\text{高温转炉}]{1373K} Na_2S + 4CO$$

硫化钠广泛用于染料、印染、涂料、制革、食品等工业，还用于制造荧光材料。

硫化铵$(NH_4)_2S$是一种常用的可溶性硫化物试剂。在氨水中通入硫化氢可制得硫氢化铵和硫化铵，它们的溶液呈碱性。

硫化钠和硫化铵都具有还原性，容易被空气中的O_2氧化而形成多硫化物。

表 11-21 某些金属硫化物的颜色和溶解性

硫化物	颜色	$K_{sp}^{\ominus}$	溶解性	硫化物	颜色	$K_{sp}^{\ominus}$	溶解性
Na_2S	白色	—	溶于水或微溶于水	SnS	棕色	1.0×10^{-25}	难溶于水和稀酸
K_2S	黄棕色	—		PbS	黑色	8.0×10^{-28}	
$(NH_4)_2S$	溶液无色（微黄）	—		Sb_2S_3	橙色	2.9×10^{-59}	
				Bi_2S_3	黑色	1×10^{-97}	
CaS	无色	—		BaS	无色	—	
BaS	无色	—		Cu_2S	黑色	2.5×10^{-48}	
MnS	肉红色	2.5×10^{-13}	难溶于水而微溶于稀酸	CuS	黑色	6.3×10^{-36}	
FeS	黑色	6.3×10^{-18}		$Ag_2S(a)$	黑色	6.3×10^{-50}	
CuS(a)	黑色	4.0×10^{-23}		CdS	黄色	8.0×10^{-27}	
NiS(a)	黑色	3.2×10^{-19}		Hg_2S	黑色	1.0×10^{-47}	
ZnS(a)	白色	1.6×10^{-24}		HgS	黑色	1.6×10^{-52}	

金属硫化物无论是易溶的还是微溶的，都会发生水解反应，即使是难溶金属硫化物，其溶解的部分也发生水解。

各种难溶金属硫化物在酸中的溶解情况差异很大，这与它们的溶度积常数有关。$K_{sp}^{\ominus}$大于10^{-24}的硫化物一般可溶于稀酸，例如，ZnS可溶于$0.30mol\cdot L^{-1}$的盐酸，而溶度积更大的MnS在醋酸溶液中即可溶解。溶度积介于10^{-25}与10^{-30}之间的硫化物一般不溶于稀酸而溶于浓盐酸，如CdS可溶于$6.0mol\cdot L^{-1}$的盐酸。

$$CdS+4HCl \xlongequal{} H_2[CdCl_4]+H_2S$$

溶度积更小的硫化物（如 CuS）在浓盐酸中也不溶解，但可溶于硝酸。对于在硝酸中也不溶解的 HgS 来说，则需要用王水才能将其溶解。

④ 硫酸

纯硫酸是无色油状液体，凝固点和沸点分别为 10.4℃和 338℃，化学上常利用其高沸点性质将挥发性酸从其盐溶液中置换出来。例如，浓 H_2SO_4 与硝酸盐作用，可以制备易挥发的 HNO_3。

$$NaNO_3+H_2SO_4(浓) \xlongequal{} NaHSO_4+HNO_3$$

硫酸的化学性质主要表现在以下三个方面。

a. 吸水性

浓硫酸能和水结合为一系列的稳定水化物，因此它具有极强的吸水性，常用作干燥剂。它还能从有机化合物中夺取水分子而具脱水性，这一性质常用于炸药、油漆和一些化学药品的制造中。

由于浓硫酸具有强吸水性，可以用浓硫酸来干燥不与硫酸起反应的各种气体，如氯气、氢气和二氧化碳等。浓硫酸也是实验室常用的干燥剂之一（放在干燥器中）。浓硫酸不仅可以吸收气体中的水分，而且还能与纤维、糖等有机物作用，夺取这些物质里的氢原子和氧原子而留下游离的碳。鉴于浓硫酸的强腐蚀作用，在使用时必须注意安全！

硫酸分子的结构式为：

$$\begin{array}{c} O \\ \uparrow \\ H-O-S-O-H \\ \downarrow \\ O \end{array}$$

b. 氧化性

浓硫酸是一种氧化剂，在加热的情况下，能氧化许多金属和某些非金属。通常浓硫酸被还原为二氧化硫。例如：

$$Zn+2H_2SO_4(浓) \xlongequal{\triangle} ZnSO_4+SO_2+2H_2O$$

$$S+2H_2SO_4(浓) \xlongequal{\triangle} 3SO_2+2H_2O$$

比较活泼的金属也可以将浓硫酸还原为硫或硫化氢，例如：

$$3Zn+4H_2SO_4 \xlongequal{\triangle} 3ZnSO_4+S+4H_2O$$

$$4Zn+5H_2SO_4 \xlongequal{\triangle} 4ZnSO_4+H_2S+4H_2O$$

浓硫酸氧化金属并不放出氢气。不过稀硫酸没有氧化性，稀硫酸与比氢活泼的金属（如 Mg，Zn，Fe 等）作用时，能放出氢气。

冷的浓硫酸（70%以上）能使铁的表面钝化，生成一层致密的保护膜，阻止硫酸与铁表面继续作用。因此可以用钢罐贮装和运输浓硫酸（80%～90%）。

c. 酸性

硫酸是二元强酸，在一般温度下，硫酸并不分解，是比较稳定的酸。

近代工业中主要采取接触法制造硫酸。由黄铁矿（或硫黄）在空气中焙烧得到SO_2和空气的混合物，在450℃左右的温度下通过催化剂V_2O_5，SO_2即被氧化成SO_3，生成的SO_3用浓硫酸吸收。如果直接用水吸收SO_3，由于SO_3遇水生成H_2SO_4雾滴，弥漫在吸收器内的空间，而不能被完全收集。用黄铁矿生产硫酸的方法由于污染严重将被淘汰。

将SO_3溶解在100%H_2SO_4中得到发烟硫酸。发烟硫酸暴露在空气中时，挥发出来的SO_3和空气中的水蒸气形成H_2SO_4细小雾滴而发烟。市售发烟硫酸的浓度以游离的SO_3含量标明，如20%或40%等分别表示溶液中含20%或40%游离的SO_3。

硫酸是一种重要的基本化工原料。化肥工业中使用大量的硫酸以制造过磷酸钙和硫酸铵。在有机化学工业中用硫酸作磺化剂制取磺酸化合物。在磺化反应中，磺酸基（$-SO_3H$）取代有机化合物中的氢原子。此外，硫酸还与硝酸一起大量用以制造化肥，也大量用于炸药的生产、石油炼制上。硫酸还用来制造其他各种酸、各种矾类及颜料、染料等。硫酸沸点高，挥发性很小，还可以用来生产其他较易挥发的酸，如盐酸和硝酸。

由于硫酸与水混合时会放出大量的热，在稀释硫酸时必须格外小心。应将浓硫酸在搅拌下慢慢倒入水中，不可将水倒入浓硫酸中。

⑤ 硫代硫酸钠

硫代硫酸（$H_2S_2O_3$）可以看作是硫酸分子中的一个氧原子被硫原子所取代的产物。硫代硫酸极不稳定。

亚硫酸盐与硫作用生成硫代硫酸盐。例如，将硫粉和亚硫酸钠一同煮沸可制得硫代硫酸钠。

$$Na_2SO_3 + S \xlongequal{\triangle} Na_2S_2O_3$$

另外，在Na_2S和Na_2CO_3，混合溶液（物质的量比为2∶1）中通入SO_2也可以制得$Na_2S_2O_3$。

$$2Na_2S + Na_2CO_3 + 4SO_2 \xlongequal{} 3Na_2S_2O_3 + CO_2$$

$Na_2S_2O_3 \cdot 5H_2O$是最重要的硫代硫酸盐，俗称海波或大苏打，是无色透明的晶体，易溶于水，其水溶液呈弱碱性。

硫代硫酸钠在中性或碱性溶液中很稳定，当与酸作用时，形成的硫代硫酸立即分解为硫和亚硫酸，后者又分解为二氧化硫和水。反应方程式如下：

$$S_2O_3^{2-} + 2H^+ \xlongequal{} S + SO_2 + H_2O$$

硫代硫酸根离子具有硫酸根离子相似的四面体构型，如图11-10所示。

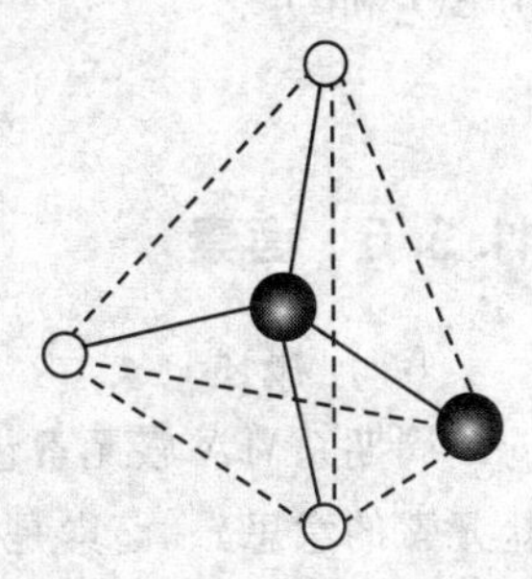

图11-10 $S_2O_3^{2-}$的构型

在 $S_2O_3^{2-}$ 中，2 个硫原子在结构上所处的位置是不同的，这已为“标记原子”实验所证明。按照计算氧化值的习惯，$S_2O_3^{2-}$ 中硫的氧化值的平均值为+2。硫代硫酸钠具有还原性，例如，$Na_2S_2O_3$ 可以被较强的氧化剂 Cl_2 氧化为硫酸钠。

$$S_2O_3^{2-}+4Cl_2+5H_2O \xlongequal{} 2SO_4^{2-}+10H^++8Cl^-$$

在纺织工业上用 $Na_2S_2O_3$ 作脱氯剂。

$Na_2S_2O_3$ 与碘的反应是定量的，在分析化学上用于碘量法的滴定。其反应方程式为：

$$I_2+2S_2O_3^{2-} \xlongequal{} S_4O_6^{2-}+2I^-$$

反应产物中的 $S_4O_6^{2-}$ 叫做连四硫酸根离子，其结构式如下：

$$\left[\begin{array}{c} \quad O \qquad\quad O \\ \quad\uparrow \qquad\quad \uparrow \\ -O-S-S-S-S-O- \\ \quad\downarrow \qquad\quad \downarrow \\ \quad O \qquad\quad O \end{array}\right]^{2-}$$

硫代硫酸钠具有配位能力，可与 Ag^+ 和 Cd^{2+} 等形成稳定的配离子。硫代硫酸钠大量用作照相的定影剂。照相底片上未感光的溴化银在定影液中形成 $[Ag(S_2O_3)_2]^{3-}$ 而溶解。

$$AgBr+2S_2O_3^{2-} \xlongequal{} [Ag(S_2O_3)_2]^{3-}+Br^-$$

此外，硫代硫酸钠还用作化工生产的还原剂以及用于电镀、鞣革等。

⑥ 过二硫酸盐

重要的过二硫酸盐有 $K_2S_2O_8$ 和 $(NH_4)_2S_2O_8$，它们都是强氧化剂。过二硫酸盐能将 I^- 和 Fe^{2+} 氧化成 I_2 和 Fe^{3+}，甚至能将 Cr^{3+} 和 Mn^{2+} 等氧化成相应的高氧化值的 $Cr_2O_7^{2-}$，MnO_4^-。但其中有些反应的速率较小，在催化剂作用下，反应进行得较快。例如：

$$S_2O_8^{2-}+2I^- \xlongequal[\text{催化}]{Cu^{2+}} 2SO_4^{2-}+I_2$$

$$2Mn^{2+}+5S_2O_8^{2-}+8H_2O \xlongequal[\text{催化}]{Ag^+} 2MnO_4^-+10SO_4^{2-}+16H^+$$

过硫酸及其盐的热稳定性较差，受热时容易分解。例如，$K_2S_2O_8$ 受热时会放出 SO_3 和 O_2。

$$2K_2S_2O_8 \xlongequal{\triangle} 2K_2SO_4+2SO_3+O_2$$

11.3.6 卤素

(1) 概述

周期系ⅦA 族元素包括氟、氯、溴、碘和砹 5 种元素，总称为卤素（卤素是成盐元素的意思）。卤素是非金属元素，其中氟是所有元素中非金属性最强的，碘具有微弱的金属性，砹是放射性元素。卤素的一般性质列于表 11-22 中。

表 11-22 卤素的一般性质

元素	氟	氯	溴	碘
元素符号	F	Cl	Br	I
原子序数	9	17	35	53
价层电子构型	$2s^2 2p^5$	$3s^2 3p^5$	$4s^2 4p^5$	$5s^2 5p^5$
共价半径/pm	64	99	114	133
电负性	3.98	3.16	2.96	2.66
电离能/$kJ \cdot mol^{-1}$	1681.0	1251.2	1139.9	1008.4
电子亲和能/$kJ \cdot mol^{-1}$	−328.0	−349.0	−324.7	−295.1
氧化值	−1	−1,+1,+3,+5,+7	−1,+1,+3,+5,+7	−1,+1,+3,+5,+7
配位数	1	1,2,3,4	1,2,3,4,5	1,2,3,4,5,6,7

卤素是相应各周期中原子半径最小、电负性最大的元素，它们的非金属性是同周期元素中最强的。从表 11-22 中可以看出，卤素的许多性质随着原子序数的增加较有规律地变化。

卤素原子的价层电子构型为 ns^2np^5，再得到一个电子便可达到稳定的 8 电子构型，即形成 X^-。说明卤素单质 X_2 具有强的得电子能力，是强氧化剂，氧化性按照 F_2、Cl_2、Br_2、I_2 的顺序减弱。卤素离子的还原性则按照 F^-、Cl^-、Br^-、I^- 的顺序增强。

卤素原子的电子亲和能的绝对值很大。但在卤素中电子亲和能最小的元素是氯而不是氟。在每一周期元素中，除稀有气体外，卤素的第一电离能最大，因而卤素原子不易失去一个电子成为 X^+。除氟外，其他卤素原子的价电子层都有空的 nd 轨道可以容纳电子，从而形成配位数大于 4 的高氧化值的卤素化合物，氯、溴、碘的氧化值多为奇数，即＋1、＋3、＋5、＋7。

在卤素化合物中，Cl、Br、I 可呈现多种正氧化态。因为参加反应时，除未成对电子可参与成键外，成对的电子也可拆开参与成键，这可能与它们 nd 轨道能容纳由 p 轨道激发来的电子有关。在水溶液中，F 的稳定氧化态是－1，而 Cl、Br、I 主要氧化态是－1、＋1、＋3、＋5 和＋7。卤素的含氧酸都是强氧化剂。除－1 和＋7 氧化态外，其他氧化态都易发生歧化反应。

卤素各氧化态的氧化能力总的趋势是自上而下逐渐降低，但 Br 有些反常，卤酸根离子中 BrO_3^- 氧化性最强，高卤酸中高溴酸 $HBrO_4$ 是最强的氧化剂。氧化还原反应是卤素的一大特色，在制备和分析上有重要应用。另外，卤素还可以形成多种阳离子、卤素互化物和多卤化物等，X^- 作为配体能与许多金属离子形成稳定配合物。

卤素单质均为非极性双原子分子，从氟到碘，随着相对分子质量的增大，分子间色散力逐渐增加，卤素单质的密度、熔点、沸点等物理性质均依次递增（表 11-23）。卤素单质都是有颜色的，且随着原子序数的增大，颜色逐渐加深。

表 11-23 卤素单质的一些性质

元素	氟	氯	溴	碘
物态(298K,101.3kPa)	气体	气体	液体	固体
颜色	浅黄色	黄绿色	红棕色	紫黑色（有金属光泽）
密度(液体)/$g\cdot mL^{-1}$	1.513（−188℃）	1.655（−70℃）	3.187（0℃）	3.960（120℃）
沸点/℃	−188.13	−34.04	58.8	185.24
熔点/℃	−219.61	−101.5	−7.25	113.60
$\Delta_f H_m^{\ominus}(X^-,aq)/kJ\cdot mol^{-1}$	−332.63	−167.159	−121.55	−55.19
$\varphi^{\ominus}_{X_2/X^-}/V$	2.889	1.360	1.0774	0.5345
X—X 键能/$kJ\cdot mol^{-1}$	159	243	193	151
晶体结构	分子晶体	分子晶体	分子晶体	分子晶体（具有部分金属性）

卤素单质在水中的溶解度不大。其中，氟使水剧烈地分解而放出氧气。常温下，$1m^3$ 水可溶解约 $2.5m^3$ 氯气。氯、溴和碘的水溶液分别称为氯水、溴水和碘水。卤素单质在有机溶剂中的溶解度比在水中的溶解度大得多。根据这一差别，可以用四氯化碳等有机溶剂将卤素单质从水溶液中萃取出来。

卤素单质都具有毒性，毒性从氟到碘而减弱。卤素单质强烈地刺激眼、鼻、气管等器官的黏膜，吸入较多的卤素蒸气会导致严重中毒，甚至死亡。液溴会使皮肤严重灼伤而难以治愈，在使用溴时要特别小心。

（2）卤素单质与化合物

① 单质

卤素单质均为活泼的非金属元素，氧化性较强，能与金属、非金属、水和碱等发生反应，并且卤素的氧化性越强，所发生的反应就越剧烈。卤素单质的化学性质比较见表 11-24。

卤素与水发生两类重要的化学反应。第一类反应是卤素置换水中氧的反应。

$$2X_2+2H_2O \rightleftharpoons 4X^-+4H^++O_2$$

第二类反应是卤素的歧化反应。

$$X_2+H_2O \rightleftharpoons H^++X^-+HXO$$

卤素单质与水发生第一类反应的激烈程度按 $F_2>Cl_2>Br_2>I_2$ 的次序递变。氟的氧化性最强，只能与水发生第一类反应，是自发的、激烈的放热反应。

$$2F_2+2H_2O \longrightarrow 4HF+O_2 \qquad \Delta_r G_m^{\ominus}=-713.02kJ\cdot mol^{-1}$$

表 11-24 卤素单质化学性质的比较

卤素单质		F_2	Cl_2	Br_2	I_2
与氢气反应	反应条件及现象	低温、暗处、剧烈、爆炸	强光、爆炸	加热，缓慢	强热，缓慢，同时发生分解
	HX的稳定性	很稳定	稳定	较不稳定	不稳定
与水反应	反应现象	剧烈、爆炸	歧化反应、较慢	歧化反应，缓慢	歧化反应，很慢
	生成物	HF和O_2	HCl和HClO(Cl_2)	HBr和HBrO(Br_2)	HI和HIO(I_2)
与金属反应		能氧化所有金属	能氧化除Pt、Au以外的金属	能与多数金属化合，有的需要加热	可与多数金属化合，有的需要加热或催化剂
X_2的氧化性		⟶逐渐减弱			
X_2的还原性		⟶逐渐增强			

氯只有在光照下缓慢地与水反应放出O_2，溴与水作用放出O_2的反应极其缓慢，碘与水不发生第一类反应。相反，氧却可以与碘化氢溶液作用，析出单质碘。

Cl_2、Br_2、I_2与水主要发生第二类反应，并且反应是可逆的。在25℃时，Cl_2、Br_2、I_2歧化反应的标准平衡常数为4.2×10^{-4}、7.2×10^{-9}、2.0×10^{-13}。

由此可见，反应进行的程度随原子序数的增大依次减小。

当溶液的pH增大时，卤素的歧化反应平衡向右移动。卤素在碱性溶液中易发生如下的歧化反应：

$$X_2+2OH^- \longrightarrow X^- + OX^- + H_2O \quad (1)$$

$$3OX^- \longrightarrow 2X^- + XO_3^- \quad (2)$$

氯在20℃时，只有反应（1）进行得很快，在70℃时，反应（2）才进行得很快，因此常温下氯与碱作用主要是生成次氯酸盐。溴在20℃时，反应（1）和反应（2）进行得都很快，而在0℃时反应（2）较缓慢，因此只有在0℃时才能得到次溴酸盐。碘即使在0℃时反应（2）也进行得很快，所以碘与碱反应只能得到碘酸盐。

卤素的用途非常广泛。F_2主要用来制取有机氟化物，如杀虫剂（CCl_3F）、高效灭火剂（CF_2Cl_2Br，CBr_2F_2等）、塑料（聚四氟乙烯）等。氟碳化合物代红细胞制剂可作为血液代用品应用于临床。此外，液态F_2还是航天燃料的高能氧化剂，氟的另一重要用途是在原子能工业上制造六氟化铀（UF_6）。

Cl_2是一种重要的化工原料，主要用于盐酸、农药、炸药、塑料、有机染料、有机溶剂及化学试剂的制备和有机合成，由氯制造的漂白剂可用于漂白纸张、布匹等。

Br_2是制取有机和无机化合物的工业原料，广泛用于医药、农药、感光材料、含溴染料、香料等方面。它也是制取催泪性毒气和高效低毒灭火剂的主要原料。用Br_2制取的二溴乙烷（$C_2H_4Br_2$）是汽油抗震剂中的添加剂。

I_2在医药上有重要用途，如制备消毒剂（碘酒）、防腐剂（碘仿 CH_3I）、镇痛剂等。碘还用于制造偏光玻璃，在偏光显微镜、车灯、车窗上得到应用。碘化银为照相工业的感光材料，还可作人工降雨的“晶种”。碘酸钾添加到食盐中形成碘盐，对甲状腺肥大有预防和治疗的功能。碘是人体必需的微量元素之一，人体中缺乏碘，不仅可能导致甲状腺肿大，还可能引起发育迟缓、生殖系统异常等现象。

② 卤化氢或氢卤酸

常温下卤化氢都是无色、有刺激性臭味的气体。卤化氢分子都是共价型分子，分子中键的极性按 HF、HCl、HBr、HI 的顺序减弱。液态 HX 都不导电。卤化氢的一些性质见表 11-25。

表 11-25　卤化氢的一些性质

卤化氢	HF	HCl	HBr	HI
熔点/℃	−83.57	−114.17	−86.87	−50.8
沸点/℃	19.52	−85.05	−66.71	−35.1
核间距/pm	92	127	141	161
偶极距/10^{-30}C·m	6.37	3.57	2.76	1.40
熔化焓/kJ·mol^{-1}	19.6	2.0	2.4	2.9
汽化焓/kJ·mol^{-1}	28.7	16.2	17.6	19.8
键能/kJ·mol^{-1}	570	432	366	298
$\Delta_f H_m^{\ominus}$/kJ·mol^{-1}	−271.2	−92.3	−36.4	−26.5
$\Delta_f G_m^{\ominus}$/kJ·mol^{-1}	−273.2	−95.3	−53.4	1.70

除氢氟酸没有还原性外，其他氢卤酸都具有还原性。卤化氢或氢卤酸还原性强弱的次序是 HF＜HCl＜HBr＜HI。盐酸可以被强氧化剂（如 $KMnO_4$，$K_2Cr_2O_7$，PbO_2，$NaBiO_3$等）氧化为 Cl_2。空气中的氧能氧化氢碘酸。

$$4I^- + 4H^+ + O_2 = 2I_2 + 2H_2O$$

在光照下反应速率显著增大。氢溴酸和氧的反应比较缓慢，而盐酸在通常条件下则不能被氧氧化。在升高温度和催化剂存在下，氯化氢可以被空气中的氧气氧化为氯气。

氢卤酸的酸性按 HF＜HCl＜HBr＜HI 的顺序依次增强。其中，除氢氟酸为弱酸（$K_a^{\ominus}=6.9\times10^{-4}$）外，其他的氢卤酸都是强酸，氢溴酸、氢碘酸的酸性甚至强于高氯酸。

在氢氟酸中，HF 分子间以氢键缔合成 $(HF)_x$，这就影响了氢氟酸的解离，如 0.1mol·L^{-1}氢氟酸的解离度约为 8%。在较浓的氢氟酸溶液中，一部分 F^- 与 HF 按下式结合。

$$HF + F^- \rightleftharpoons HF_2^- \qquad K^{\ominus}=5.2$$

由于这个反应的存在，使 F^- 浓度降低，有利于氢氟酸的解离。因此氢氟酸与一般的酸不同，其解离度随着溶液浓度的增大而增大。在 HF_2^- 中，HF 与 F^- 也能以氢键结合，可以表示成 $[F\cdots HF]^-$。由于有 HF_2^- 存在，所以氢氟酸可以生成酸式盐，如氟化氢钾 KHF_2 等。

氢氟酸能与二氧化硅或硅酸盐反应生成气态 SiF_4，反应式为：

$$SiO_2 + 4HF \xlongequal{} 2H_2O + SiF_4\uparrow$$

$$CaSiO_3 + 6HF \xlongequal{} CaF_2 + 3H_2O + SiF_4\uparrow$$

二氧化硅是玻璃的主要成分，氢氟酸能腐蚀玻璃。因此，通常用塑料容器来贮存氢氟酸，而不能用玻璃瓶贮存。根据氢氟酸的这一特殊性质，可以用它来刻蚀玻璃或溶解各种硅酸盐。此外，氟化氢还用于电解铝工业（合成冰晶石）、铀生产（UF_4/UF_6）、石油烷烃催化剂、不锈钢酸洗、制冷剂及其他无机物的制备。在定量分析中利用氢氟酸来测定样品中的 SiO_2 含量。

卤化氢及氢卤酸都是有毒的，特别是氢氟酸毒性更大。浓的氢氟酸会把皮肤灼伤，难以痊愈，所以使用时需带胶皮手套防护并在通风橱内操作，注意千万不要沾到皮肤上。

11.4　d区和ds区元素

11.4.1　概述

d区和ds区元素包括周期系ⅢB～ⅦB，Ⅷ，ⅠB～ⅡB族元素（不包括镧系元素和锕系元素）。d区和ds区元素都是金属元素，这些元素位于长式元素周期表的中部，即典型金属元素和典型非金属元素之间。

d区和ds区元素通常称为过渡元素或过渡金属。同周期d区和ds区元素金属性递变不明显，通常人们按不同周期将过渡元素分为下列三个过渡系：

第一过渡系　第四周期元素从钪（Sc）到锌（Zn）；

第二过渡系　第五周期元素从钇（Y）到镉（Cd）；

第三过渡系　第六周期元素从镥（Lu）到汞（Hg）。

d区和ds区元素的一般性质按上述三个过渡系列于表11-26中。

d区和ds区元素中，第一过渡系元素在自然界中的储量较多，它们的单质和化合物在工业上的用途也较广。第二、第三过渡系元素，除银（Ag）和汞（Hg）外，丰度相对较小。

11.4.2　d区元素通性

（1）电子构型

d区元素的价层电子构型一般为 $(n-1)d^{1\sim8}ns^{1\sim2}$。与其他四区元素相比，其

表 11-26 d 区和 ds 区元素的一般性质

第一过渡系	价层电子构型	熔点/℃	沸点/℃	原子半径/pm	M^{2+}半径/pm	第一电离能/$kJ\cdot mol^{-1}$	氧化值
Sc	$3d^14s^2$	1541	2836	161	—	639.5	**3**
Ti	$3d^24s^2$	1668	3287	145	90	658.8	−1,0,2,**3**,**4**
V	$3d^34s^2$	1917	3421	132	88	650.9	−1,0,2,3,**4**,**5**
Cr	$3d^54s^1$	1907	2679	125	84	652.9	−2,−1,0,2,**3**,4,5,**6**
Mn	$3d^54s^2$	1244	2095	124	80	717.3	−2,−1,0,2,3,**4**,5,**6**,**7**
Fe	$3d^64s^2$	1535	2851	124	76	762.5	0,**2**,**3**,4,5,**6**
Co	$3d^74s^2$	1494	2927	125	74	760.4	0,**2**,**3**,4
Ni	$3d^84s^2$	1453	2884	125	72	737.1	0,**2**,**3**,(4)
Cu	$3d^{10}4s^1$	1085	2563	128	69	745.5	**1**,**2**,3
Zn	$3d^{10}4s^2$	420	907	133	74	906.4	**2**
第二过渡系	价层电子构型	熔点/℃	沸点/℃	原子半径/pm		第一电离能/$kJ\cdot mol^{-1}$	氧化值
Y	$4d^15s^2$	1522	3345	181		606.4	**3**
Zr	$4d^25s^2$	1852	3577	160		642.6	2,**3**,**4**
Nb	$4d^45s^1$	2468	4860	143		642.3	2,3,**4**,**5**
Mo	$4d^55s^1$	2622	4825	136		691.2	0,2,**3**,4,5,**6**
Tc	$4d^55s^2$	2157	4265	136		708.2	0,**4**,5,**6**,**7**
Ru	$4d^75s^1$	2334	4150	133		707.6	0,3,4,5,6,7,**8**
Rh	$4d^85s^1$	1963	3727	135		733.7	0,1,2,3,**4**,**6**
Pd	$4d^85s^2$	1555	3167	138		810.5	0,1,2,3,4
Ag	$4d^95s^2$	962	2164	144		737.2	**1**,**2**,3
Cd	$4d^{10}5s^2$	321	765	149		867.8	**2**
第二过渡系	价层电子构型	熔点/℃	沸点/℃	原子半径/pm		第一电离能/$kJ\cdot mol^{-1}$	氧化值
Lu	$5d^16s^2$	1663	3402	173		523.5	**3**
Hf	$5d^26s^2$	2227	4450	159		659.0	2,**3**,**4**
Ta	$5d^36s^2$	2996	5429	143		728.4	2,3,**4**,**5**
W	$5d^46s^2$	3387	5900	137		758.8	0,2,**3**,4,5,**6**
Re	$5d^56s^2$	3180	5678	137		755.8	0,2,3,4,5,**6**,7
Os	$5d^66s^2$	3045	5225	134		814.2	0,2,3,4,5,**6**,7,**8**
Ir	$5d^76s^2$	2447	2550	136		865.2	0,2,3,4,5,**6**
Pt	$5d^96s^1$	1796	3824	136		864.4	0,2,4,5,**6**
Au	$5d^{10}6s^1$	1064	2856	144		890.1	**1**,3
Hg	$5d^{10}6s^2$	−39	357	160		1007.1	**1**,**2**

注：表中黑体数字为常见氧化值，氧化值为0的表示这种元素形成羰合物时的氧化值。

最大特点是具有未充满的d轨道（Pd除外）。由于$(n-1)$d轨道和ns轨道的能量相近，d电子可部分或全部参与化学反应。而其最外层只有1～2个电子，较易失去，因此，d区元素均为金属元素。

（2）物理性质

由于d区元素中的d电子可参与成键，所以单质的金属键很强。金属单质质地坚硬，色泽光亮，是电和热的良导体。过渡元素的单质其密度、硬度、熔点、沸点较高，导电性和导热性良好。所有元素中，铬的硬度最大（9），钨的熔点最高（3407℃），锇的密度最大（$22.61g\cdot cm^{-3}$），铼的沸点最高（5687℃）。

（3）化学性质

在化学性质方面，第一过渡系元素的单质比第二、第三过渡系元素的单质活泼。

d区元素因其特殊的电子构型，表现出以下几方面特性：

① 多种氧化值

由于$(n-1)$d轨道和ns轨道能量相近，不仅ns电子可作为价电子，$(n-1)$d电子也可部分或全部作为价电子。因此，该区元素常具有多种氧化值，一般从+2到和元素所在族数数值相同的最高氧化值。

② 较强的配位性

由于d区元素的原子或离子具有未充满的$(n-1)$d轨道及ns、np空轨道，并且有较大的有效核电荷，同时其原子或离子的半径又较主族元素小，因此它们不仅具有接受电子对的空轨道，同时还具有较强的吸引配位体的能力。因而它们有很强的形成配合物的倾向。例如，它们易形成氨配合物、氰基配合物、草酸基配合物等。除此之外，多数元素的中性原子能形成羰基配合，如$Fe(CO)_5$、$Ni(CO)_4$等，这是该区元素的一大特性。

③ 离子的颜色

d区元素的许多水合离子、配离子都呈现颜色，这主要是由于电子发生d-d跃迁所致。具有d^0、d^{10}构型的离子，不可能发生d-d跃迁，因而是无色的，而具有其他d电子构型的离子一般具有一定的颜色。部分d区元素的水合离子的颜色见表11-27。

表11-27 部分d区元素水合离子的颜色

d电子数	水合离子	水合离子颜色	d电子数	水合离子	水合离子颜色
d^0	$[Sc(H_2O)_6]^{3+}$	无色	d^5	$[Fe(H_2O)_6]^{3+}$	淡紫色
d^1	$[Ti(H_2O)_6]^{3+}$	紫色	d^6	$[Fe(H_2O)_6]^{2+}$	淡紫色
d^2	$[V(H_2O)_6]^{3+}$	绿色	d^6	$[Co(H_2O)_6]^{3+}$	蓝色
d^3	$[Cr(H_2O)_6]^{3+}$	紫色	d^7	$[Co(H_2O)_6]^{2+}$	粉红色
d^3	$[V(H_2O)_6]^{2+}$	紫色	d^8	$[Ni(H_2O)_6]^{2+}$	绿色
d^4	$[Cr(H_2O)_6]^{2+}$	蓝色	d^9	$[Cu(H_2O)_6]^{2+}$	蓝色
d^4	$[Mn(H_2O)_6]^{3+}$	红色	d^{10}	$[Zn(H_2O)_6]^{2+}$	无色
d^5	$[Mn(H_2O)_6]^{2+}$	淡红色			

11.4.3　ds 区元素通性

（1）电子构型

ds 区元素的价电子构型为 $(n-1)d^{10}ns^{1\sim2}$，其最外层电子构型与 s 区相同，但是它们的次外层电子数却不同。s 区元素只有最外层是价电子，原子半径较大；而 ds 区元素的最外层 s 电子和次外层部分的 d 电子都是价电子，np、nd 有空的价电子轨道，原子半径较小。

ds 区元素处于 d 区和 p 区之间，其性质有其独特之处。

（2）物理性质

ds 区元素都具有特征的颜色，铜呈紫色，银呈白色，金呈黄色，锌呈微蓝色，镉和汞呈白色。

由于 $(n-1)$d 轨道是全充满的稳定状态，不参与成键，单质内金属键比较弱，因此与 d 区元素比较，ds 区元素有相对较低的熔、沸点。这种性质锌族尤为突出。汞（Hg）是常温下唯一的液态金属，气态汞是单原子分子。另外，ds 区元素大多具有高的延展性、导热性和导电性。金是一切金属中延展性最好的，如 1g 金既能拉成长 3km 的丝，也能压成 1.0×10^{-4} mm 厚的金箔。银在所有金属中具有最好的导电性、导热性和最低的接触电阻。

（3）化学性质

① 铜族元素

铜族元素是周期系的ⅠB 族元素，包括铜、银、金 3 种元素。铜族元素的原子半径小，其 ns^1 电子的活泼性远小于碱金属的 ns^1 电子，因此具有极大的稳定性，且单质的稳定性依 Cu、Ag、Au 的顺序增大。铜族元素具有多种氧化值，即它们失去 ns 电子后，还能继续失去 $(n-1)$d 电子，如 Cu^{2+}、Au^{3+} 等。

铜在干燥的空气中很稳定，有 CO_2 及潮湿的空气时，则在表面生成绿色碱式碳酸铜 $[Cu_2(OH)_2CO_3]$，俗称铜绿。高温时，铜能与氧、硫、卤素直接化合。铜不溶于非氧化性稀酸，但能与 HNO_3 及热的浓 H_2SO_4 作用。

银在空气中稳定，但银与硫的亲和作用较强，所以银与含硫化氢的空气接触时，表面因生成一层 Ag_2S 而发暗，这是银币和银首饰变暗的原因。

金是铜族元素中最稳定的，在常温下它几乎不与任何其他物质反应，只有强氧化性的“王水”才能溶解它。因此，金是最好的金属货币。

② 锌族元素

锌族元素是周期系的ⅡB 族元素，包括锌、镉、汞 3 种元素。锌族元素的性质既不同于铜族元素又不同于碱土金属。锌族元素的氧化值一般为 +2，只有汞有 +1 氧化值的化合物，并以双聚离子 Hg_2^{2+} 的形式存在，如 Hg_2Cl_2。锌族元素的化学活泼性比碱土金属要低得多，依 Zn、Cd、Hg 顺序依次降低，它们在干燥的空气中都是稳定的。

锌与铝相似，具有两性，既可溶于酸，也可溶于碱中。在潮湿的空气中，锌表面易生成一层致密的碱式碳酸锌而起保护作用。锌还可与氧、硫、卤素等在加热时直接化合。

汞俗称水银，常温下很稳定，加热至300℃时才能与氧作用，生成红色的HgO。汞与硫在常温下混合研磨可生成无毒的HgS。汞还可与卤素在加热时直接化合成卤化汞。汞不溶于盐酸或稀硫酸，但能溶于热的浓硫酸和硝酸中。汞还能溶解多种金属，如金、银、锡、钠、钾等形成汞的合金，叫汞齐，如钠汞齐、锡汞齐等。

必须指出，无论是铜族元素还是锌族元素，它们都能与卤素离子、氰根等形成稳定程度不同的配离子，其配位数通常是4或2。

11.4.4　重要化合物

(1) 重铬酸钾（$K_2Cr_2O_7$）

重铬酸钾是铬的重要盐类，为橙红色晶体，俗称红钾矾。重铬酸钾不含结晶水，低温时溶解度小，易提纯，所以常用作定量分析中的基准物质。

重铬酸钾在酸性溶液中有强氧化性，能氧化H_2S、H_2SO_3、KI、$FeSO_4$等许多物质，本身被还原为Cr^{3+}，是分析化学中常用的氧化剂之一，例如：

$$Cr_2O_7^{2-}+6Fe^{2+}+14H^+ = 2Cr^{3+}+6Fe^{3+}+7H_2O$$

$$Cr_2O_7^{2-}+6I^-+14H^+ = 2Cr^{3+}+3I_2+7H_2O$$

用重铬酸钾与浓硫酸可配成铬酸洗液，它具有强氧化性，是玻璃器皿的高效洗涤剂，多次使用后，溶液转变为绿色（Cr^{3+}）时，表明洗液已经失效。

重铬酸钾不仅是常用的化学试剂，在工业上还大量用于鞣革、印染、电镀和医药等方面。

(2) 高锰酸钾（$KMnO_4$）

高锰酸钾为紫黑色固体，易溶于水，呈现MnO_4^-的特征颜色，即紫红色。其受热或见光易分解。

$$2KMnO_4 \xrightarrow{\triangle} K_2MnO_4+MnO_2+O_2\uparrow$$

因此，$KMnO_4$固体或配好的$KMnO_4$溶液应保存在棕色瓶中，置阴凉处。

高锰酸钾具有氧化性，是最重要的氧化剂之一。其氧化能力随介质的酸碱性减弱而减弱，其还原产物也因介质的酸碱性不同而变化。

在强酸性溶液中：

$$\underset{\text{紫红色}}{MnO_4^-}+8H^++5e^- \rightleftharpoons \underset{\text{淡红色或无色}}{Mn^{2+}}+4H_2O \quad \varphi^\ominus=1.512V$$

在中性或弱碱性溶液中：

$$MnO_4^- + 2H_2O + 3e^- \rightleftharpoons MnO_2 + 4OH^- \quad \varphi^\ominus = 0.5965V$$

紫红色　　　　　　　　　棕色浑浊或沉淀

在强碱性溶液中：

$$MnO_4^- + e^- \rightleftharpoons MnO_4^{2-} \quad \varphi^\ominus = 0.564V$$

紫红色　　　　绿色

由反应式可知，高锰酸钾既可以在酸性条件下使用，也可以在中性或碱性条件下使用。但由于高锰酸钾在酸性溶液中的电极电势最大，说明强酸性溶液中的氧化能力最强。

高锰酸钾的氧化性广泛应用于分析化学中的定量分析，如测定 Fe^{2+}、$C_2O_4^{2-}$、H_2O_2、NO_2^-、Sn^{2+} 等。反应开始时速率较慢，但生成的 Mn^{2+} 可催化反应，故反应速率随 Mn^{2+} 浓度的增大而加快，即自身催化。

$$MnO_4^- + 5Fe^{2+} + 8H^+ = Mn^{2+} + 5Fe^{3+} + 4H_2O$$

$$2MnO_4^- + 5H_2O_2 + 6H^+ = 2Mn^{2+} + 5O_2\uparrow + 8H_2O$$

在酸性介质中，若把 Mn^{2+} 氧化为高氧化值的锰是比较困难的。在硝酸溶液中，$NaBiO_3$ 或 PbO_2 等强氧化剂能把 Mn^{2+} 氧化为 MnO_4^-，例如：

$$2Mn^{2+} + 5NaBiO_3 + 14H^+ = 2MnO_4^- + 5Bi^{3+} + 5Na^+ + 7H_2O$$

这一反应是 Mn^{2+} 的特征反应。由于生成了 MnO_4^- 而使溶液呈紫红色，因此常用这一反应来检验溶液中是否存在微量 Mn^{2+}。但是当溶液中有 Cl^- 存在时，颜色变为紫红色后会立即褪去。这是由于 MnO_4^- 被 Cl^- 还原的缘故。当 Mn^{2+} 过多时，也会在紫红色出现后立即消失。这是因为生成的 MnO_4^- 又被过量的 Mn^{2+} 还原。

$$2MnO_4^- + 3Mn^{2+} + 2H_2O = 5MnO_2 + 4H^+$$

高锰酸钾在化学工业中用于生产维生素 C、糖精等，在轻化工业用作纤维、油脂的漂白和脱色，医疗上用作杀菌消毒剂和防腐剂。在日常生活中可用于饮食用具、器皿、蔬菜、水果等的消毒。

(3) 氯化钴（$CoCl_2$）

氯化钴常含有结晶水，最常见 Co(Ⅱ) 的盐是 $CoCl_2 \cdot 6H_2O$。干燥的 $CoCl_2$ 为蓝色，具有较强的吸水性，吸水量达饱和时即为粉红色的 $CoCl_2 \cdot 6H_2O$。而其一旦受热，又会失去结晶水变为蓝色的 $CoCl_2$。

$$CoCl_2 \cdot 6H_2O \xleftrightarrow{52.3℃} CoCl_2 \cdot 2H_2O \xleftrightarrow{90℃} CoCl_2 \cdot H_2O \xleftrightarrow{120℃} CoCl_2$$

粉红色　　　　　　紫色　　　　　　蓝紫色　　　　　　蓝色

因此，利用这种性质将 $CoCl_2$ 与硅胶制成变色硅胶，常用作实验室中的干燥剂，可以重复使用。

(4) 硫酸铜（$CuSO_4 \cdot 5H_2O$）

硫酸铜俗名胆矾，是蓝色斜方晶体，其水溶液也呈蓝色，故也有蓝矾之称。其中 5 个 H_2O 的化学环境不全相同，如图 11-11 所示。

这种简化的结构式表明：4 个 H_2O 分子与 Cu^{2+} 以配位键结合，第 5 个 H_2O 以氢键与两个水分子和 SO_4^{2-} 结合。

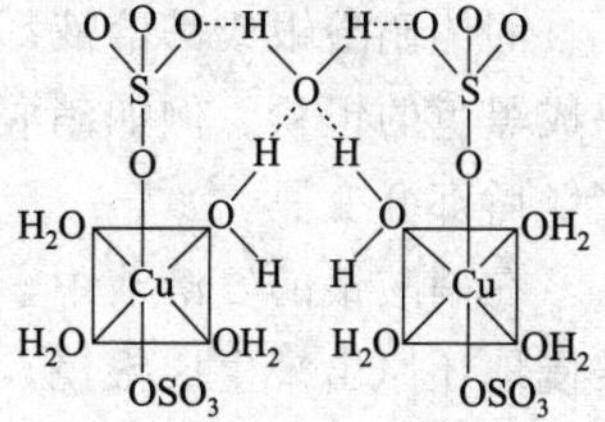

图 11-11 $CuSO_4 \cdot 5H_2O$ 的结构

硫酸铜通常是用热的浓硫酸溶解金属铜而制得：

$$Cu + 2H_2SO_4(浓) \rightleftharpoons CuSO_4 + SO_2 + 2H_2O$$

$CuSO_4$ 水溶液由于水解而呈酸性。为防止水解，配制铜盐溶液时，常加入少量相应的酸。

$$2CuSO_4 + H_2O \rightleftharpoons [Cu_2(OH)SO_4]^+ + HSO_4^-$$

$CuSO_4 \cdot 5H_2O$ 受热后可逐步失水，在 258℃时可失水变为无水硫酸铜。

$$CuSO_4 \cdot 5H_2O \xrightarrow{102℃} CuSO_4 \cdot 3H_2O \xrightarrow{113℃} CuSO_4 \cdot H_2O \xrightarrow{258℃} CuSO_4$$

无水硫酸铜为白色粉末，不溶于乙醇和乙醚。其吸水性很强，吸水后即显出蓝色。可以利用这一性质来检验乙醚、乙醇等有机溶剂中的微量水分，并可做干燥剂使用。

硫酸铜是制备其他铜化合物的重要原料。在电镀、电池、印染、染色、木材保存、颜料、杀虫剂等工业中都大量使用硫酸铜。在农业上将硫酸铜与石灰乳混合制得波尔多液，可用于防治或消灭植物的多种病虫害，加入贮水池中可以防止藻类生长。

在中性或弱碱性溶液中，Cu^{2+} 可与 $K_4[Fe(CN)_6]$ 反应生成红褐色沉淀，这一反应常用于微量 Cu^{2+} 的鉴定。

$$2Cu^{2+} + [Fe(CN)_6]^{4-} \rightleftharpoons Cu_2[Fe(CN)_6] \downarrow$$

碘量法测定铜含量是基于 Cu^{2+} 与过量 KI 的反应定量析出 I_2，然后用 $Na_2S_2O_3$ 标准溶液滴定。反应式如下：

$$2Cu^{2+} + 4I^- = 2CuI \downarrow + I_2$$

$$I_2 + 2S_2O_3^{2-} = 2I^- + S_4O_6^{2-}$$

(5) 硝酸银和卤化银

① 硝酸银

$AgNO_3$ 是最重要的可溶性银盐，25℃时在水中的溶解度为 245g/100gH_2O。$AgNO_3$ 为无色晶体，其晶体的熔点为 208℃，在 440℃时分解。若受日光照射或有微量有机物存在时，也逐渐分解。因此，硝酸银晶体或溶液都应装在棕色玻璃瓶内。

$$2AgNO_3 \overset{光}{=} 2Ag + 2NO_2 + O_2$$

硝酸银的制法通常是将银溶于硝酸，然后蒸发、结晶，即可得到无色的斜方晶体硝酸银。

$$Ag + 2HNO_3(浓) = AgNO_3 + NO_2 \uparrow + H_2O$$

或 $$3Ag + 4HNO_3(浓) = 3AgNO_3 + NO \uparrow + 2H_2O$$

固体硝酸银或其溶液都是氧化剂，即使在室温条件下，许多有机物都能将它还原成黑色的银粉。例如硝酸银遇到蛋白质即生成黑色的蛋白银，所以皮肤或布与它接触后都会变黑。

在硝酸银的氨溶液中，加入有机还原剂，如醛类、糖类或某些酸类，可以把银缓慢地还原出来生成银镜，这个反应常用来检验某些有机物，也用于制镜工业。

$$2[Ag(NH_3)_2]^+ + HCHO + 3OH^- = 2Ag(s) + HCOO^- + 4NH_3 + 2H_2O$$

硝酸银对有机物有破坏作用，在医药上常用 10% $AgNO_3$溶液作为消毒剂或杀菌剂。大量的硝酸银用于制造照相底片上的卤化银。此外，硝酸银也是一种重要的分析试剂。

② 卤化银

由 AgF 到 AgI 键型由离子键变为共价键，溶解度降低，颜色加深。AgF 为无色晶体，容易溶于水，AgCl 为白色，AgBr 为淡黄色，AgI 为黄色，$K_{sp}^{\ominus}$ 逐渐减小。

AgCl、AgBr、AgI 均易感光分解，具感光性，常用作感光材料。在照相技术中，将 AgBr 的明胶凝胶涂在透明胶片上即成照相底片。在光照下，AgBr 被分解成“银核”（银原子），然后用显影剂（主要含有机还原剂，如对苯二酚）处理，将含有银核 AgBr 还原为金属 Ag，底片上变黑显影。最后用定影液（主要是 $Na_2S_2O_3$）将未感光的 AgBr 溶解洗去，剩下的金属银不再变化。印相时，将负相放在照相纸上再进行曝光、显影、定影处理，就得到所需照片。用过的定影液中会有一定量的银，可以加入铁粉将其还原成单质银进行回收。

曝光　$$AgBr \xrightarrow{h\nu} Ag + Br$$

显影　$$2Br + \text{HO-C}_6\text{H}_4\text{-OH} + 2OH^- = \text{O=C}_6\text{H}_4\text{=O} + 2Br^- + 2H_2O$$

定影　$$AgBr + 2Na_2S_2O_3 = Na_3[Ag(S_2O_3)_2] + NaBr$$

(6) 氯化亚汞（Hg_2Cl_2）

Hg_2Cl_2是难溶于水的白色沉淀，无毒，略有甜味，称为甘汞。不溶于乙醇与稀酸中，是分子晶体。需要将试剂存放于棕色瓶中，因 Hg_2Cl_2 见光缓慢分解，生成毒性很大的 $HgCl_2$与 Hg。

Hg_2Cl_2用于制作甘汞电极（参比电极）：

$$Hg_2Cl_2 + 2e^- \rightleftharpoons 2Hg + 2Cl^-$$

25℃时饱和甘汞电极的电极电势 $\varphi_{Hg_2Cl_2/Hg} = 0.2438V$，该电极不需要高纯气体，使用很方便。

需要注意的是，Hg_2Cl_2与 OH^-、S^{2-}、NH_3、CN^-、I^- 等的反应都因形成了 Hg(Ⅱ) 的沉淀或稳定配合物而歧化。

（7）$Hg(NO_3)_2$

$Hg(NO_3)_2$溶液与适量 KI 反应，先生成橙红 HgI_2沉淀，加入过量 KI 后，HgI_2沉淀可溶解生成无色的配离子 $[HgI_4]^{2-}$。

$$Hg^{2+} + 2I^- \rightleftharpoons HgI_2\downarrow（橙红色）$$

$$HgI_2 + 2I^- \rightleftharpoons [HgI_4]^{2-}（无色）$$

$[HgI_4]^{2-}$ 与 KOH 的混合液称为 Nessler（奈斯勒）试剂，它与 NH_4^+ 或 NH_3 反应生成特殊的红棕色沉淀（因 NH_4^+ 的含量和 Nessler 试剂的量不同，生成沉淀的颜色从红棕到深褐色有所不同），可用于检验 NH_4^+ 或 NH_3。

$$NH_4^+ + 2[HgI_4]^{2-} + 4OH^- = \left[\begin{array}{c} Hg \\ O \quad\quad NH_2 \\ Hg \end{array} \right] I\downarrow + 3H_2O + 7I^-$$

（红棕色）

思考题

1. s 区元素单质的哪些性质的递变是有规律的，试解释之。

2. ⅠA 族和ⅡA 族元素的性质有哪些相近？有哪些不同？

3. 解释 s 区元素氢氧化物的碱性递变规律。推测 LiCl、$BeCl_2$、$MgCl_2$、$CaCl_2$溶液的酸碱性，再简单说明之，或写出相应的反应方程式。

4. 解释碱土金属碳酸盐的热稳定性变化规律。

5. 试述对角线规则，比较锂与镁、铍与铝的相似性。与同族元素相比，锂、铍有哪些特殊性。

6. 何谓缺电子原子？何谓缺电子化合物？总结本章中重要的缺电子原子和化合物。

7. 举例说明常见硼的化合物中哪些是 Lewis 酸，并说明硼酸为什么是一元酸，而不是三元酸。

8. 总结碳酸盐的热稳定性和溶解性的变化规律，并用离子极化理论说明其稳定性的变化规律。

9. 举例说明硫化氢和多硫化物的主要化学性质，写出相关的重要反应方程式。

10. 你如何认识惰性电子对效应？用它能说明元素的哪些性质？

11. 试总结卤素单质的基本物理性质和化学性质。相应的变化规律如何？氟有哪些特性？联系卤素单质的性质，指出它们在自然界存在的形态和重要化合物，并说明这些单质的制备方法。

12. 说明卤素氢化物的酸性、还原性和热稳定性的变化规律。为什么不能采取由单质直接反应的方法来制取氟化氢和碘化氢？

13. 总结锰的重要化合物及其性质。如何由软锰矿制取高锰酸钾？在酸性溶液中，用足够的 Na_2SO_3 与 MnO_4^- 作用时，为什么 MnO_4^- 总是被还原为 Mn^{2+}，而不能得到 MnO_4^{2-}、MnO_2或 Mn^{3+}？

14. 写出你所了解的由 Mn^{2+} 变为 MnO_4^- 的重要反应。

15. 比较铜族元素和碱金属元素的异同点。

16. $AgNO_3$ 在 440℃分解时，为什么得不到 Ag_2O。

17. 为什么银制器皿会变黑？

18. 比较锌族元素和碱土金属元素的异同点。

习　题

1. 选择与填空

(1) 第一过渡系的元素是（　　）。

(A) 第四周期ⅢB～Ⅷ～ⅡB　　(B) 第五周期ⅢB～Ⅷ～ⅡB

(C) 镧系元素　　(D) 锕系元素

(2) 在所有过渡元素中，熔点最高的金属是（　　），熔点最低的是（　　），硬度最大的是（　　），密度最大的是（　　），导电性最好的是（　　），耐海水腐蚀的是（　　）。

(3) 卤素单质中，与水不发生歧化反应的是（　　）

(A) F_2　　(B) Cl_2　　(C) Br_2　　(D) I_2

(4) 硫酸铜晶体俗称为（　　），其化学式为（　　）。它受热至 260℃时将得到（　　）色的（　　）。根据这一特性，用（　　）检查有机物中的微量水。

(5) 下列物质属于 Lewis 酸的是（　　）。

(A) HAc　　(B) H_3BO_3　　(C) 丙乙醇　　(D) HF

(6) 下列氢氧化物中碱性最强的是（　　）。

(A) $Be(OH)_2$　　(B) LiOH　　(C) $Mg(OH)_2$　　(D) $Ca(OH)_2$

(7) 碳酸、碳酸盐和碳酸氢盐的热稳定性由高到低的顺序为：

（　　）＞（　　）＞（　　）。这一现象可用（　　）理论来解释。

(8) 高锰酸钾是（　　）剂，它在酸性溶液中与 H_2O_2 反应的主要产物是（　　）和（　　），它在中性或弱碱性溶液中与 Na_2SO_3 反应的主要产物为（　　）和（　　）。

(9) 锰的下列物种能在酸性溶液中发生歧化反应的是（　　）。

(A) MnO_4^{2-}　　(B) MnO_2　　(C) MnO_4^-　　(D) Mn^{2+}

(10) 下列有关 s 区元素的说法不正确的是（　　）。

(A) 都是熔点低、硬度小、密度小的金属单质（除 H 外）；

(B) 同族中，还原性从上到下依次增强；

(C) 碱金属的还原性比碱土金属的还原性弱；

(D) 具有良好的导电性能和传热性质。

2. 判断下列说法是否正确。

(1) 无水 $CuSO_4$ 吸收水后从白色变为蓝色，利用这一性质可检验乙醇等有机溶剂中所含的微量水分。

(2) ds区元素的 $(n-1)$d轨道是全充满的稳定状态，因此与d区元素相比，具有相对较高的熔、沸点。

(3) 凡是金属活泼性质在氢以前的金属与稀硫酸作用都可产生氢气。

(4) 卤素单质与 H_2 化合的反应性随着 F_2、Cl_2、Br_2、I_2 的顺序依次减弱，因此形成的卤化氢的稳定性随HF、HCl、HBr、HI的顺序逐渐增加。

附　录

附录1 国际相对原子质量表

元素		相对原子质量	元素		相对原子质量	元素		相对原子质量	元素		相对原子质量
符号	名称		符号	名称		符号	名称		符号	名称	
Ac	锕	227.03	Er	铒	167.259	Mn	锰	54.98305	Ru	钌	101.07
Ag	银	107.8682	Es	锿	252.08	Mo	钼	95.94	S	硫	32.065
Al	铝	26.98154	Eu	铕	151.964	N	氮	14.00672	Sb	锑	121.760
Am	镅	243.06	F	氟	18.99840	Na	钠	22.98977	Sc	钪	44.95591
Ar	氩	39.948	Fe	铁	55.845	Nb	铌	92.90638	Se	硒	78.96
As	砷	74.92160	Fm	镄	257.10	Nd	钕	144.24	Si	硅	28.0855
At	砹	209.99	Fr	钫	223.02	Ne	氖	20.1797	Sm	钐	150.36
Au	金	196.96655	Ga	镓	69.723	Ni	镍	58.6934	Sn	锡	118.710
B	硼	10.811	Gd	钆	157.25	No	锘	259.10	Sr	锶	87.62
Ba	钡	137.327	Ge	锗	72.64	Np	镎	237.05	Ta	钽	180.9479
Be	铍	9.01218	H	氢	1.00794	O	氧	15.9994	Tb	铽	158.92534
Bi	铋	208.98038	He	氦	4.00260	Os	锇	190.23	Tc	锝	98.907
Bk	锫	247.07	Hf	铪	178.49	P	磷	30.97376	Te	碲	127.60
Br	溴	79.904	Hg	汞	200.59	Pa	镤	231.03588	Th	钍	232.0381
C	碳	12.0107	Ho	钬	164.93032	Pb	铅	207.2	Ti	钛	47.867
Ca	钙	40.078	I	碘	126.90447	Pd	钯	106.42	Tl	铊	204.3833
Cd	镉	112.411	In	铟	114.818	Pm	钷	144.91	Tm	铥	168.93421
Ce	铈	140.116	Ir	铱	192.217	Po	钋	208.98	U	铀	238.02891
Cf	锎	251.08	K	钾	39.0983	Pr	镨	140.90765	V	钒	50.9415
Cl	氯	35.453	Kr	氪	83.798	Pt	铂	195.078	W	钨	183.84
Cm	锔	247.07	La	镧	138.9055	Pu	钚	244.06	Xe	氙	131.293
Co	钴	58.93320	Li	锂	6.941	Ra	镭	226.03	Y	钇	88.90585
Cr	铬	51.9961	Lr	铹	260.11	Rb	铷	85.4678	Yb	镱	173.04
Cs	铯	132.90545	Lu	镥	174.967	Re	铼	186.207	Zn	锌	65.409
Cu	铜	63.546	Md	钔	258.10	Rh	铑	102.90550	Zr	锆	91.224
Dy	镝	162.500	Mg	镁	24.3050	Rn	氡	222.02			

附录 2　化合物的相对分子质量

化　合　物	相对分子质量	化　合　物	相对分子质量
AgBr	187.78	$CaCl_2$	110.99
AgCl	143.32	$CaCl_2 \cdot H_2O$	129.00
AgCN	133.89	CaF_2	78.08
Ag_2CrO_4	331.73	$Ca(NO_3)_2$	164.09
AgI	234.77	$Ca(NO_3)_2 \cdot 4H_2O$	236.15
$AgNO_3$	169.87	CaO	56.08
AgSCN	165.95	$Ca(OH)_2$	74.09
Ag_3AsO_4	462.52	$CaSO_4$	136.14
Al_2O_3	101.96	$Ca_3(PO_4)_2$	310.18
$Al_2(SO_4)_3$	342.15	$Ce(SO_4)_2$	332.24
$Al_2(SO_4)_3 \cdot 18H_2O$	666.41	$Ce(SO_4)_2 \cdot 2(NH_4)_2SO_4 \cdot 2H_2O$	632.54
$Al(OH)_3$	78.00	CH_3COOH	60.04
$AlCl_3$	133.34	CH_3OH	32.04
$AlCl_3 \cdot 6H_2O$	241.43	CH_3COCH_3	58.07
$Al(NO_3)_3$	213.00	C_6H_5COOH	122.11
$Al(NO_3)_3 \cdot 9H_2O$	375.13	C_6H_5COONa	144.09
As_2O_3	197.84	$C_6H_4COOHCOOK$	204.20
As_2O_5	229.84	CH_3COONa	82.02
As_2S_3	246.02	C_6H_5OH	94.11
		$(C_9H_7N)_3H_3(PO_4 \cdot 12MoO_3)$	2212.73
$BaCO_3$	197.34	(磷钼酸喹啉)	
BaC_2O_4	225.35	$COOHCH_2COOH$	104.06
$BaCl_2$	208.24	$COOHCH_2COONa$	126.04
$BaCl_2 \cdot 2H_2O$	244.27	$CO(NH_2)_2$	60.06
$BaCrO_4$	253.32	CCl_4	153.82
BaO	153.33	CO_2	44.01
$Ba(OH)_2$	171.35	$CoCl_2$	129.84
$BaSO_4$	233.39	$CoCl_2 \cdot 6H_2O$	237.93
$BiCl_3$	315.34	$Co(NO_3)_2$	182.94
BiOCl	260.43	$Co(NO_3)_2 \cdot 6H_2O$	291.03
		CoS	90.99
$CaCO_3$	100.09	$CoSO_4$	154.99
CaC_2O_4	128.10	$CoSO_4 \cdot 7H_2O$	281.10

续表

化合物	相对分子质量	化合物	相对分子质量
Cr_2O_3	151.99		
$CrCl_3$	158.35	HI	127.91
$CrCl_3 \cdot 6H_2O$	266.45	HIO_3	175.91
$Cr(NO_3)_3$	238.01	H_3AsO_3	125.94
$Cu(C_2H_3O_2)_2 \cdot 3Cu(AsO_2)_2$	1013.79	H_3AsO_4	141.94
CuO	79.54	H_3BO_3	61.83
Cu_2O	143.09	HBr	80.91
CuSCN	121.62	$H_2C_4H_4O_6$(酒石酸)	150.09
$CuSO_4$	159.61	HCN	27.03
$CuSO_4 \cdot 5H_2O$	249.69	H_2CO_3	62.02
CuCl	98.999	$H_2C_2O_4$	90.03
$CuCl_2$	134.45	$H_2C_2O_4 \cdot 2H_2O$	126.07
$CuCl_2 \cdot 2H_2O$	170.48	HCOOH	46.03
CuI	190.45	HCl	36.46
$Cu(NO_3)_2$	187.56	$HClO_4$	100.46
$Cu(NO_3)_2 \cdot 3H_2O$	241.60	HF	20.01
CuS	95.61	HNO_2	47.01
		HNO_3	63.01
$FeCl_2$	126.75	H_2O	18.02
$FeCl_2 \cdot 4H_2O$	198.81	H_2O_2	34.02
$FeCl_3$	162.20	H_3PO_4	98.00
$FeCl_3 \cdot 6H_2O$	270.29	H_2S	34.08
$Fe(NO_3)_3$	241.86	H_2SO_3	82.08
$Fe(NO_3) \cdot 9H_2O$	404.00	H_2SO_4	98.08
FeO	71.84	$HgCl_2$	271.50
Fe_2O_3	159.69	Hg_2Cl_2	472.09
Fe_3O_4	231.53	HgI_2	454.40
$Fe(OH)_3$	106.87	$Hg_2(NO_3)_2$	525.19
FeS	87.91	$Hg_2(NO_3)_2 \cdot 2H_2O$	561.22
Fe_2S_3	207.87	$Hg(NO_3)_2$	324.60
$FeSO_4 \cdot H_2O$	169.92	HgO	216.59
$FeSO_4 \cdot 7H_2O$	278.02	HgS	232.65
$Fe_2(SO_4)_3$	399.88	$HgSO_4$	296.65
$FeSO_4 \cdot (NH_4)_2SO_4 \cdot 6H_2O$	392.15	Hg_2SO_4	497.24
$FeNH_4(SO_4)_2 \cdot 12H_2O$	482.18		

续表

化　合　物	相对分子质量	化　合　物	相对分子质量
$KAl(SO_4)_2 \cdot 12H_2O$	474.39	MgO	40.304
$KB(C_6H_5)_4$	358.32	$Mg(OH)_2$	58.32
KBr	119.01	$Mg_2P_2O_7$	222.55
$KBrO_3$	167.01	$MgSO_4 \cdot 7H_2O$	246.47
KCN	65.12	$MnCO_3$	114.95
$KSCN$	97.18	$MnCl_2 \cdot 4H_2O$	197.91
K_2CO_3	138.21	$Mn(NO_3)_2 \cdot 6H_2O$	287.04
KCl	74.56	MnO	70.937
$KClO_3$	122.55	MnO_2	86.937
$KClO_4$	138.55	MnS	87.00
K_2CrO_4	194.20	$MnSO_4$	151.00
$K_2Cr_2O_7$	294.19	$MnSO_4 \cdot 4H_2O$	223.06
$KHC_2O_4 \cdot H_2C_2O_4 \cdot 2H_2O$	254.19		
$KHC_2O_4 \cdot H_2O$	146.14	NO	30.006
KI	166.01	NO_2	46.006
KIO_3	214.00	NH_3	17.03
$KIO_3 \cdot HIO_3$	389.91	CH_3COONH_4	77.083
$K_3Fe(CN)_6$	329.25	NH_4Cl	53.491
$K_4Fe(CN)_6$	368.35	$(NH_4)_2CO_3$	96.086
$KFe(SO_4)_2 \cdot 12H_2O$	503.24	$(NH_4)_2C_2O_4$	124.10
$KHC_4H_4O_6$	188.18	$(NH_4)_2C_2O_4 \cdot H_2O$	142.11
$KHSO_4$	136.16	NH_4SCN	76.12
K_2SO_4	174.25	NH_4HCO_3	79.055
$KMnO_4$	158.03	$(NH_4)_2MoO_4$	196.01
KNO_2	85.104	NH_4NO_3	80.043
KNO_3	101.10	$(NH_4)_2HPO_4$	132.06
K_2O	94.196	$(NH_4)_2S$	68.14
KOH	56.106	$(NH_4)_2SO_4$	132.13
		NH_4VO_3	116.98
$MgCO_3$	84.314	Na_3AsO_3	191.89
$MgCl_2$	95.211	$Na_2B_4O_7$	201.22
$MgCl_2 \cdot 6H_2O$	203.30	$Na_2B_4O_7 \cdot 10H_2O$	381.37
MgC_2O_4	112.33	$NaBiO_3$	279.97
$Mg(NO_3)_2 \cdot 6H_2O$	256.41	$NaCN$	49.007
$MgNH_4PO_4$	137.32	$NaSCN$	81.07

续表

化　合　物	相对分子质量	化　合　物	相对分子质量
Na_2CO_3	105.99	$PbSO_4$	303.30
$Na_2CO_3 \cdot 10H_2O$	286.14		
$Na_2C_2O_4$	134.00	SO_2	64.06
NaCl	58.443	SO_3	80.06
NaClO	74.442	$SbCl_3$	228.11
$NaHCO_3$	84.007	$SbCl_5$	299.02
$NaHPO_4 \cdot 12H_2O$	358.14	Sb_2O_3	291.50
$Na_2H_2Y \cdot 2H_2O$	372.24	Sb_2S_3	339.68
$NaNO_2$	68.995	SiF_4	104.08
$NaNO_3$	84.995	SiO_2	60.084
Na_2O	61.979	$SnCl_2$	189.60
Na_2O_2	77.978	$SnCl_2 \cdot 2H_2O$	225.63
NaOH	39.997	$SnCl_4$	260.50
Na_3PO_4	163.94	$SnCl_4 \cdot 5H_2O$	350.58
Na_2S	78.04	SnO_2	150.71
$Na_2S \cdot 9H_2O$	240.18	SnS	150.75
Na_2SO_3	126.04	$SnCO_3$	178.72
Na_2SO_4	142.04	$SrCO_3$	147.63
$Na_2S_2O_3$	158.10	SrC_2O_4	175.64
$Na_2S_2O_3 \cdot 5H_2O$	248.17	$SrCrO_4$	203.61
$NiCl_2 \cdot 6H_2O$	237.69	$Sr(NO_3)_2$	211.63
NiO	74.69	$Sr(NO_3)_2 \cdot 4H_2O$	283.69
$Ni(NO_3)_2 \cdot 6H_2O$	290.79		
NiS	90.75	TiO_2	79.87
$NiSO_4 \cdot 7H_2O$	280.85		
$NiC_8H_{14}O_4N_4$(丁二酮肟镍)	288.91	$UO_2(CH_3COO)_2 \cdot 2H_2O$	424.15
P_2O_5	141.94	WO_3	231.84
$PbCO_3$	267.20		
PbC_2O_4	295.22	$ZnCO_3$	125.39
$PbCrO_4$	323.20	ZnC_2O_4	153.40
$Pb(CH_3COO)_2$	325.30	$ZnCl_2$	136.29
$Pb(CH_3COO)_2 \cdot 3H_2O$	379.30	$Zn(CH_3COO)_2$	183.47
PbI_2	461.00	$Zn(CH_3COO)_2 \cdot 2H_2O$	219.50
$PbCl_2$	278.10	$Zn(NO_3)_2$	189.39
$Pb(NO_3)_2$	331.20	$Zn(NO_3)_2 \cdot 6H_2O$	297.48
PbO	223.20	ZnO	81.38
PbO_2	239.20	ZnS	97.44
Pb_3O_4	685.596	$ZnSO_4$	161.44
$Pb_3(PO_4)_2$	811.54	$ZnSO_4 \cdot 7H_2O$	287.54
PbS	239.30	$Zn_2P_2O_7$	304.72

附录 3 一些物质的标准热力学数据（$p^{\ominus}$= 100kPa，25℃）

物质	$\Delta_f H_m^{\ominus}$ /kJ·mol^{-1}	$\Delta_f G_m^{\ominus}$ /kJ·mol^{-1}	$S_m^{\ominus}$ /J·mol^{-1}·K^{-1}
Ag(g)	0	0	42.55
AgCl(s)	−127.068	−109.8	96.2
Ag_2O(s)	−31.05	−11.20	−121.3
Al(s)	0	0	28.33
$AlCl_3$(s)	−704.2	−628.8	110.67
Al_2O_3(α,刚玉)	−1675.7	−1582.3	50.92
Br_2(l)	0	0	152.231
Br_2(g)	30.907	3.110	245.463
HBr(g)	−36.40	−53.45	198.695
Ca(s)	0	0	41.42
CaC_2(s)	−59.8	−64.9	69.96
$CaCO_3$(方解石)	−1206.92	−1128.79	92.9
CaO(s)	−635.09	−604.03	39.75
$Ca(OH)_2$(s)	−986.09	−898.49	83.39
C(石墨)	0	0	5.71
C(金刚石)	1.895	2.900	2.45
CO(g)	−110.525	−137.168	197.674
CO_2(g)	−393.5	−394.359	213.74
CS_2(l)	89.70	65.27	151.34
CS_2(g)	117.36	67.12	237.84
CCl_4(l)	−135.44	−65.21	216.40
CCl_4(g)	−102.9	−60.59	309.85
HCN(l)	108.87	124.97	112.84
HCN(g)	135.1	124.7	201.78
Cl_2(g)	0	0	223.066
Cl(g)	121.679	105.680	165.198
HCl(g)	−92.307	−95.299	186.908
Cu(s)	0	0	33.150
CuO(s)	−157.3	−129.7	42.63
Cu_2O(s)	−168.6	−146.0	93.14
F_2(g)	0	0	202.78
HF(g)	−271.1	−273.2	173.779
Fe(s)	0	0	27.28

续表

物质	$\Delta_f H_m^\ominus$ /kJ·mol^{-1}	$\Delta_f G_m^\ominus$ /kJ·mol^{-1}	$S_m^\ominus$ /J·mol^{-1}·K^{-1}
$FeCl_2$(s)	−341.79	−302.30	117.95
$FeCl_3$(s)	−399.49	−334.00	142.3
Fe_2O_3(赤铁矿)	−824.2	−742.2	87.40
Fe_3O_4(磁铁矿)	−1118.4	−1015.4	146.4
$FeSO_4$(s)	−928.4	−820.8	107.5
H_2(g)	0	0	130.684
H(g)	217.965	203.247	114.713
H_2O(l)	−285.8	−237.129	69.91
H_2O(g)	−241.82	−228.572	188.825
I_2(s)	0	0	116.135
I_2(g)	62.438	19.327	260.69
I(g)	106.838	70.250	180.791
HI(g)	26.48	1.70	206.594
Mg(s)	0	0	32.68
$MgCO_3$(s)	−1095.8	−1012.1	65.7
$MgCl_2$(s)	−641.32	−591.79	89.62
MgO(s)	−601.70	−569.43	26.94
$Mg(OH)_2$(s)	−924.54	−833.51	63.18
Na(s)	0	0	51.21
Na_2CO_3(s)	−1130.68	−1044.44	134.98
$NaHCO_3$(s)	−950.81	−851.0	101.7
NaCl(s)	−411.153	−384.138	72.13
Na_2O(s)	−414.22	−375.46	75.06
$NaNO_3$(s)	−467.85	−367.00	116.52
NaOH(s)	−425.609	−379.494	64.455
Na_2SO_4(s)	−1387.08	−1270.16	149.58
N_2(g)	0	0	191.61
NH_3(g)	−46.11	−16.45	192.70
NO(g)	90.25	86.55	210.761
NO_2(g)	33.18	51.31	240.06
N_2O(g)	82.05	104.20	219.85
N_2O_3(g)	83.72	139.46	312.28
N_2O_4(g)	9.16	97.89	304.29

续表

物质	$\Delta_f H_m^\ominus$ /kJ·mol^{-1}	$\Delta_f G_m^\ominus$ /kJ·mol^{-1}	$S_m^\ominus$ /J·mol^{-1}·K^{-1}
$N_2O_5(g)$	11.3	115.1	355.7
$HNO_3(l)$	−174.10	−80.71	155.60
$HNO_3(g)$	−135.06	−74.72	266.38
$NH_4NO_3(s)$	−365.56	−183.87	151.08
$NH_4Cl(s)$	−314.43	−202.87	94.6
$NH_4ClO_4(s)$	−295.31	−88.75	186.2
HgO(s)(红色,斜方晶)	−90.83	−58.539	70.29
HgO(s)(黄色)	−90.46	−58.409	71.1
$O_2(g)$	0	0	205.138
O(g)	249.170	231.731	161.055
$O_3(g)$	142.7	163.2	238.93
P(α-白磷)	0	0	41.09
P(红磷,三斜晶系)	−17.6	−12.1	22.80
$P_4(g)$	58.91	24.44	279.98
$PCl_3(g)$	−287.0	−267.8	311.78
$PCl_5(g)$	−374.9	−305.0	364.58
$H_3PO_4(s)$	−1279.0	−1119.1	110.50
S(正交晶系)	0	0	31.80
S(g)	278.805	238.250	167.821
$S_8(g)$	102.30	49.63	430.98
$H_2S(g)$	−20.63	−33.56	205.79
$SO_2(g)$	−296.830	−300.194	248.22
$SO_3(g)$	−395.72	−371.06	256.76
$H_2SO_4(l)$	−813.989	−690.003	156.904
Si(s)	0	0	18.83
$SiCl_4(l)$	−687.0	−619.84	239.7
$SiCl_4(g)$	−657.01	−616.98	330.73
$SiF_4(g)$	−1614.94	−1572.65	282.49
$SiH_4(g)$	34.3	56.9	204.62
SiO_2(α,石英)	−910.94	−856.64	41.84
SiO_2(s,无定形)	−903.49	−850.70	46.9
Zn(s)	0	0	41.63
$ZnCO_3(s)$	−812.78	−731.52	82.4

续表

物质	$\Delta_f H_m^\ominus$ /kJ·mol^{-1}	$\Delta_f G_m^\ominus$ /kJ·mol^{-1}	$S_m^\ominus$ /J·mol^{-1}·K^{-1}
$ZnCl_2$(s)	−415.05	−369.398	111.46
ZnO(s)	−348.28	−318.30	43.64
CH_4(g)甲烷	−74.81	−50.72	186.264
C_2H_6(g)乙烷	−84.68	−32.82	229.60
C_2H_4(g)乙烯	52.26	68.15	219.56
C_2H_2(g)乙炔	226.73	209.20	200.94
CH_3OH(l)甲醇	−238.66	−166.27	126.8
CH_3OH(g)甲醇	−200.66	−161.96	239.81
C_2H_5OH(l)乙醇	−277.69	−174.78	160.7
C_2H_5OH(g)乙醇	−235.10	−168.49	282.70
$(CH_2OH)_2$(l)乙二醇	−454.80	−323.08	166.9
$(CH_3)_2O$(g)二甲醚	−184.05	−112.59	266.38
HCHO(g)甲醛	−108.57	−102.53	218.77
CH_3CHO(g)乙醛	−166.19	−128.86	250.3
HCOOH(l)甲酸	−424.72	−361.35	128.95
CH_3COOH(l)乙酸	−484.5	−389.9	159.8
CH_3COOH(g)乙酸	−432.25	−374.0	282.5
$(CH_2)_2O$(l)环氧乙烷	−77.82	−11.76	153.85
$(CH_2)_2O$(g)环氧乙烷	−52.63	−13.01	242.53
$CHCl_3$(l)氯仿	−134.47	−73.66	201.7
$CHCl_3$(g)氯仿	−103.14	−70.34	295.71
C_2H_5Cl(l)氯乙烷	−136.52	−59.31	190.79
C_2H_5Cl(g)氯乙烷	−112.17	−60.39	276.00
C_2H_5Br(l)溴乙烷	−92.01	−27.70	198.7
C_2H_5Br(g)溴乙烷	−64.52	−26.48	286.71
$CH_2=CHCl$(l)氯乙烯	35.6	51.9	263.99
CH_3COCl(g)氯乙酰	−273.80	−207.99	200.8
CH_3COCl(g)氯乙酰	−243.51	−205.80	295.1
CH_3NH_2(g)甲胺	−22.97	32.16	243.41
N_2H_4(l)联氨	50.63	149.34	121.21
$(NH_2)_2CO$(s)尿素	−333.51	−197.33	104.60

续表

物质(水溶液,非电离物质,标准状态)$b=1mol\cdot kg^{-1}$	$\Delta_f H_m^\ominus$ /$kJ\cdot mol^{-1}$	$\Delta_f G_m^\ominus$ /$kJ\cdot mol^{-1}$	$S_m^\ominus$ /$J\cdot mol^{-1}\cdot K^{-1}$
Ag^+	105.579	77.107	72.68
Al^{3+}	−531	−485.	−321.7
AsO_4^{3-}	−888.14	−648.41	−162.8
$HAsO_4^{2-}$	−906.34	−714.6	−1.7
$H_2AsO_3^-$	−714.79	−587.13	110.5
$H_2AsO_4^-$	−909.56	−753.17	117.0
H_3AsO_3	−742.2	−639.80	195.0
H_2AsO_4	−902.5	−766.0	184.0
H_3BO_3	−1072.32	−968.75	162.3
Ba^{2+}	−537.64	−560.77	9.6
Be^{2+}	−382.8	−379.73	−129.7
BeO_2^{2-}	−790.8	−640.1	−159.0
Bi^{3+}	—	82.8	—
BiO^+	—	−146.4	—
$BiCl_4^-$	—	−481.5	—
Br^-	−121.55	−103.96	82.4
BrO^-	−94.1	−33.4	42.0
BrO_3^-	−67.07	18.60	161.71
BrO_4^-	13.0	118.1	199.6
CO_2	−413.80	−385.98	117.6
CO_3^{2-}	−677.14	−527.81	−56.9
HCO_2^- 甲酸根离子	−425.55	−351.0	92.0
HCO_3^-	−691.99	−586.77	91.2
HCO_2H 甲酸	−425.43	−372.3	163.0
CN^-	150.6	172.4	94.1
HCN	107.1	119.7	124.7
SCN^-	76.44	92.71	144.3
$HSCN$	—	97.56	—
$C_2O_4^{2-}$ 草酸根离子	−825.1	−673.9	45.6
$HC_2O_4^-$	−818.4	−698.34	149.4
CH_3COO^-	−486.01	−369.31	86.8
CH_3COOH	−485.76	−396.46	178.7
C_2H_5OH	−288.3	−181.64	148.5
Ca^{2+}	−542.83	−553.58	−53.1
Cd^{2+}	−75.90	−77.612	−73.2

续表

物质(水溶液,非电离物质,标准状态)$b=1mol\cdot kg^{-1}$	$\Delta_f H_m^\ominus$ /$kJ\cdot mol^{-1}$	$\Delta_f G_m^\ominus$ /$kJ\cdot mol^{-1}$	$S_m^\ominus$ /$J\cdot mol^{-1}\cdot K^{-1}$
$Cd(NH_3)_4^{2+}$	−450.2	−226.1	336.4
Ce^{3+}	−696.2	−672.0	−205
Ce^{4+}	−537.2	−503.8	−301
Cl^-	−167.159	−131.228	56.5
ClO^-	−107.1	−36.8	42
ClO_2^-	−66.5	17.2	101.3
ClO_3^-	−103.97	−7.95	162.3
ClO_4^-	−129.33	−8.52	182.0
$HClO$	−120.9	−79.9	142.0
$HClO_2$	−51.9	5.9	188.3
Co^{2+}	−58.2	−54.4	−113
Co^{3+}	92	134.0	−305
$HCoO_2^-$	—	−407.5	—
$Co(NH_3)_6^{2+}$	−584.9	−157.0	146
Cr^{2+}	−143.5	—	—
CrO_4^{2-}	−881.15	−727.75	50.21
$Cr_2O_7^{2-}$	−1490.3	−1301.1	261.9
$HCrO_4^-$	−878.2	−764.7	184.1
Cs^+	−258.28	−292.02	133.05
Cu^+	71.67	49.98	40.6
Cu^{2+}	64.77	65.49	−99.6
$Cu(NH_3)_4^{2+}$	−348.5	−111.07	273.6
$CuP_2O_7^{2-}$	—	−1891.4	—
$Cu(P_2O_7)_2^{6-}$	—	−3823.4	—
F^-	−332.63	−278.79	−13.8
HF	−320.08	−296.82	88.7
HF^{2-}	−649.94	−578.08	92.5
Fe^{2+}	−89.1	−78.90	−137.7
Fe^{3+}	−48.5	−4.7	−315.9
$Fe(CN)_6^{3-}$	561.9	729.4	270.3

续表

物质(水溶液,非电离物质,标准状态)$b=1mol\cdot kg^{-1}$	$\Delta_f H_m^{\ominus}$ /$kJ\cdot mol^{-1}$	$\Delta_f G_m^{\ominus}$ /$kJ\cdot mol^{-1}$	$S_m^{\ominus}$ /$J\cdot mol^{-1}\cdot K^{-1}$
$Fe(CN)_6^{4-}$	455.6	695.08	95.0
H^+	0	0	0
OH^-	−229.994	−157.244	−10.75
H_2O_2	−191.17	−134.03	143.9
Hg^{2+}	171.1	164.40	−32.2
Hg_2^{2+}	172.4	153.52	84.5
$HgCl_2$	−216.3	−173.2	155
$HgCl_3^-$	−388.7	−309.1	209
$HgCl_4^{2-}$	−554.0	−446.8	293
$HgBr_4^{2-}$	−431.0	−371.1	310.0
HgI_4^{2-}	−235.1	−211.7	360
HgS_2^{2-}	—	41.9	—
$Hg(NH_3)_4^{2+}$	−282.8	−51.7	335.
I^-	−55.19	−51.57	111.3
I_2	22.6	16.40	137.2
I_3^-	−51.5	−51.4	239.3
IO^-	−107.5	−38.5	−5.4
IO_3^-	−221.3	−128.0	118.4
IO_4^-	−151.5	−58.5	222
HIO	−138.1	−99.1	95.4
HIO_3	−211.3	−132.6	166.9
H_5IO_6	−759.4	—	—
In^+	—	−12.1	—
In^{2+}	—	−50.7	—
In^{3+}	105	−98.0	−151.0
K^+	−252.38	−283.27	102.5
La^{3+}	−707.1	−683.7	−217.6
Li^+	−278.49	−293.31	13.4

续表

物质(水溶液,非电离物质,标准状态)$b=1\text{mol}\cdot\text{kg}^{-1}$	$\Delta_f H_m^\ominus$ /$\text{kJ}\cdot\text{mol}^{-1}$	$\Delta_f G_m^\ominus$ /$\text{kJ}\cdot\text{mol}^{-1}$	$S_m^\ominus$ /$\text{J}\cdot\text{mol}^{-1}\cdot\text{K}^{-1}$
Mg^{2+}	−466.85	−454.8	−138.1
Mn^{2+}	−220.75	−228.1	−73.6
MnO_4^-	−541.4	−447.2	191.2
MnO_4^{2-}	−653	−500.7	59
MoO_4^{2-}	−997.9	−836.3	27.2
N_3^- 叠氮根离子	275.14	348.2	107.9
NO_2^-	−104.6	−32.2	123.0
NO_3^-	−205.0	108.74	146.4
NH_3	−80.29	−26.50	111.3
NH_4^+	−132.51	−79.31	113.4
N_2H_4	34.31	128.1	138.
HN_3	260.08	321.8	146.0
HNO_2	−119.2	−50.6	135.6
Na^+	−240.12	−261.905	59.0
Ni^{2+}	−54.0	−45.6	−128.9
$Ni(NH_3)_6^{2+}$	−630.1	−255.7	394.6
$Ni(CN)_4^{2-}$	367.8	472.1	218
PO_4^{3-}	−1277.4	−1018.7	−222.0
$P_2O_7^{4-}$	−2271.1	−1919.0	−117.
HPO_4^{2-}	−1292.14	−1089.15	−33.5
$H_2PO_4^-$	−1296.29	−1130.28	90.4
H_3PO_4	−1288.34	−1142.54	158.2
$HP_2O_7^{3-}$	−2274.8	−1972.2	46
$H_2P_2O_7^{2-}$	−2278.6	−2010.2	163
$H_3P_2O_7^-$	−2276.5	−2023.2	213
$H_4P_2O_7$	−2268.6	−2032.0	268
Pb^{2+}	−1.7	−24.43	10.5
$PbCl_2$	—	−297.16	—
$PbCl_3^-$	—	−426.3	—
$PbBr_2$	—	−240.6	—

续表

物质(水溶液,非电离物质,标准状态)$b=1mol\cdot kg^{-1}$	$\Delta_f H_m^\ominus$ /$kJ\cdot mol^{-1}$	$\Delta_f G_m^\ominus$ /$kJ\cdot mol^{-1}$	$S_m^\ominus$ /$J\cdot mol^{-1}\cdot K^{-1}$
PbI_4^{2-}	—	−254.8	—
Rb^+	−251.17	−283.98	121.50
SO_2	−322.980	−300.676	161.9
SO_3^{2-}	−635.5	−486.5	−29
SO_4^{2-}(H_2SO_4,水溶液)	−909.27	−744.53	20.1
$S_2O_3^{2-}$	−648.5	−522.5	67
$S_4O_6^{2-}$	−1224.2	−1040.4	257.3
H_2S	−39.7	−27.83	121.0
HSO_3^-	−626.22	−527.73	139.7
HSO_4^-	−887.34	−755.91	131.8
Sc^{3+}	−614.2	−586.6	−255.0
Se^{2-}	—	129.3	—
HSe^-	15.9	44.0	79.0
H_2Se	19.2	22.2	163.6
$HSeO_3^-$	−514.55	−411.46	135.1
H_2SeO_3	−507.48	−426.14	207.9
H_2SiO_3	−1182.8	−1079.4	109
Sr^{2+}	−545.80	−559.84	−32.6
Th^{4+}	−769.0	−705.1	422.6
TiO^{2+}	−689.9	—	—
Tl^+	5.36	−32.40	125.5
Tl^{3+}	196.6	214.6	−192
$TlCl_3$	−315.1	−274.4	134
UO_2^{2+}	−1019.6	−953.5	−97.5
VO^{2+}	−486.6	−446.4	−133.9
VO_2^+	−649.8	−587.0	−42.3
VO_4^{3-}	—	−899.0	—
WO_4^{2-}	−1075.7	—	—
Zn^{2+}	−153.89	−147.06	−112.1
$Zn(OH)_4^{2-}$	—	−858.52	—
$Zn(NH_3)_4^{2+}$	−533.5	−301.9	301

附录 4　某些物质的标准摩尔燃烧焓
（$p^{\ominus}$ = 100kPa，25℃）

物质	$-\Delta_c H_m^{\ominus}$ /kJ·mol^{-1}	物质	$-\Delta_c H_m^{\ominus}$ /kJ·mol^{-1}
CH_4(g)甲烷	890.31	C_2H_5CHO(l)丙醛	1816.3
C_2H_6(g)乙烷	1559.8	$(CH_3)_2CO$(l)丙酮	1790.4
C_3H_8(g)丙烷	2219.9	$CH_3COC_2H_5$(l)甲乙酮	2444.2
C_5H_{12}(l)正戊烷	3509.5	HCOOH(l)甲酸	254.6
C_5H_{12}(g)正戊烷	3536.1	CH_3COOH(l)乙酸	874.54
C_6H_{14}(l)正己烷	4163.1	C_2H_5COOH(l)丙酸	1527.3
C_2H_4(g)乙烯	1411.0	C_3H_7COOH(l)正丁酸	2183.5
C_2H_2(g)乙炔	1299.6	$CH_2(COOH)_2$(s)丙二酸	861.15
C_3H_6(g)环丙烷	2091.5	$(CH_2COOH)_2$(s)丁二酸	1491.0
C_4H_8(l)环丁烷	2720.5	$(CH_3CO)_2O$(l)乙酸酐	1806.2
C_5H_{10}(l)环戊烷	3290.9	$HCOOCH_3$(l)甲酸甲酯	979.5
C_6H_{12}(l)环己烷	3919.9	C_6H_5OH(s)苯酚	3053.5
C_6H_6(l)苯	3267.5	C_6H_5CHO(l)苯甲醛	3527.9
$C_{10}H_8$(s)萘	5153.9	$C_6H_5COCH_3$(l)苯乙酮	4148.9
CH_3OH(l)甲醇	726.64	C_6H_5COOH(s)苯甲酸	3226.9
C_2H_5OH(l)乙醇	1366.8	$C_6H_4(COOH)_2$(s)邻苯二甲酸	3223.5
C_3H_7OH(l)正丙醇	2019.8	$C_6H_5COOCH_3$(l)苯甲酸甲酯	3957.6
C_4H_9OH(l)正丁醇	2675.8	$C_{12}H_{22}O_{11}$(s)蔗糖	5640.9
$CH_3OC_2H_5$(g)甲乙醚	2107.4	CH_3NH_2(l)甲胺	1060.6
$(C_2H_5)_2O$(l)二乙醚	2751.1	$C_2H_5NH_2$(l)乙胺	1713.3
HCHO(g)甲醛	570.78	$(NH_2)_2CO$(s)尿素	631.66
CH_3CHO(l)乙醛	1166.4	C_5H_5N(l)吡啶	2782.4

附录 5 弱酸、弱碱在水中的解离常数 (298K, $I=0$)

弱　酸	分　子　式	$K_a^\ominus$	$pK_a^\ominus$
砷酸	H_3AsO_4	$6.3\times10^{-3}(K_{a_1}^\ominus)$	2.20
		$1.0\times10^{-7}(K_{a_2}^\ominus)$	7.00
		$3.2\times10^{-12}(K_{a_3}^\ominus)$	11.50
亚砷酸	$HAsO_2$	6.0×10^{-10}	9.22
硼酸	H_3BO_3	5.8×10^{-10}	9.24
焦硼酸	$H_2B_4O_7$	$1\times10^{-4}(K_{a_1}^\ominus)$	4
		$1\times10^{-9}(K_{a_2}^\ominus)$	9
碳酸	H_2CO_3	$4.2\times10^{-7}(K_{a_1}^\ominus)$	6.38
		$4.7\times10^{-11}(K_{a_2}^\ominus)$	10.25
氢氰酸	HCN	6.2×10^{-10}	9.21
铬酸	H_2CrO_4	$1.8\times10^{-1}(K_{a_1}^\ominus)$	0.74
		$3.2\times10^{-7}(K_{a_2}^\ominus)$	6.50
氢氟酸	HF	6.6×10^{-4}	3.18
亚硝酸	HNO_2	5.1×10^{-4}	3.29
过氧化氢	H_2O_2	1.8×10^{-12}	11.75
磷酸	H_3PO_4	$6.7\times10^{-3}(K_{a_1}^\ominus)$	2.17
		$6.2\times10^{-8}(K_{a_2}^\ominus)$	7.21
		$4.5\times10^{-13}(K_{a_3}^\ominus)$	12.35
焦磷酸	$H_4P_2O_7$	$3.0\times10^{-2}(K_{a_1}^\ominus)$	1.52
		$4.4\times10^{-3}\quad(K_{a_2}^\ominus)$	2.36
		$2.5\times10^{-7}(K_{a_3}^\ominus)$	6.60
		$5.6\times10^{-10}(K_{a4}^\ominus)$	9.25
亚磷酸	H_3PO_3	$5.0\times10^{-2}(K_{a_1}^\ominus)$	1.30
		$2.5\times10^{-7}(K_{a_2}^\ominus)$	6.60
氢硫酸	H_2S	$1.1\times10^{-7}(K_{a_1}^\ominus)$	6.96
		$1.3\times10^{-13}(K_{a_2}^\ominus)$	12.89
硫酸	HSO_4^-	$1.0\times10^{-2}(K_{a_2}^\ominus)$	1.99
亚硫酸	H_2SO_3	$1.3\times10^{-2}(K_{a_1}^\ominus)$	1.90
		$6.3\times10^{-3}(K_{a_2}^\ominus)$	7.20
偏硅酸	H_2SiO_3	$1.7\times10^{-10}(K_{a_1}^\ominus)$	9.77

续表

弱酸	分子式	$K_a^\ominus$	$pK_a^\ominus$
		$1.6\times10^{-12}(K_{a_2}^\ominus)$	11.8
甲酸	$HCOOH$	1.8×10^{-4}	3.74
乙酸	CH_3COOH	1.8×10^{-5}	4.74
一氯乙酸	$CH_2ClCOOH$	1.4×10^{-3}	2.86
二氯乙酸	$CHCl_2COOH$	5.0×10^{-2}	1.30
三氯乙酸	CCl_3COOH	0.23	0.64
氨基乙酸盐	$^+NH_3CH_2COOH$	$4.5\times10^{-3}(K_{a_1}^\ominus)$	2.35
	$^+NH_3CH_2COO^-$	$2.5\times10^{-10}(K_{a_2}^\ominus)$	9.60
抗坏血酸	$C_6H_8O_2$	$5.0\times10^{-5}(K_{a_1}^\ominus)$	4.30
		$1.5\times10^{-10}(K_{a_2}^\ominus)$	9.82
乳酸	$CH_3CHOHCOOH$	1.4×10^{-4}	3.86
苯甲酸	C_6H_5COOH	6.2×10^{-5}	4.21
草酸	$H_2C_2O_4$	$5.9\times10^{-2}(K_{a_1}^\ominus)$	1.22
		$6.4\times10^{-5}(K_{a_2}^\ominus)$	4.19
d-酒石酸	CH(OH)COOH | CH(OH)COOH	$9.1\times10^{-4}(K_{a_1}^\ominus)$	3.04
		$4.3\times10^{-5}(K_{a_2}^\ominus)$	4.37
邻苯二甲酸	$C_6H_4(COOH)_2$（邻位，结构式）	$1.1\times10^{-3}(K_{a_1}^\ominus)$	2.95
		$3.9\times10^{-6}(K_{a_2}^\ominus)$	5.41
柠檬酸	$HOOCCH_2-C(OH)(COOH)-CH_2COOH$	$7.4\times10^{-4}(K_{a_1}^\ominus)$	3.13
		$1.7\times10^{-5}(K_{a_2}^\ominus)$	4.76
		$4.0\times10^{-7}(K_{a_3}^\ominus)$	6.40
苯酚	C_6H_5OH	1.1×10^{-10}	9.95
乙二胺四乙酸	H_6Y^{2+}	$0.13(K_{a_1}^\ominus)$	0.9
		$3\times10^{-2}(K_{a_2}^\ominus)$	1.6
		$1\times10^{-2}(K_{a_3}^\ominus)$	2.0
		$2.1\times10^{-3}(K_{a_4}^\ominus)$	2.67
		$6.9\times10^{-7}(K_{a_5}^\ominus)$	6.16
		$5.5\times10^{-11}(K_{a_6}^\ominus)$	10.26

续表

弱碱	分子式	$K_b^\ominus$	$pK_b^\ominus$
氨水	NH_3	1.8×10^{-5}	4.74
联氨	H_2NNH_2	$3.0\times10^{-6}(K_{b1}^\ominus)$	5.52
		$7.6\times10^{-15}(K_{b2}^\ominus)$	14.12
羟氨	NH_2OH	9.1×10^{-9}	8.04
甲胺	CH_3NH_2	4.2×10^{-4}	3.38
乙胺	$C_2H_5NH_2$	5.6×10^{-4}	3.25
二甲胺	$(CH_3)_2NH$	1.2×10^{-4}	3.93
二乙胺	$(C_2H_5)_2NH$	1.3×10^{-3}	2.89
乙醇胺	$HOCH_2CH_2NH_2$	3.2×10^{-5}	4.50
三乙醇胺	$(HOCH_2CH_2)_3N$	5.8×10^{-7}	6.24
六亚甲基四胺	$(CH_2)_6N_4$	1.4×10^{-9}	8.85
乙二胺	$H_2NCH_2CH_2NH_2$	8.5×10^{-5} $(K_{b1}^\ominus)$	4.07
		7.1×10^{-8} $(K_{b2}^\ominus)$	7.15
吡啶	C_5H_5N	1.7×10^{-9}	8.77

附录 6 常用的缓冲溶液的配制

pH	配制方法
0	1mol·L^{-1} HCl①
1	0.1mol·L^{-1} HCl
2	0.01mol·L^{-1} HCl
3.6	NaAc·3H_2O 8g,溶于适量水中,加 6mol·L^{-1} HAc 134mL,稀释至 500mL
4.0	NaAc·3H_2O 20g,溶于适量水中,加 6mol·L^{-1} HAc 134mL,稀释至 500mL
4.5	NaAc·3H_2O 32g,溶于适量水中,加 6mol·L^{-1} HAc 68mL,稀释至 500mL
5.0	NaAc·3H_2O 50g,溶于适量水中,加 6mol·L^{-1} HAc 34mL,稀释至 500mL
5.7	NaAc·3H_2O 100g,溶于适量水中,加 6mol·L^{-1} HAc 13mL,稀释至 500mL
7	NH_4Ac 77g,用水溶解后,稀释至 500mL
7.5	NH_4Cl 60g,溶于适量水中,加 15mol·L^{-1}氨水 1.4mL,稀释至 500mL
8.0	NH_4Cl 50g,溶于适量水中,加 15mol·L^{-1}氨水 3.5mL,稀释至 500mL
8.5	NH_4Cl 40g,溶于适量水中,加 15mol·L^{-1}氨水 8.8mL,稀释至 500mL
9.0	NH_4Cl 35g,溶于适量水中,加 15mol·L^{-1}氨水 24mL,稀释至 500mL
9.5	NH_4Cl 30g,溶于适量水中,加 15mol·L^{-1}氨水 65mL,稀释至 500mL
10.0	NH_4Cl 27g,溶于适量水中,加 15mol·L^{-1}氨水 197mL,稀释至 500mL
10.5	NH_4Cl 9g,溶于适量水中,加 15mol·L^{-1}氨水 175mL,稀释至 500mL
11	NH_4Cl 3g,溶于适量水中,加 15mol·L^{-1}氨水 207mL,稀释至 500mL
12	0.01mol·L^{-1} NaOH②
13	0.1mol·L^{-1} NaOH

① Cl^-对测定有妨碍时，可用 HNO_3。

② Na^+对测定有妨碍时，可用 KOH。

附录 7　难溶化合物的溶度积常数（18℃）

难溶化合物	化学式	溶度积 $K_{sp}^{\ominus}$	温度
氢氧化铝	$Al(OH)_3$	2×10^{-32}	
溴酸银	$AgBrO_3$	5.77×10^{-5}	25℃
溴化银	$AgBr$	4.1×10^{-13}	
碳酸银	Ag_2CO_3	6.15×10^{-12}	25℃
氯化银	$AgCl$	1.8×10^{-10}	25℃
铬酸银	Ag_2CrO_4	9×10^{-12}	25℃
氢氧化银	$AgOH$	1.52×10^{-8}	20℃
碘化银	AgI	8.3×10^{-17}	25℃
硫化银	Ag_2S	1.6×10^{-49}	
硫氰酸银	$AgSCN$	4.9×10^{-13}	
碳酸钡	$BaCO_3$	8.1×10^{-9}	
铬酸钡	$BaCrO_4$	1.6×10^{-10}	
草酸钡	$BaC_2O_4\cdot\frac{7}{2}H_2O$	1.62×10^{-7}	
硫酸钡	$BaSO_4$	8.7×10^{-11}	
氢氧化铋	$Bi(OH)_3$	4.0×10^{-31}	
氢氧化铬	$Cr(OH)_3$	5.4×10^{-31}	
硫化镉	CdS	3.6×10^{-29}	
碳酸钙	$CaCO_3$	3.4×10^{-9}	25℃
氟化钙	CaF_2	1.4×10^{-9}	
草酸钙	CaC_2O_4	4.0×10^{-9}	
硫酸钙	$CaSO_4$	4.9×10^{-5}	25℃
硫化钴	$CoS(\alpha)$	4×10^{-21}	
	$CoS(\beta)$	2×10^{-25}	
碘酸铜	$CuIO_3$	1.4×10^{-7}	25℃
草酸铜	CuC_2O_4	2.87×10^{-8}	25℃
硫化铜	CuS	8.5×10^{-45}	
溴化亚铜	$CuBr$	4.15×10^{-8}	(18～20℃)
氯化亚铜	$CuCl$	1.02×10^{-6}	(18～20℃)
碘化亚铜	CuI	1.1×10^{-12}	(18～20℃)
硫化亚铜	Cu_2S	2×10^{-47}	(16～18℃)
硫氰酸亚铜	$CuSCN$	4.8×10^{-15}	
氢氧化铁	$Fe(OH)_3$	2.79×10^{-39}	
氢氧化亚铁	$Fe(OH)_2$	4.86×10^{-17}	

续表

难溶化合物	化学式	溶度积 $K_{sp}^{\ominus}$	温度
草酸亚铁	FeC_2O_4	2.1×10^{-7}	25℃
硫化亚铁	FeS	3.7×10^{-19}	
硫化汞	HgS	$4\times10^{-53}\sim2\times10^{-49}$	
溴化亚汞	Hg_2Br_2	5.8×10^{-23}	25℃
氯化亚汞	Hg_2Cl_2	1.3×10^{-18}	25℃
碘化亚汞	Hg_2I_2	4.5×10^{-29}	
磷酸铵镁	$MgNH_4PO_4$	2.5×10^{-13}	25℃
碳酸镁	$MgCO_3$	2.6×10^{-5}	25℃
氟化镁	MgF_2	7.1×10^{-9}	
氢氧化镁	$Mg(OH)_2$	5.1×10^{-12}	
草酸镁	MgC_2O_4	8.57×10^{-5}	
氢氧化锰	$Mn(OH)_2$	4.5×10^{-13}	
硫化锰	MnS	1.4×10^{-15}	
氢氧化镍	$Ni(OH)_2$	6.5×10^{-18}	
氯化铅	$PbCl_2$	1.7×10^{-5}	
碳酸铅	$PbCO_3$	3.3×10^{-14}	
铬酸铅	$PbCrO_4$	1.77×10^{-14}	
氟化铅	PbF_2	3.2×10^{-8}	
草酸铅	PbC_2O_4	2.74×10^{-11}	
氢氧化铅	$Pb(OH)_2$	1.2×10^{-15}	
硫酸铅	$PbSO_4$	2.5×10^{-8}	
硫化铅	PbS	3.4×10^{-28}	
碳酸锶	$SrCO_3$	1.6×10^{-9}	25℃
氟化锶	SrF_2	2.8×10^{-9}	
草酸锶	SrC_2O_4	5.61×10^{-8}	
硫酸锶	$SrSO_4$	3.81×10^{-7}	17.4℃
氢氧化锡	$Sn(OH)_4$	1×10^{-57}	
氢氧化亚锡	$Sn(OH)_2$	3×10^{-27}	
氢氧化钛	$TiO(OH)_2$	1×10^{-29}	
氢氧化锌	$Zn(OH)_2$	1.2×10^{-17}	(16～18℃)
草酸锌	ZnC_2O_4	1.35×10^{-9}	
硫化锌	ZnS	1.2×10^{-23}	

附录 8 常见电极的标准电极电势（298.15K）

电极反应 氧化型$+ne^- \rightleftharpoons$还原型	$\varphi^\ominus$/V
$Li^+(aq)+e^- \rightleftharpoons Li(s)$	−3.040
$Cs^+(aq)+e^- \rightleftharpoons Cs(s)$	−3.027
$Rb^+(aq)+e^- \rightleftharpoons Rb(s)$	−2.943
$K^+(aq)+e^- \rightleftharpoons K(s)$	−2.936
$Ra^{2+}(aq)+2e^- \rightleftharpoons Ra(s)$	−2.910
$Ba^{2+}(aq)+2e^- \rightleftharpoons Ba(s)$	−2.906
$Sr^{2+}(aq)+2e^- \rightleftharpoons Sr(s)$	−2.899
$Ca^{2+}(aq)+2e^- \rightleftharpoons Ca(s)$	−2.869
$Na^+(aq)+e^- \rightleftharpoons Na(s)$	−2.714
$La^{3+}(aq)+3e^- \rightleftharpoons La(s)$	−2.362
$Mg^{2+}(aq)+2e^- \rightleftharpoons Mg(s)$	−2.357
$Sc^{3+}(aq)+3e^- \rightleftharpoons Sc(s)$	−2.027
$Be^{2+}(aq)+2e^- \rightleftharpoons Be(s)$	−1.70
$Al^{3+}(aq)+3e^- \rightleftharpoons Al(s)$	−1.67
$[SiF_6]^{2-}(aq)+4e^- \rightleftharpoons Si(s)+6F^-(aq)$	−1.365
$Mn^{2+}(aq)+2e^- \rightleftharpoons Mn(s)$	−1.182
$SiO_2(am)+4H^++4e^- \rightleftharpoons Si(s)+2H_2O$	−0.9754
$SO_4^{2-}(aq)+H_2O(l)+2e^- \rightleftharpoons SO_3^{2-}(aq)+2OH^-(aq)$	−0.9362
$Fe(OH)_2(s)+2e^- \rightleftharpoons Fe(s)+2OH^-(aq)$	−0.8914
$H_3BO_3(s)+3H^++3e^- \rightleftharpoons B(s)+3H_2O(l)$	−0.8894
$Zn^{2+}(aq)+2e^- \rightleftharpoons Zn(s)$	−0.7621
$Cr^{3+}(aq)+3e^- \rightleftharpoons Cr(s)$	(−0.74)
$FeCO_3(s)+2e^- \rightleftharpoons Fe(s)+CO_3^{2-}(aq)$	−0.7196
$2CO_2(g)+2H^+(aq)+2e^- \rightleftharpoons H_2C_2O_4(aq)$	−0.5950
$2SO_3^{2-}(aq)+3H_2O(l)+4e^- \rightleftharpoons S_2O_3^{2-}(aq)+6OH^-(aq)$	−0.5659
$Ga^{3+}(aq)+3e^- \rightleftharpoons Ga(s)$	−0.5493
$Fe(OH)_3(s)+e^- \rightleftharpoons Fe(OH)_2(s)+OH^-(aq)$	−0.5468
$Sb(s)+3H^+(aq)+3e^- \rightleftharpoons SbH_3(g)$	−0.5104
$S(s)+2e^- \rightleftharpoons S^{2-}(aq)$	−0.445
$Cr^{3+}(aq)+e^- \rightleftharpoons Cr^{2+}(aq)$	(−0.41)
$Fe^{2+}(aq)+2e^- \rightleftharpoons Fe(s)$	−0.44
$Ag(CN)_2^-(aq)+e^- \rightleftharpoons Ag(s)+2CN^-(aq)$	−0.4073
$Cd^{2+}(aq)+2e^- \rightleftharpoons Cd(s)$	−0.4022
$PbI_2(s)+2e^- \rightleftharpoons Pb(s)+2I^-(aq)$	−0.3653
$Cu_2O(aq)+H_2O(l)+2e^- \rightleftharpoons 2Cu(s)+2OH^-(aq)$	−0.3557
$PbSO_4(s)+2e^- \rightleftharpoons Pb(s)+SO_4^{2-}(aq)$	−0.3555
$In^{3+}(aq)+3e^- \rightleftharpoons In(s)$	−0.338
$Tl^+(aq)+e^- \rightleftharpoons Tl(s)$	−0.3358
$Co^{2+}(aq)+2e^- \rightleftharpoons Co(s)$	−0.282
$PbBr_2(s)+2e^- \rightleftharpoons Pb(s)+2Br^-(aq)$	−0.2798
$PbCl_2(s)+2e^- \rightleftharpoons Pb(s)+2Cl^-(aq)$	−0.2676

续表

电极反应 氧化型$+ne^-$ ⇌ 还原型	$\varphi^{\ominus}$/V
$As(s)+3H^+(aq)+3e^- \rightleftharpoons AsH_3(g)$	−0.2381
$Ni^{2+}(aq)+2e^- \rightleftharpoons Ni(s)$	−0.2363
$VO_2^+(aq)+4H^++5e^- \rightleftharpoons V(s)+2H_2O(l)$	−0.2337
$CuI(s)+e^- \rightleftharpoons Cu(s)+I^-(aq)$	−0.1858
$AgCN(s)+e^- \rightleftharpoons Ag(s)+CN^-(aq)$	−0.1606
$AgI(s)+e^- \rightleftharpoons Ag(s)+I^-(aq)$	−0.1515
$Sn^{2+}(aq)+2e^- \rightleftharpoons Sn(s)$	−0.14
$Pb^{2+}(aq)+2e^- \rightleftharpoons Pb(s)$	−0.13
$CrO_4^{2-}(aq)+2H_2O(l)+3e^- \rightleftharpoons CrO_2^-(aq)+4OH^-(aq)$	(−0.120)
$Se(s)+2H^+(aq)+2e^- \rightleftharpoons H_2Se(aq)$	−0.1150
$WO_3(s)+6H^+(aq)+6e^- \rightleftharpoons W(s)+3H_2O(l)$	−0.0909
$2Cu(OH)_2(s)+2e^- \rightleftharpoons Cu_2O(s)+2OH^-(aq)+H_2O(l)$	(−0.08)
$MnO_2(s)+2H_2O(l)+2e^- \rightleftharpoons Mn(OH)_2(s)+2OH^-(aq)$	−0.0514
$[HgI_4]^{2-}(aq)+2e^- \rightleftharpoons Hg(l)+4I^-(aq)$	−0.02809
$2H^+(aq)+2e^- \rightleftharpoons H_2(g)$	0
$NO_3^-(aq)+H_2O(l)+e^- \rightleftharpoons NO_2^-(aq)+2OH^-(aq)$	0.00849
$S_4O_6^{2-}(aq)+2e^- \rightleftharpoons 2\ S_2O_3^{2-}(aq)$	0.02384
$AgBr(s)+e^- \rightleftharpoons Ag(s)+Br^-(aq)$	0.07317
$S(s)+2H^+(aq)+2e^- \rightleftharpoons H_2S(aq)$	0.1442
$Sn^{4+}(aq)+2e^- \rightleftharpoons Sn^{2+}(aq)$	0.1539
$SO_4^{2-}(aq)+4H^+(aq)+2e^- \rightleftharpoons H_2SO_3(aq)+H_2O(l)$	0.1576
$Cu^{2+}(aq)+e^- \rightleftharpoons Cu^+(aq)$	0.161
$AgCl(s)+e^- \rightleftharpoons Ag(s)+Cl^-$	0.222
$[HgBr_4]^{2-}(aq)+2e^- \rightleftharpoons Hg(l)+4Br^-(aq)$	0.2318
$HAsO_2(aq)+3H^+(aq)+3e^- \rightleftharpoons As(s)+2H_2O(l)$	0.2473
$PbO_2(s)+H_2O(l)+2e^- \rightleftharpoons PbO(s,黄色)+2OH^-(aq)$	0.2483
$Hg_2Cl_2(s)+2e^- \rightleftharpoons 2Hg(l)+2Cl^-(aq)$	0.2799
$BiO^+(aq)+2H^+(aq)+3e^- \rightleftharpoons Bi(s)+H_2O(l)$	0.3134
$Cu^{2+}(aq)+2e^- \rightleftharpoons Cu(s)$	0.337
$Ag_2O(s)+H_2O(l)+2e^- \rightleftharpoons 2Ag(s)+2OH^-(aq)$	0.3428
$[Fe(CN)_6]^{3-}(aq)+e^- \rightleftharpoons [Fe(CN)_6]^{4-}(aq)$	0.3557
$[Ag(NH_3)_2]^+(aq)+e^- \rightleftharpoons Ag(s)+2NH_3(aq)$	0.3719
$ClO_4^-(aq)+H_2O(l)+2e^- \rightleftharpoons ClO_3^-(aq)+2OH^-(aq)$	0.3979
$O_2(g)+2H_2O(l)+4e^- \rightleftharpoons 4OH^-(aq)$	0.4009
$2H_2SO_3(aq)+2H^+(aq)+4e^- \rightleftharpoons S_2O_3^{2-}(aq)+3H_2O(l)$	0.4101
$Ag_2CrO_4(s)+2e^- \rightleftharpoons 2Ag(s)+CrO_4^{2-}(aq)$	0.4456
$H_2SO_3(aq)+4H^+(aq)+4e^- \rightleftharpoons S(s)+3H_2O(l)$	0.4497
$Cu^+(aq)+e^- \rightleftharpoons Cu(s)$	0.535
$I_2(s)+2e^- \rightleftharpoons 2I^-(aq)$	0.535
$H_3AsO_4(aq)+2H^+(aq)+2e^- \rightleftharpoons H_3AsO_3(aq)+H_2O(l)$	0.557
$MnO_4^-(aq)+e^- \rightleftharpoons MnO_4^{2-}(aq)$	0.56

续表

电极反应 氧化型$+ne^- \rightleftharpoons$还原型	$\varphi^{\ominus}$/V
$H_3AsO_4(aq)+2H^+(aq)+2e^- \rightleftharpoons H_3AsO_3(aq)+H_2O(l)$	0.5748
$MnO_4^-(aq)+2H_2O(l)+3e^- \rightleftharpoons MnO_2(s)+4OH^-(aq)$	0.5965
$BrO_3^-(aq)+3H_2O(l)+6e^- \rightleftharpoons Br^-(aq)+6OH^-(aq)$	0.6126
$MnO_4^{2-}(aq)+2H_2O(l)+2e^- \rightleftharpoons MnO_2(s)+4OH^-(aq)$	0.6175
$2HgCl_2(s)+2e^- \rightleftharpoons Hg_2Cl_2(s)+2Cl^-(aq)$	0.6571
$ClO_2^-(aq)+H_2O(l)+2e^- \rightleftharpoons ClO^-(aq)+2OH^-(aq)$	0.6801
$O_2(g)+2H^+(aq)+2e^- \rightleftharpoons H_2O_2(aq)$	0.6945
$Fe^{3+}(aq)+e^- \rightleftharpoons Fe^{2+}(aq)$	0.77
$Hg_2^{2-}(aq)+2e^- \rightleftharpoons 2Hg(l)$	0.7956
$NO_3^-(aq)+2H^+(aq)+e^- \rightleftharpoons NO_2(g)+H_2O(l)$	0.7989
$Ag^+(aq)+e^- \rightleftharpoons Ag(s)$	0.799
$[PtCl_4]^{2-}(aq)+2e^- \rightleftharpoons Pt(s)+4Cl^-(aq)$	0.8473
$Hg^{2+}(aq)+2e^- \rightleftharpoons Hg(l)$	0.8519
$HO_2^-(aq)+H_2O(l)+2e^- \rightleftharpoons 3OH^-(aq)$	0.8670
$ClO^-(aq)+H_2O(l)+2e^- \rightleftharpoons Cl^-(aq)+2OH^-(aq)$	0.8902
$2Hg^{2+}(aq)+2e^- \rightleftharpoons Hg_2{}^{2+}(aq)$	0.9083
$NO_3^-(aq)+3H^+(aq)+2e^- \rightleftharpoons HNO_2(aq)+H_2O(l)$	0.9275
$NO_3^-(aq)+4H^+(aq)+3e^- \rightleftharpoons NO(g)+2H_2O(l)$	0.9637
$HNO_2(aq)+H^+(aq)+e^- \rightleftharpoons NO(g)+H_2O(l)$	1.04
$NO_2(aq)+H^+(aq)+e^- \rightleftharpoons HNO_2(aq)$	1.056
$Br_2(l)+2e^- \rightleftharpoons 2Br^-(aq)$	1.07
$ClO_3^-(aq)+3H^+(aq)+2e^- \rightleftharpoons HClO_2(aq)+H_2O(l)$	1.157
$ClO_2(aq)+H^+(aq)+2e^- \rightleftharpoons HClO_2(aq)$	1.184
$2IO_3^-(aq)+12H^+(aq)+10e^- \rightleftharpoons I_2(s)+6H_2O(l)$	1.209
$ClO_4^-(aq)+2H^+(aq)+2e^- \rightleftharpoons ClO_3^-(aq)+H_2O(l)$	1.226
$O_2(g)+4H^+(aq)+4e^- \rightleftharpoons 2H_2O(l)$	1.229
$MnO_2(s)+4H^+(aq)+2e^- \rightleftharpoons Mn^{2+}(aq)+2H_2O(l)$	1.2293
$O_3(g)+H_2O(l)+2e^- \rightleftharpoons O_2(g)+2OH^-(aq)$	1.247
$Tl^{3+}(aq)+2e^- \rightleftharpoons Ti^+(aq)$	1.28
$2HNO_2(aq)+4H^+(aq)+4e^- \rightleftharpoons N_2O(g)+3H_2O(l)$	1.311
$Cr_2O_7^{2-}(aq)+14H^+(aq)+6e^- \rightleftharpoons 2Cr^{3+}(aq)+7H_2O(l)$	1.33
$Cl_2(g)+2e^- \rightleftharpoons 2Cl^-(aq)$	1.360
$2HIO(aq)+2H^+(aq)+2e^- \rightleftharpoons I_2(g)+2H_2O(l)$	1.431
$PbO_2(s)+4H^+(aq)+2e^- \rightleftharpoons Pb^{2+}(aq)+2H_2O(l)$	1.458
$Au^{3+}(aq)+3e^- \rightleftharpoons Au(s)$	(1.50)

续表

电极反应 氧化型$+ne^- \rightleftharpoons$还原型	$\varphi^\ominus$/V
$Mn^{3+}(aq)+e^- \rightleftharpoons Mn^{2+}(aq)$	(1.51)
$MnO_4^-(aq)+8H^+(aq)+5e^- \rightleftharpoons Mn^{2+}(aq)+4H_2O(l)$	1.512
$2BrO_3^-(aq)+12H^+(aq)+10e^- \rightleftharpoons Br_2(l)+6H_2O(l)$	1.513
$Cu^{2+}(aq)+2CN^-(aq)+e^- \rightleftharpoons Cu(CN)_2^-(aq)$	1.580
$H_5IO_6(aq)+H^+(aq)+2e^- \rightleftharpoons IO_3^-(aq)+3H_2O(l)$	(1.60)
$2HBrO(aq)+2H^+(aq)+2e^- \rightleftharpoons Br_2(l)+2H_2O(l)$	1.604
$2HClO(aq)+2H^+(aq)+2e^- \rightleftharpoons Cl_2(g)+2H_2O(l)$	1.630
$HClO_2(aq)+2H^+(aq)+2e^- \rightleftharpoons HClO(aq)+H_2O(l)$	1.673
$Au^+(aq)+e^- \rightleftharpoons Au(s)$	(1.68)
$MnO_4^-(aq)+4H^+(aq)+3e^- \rightleftharpoons MnO_2+2H_2O(l)$	1.700
$H_2O_2(aq)+2H^+(aq)+2e^- \rightleftharpoons 2H_2O(l)$	1.763
$S_2O_8^{2-}(aq)+2e^- \rightleftharpoons 2SO_4^{2-}(aq)$	1.939
$Co^{3+}(aq)+e^- \rightleftharpoons Co^{2+}(aq)$	1.95
$Ag^{2+}(aq)+e^- \rightleftharpoons Ag^+(aq)$	1.989
$O_3(g)+2H^+(aq)+2e^- \rightleftharpoons O_2(g)+H_2O(l)$	2.075
$F_2(g)+2e^- \rightleftharpoons 2F^-(aq)$	2.889
$F_2(g)+2H^+(aq)+2e^- \rightleftharpoons 2HF(aq)$	3.076

附录 9　某些配离子的标准稳定常数（25℃）

配离子	$K_f^\ominus$	配离子	$K_f^\ominus$
$AgCl_2^-$	1.84×10^5	$BiBr_4^-$	5.92×10^7
$AgBr_2^-$	1.93×10^7	BiI_4^-	8.88×10^{14}
AgI_2^-	4.80×10^{10}	$Bi(EDTA)^-$	(6.3×10^{22})
$Ag(NH_3)^+$	2.07×10^3	$Ca(EDTA)^{2-}$	(1×10^{11})
$Ag(NH_3)_2^+$	1.67×10^7	$Cd(NH_3)_4^{2+}$	2.78×10^7
$Ag(CN)_2^-$	2.48×10^{20}	$Cd(CN)_4^{2-}$	1.95×10^{18}
$Ag(SCN)_2^-$	2.04×10^8	$Cd(OH)_4^{2-}$	1.20×10^9
$Ag(S_2O_3)_2^{3-}$	(2.9×10^{13})	$CdBr_4^{2-}$	(5.0×10^3)
$Ag(en)_2^+$	(5.0×10^7)	$CdCl_4^{2-}$	(6.3×10^2)
$Ag(EDTA)^{3-}$	(2.1×10^7)	CdI_4^{2-}	4.05×10^5
$Al(OH)_4^-$	3.31×10^{33}	$Cd(en)_3^{2+}$	(1.2×10^{12})
AlF_6^{3-}	(6.9×10^{19})	$Cd(EDTA)^{2-}$	(2.5×10^{16})
$Al(EDTA)^-$	(1.3×10^{16})	$Co(NH_3)_4^{2+}$	1.16×10^5
$Ba(EDTA)^{2-}$	(6.0×10^7)	$Co(NH_3)_6^{2+}$	1.3×10^5
$Be(EDTA)^{2-}$	(2×10^9)	$Co(NH_3)_6^{3+}$	(1.6×10^{35})
$BiCl_4^-$	7.96×10^6	$Co(NCS)_4^{2-}$	(1.0×10^3)
$BiCl_6^{3-}$	2.45×10^7	$Co(EDTA)^{2-}$	(2.0×10^{16})

续表

配离子	$K_f^\ominus$	配离子	$K_f^\ominus$
$Co(EDTA)^-$	(1×10^{36})	$Hg(CN)_4^{2-}$	1.82×10^{41}
$Cr(OH)_4^-$	(7.8×10^{29})	$Hg(SCN)_4^{2-}$	4.98×10^{21}
$Cr(EDTA)^-$	(1.0×10^{23})	$Hg(EDTA)^{2-}$	(6.3×10^{21})
$CuCl_2^-$	6.91×10^{4}	$Ni(NH_3)_6^{2+}$	8.97×10^{8}
$CuCl_3^{2-}$	4.55×10^{5}	$Ni(CN)_4^{2-}$	1.31×10^{30}
CuI_2^-	(7.1×10^{8})	$Ni(N_2H_4)_6^{2+}$	1.04×10^{12}
$Cu(SO_3)_2^{3-}$	4.13×10^{8}	$Ni(en)_3^{2+}$	2.1×10^{18}
$Cu(NH_3)_4^{2+}$	2.09×10^{13}	$Ni(EDTA)^{2-}$	(3.6×10^{18})
$Cu(P_2O_7)_2^{6-}$	8.24×10^{8}	$Pb(OH)_3^-$	8.27×10^{13}
$Cu(C_2O_4)_2^{2-}$	2.35×10^{9}	$PbCl_3^-$	27.2
$Cu(CN)_2^-$	9.98×10^{23}	$PbBr_3^-$	15.5
$Cu(CN)_3^{2-}$	4.21×10^{28}	PbI_3^-	2.67×10^{3}
$Cu(CN)_4^{3-}$	2.03×10^{30}	PbI_4^{2-}	1.66×10^{4}
$Cu(SCN)_4^{3-}$	8.66×10^{9}	$Pb(CH_3CO_2)^+$	152.4
$Cu(EDTA)^{2-}$	(5.0×10^{18})	$Pb(CH_3CO_2)_2$	826.3
FeF^{2+}	7.1×10^{6}	$Pb(EDTA)^{2-}$	(2×10^{18})
FeF_2^+	3.8×10^{11}	$PdCl_3^-$	2.10×10^{10}
$Fe(CN)_6^{3-}$	4.1×10^{52}	$PdBr_4^{2-}$	6.05×10^{13}
$Fe(CN)_6^{4-}$	4.2×10^{45}	PdI_4^{2-}	4.36×10^{22}
$Fe(NCS)^{2+}$	9.1×10^{2}	$Pd(NH_3)_4^{2+}$	3.10×10^{25}
$FeBr^{2+}$	4.17	$Pd(CN)_4^{2-}$	5.20×10^{41}
$FeCl^{2+}$	24.9	$Pd(SCN)_4^{2-}$	9.43×10^{23}
$Fe(C_2O_4)_3^{3-}$	(1.6×10^{20})	$Pd(EDTA)^{2-}$	(3.2×10^{18})
$Fe(C_2O_4)_3^{4-}$	1.7×10^{5}	$PtCl_4^{2-}$	9.86×10^{15}
$Fe(EDTA)^{2-}$	(2.1×10^{14})	$PtBr_4^{2-}$	6.47×10^{17}
$Fe(EDTA)^-$	(1.7×10^{24})	$Pt(NH_3)_4^{2+}$	2.18×10^{35}
$HgCl^+$	5.73×10^{6}	$Sc(EDTA)^-$	1.3×10^{23}
$HgCl_2$	1.46×10^{13}	$Zn(OH)_3^-$	1.64×10^{13}
$HgCl_3^-$	9.6×10^{13}	$Zn(OH)_4^{2-}$	2.83×10^{14}
$HgCl_4^{2-}$	1.31×10^{15}	$Zn(NH_3)_4^{2+}$	3.60×10^{8}
$HgBr_4^{2-}$	9.22×10^{20}	$Zn(CN)_4^{2-}$	5.71×10^{16}
HgI_4^{2-}	5.66×10^{29}	$Zn(CNS)_4^{2-}$	19.6
HgS_2^{2-}	3.36×10^{51}	$Zn(C_2O_2)_2^{2-}$	2.96×10^{7}
$Hg(NH_3)_4^{2+}$	1.95×10^{19}	$Zn(EDTA)^{2-}$	(2.5×10^{16})

参考文献

[1] 邓建成．大学基础化学．北京：化学工业出版社，2003.

[2] 华彤文，陈景祖等．普通化学原理．第3版．北京：北京大学出版社，2005.

[3] 何培之，王世驹，李续娥．普通化学．北京：科学出版社，2001.

[4] 傅洵，许泳吉，解从霞．基础化学教程．北京：科学出版社，2007.

[5] 钟国清，赵明宪．大学基础化学．北京：科学出版社，2003.

[6] 揭念芹．基础化学Ⅰ（无机及分析化学）．北京：科学出版社，2000.

[7] 曲保中，朱炳林，周伟红．新大学化学．北京：科学出版社，2002.

[8] 苏小云，臧祥生．工科无机化学．第3版．上海：华东理工大学出版社，2004.

[9] 古国榜．大学化学教程．第2版．北京：化学工业出版社，2004.

[10] 李宝山．基础化学．北京：科学出版社，2003.

[11] 徐崇泉，强亮生．工科大学化学．北京：高等教育出版社，2003.

[12] 王明华等．普通化学．第5版．北京：高等教育出版社，2002.

[13] 朱裕贞，顾达等．现代基础化学．第3版．北京：化学工业出版社，2010.

[14] 丁廷桢．大学化学教程——原理·应用·前沿．北京：高等教育出版社，2003.

[15] 钟国清，朱云云．无机及分析化学．北京：科学出版社，2006.

[16] 浙江大学．无机及分析化学．北京：高等教育出版社，2003.

[17] 四川大学工科基础化学教学中心．近代化学基础．北京：高等教育出版社，2002.

[18] 同济大学普通化学及无机化学教研室．普通化学．北京：高等教育出版社，2004.

[19] 北京师范大学、华中师范大学、南京师范大学无机化学教研室．无机化学．第4版．北京：高等教育出版社，2010.

[20] 北京大学《大学基础化学》编写组．大学基础化学．北京：高等教育出版社，2003.

[21] 樊行雪，方国女．大学化学原理及应用（上、下册）．第2版．北京：化学工业出版社，2004.

[22] 浙江大学普通化学教研组．普通化学．第6版．北京：高等教育出版社，2011.

[23] 大连理工大学无机化学教研室．无机化学．第5版．北京：高等教育出版社．2006.